高等院校电脑美术教材

Photoshop CS6 中文版基础教程

张云杰　尚　蕾　编著

清华大学出版社
北　京

内 容 简 介

Photoshop 是一种进行图形绘制和编辑的专业软件，功能十分强大，也很实用。本书主要讲解最新版本 Photoshop CS6 中文版的图形绘制方法。全书共 15 章，内容主要包括 Photoshop 入门、基本选择技术、图像润饰工具、色彩管理与填色、图像基础操作、图层管理、路径与形状、通道与蒙版、制作文字、滤镜制作、动画制作和图像优化、图像的编辑和应用等内容，最后还安排了两个综合设计范例，从实用的角度介绍了 Photoshop CS6 中文版软件的使用。

本书内容广泛、通俗易懂、语言规范、实用性强，使读者能够快速、准确地掌握 Photoshop CS6 的设计方法与技巧，特别适合初、中级用户的学习，可作为高等院校电脑美术课程中 Photoshop 软件的指导教材，也可作为广大社会读者快速掌握 Photoshop 设计的实用指导书。

图书在版编目(CIP)数据

Photoshop CS6 中文版基础教程/张云杰，尚蕾编著. --北京：清华大学出版社，2013（2017.1 重印）
(高等院校电脑美术教材)
ISBN 978-7-302-32599-4

Ⅰ. ①P…　Ⅱ. ①张…　②尚…　Ⅲ. ①图像处理软件—高等学校—教材　Ⅳ. ①TP391.41

中国版本图书馆 CIP 数据核字(2013)第 117700 号

责任编辑：张彦青
封面设计：杨玉兰
责任校对：李玉萍
责任印制：何　芊

出版发行：清华大学出版社
　　网　　址：http://www.tup.com.cn，http://www.wqbook.com
　　地　　址：北京清华大学学研大厦 A 座　　**邮　　编**：100084
　　社 总 机：010-62770175　　**邮　　购**：010-62786544
　　投稿与读者服务：010-62776969，c-service@tup.tsinghua.edu.cn
　　质 量 反 馈：010-62772015，zhiliang@tup.tsinghua.edu.cn
　　课 件 下 载：http://www.tup.com.cn,010-62791865
印 装 者：清华大学印刷厂
经　　销：全国新华书店
开　　本：185mm×260mm　　**印　张**：26.5　　**字　　数**：638 千字
　　附光盘 1 张
版　　次：2013 年 7 月第 1 版　　**印　　次**：2017 年 1 月第 3 次印刷
印　　数：6001～7000
定　　价：49.00 元

产品编号：045325-01

前　言

Photoshop 是一种进行图形绘制和编辑的专业软件，自问世以来，受到了众多平面设计者的青睐。Photoshop 的应用领域很广泛，在图像、图形、文字、视频、出版等各方面都有涉及。同时，Photoshop 在平面设计、修复照片、广告摄影、影像创意、网页制作、建筑效果图后期修饰、绘画、绘制或处理三维贴图、视觉创意等领域都被应用，是众多平面设计师的首选软件。目前，Photoshop 推出了最新版本——Photoshop CS6 中文版，它更是集 Photoshop 图形处理功能之大成，功能强大，非常实用。

本书主要针对目前非常热门的 Photoshop 技术，讲解最新版本 Photoshop CS6 中文版的设计方法。笔者集多年使用 Photoshop 的设计经验，通过循序渐进地讲解，从 Photoshop 的基本操作到应用范例，详细介绍了应用 Photoshop 进行多种设计的方法和技巧。

全书共 15 章，内容主要包括 Photoshop 入门、基本选择技术、图像润饰工具、色彩管理与填色、图像基础操作、图层管理、路径与形状、通道与蒙版、制作文字、滤镜制作、动画制作和图像优化、图像的编辑和应用等内容，并在最后介绍了两个综合设计范例，从实用的角度介绍了 Photoshop CS6 的使用。

笔者的电脑美术设计教研室长期从事专业的电脑美术设计和教学，数年来承接了大量的项目设计，积累了丰富的实践经验。本书就像一位专业设计师，将设计项目时的思路、流程、方法、技巧、操作步骤面对面地与读者交流。

本书还附配了交互式多媒体教学演示光盘，将案例制作过程制作成多媒体视频讲解，有从教多年的专业讲师全程多媒体语音视频跟踪教学，以面对面的形式讲解，便于读者学习和使用。同时光盘中还提供了所有实例的源文件，以便于读者练习和使用。关于多媒体教学光盘的使用方法，读者可以参看光盘根目录下的光盘说明。另外，本书还提供了网络的免费技术支持，欢迎读者登录云杰漫步多媒体科技的网上技术论坛进行交流：http://www.yunjiework.com/bbs。论坛分为多个专业的设计版块，可以为读者提供实时的软件技术支持，解答读者在使用本书及相关软件时遇到的问题，相信广大读者在论坛一定会免费学到更多的知识。

本书由云杰漫步科技电脑美术设计教研室编著，参加编写工作的有张云杰、邵苏果、尚蕾、张云静、郝利剑、贺安、贺秀亭、宋志刚、董闯、李海霞、焦淑娟、金宏平、周益斌、杨婷、马永健等，书中的设计实例均由云杰漫步多媒体科技公司设计制作，多媒体光盘由云杰漫步多媒体科技公司提供技术支持。同时还要感谢出版社的编辑和老师们的大力协助。

由于编写人员的水平有限，编写过程中难免有不足之处。在此，编写人员对广大读者表示歉意，望广大读者不吝赐教，对书中的不足之处给予批评指正。

作　者

目　录

第 1 章　开始学习 Photoshop CS6

教学目标

大家一定见过制作漂亮的平面图片或者图像效果，这些很多是利用 Photoshop 制作出来的。下面我们就带领大家进入 Photoshop 神奇的设计世界，为大家介绍该设计软件，并具体讲述软件在实际应用中的主要功能。

本章主要讲解 Photoshop 的基础知识以及 Photoshop 的一些基本操作，如 Photoshop 的应用领域，Photoshop CS6 的新增功能，Photoshop CS6 的工作界面，文档、图像的基本操作。

教学重点和难点

1. 认识和了解 Photoshop CS6 的工作界面。
2. 掌握文档的基本操作。
3. 掌握图像文件的基本操作。

1.1　Photoshop CS6 的介绍

Photoshop 是 Adobe 公司推出的一款功能十分强大、使用范围广泛的平面图像处理软件。Adobe 公司在不断对其进行升级后，其功能也越来越强大，使用方式也越来越趋向人性化，Photoshop CS6 是最新推出的版本。

实际上，Photoshop 的应用领域很广泛，在图像、图形、文字、视频、出版等各方面都有涉及。Photoshop 在平面设计、修复照片、广告摄影、影像创意、网页制作、建筑效果图后期修饰、绘画、绘制或处理三维贴图、视觉创意等领域都被应用，是众多平面设计师的首选软件。

1.1.1　CG 绘画

人们都说 Photoshop 是强大的图像处理软件，随着版本的升级，Photoshop 在绘画方面的功能也越来越强大，如图 1-1 所示的是艺术家使用 Photoshop 绘制的作品，这些作品大多是通过图 1-2 所示的手绘板完成的。

图 1-1　Photoshop 绘制的作品

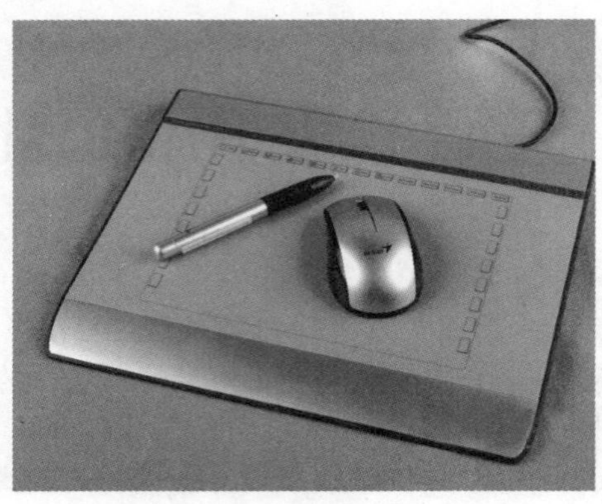

图 1-2 手绘板

1.1.2 创意合成

Photoshop 的颜色处理和图像合成功能是其他任何软件都无法比拟的。如图 1-3 所示是使用 Photoshop 合成的图像。

图 1-3 Photoshop 合成的图像

1.1.3 视觉创意

视觉创意与设计是设计艺术的一个分支，此类设计没有非常明显的商业目的，但由于它为广大设计爱好者提供了广阔的设计空间，因此越来越多的设计爱好者开始学习 Photoshop，并进行具有个人特色与风格的视觉创意设计，如图 1-4 所示是几幅视觉创意作品。

图 1-4 视觉创意作品

1.1.4　制作平面广告

毫无疑问，平面设计是 Photoshop 应用最为广泛的领域，无论是我们正在阅读的书籍的封面，还是大街上看到的招贴、海报，这些有大量丰富图像的印刷品，基本上都需要使用 Photoshop 对图像进行处理。如图 1-5 所示是使用 Photoshop 制作的平面广告作品。

图 1-5　Photoshop 制作的平面广告作品

图 1-6 所示是使用 Photoshop 制作的电影海报。其他平面设计领域也大量使用此软件进行设计；图 1-7 所示是使用 Photoshop 制作的书籍的封面。

图 1-6　电影海报

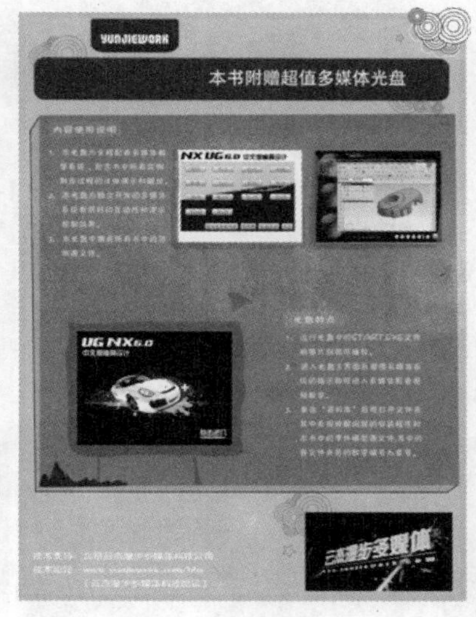

图 1-7　书籍的封面

1.1.5　包装与封面设计

时至今日，包装与封面已经承载了突出产品特征及装饰美化的作用，可以达到宣传促销的目的。在包装与封面设计领域，Photoshop 是当之无愧的主角。

如图 1-8 所示为几款优秀的封面设计作品；如图 1-9 所示为几款优秀的包装设计作品。

图 1-8　封面设计作品

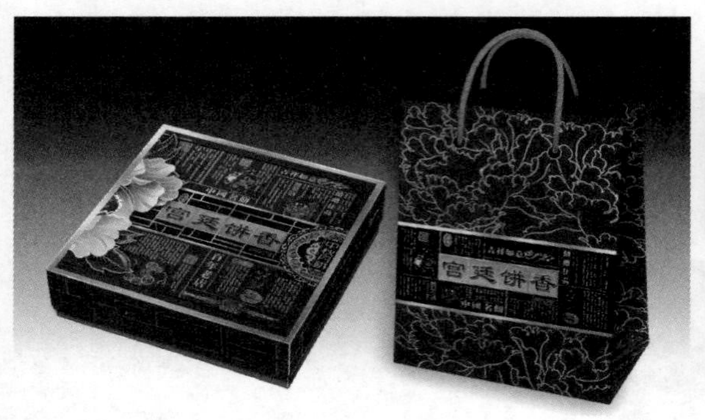

图 1-9　包装设计作品

1.1.6　网页设计

在制作网页时 Photoshop 是必不可少的网页图像处理软件，如图 1-10 所示是使用 Photoshop 制作的两个网页效果。

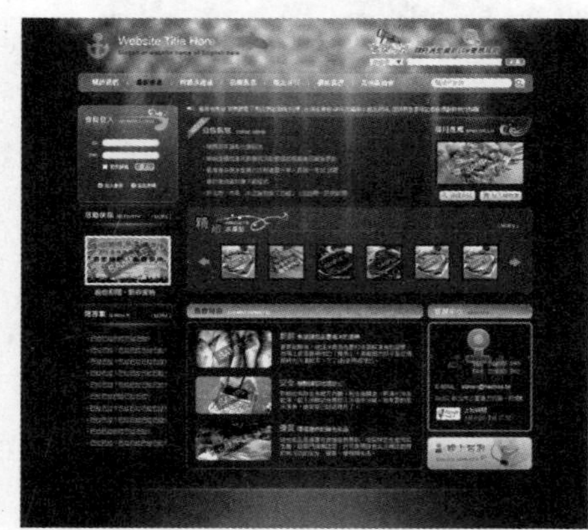

图 1-10　网页效果

1.1.7　界面设计领域

计算机的普及和个性化，使得人们对界面的审美要求不断提高，界面也逐渐成为个人风格和商业形象的一个重要展示。一个网页、一个应用软件或者一款游戏的界面设计得优秀与否，已经成为人们对它的衡量标准之一，在此领域 Photoshop 也扮演着非常重要的角色。如图 1-11 所示为几款优秀的界面设计作品。

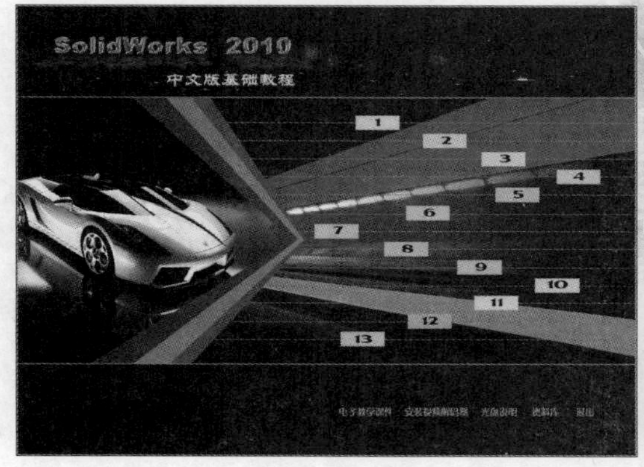

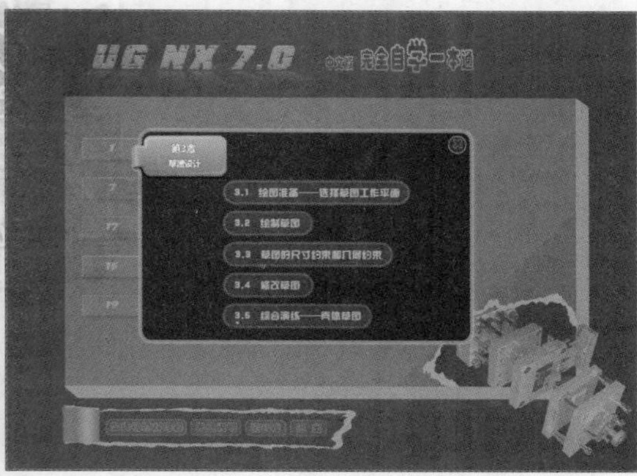

图 1-11　界面设计作品

可以看出，Photoshop 的应用领域非常广泛。实际上，上面所介绍的应用领域与作品也仅是管中窥豹。随着学习的逐渐深入，各位读者将发现此软件还被广泛应用于其他众多领域，如数码照片的修饰与处理、效果图的修饰等。

1.2　新 增 功 能

Adobe® Photoshop® CS6 软件具备最先进的图像处理技术、全新的创意选项和极高的性能。借助新增的【内容识别】功能进行润色并使用全新和改良的工具和工作流程创建出出色的设计和影片。

作为升级版的 Photoshop CS6，能让你体验无与伦比的速度、功能和生产效率。全新、优雅的界面提供了多种开创性的设计工具，包括内容感知修补、新的虚化图库、更快速且更精确的裁剪工具、直观的视频制作等。

1. 内容识别修补

使用“内容识别修补”功能可以修补图像，能选择示例区域，使用“内容识别”可以制作出神奇的修补效果。

2. Mercury 图形引擎

借助液化、操控变形和裁剪等主要工具进行编辑时能够即时查看效果。全新的 Adobe Mercury 图形引擎拥有前所未有的响应速度，工作起来如行云流水般流畅。

3. 全新和改良的设计工具

使用全新的和经过改良的设计工具可以更快地创作出更高级的设计。应用文字样式以产生一致的格式、使用矢量涂层应用笔画并将渐变添加至矢量目标，创建自定义笔画和虚线，快速搜索图层等。

4. 全新的 Blur Gallery

使用简单的界面，借助图像上的控件快速创建照片模糊效果。创建倾斜偏移效果，模糊所有内容，然后锐化一个焦点或在多个焦点间改变模糊强度。Mercury 图形引擎可即时呈现创作效果。

5. 全新的裁剪工具

使用全新的非破坏性裁剪工具快速而精确地裁剪图像。在画布上控制图像，并借助 Mercury 图形引擎实时查看调整结果。

6. 现代化用户界面

使用全新的典雅的 Photoshop 界面，深色背景的选项可凸显您的图像，数百项设计改进提供更顺畅、更一致的编辑体验。

7. 直观的视频创建

使用 Photoshop 的强大功能来编辑视频素材。使用熟悉的各种 Photoshop 工具轻松地处理任意剪辑，然后使用一套直观的视频工具制作影片。

8. 预设迁移与共享功能

轻松迁移预设、工作区、首选项和设置，以便在所有计算机上都能以相同的方式体验 Photoshop、共享设置，并将在旧版中的自定设置迁移至 Photoshop CS6。

9. 自适应广角

轻松拉直全景图像、使用鱼眼或广角镜头拍摄的照片中的弯曲对象。全新的画布工具会运用个别镜头的物理特性自动校正弯曲，而 Mercury 图形引擎可让您实时查看调整的结果。

10. 后台存储

即使在后台存储大型的 Photoshop 文件，也能同时继续工作——改善性能以协助提高工作效率。

11. 改进的自动校正功能

利用改良的自动弯曲、色阶和亮度/对比度控制增强您的图像。智能内置了数以千计的手工优化图像，为修改奠定基础。

12. 自动恢复

自动恢复选项可在后台工作，因此可以在不影响操作的同时存储编辑内容。每隔 10 分钟存储工作内容，以便在意外关机时可以自动恢复文件。

13. Adobe Photoshop Camera Raw 7 增效工具

借助改良的处理和增强的控制器功能制作出最佳的 JPEG 和初始文件；在展示图像重点说明的所有细节的同时仍保留阴影的丰富细节等。

14. 肤色识别选择和蒙版

创建精确的选区和蒙版，不费力地调整或保留肤色；轻松选择精细的图像元素，如脸孔、头发等。

15. 创新的侵蚀效果画笔

使用具侵蚀效果的绘图笔尖，产生更自然逼真的效果。任意磨钝和削尖炭笔或蜡笔，以创建不同的效果，并将常用的钝化笔尖效果存储为预设。

1.3　Photoshop CS6 界面介绍

1.3.1　认识 Photoshop CS6 的工作界面

启动 Photoshop CS6 后，将可以看到如图 1-12 所示的界面。

图 1-12　Photoshop CS6 的操作界面

通过图 1-12 可以看出，完整的操作界面由菜单栏、属性栏、工具箱、属性面板、操作文件与文件窗口组成。在实际工作中，工具箱与面板使用得较为频繁，因此下面重点讲解各工具与面板的功能及基本操作。

1. 菜单命令

Photoshop 共有 10 个菜单，每个菜单又有数个命令，因此 10 个菜单包含了上百个命令。虽然命令如此之多，但这些菜单是按主题进行组合的，如【选择】菜单中包含的是用于选择的命令，【滤镜】菜单中包含的是所有的滤镜命令等。

2. 属性栏

属性栏提供了相关工具的选项。当选择不同的工具时，属性栏中将会显示与工具相应的参数。利用属性栏可以完成对各工具的参数设置。

3. 工具箱

工具箱中存放着用于创建和编辑图像的各种工具，使用这些工具可以进行选择、绘制、编辑、观察、测量、注释、取样等操作。

4. 属性面板

Photoshop CS6 的属性面板有 24 个，每个属性面板都可以根据需要将其显示或隐藏。这些面板的功能各异，其中较为常用的有【图层】、【通道】、【路径】和【动作】等面板。

5. 操作文件

操作文件即当前工作的图像文件。在 Photoshop 中可以同时打开多个操作文件。

如果打开了多个图像文件，可以通过单击【文件窗口】右上方的展开按钮 >> ，在弹出的文件名称下拉菜单中选择要操作的文件，如图 1-13 所示。

图 1-13　在弹出的文件名称下拉菜单中选择要操作的文件

技巧： 按下 Ctrl+Tab 组合键，可以在当前打开的所有图像文件中从左向右依次进行切换，如果按下 Ctrl+Shift+Tab 组合键，可以逆向切换这些图像文件。

1.3.2　使用菜单栏

Photoshop CS6 的菜单栏包含了其大多数功能，包括【文件】菜单、【编辑】菜单、

【图像】菜单、【图层】菜单、【文字】菜单、【选择】菜单、【滤镜】菜单、【视图】菜单、【窗口】菜单及【帮助】菜单，如图 1-14 所示。

文件(F)　编辑(E)　图像(I)　图层(L)　文字(Y)　选择(S)　滤镜(T)　视图(V)　窗口(W)　帮助(H)

图 1-14　Photoshop CS6 菜单栏

可以通过以下的方法选取这些菜单命令来管理和操作整个软件。

方法 1：单击菜单名，在打开的菜单中选择所需要的命令。

方法 2：使用菜单命令旁标注的快捷键，例如，要选择【文件】|【新建】菜单命令，直接按下键盘上的 Ctrl+N 组合键就可以了。

方法 3：按住键盘上的 Alt 键和菜单栏中带括号的字母打开菜单，再按菜单命令中带括号的字母执行命令，例如，要选择【文件】|【新建】菜单命令，直接按键盘上的 Alt+F 组合键打开【文件】菜单，再按键盘上的 N 键就可以了。

1.3.3　使用工具箱

当用户第一次启动 Photoshop CS6 后，在默认情况下，工具箱出现在屏幕左侧，用户可以对其进行移动、隐藏等操作。Photoshop CS6 的工具箱提供了强大的绘图、编辑功能。可以这样说，它是 Photoshop 的控制中心，大多数对图像的编辑工具都可以在这里找到，如选择工具、绘图工具、修图工具等，如图 1-15 所示。

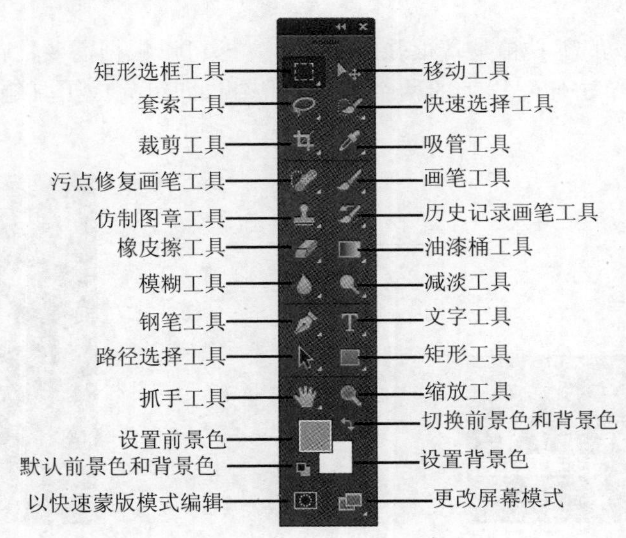

图 1-15　Photoshop CS6 的工具箱

1. 显示隐藏工具

隐藏工具是 Photoshop 工具箱的一大特色，由于工具箱的面积有限，工具数量又很多，因此 Photoshop 采用了隐藏工具的方式来构成工具箱。

我们可以通过下面 3 种方法选择工具箱中的隐藏工具。

方法 1：单击工具箱中带有黑色小三角按钮的工具图标，并按住鼠标左键不放，将弹出隐藏工具选项，将鼠标移动到需要的工具选项上就可以选择该工具了。例如，选择【魔棒工具】，先将鼠标移动到【快速选择工具】图标上，单击【快速选择工具】图标并按住鼠标左键不动，将弹出隐藏的魔棒工具选项，如图 1-16 所示。将鼠标移动到【魔棒工具】选项上并单击，选择【魔棒工具】。

图 1-16　弹出隐藏的【魔棒工具】选项

方法 2：按住键盘上的 Alt 键，再反复单击有隐藏工具的图标，就会循环出现每个隐藏工具图标。

方法 3：按住键盘上的 Shift 键，再反复按键盘上的工具快捷键，就会循环出现每个隐藏工具图标。

2. 热敏菜单

Photoshop CS6 工具箱中的每一个工具都有热敏菜单，将光标放在工具的图标上，将出现此工具名称和操作快捷键的热敏菜单，如图 1-17 所示。

3. 伸缩工具箱

Photoshop CS6 的工具箱具备很强的伸缩性，即可以根据需要，在单栏与双栏状态之间进行切换。只需单击伸缩栏上的两个小三角按钮即可完成工具箱的伸缩，如图 1-18 所示。

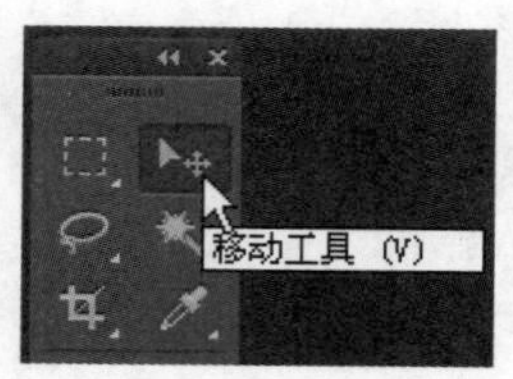

图 1-17　显示热敏菜单

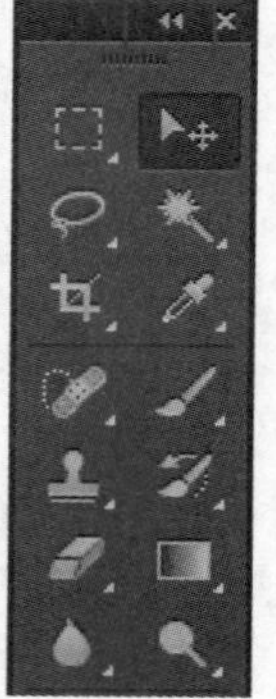

图 1-18　工具箱的伸缩栏

当它显示为双栏时，单击顶部的伸缩栏即可将其改变为单栏，如图 1-19 所示，这样可以更好地节省工作区中的空间，有利于我们进行图像处理；反之，我们也可以将其恢复至早期的双栏状态，如图 1-20 所示。这些设置完全可以根据个人的喜好进行。

图 1-19　单栏工具箱状态

图 1-20　双栏工具箱状态

1.3.4　使用属性面板

Photoshop CS6 的属性面板是处理图像时的一个重要组成部分，它可以完成对图像的一部分编辑工作。

1. 伸缩属性面板

除了工具箱外，属性面板同样可以进行伸缩。对于已展开的一栏属性面板，单击其顶部的伸缩栏，可以将其收缩成为图标状态，如图 1-21 所示。反之，如果单击未展开的伸缩栏，则可以将该栏中的全部面板都展开，如图 1-22 所示。

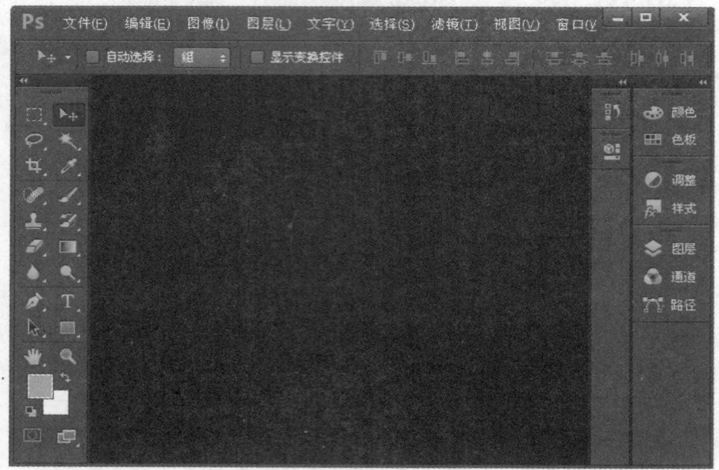

图 1-21　收缩属性面板时的状态

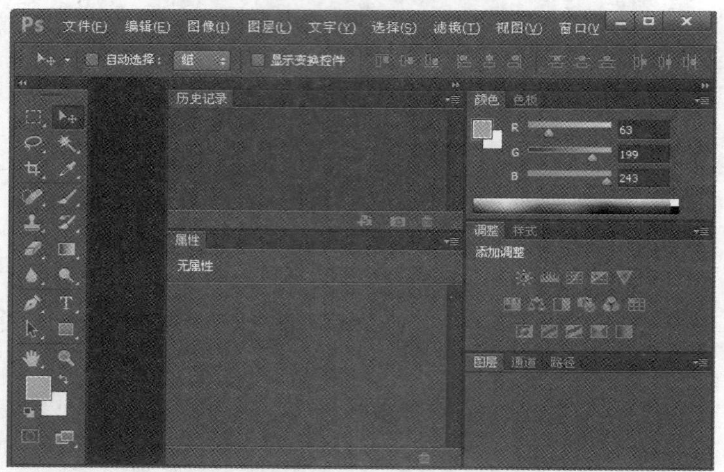

图 1-22　展开属性面板时的状态

2. 拆分属性面板

当我们要单独拆分出一个属性面板时，可以直接单击选中对应的图标或标签，然后将其拖曳至工作区中的空白位置，如图 1-23 所示。图 1-24 所示的【颜色】面板就是被单独拆分出来的属性面板。

3. 组合属性面板

要组合属性面板，我们可以按住鼠标左键不放，拖曳位于外部的属性面板标签至想要的位置。到该位置出现如图 1-25 所示蓝色反光时，释放鼠标左键，即可完成属性面板的组合操作，如图 1-26 所示。

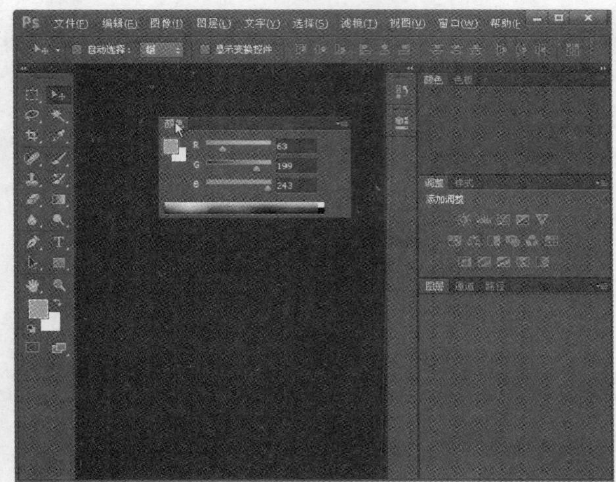

图 1-23　向空白区域拖动属性面板

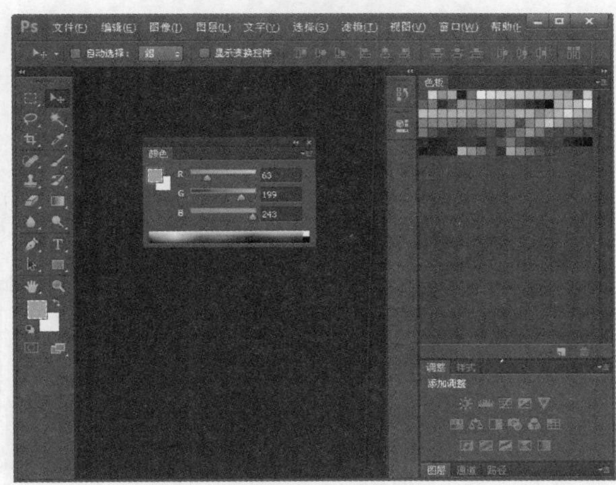

图 1-24　拖曳出来后的属性面板状态

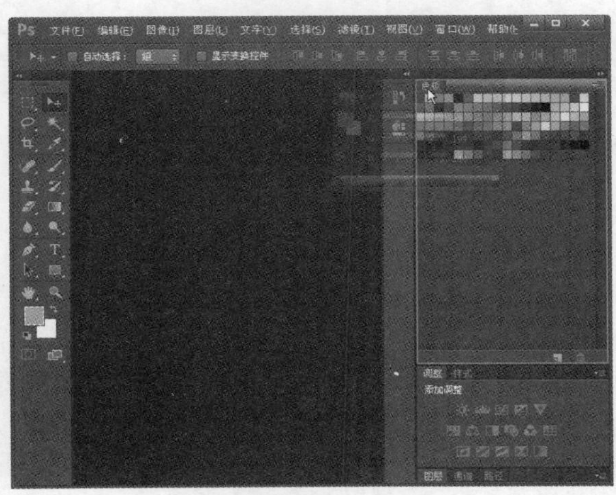

图 1-25　拖曳属性面板的位置

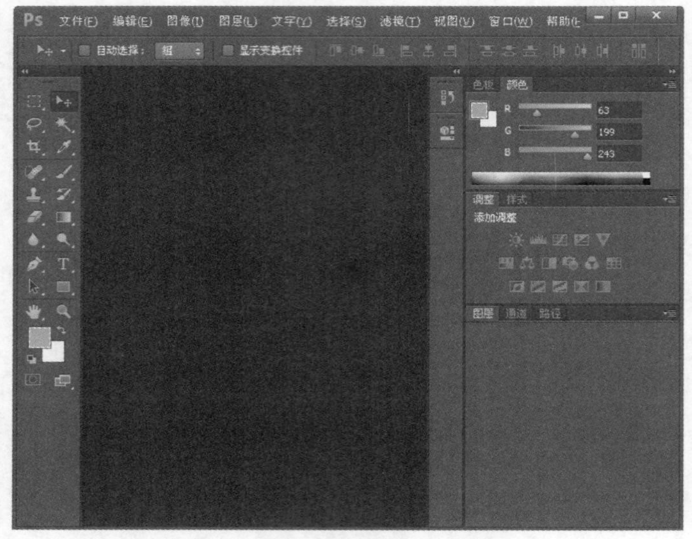

图 1-26　合并属性面板后的状态

4. 显示或隐藏属性面板

我们可以使用以下的方法显示或隐藏属性面板。

方法 1：反复按键盘上的 Tab 键，将控制显示或隐藏工具箱、属性栏和属性面板。

方法 2：反复按键盘上的 Shift+Tab 组合键，将控制显示或隐藏属性面板。

方法 3：按键盘上的快捷键，如按 F6 键显示或隐藏【颜色】属性面板、按 F7 键显示或隐藏【图层】属性面板、按 F8 键显示或隐藏【信息】属性面板、按下 Alt+F9 组合键显示或隐藏【动作】属性面板。

方法 4：单击属性面板右上角的【折叠为图标】按钮，将只显示属性面板的标签。

提示：单击属性面板组右下角的图标，并按住鼠标不放，可以通过拖拽放大或缩小属性面板。

1.4　文档操作

下面介绍文件的基本操作，包括新建、打开、存储、关闭图像。

1.4.1　新建文件

选择【文件】|【新建】菜单命令，或按下键盘上的 Ctrl+N 组合键打开【新建】对话框，如图 1-27 所示。

可以在【新建】对话框中更改当前的参数设置。在更改参数的过程中，如果想恢复原有的参数设置，可按下 Alt 键使【取消】按钮改变为【复位】按钮，并单击它即可。完成参数设置后，单击【确定】按钮便可以创建一个新文件。

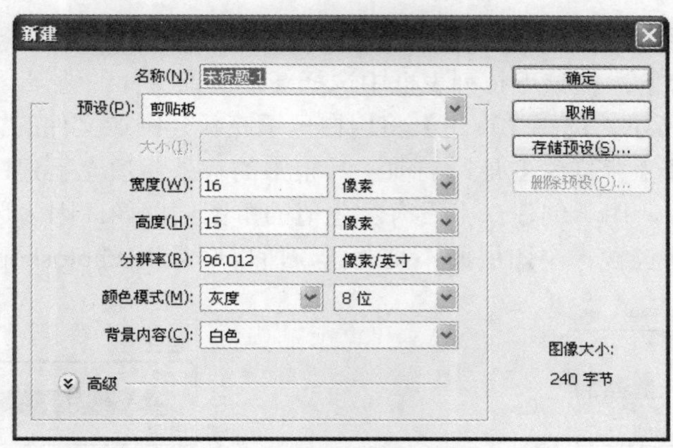

图 1-27　【新建】对话框

【新建】对话框中各选项的功能及参数设置如下。

- 【名称】：在该文本框中可输入新建的图像名称，“未标题-1”是 Photoshop 根据新建文件的数目序列默认的名称。
- 【预设】：在该下拉列表框中，读者可以根据自己的需要非常方便地设置所需的图像大小，如图 1-28 所示。
- 【宽度】：在该文本框中可以输入新建图像的宽度，在单位下拉列表框中可以根据需要选择单位名称，如图 1-29 所示。
- 【高度】：在该文本框中可以输入新建图像的高度，在单位下拉列表框中可以根据需要选择单位名称。
- 【分辨率】：可以设定为每英寸的像素数或每厘米的像素数，通常在进行屏幕练习时，设定为 72 像素/英寸；在进行平面设计时，设定为输出设备的半调网屏频率的 1.5～2 倍，一般为 300 像素/英寸。打印图像设定分辨率要是打印机分辨率的整除数，如：100 像素/英寸。每英寸像素数越高，图像的文件也越大。要根据工作需要设定合适的分辨率。

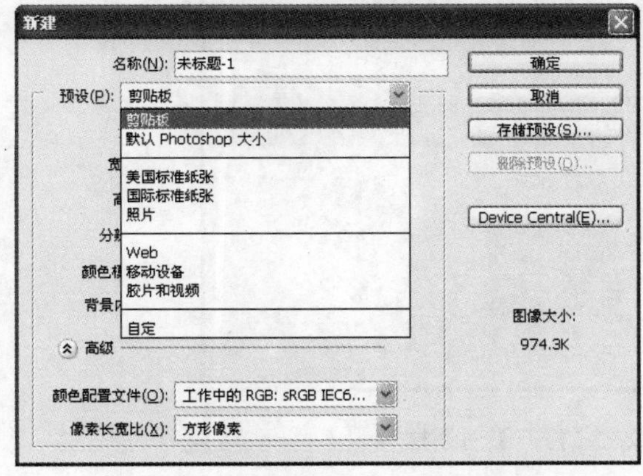

图 1-28　【预设】下拉列表框

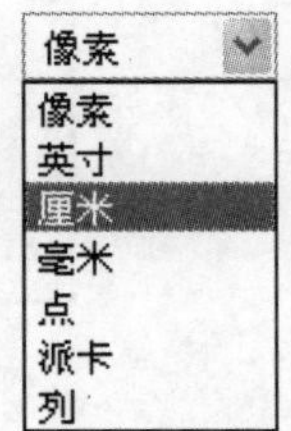

图 1-29　单位下拉列表

- 【颜色模式】：在该下拉列表框中提供了 Photoshop 文件支持的所有颜色模式，

如图 1-30 所示，可在其中选择新建文件的颜色模式。

- 【背景内容】：在该下拉列表框中选择新建图像文件的背景。其中有 3 种选项，如图 1-31 所示。选择【白色】将用白色填充新建图像文件的背景，它是默认的背景色；选择【背景色】是用当前工具箱中的背景色填充新建图像文件的背景；选择【透明】，用于创建一个没有颜色值的单图层图像。因为选择【透明】选项创建的图像只包含一个图层而不是背景，所以必须以 Photoshop 格式存储。

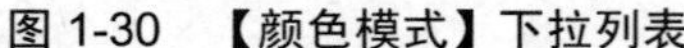

图 1-30　【颜色模式】下拉列表

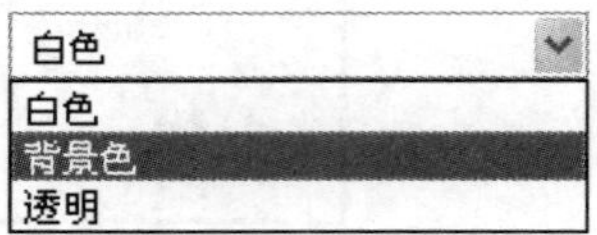

图 1-31　【背景内容】下拉列表

1.4.2　打开文件

在 Adobe Photoshop 中，可以打开不同文件格式的图像，而且可以同时打开多个图像文件。选择【文件】|【打开】菜单命令，或按下 Ctrl+O 组合键，将打开如图 1-32 所示的【打开】对话框，找到并选择所需要的文件，单击【打开】按钮或直接双击文件，即可打开所指定的图像文件。

图 1-32　【打开】对话框

提示：通过【文件】|【打开为】或【最近打开文件】菜单命令也可打开文件。

1.4.3　存储文件

对文件的存储有两种方法。

方法 1：当我们第一次存储文件时，选择【文件】|【存储】菜单命令，或按下键盘上的 Ctrl+S 组合键，弹出【存储为】对话框，如图 1-33 所示。在对话框中输入文件名，在【格式】下拉列表框中可以选择要存储文件的格式，如图 1-34 所示，单击【保存】按钮即可将图像进行保存。

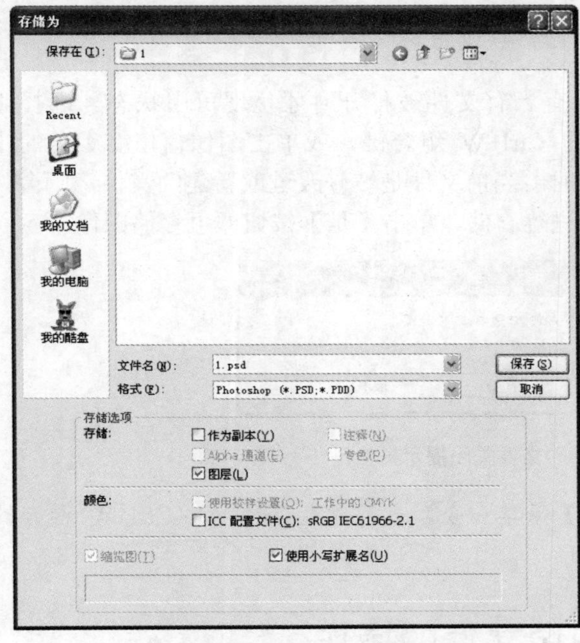

图 1-33　【存储为】对话框

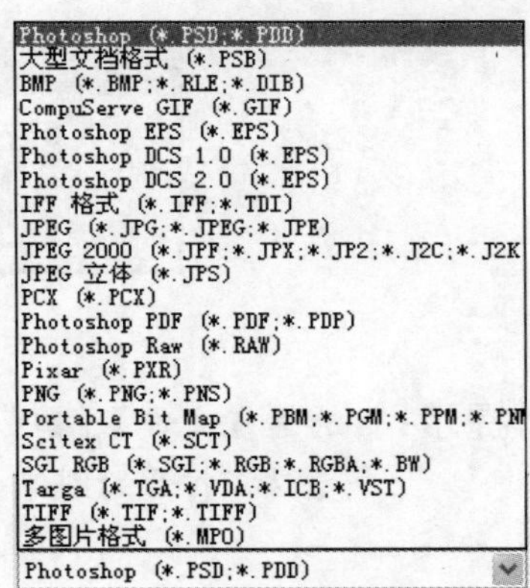

图 1-34　【格式】下拉列表

当我们对文件进行了各种编辑操作后，选择【存储】命令将不弹出【存储为】对话框，计算机直接保留最终确认的结果，并覆盖掉原始文件。因此，在未确定要放弃原始文件之前，应慎用此命令。

提示： 我们可以根据工作任务的需要选择文件存储格式。

用于印刷：TIFF、ESP。

出版物：PDF。

Internet 图像：GIF、JPEG、PNG。

用于 Photoshop 工作：PSD、PDD、TIFF。

方法 2：若既要保留修改过的文件，又不想放弃原文件，则可以选择【存储为】命令。选择【文件】|【存储为】菜单命令，或按下键盘上的 Shift+Ctrl+S 组合键，弹出【存储为】对话框。在该对话框中，可以为更改过的文件重新命名、选择路径、设定格式，然后进行存储。原文件依然保留不变。

【存储选项】选项组中各复选框的功能如下。

- 【作为副本】复选框：在可用状态下启用它，将处理的文件存储成该文件的副本。
- 【Alpha 通道】复选框：可存储带有 Alpha 通道的文件。
- 【图层】复选框：可将图层和文件同时存储。
- 【注释】复选框：可将带有注释的文件存储。
- 【专色】复选框：可将带有专色通道的文件存储。
- 【使用校样设置】复选框：可用状态时使用小写的扩展名存储文件，不可用状态时使用大写的扩展名存储文件。

1.4.4 关闭文件

【文件】菜单下的【关闭】命令只有当有文件被打开时才呈现可用状态。选择【文件】|【关闭】菜单命令，或按键盘上的 Ctrl+W 组合键，或单击图像窗口右上角的【关闭】按钮，可将当前文件关闭。此时若当前文件是被修改过或新建的文件，则会弹出一个提示框，如图 1-35 所示，询问是否进行存储，单击【是】按钮即可存储图像。

图 1-35 文件关闭提示框

提示： 选择【文件】|【关闭全部】菜单命令，或按键盘上的 Alt+Ctrl+W 组合键，可以将打开的图像全部关闭。

1.5 图像文件的操作

Photoshop 是一款图像处理软件，本节将讲解最基础的查看图像、图像窗口显示、图像尺寸的调整，其中会涉及一些图像处理的基本知识。

1.5.1 图像的查看

1. 100%显示图像

100%显示图像如图 1-36 所示。在此状态下可以对文件进行精确的编辑。

2. 全屏显示图像

全屏显示图像有以下几种方法。

方法 1：选择工具箱中的【更改屏幕模式】按钮，如图 1-37 所示。单击【更改屏幕模式】按钮，在弹出的下拉菜单中选择【标准屏幕模式】命令，将以默认的外观显示，如图 1-38 所示。选择【带有菜单栏的全屏模式】命令，将显示带有菜单栏的全屏模式，如图 1-39 所示。选择【全屏模式】命令，将显示全屏的窗口，如图 1-40 所示。

图 1-36　以 100%的比例显示图像

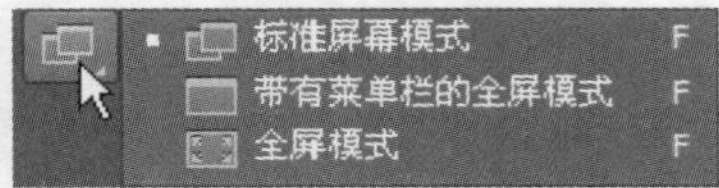

图 1-37　屏幕模式按钮

图 1-38　标准屏幕模式

方法 2：反复按键盘上的 F 键，可以切换不同的屏幕模式效果；按键盘上的 Tab 键，可以关闭除图像和菜单外的其他控制面板，如图 1-41 所示。

图 1-39　带有菜单栏的全屏模式

图 1-40　全屏模式

图 1-41　关闭除图像和菜单外的其他控制面板

3. 放大显示图像

放大显示图像有以下几种方法。

方法 1：在工具箱中选择【缩放工具】，图像中光标变为【放大工具】，每单击一次，图像就会放大一些。例如，图像以 100%的比例显示在屏幕上，单击【放大工具】一次则变成 200%，如图 1-42 所示。

图 1-42　放大显示图像

方法 2：放大一个指定的区域时，先选择【放大工具】，然后把【放大工具】定位在要观看的区域。按住鼠标左键并拖拉鼠标，使鼠标画出的矩形框选住所需的区域，然后释放鼠标左键，这个区域就会放大显示并填满图像窗口，如图 1-43 所示。

图 1-43　放大显示指定的区域

方法 3：按下 Ctrl++组合键，可逐渐放大图像，从 100%比例放大到 200%，直至 300%、400%。如果希望将图像的窗口放大填满整个屏幕，可以在【缩放工具】属性栏中启用【调整窗口大小以满屏显示】复选框，再单击【适合屏幕】按钮，如图 1-44 所示。这样在放大图像时，窗口就会和屏幕的尺寸相适应，效果如图 1-45 所示。还有其他的选项可供选择，单击【实际像素】按钮，图像以实际像素比例显示；单击【打印尺寸】按钮，图像以打印分辨率显示。

调整窗口大小以满屏显示　缩放所有窗口　细微缩放　实际像素　适合屏幕　填充屏幕　打印尺寸

图 1-44　【缩放工具】属性栏

图 1-45　窗口和屏幕的尺寸相适应

还可以在【导航器】控制面板中对图像进行缩放，单击控制面板右下角较大的三角图标，可逐渐放大图像，如从 100%的图像显示比例放大到 200%，直至 300%、400%。单击控制面板左下角的较小的三角图标，可逐渐缩小图像；拖拽小三角滑块可以自由将图像放大或缩小；在左下角的文本框中直接输入数值后按下 Enter 键，也可以将图像放大或缩小，如图 1-46 所示。

图 1-46　通过【导航器】控制面板将图像进行放大

图 1-46　通过【导航器】控制面板将图像进行放大(续)

方法 4：当正在使用工具箱中的其他工具时，只要同时按住 Ctrl+空格组合键，就可以得到放大工具，进行放大显示的操作。

4. 缩小显示图像

缩小显示图像有以下几种方法。

方法 1：选择工具箱中的【缩放工具】，图像上的光标变为【放大工具】图标，按住 Alt 键，则图像上的图标变为【缩小工具】图标。每单击一次，图像将缩小显示一级，如图 1-47 所示。

方法 2：在【缩放工具】属性栏中单击【缩小】按钮，如图 1-48 所示，则屏幕上的【缩放工具】图标变为【缩小工具】图标，每单击一次，图像将缩小显示一级。

方法 3：按下 Ctrl+-组合键，可逐渐缩小图像。

方法 4：当正在使用工具箱中的其他工具时，只要同时按下 Alt+空格组合键，就可以达到使用缩小工具进行缩小显示的效果。

图 1-47　缩小显示图像

图 1-48　【缩放工具】属性栏

1.5.2　图像窗口的显示

当打开多个图像文件时，会出现多个图像文件窗口，我们需要对窗口进行布置和摆放。下面我们将讲解怎样对窗口进行布置和摆放。

用鼠标双击 Photoshop 界面，或按下键盘上的 Ctrl+O 组合键，在【打开】对话框中按住 Ctrl 键，用鼠标点选不同的图片，单击【打开】按钮，如图 1-49 所示。

图 1-49　打开的图像

按下 Tab 键，关闭界面中的工具箱和控制面板，如图 1-50 所示。

选择【窗口】|【排列】菜单命令，弹出【排列】子菜单，如图 1-51 所示。选择【全部垂直拼贴】命令，图像排列如图 1-52 所示。选择【六联】命令，图像排列如图 1-53 所示。

图 1-50　关闭界面中的工具箱和控制面板

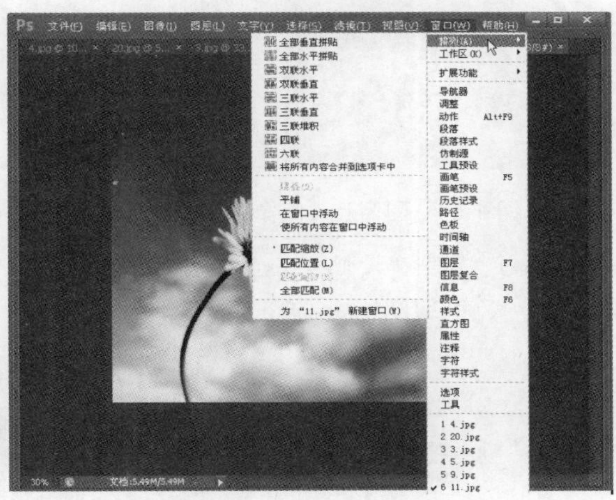

图 1-51　【排列】子菜单

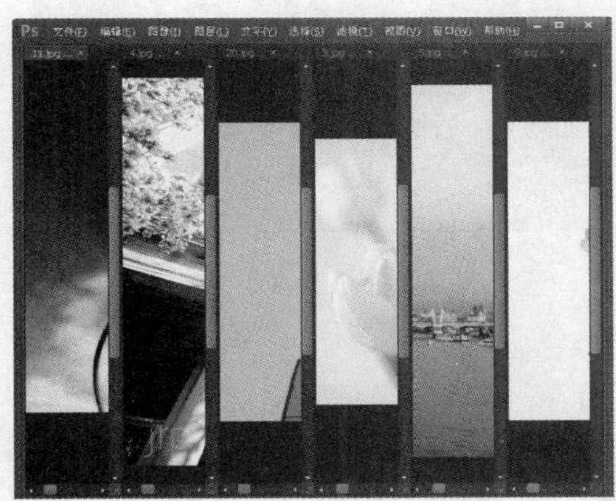

图 1-52　全部垂直拼贴

图 1-53　六联

1.5.3 图像尺寸的调整

一般来说，当用户扫描了图像或者当前图像的大小需要调整时，可以进行相关的操作。

1. 调整图像大小

打开一张图像，选择【图像】|【图像大小】菜单命令，将弹出【图像大小】对话框，如图 1-54 所示。

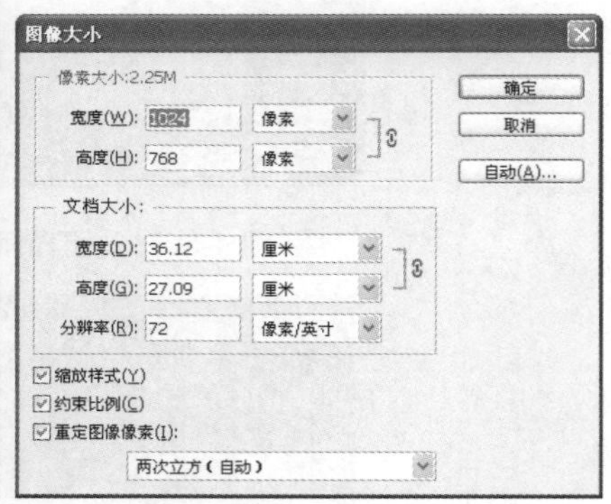

图 1-54 图像及【图像大小】对话框

在【图像大小】对话框中，设置【文档大小】选项组中的【宽度】、【高度】数值，如图 1-55 所示。图像将变小，效果如图 1-56 所示。

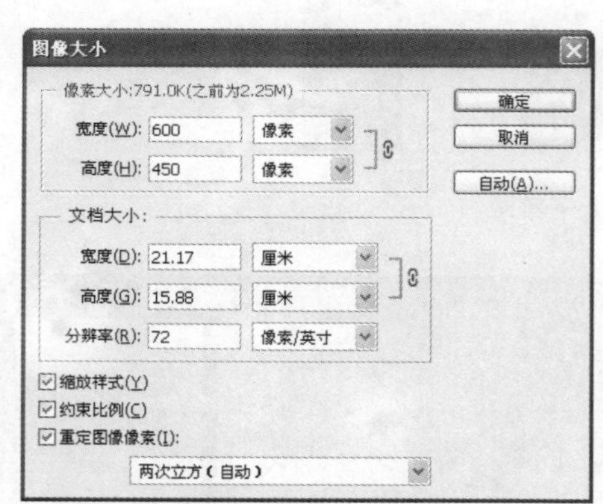

图 1-55 修改参数后的【图像大小】对话框

图 1-56 图像变小的效果

【图像大小】对话框中各选项的功能及参数设置如下。

- 【像素大小】选项组：通过改变【宽度】和【高度】的数值，改变图像在屏幕上的显示的大小，图像的尺寸也相应地改变。
- 【文档大小】选项组：通过改变【宽度】、【高度】和【分辨率】的数值，改变图像文档的大小，图像的尺寸也相应地改变。
- 【缩放样式】复选框：如果图像带有应用了样式的图层，要启用【缩放样式】复

选框，在调整大小后的图像中显示缩放效果。只有启用【约束比例】复选框时，才能使用此选项。

- 【约束比例】复选框：启用此复选框时，在【宽度】和【高度】的选项后出现“锁链”标志。表示改变其中一项设置时，两项会等比例地同时改变。
- 【重定图像像素】复选框：禁用此复选框时，像素大小将不发生变化，【文档大小】选项组中的【宽度】、【高度】和【分辨率】的选项后将出现“锁链”标志。改变时 3 项会同时改变，如图 1-57 所示。

单击【自动】按钮，弹出【自动分辨率】对话框，系统将自动调整图像的分辨率和品质效果，如图 1-58 所示。

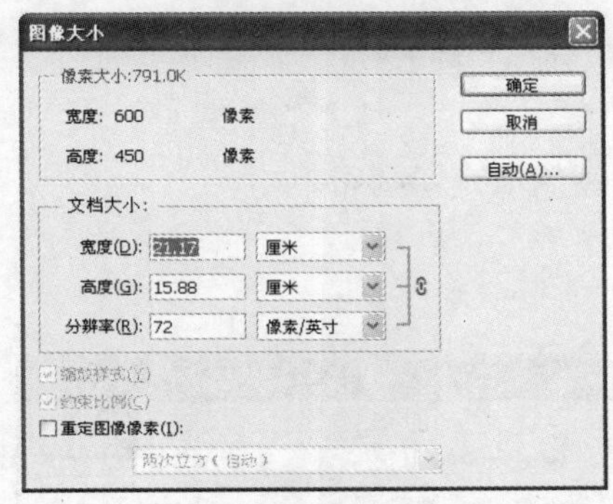

图 1-57　禁用【重定图像像素】复选框时的【图像大小】对话框

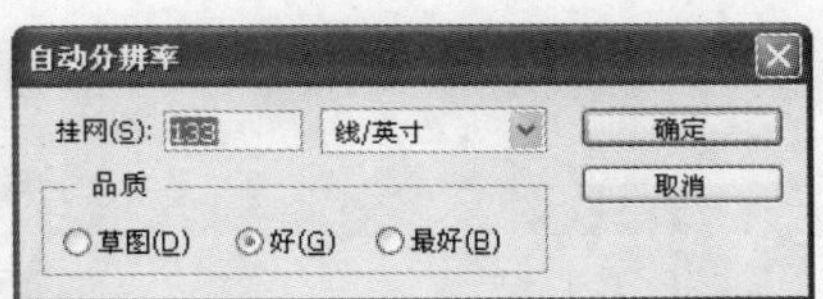

图 1-58　【自动分辨率】对话框

2. 调整画布尺寸

图像画布尺寸的大小是指当前图像周围的工作空间的大小，选择【图像】|【画布大小】菜单命令，将弹出【画布大小】对话框，如图 1-59 所示。

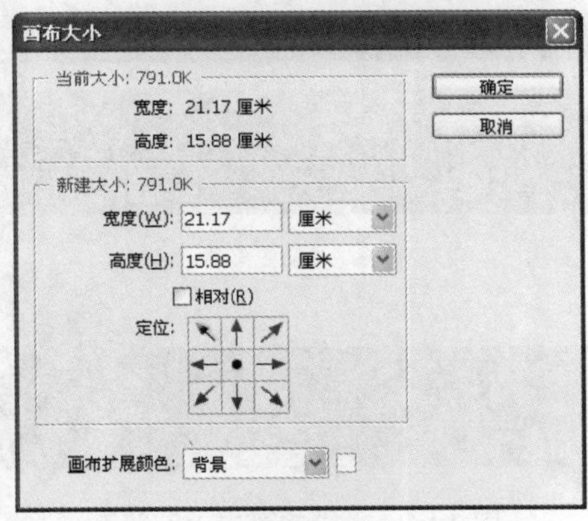

图 1-59　【画布大小】对话框

【画布大小】对话框中各选项的功能及参数设置如下。

【当前大小】选项组：显示的是当前文件的大小和尺寸。

【新建大小】选项组：用于重新设定图像画布的大小。

【相对】复选框：指示新的大小尺寸是绝对尺寸还是相对尺寸。

【定位】：箭头所指方向即为扩展区域的位置，可向右、向下或向左下角等，如图 1-60 所示。

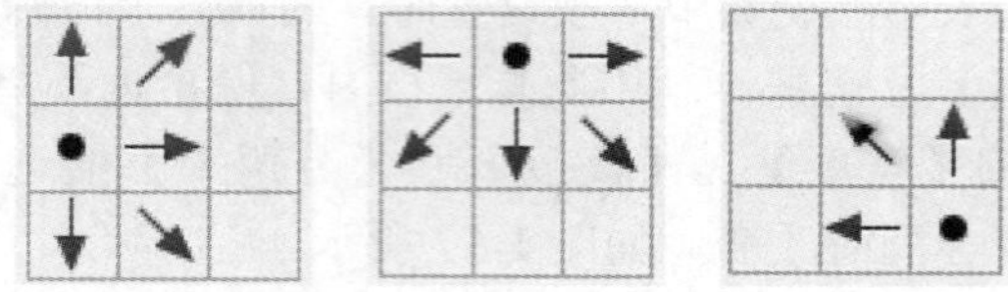

图 1-60　图像放置位置示意图

【画布扩展颜色】下拉列表框有以下几种选项。

- 【前景】：用当前的前景颜色填充新画布。
- 【背景】：用当前的背景颜色填充新画布。
- 【白色】、【黑色】和【灰色】：用这种颜色填充新画布。
- 【其他】：使用拾色器选择新画布颜色。

调整画布大小之后的效果如图 1-61 所示。

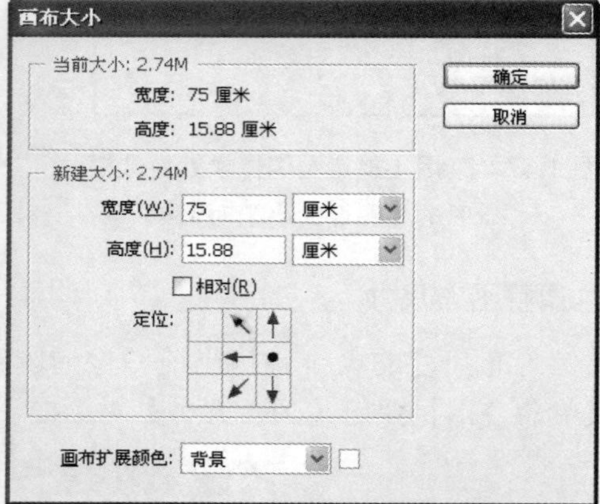

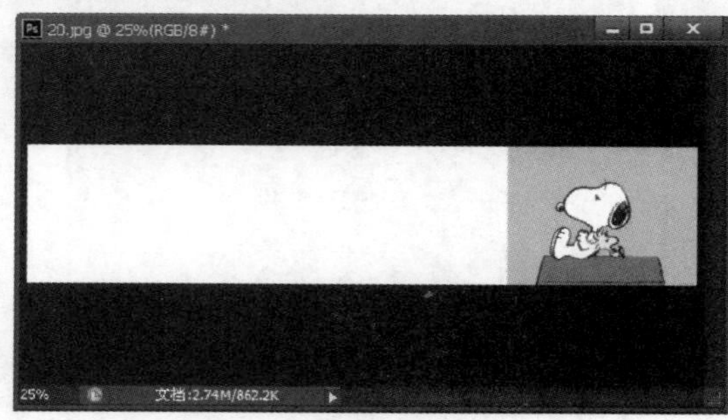

图 1-61　调整画布大小的效果

1.5.4　置入图像

Photoshop 是一个位图软件，用户可以将用矢量图形软件制作的图像(EPS、AI、PDF 等)插入到 Photoshop 中使用，具体操作方法如下。

(1) 启动 Photoshop CS6 后，选择【文件】|【新建】菜单命令，新建一个空白文档，如图 1-62 所示。

图 1-62　新建空白文档

(2) 选择【文件】|【置入】菜单命令，在打开的【置入】对话框中找到并选择需要置入的图片，如图 1-63 所示。

图 1-63　选择需要置入的图片

(3) 单击【置入】按钮，将其置入到空白文档中，如图 1-64 所示。

图 1-64　置入图片

(4) 置入进来的图片中出现了一个浮动的对象控制符，双击图片即可取消该控制符，如图 1-65 所示。

图 1-65　取消控制符

1.6　上机操作实践——制作情人节卡片

本范例源文件：\01\卡片.psd、剪影.png

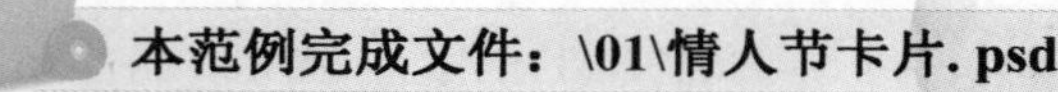

本范例完成文件：\01\情人节卡片. psd

多媒体教学路径：光盘→多媒体教学→第 1 章

1.6.1　实例介绍和展示

运用打开、合并图像、存储、关闭命令，制作出“情人节卡片.psd”，效果如图 1-66 所示。

图 1-66　最终效果图

具体操作步骤如下。

1.6.2　打开素材图像

启动 Photoshop CS6，按下 Ctrl+O 组合键，将打开如图 1-67 所示的【打开】对话框，在文件夹“01”中选择需要的文件“卡片.psd”和“剪影.png”，单击【打开】按钮。

图 1-67　选择“卡片.psd”、“剪影.png”

1.6.3　合并两个图像文件

(1) 选择“剪影.png”窗口，用鼠标选择【图层 0】，按住鼠标左键不放将其拖曳到“卡片.psd”中，如图 1-68 所示。

图 1-68　合并图像文件

(2) 选择“剪影.png”窗口，单击【关闭】按钮，如图 1-69 所示，关闭该窗口。

(3) 在“卡片.psd”窗口中选择【图层 0】，将其拖曳到适当位置，如图 1-70 所示。

图 1-69　关闭“剪影.png”窗口

图 1-70　摆放【图层 0】的位置

1.6.4　存储文件

(1) 按下 Ctrl+Shift+S 组合键打开【存储为】对话框，在【文件名】下拉列表框中输入“情人节卡片”，在【格式】下拉列表框中选择 Photoshop(*.PSD;*.PDD)，如图 1-71 所示。

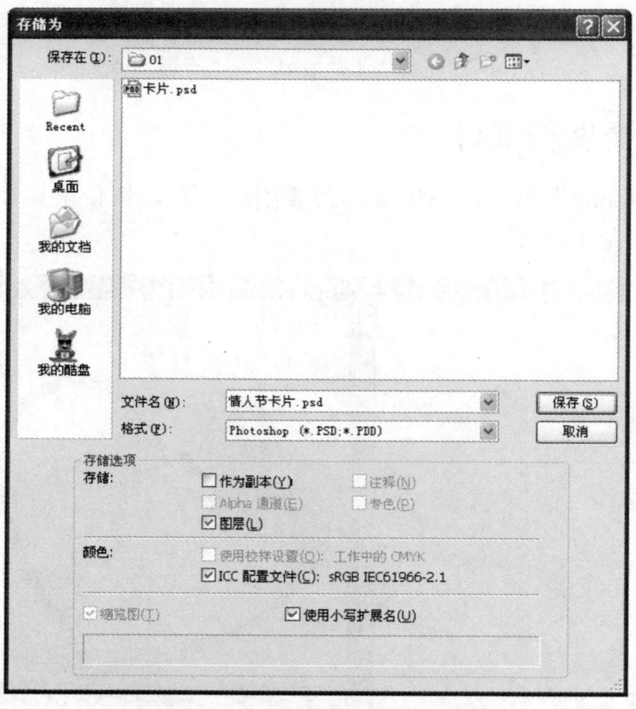

图 1-71　【存储为】对话框

(2) 单击【保存】按钮，在【Photoshop 格式选项】对话框中启用【最大兼容】复选框，如图 1-72 所示，单击【确定】按钮即完成了卡片的制作。

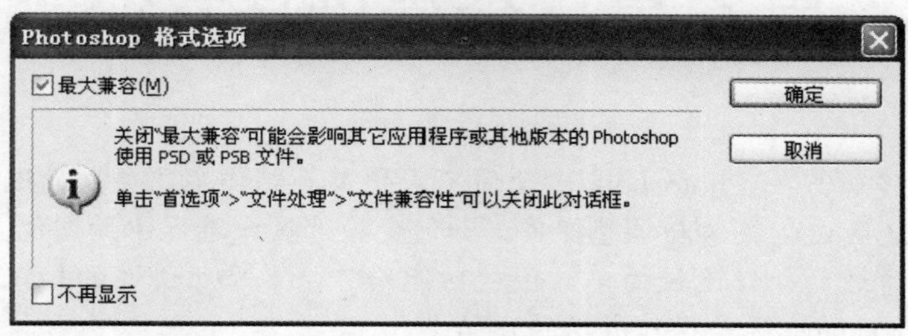

图 1-72　【Photoshop 格式选项】对话框

1.7　操 作 练 习

运用所学知识修改原图像的画布大小，本练习原图像和效果图分别如图 1-73 和图 1-74 所示。

图 1-73　原图像

图 1-74　效果图

第 2 章　基本选择技术

教学目标

本章主要讲解如何在 Photoshop 中使用不同的工具制作不同类别的选择区域，以及如何对已经存在的选区进行编辑与调整操作，如何变换选区或选区中的图像。

虽然本章所讲述的知识比较简单，但就功能而言，本章所讲述的知识非常重要，因为在 Photoshop 中正确的选区是操作成功的开始。

教学重点和难点

1. 认识和了解 Photoshop 中的选择工具。
2. 学习使用常用的菜单选择命令。
3. 掌握选区的编辑和调整。
4. 掌握选区及图像的变换操作。

2.1　常用的选择工具

在 Photoshop 中有很多选择工具，其中用于制作规则型选区的工具包括【矩形选框工具】、【椭圆选框工具】、【单行选框工具】、【单列选框工具】，下面分别介绍这些选择工具的使用方法。

2.1.1　矩形选框工具

【矩形选框工具】用于创建矩形选择区域，在工具箱中选择【矩形选框工具】，在图像中按住鼠标左键不放并拖动，释放鼠标左键后即可创建一个矩形选区。

【矩形选框工具】常用于选择或绘制矩形图像，如图 2-1 所示为使用此工具绘制的矩形选区，如图 2-2 所示为对此矩形选区进行描边操作后得到的效果。

图 2-1　绘制矩形选区

图 2-2　描边选区后的效果

为了得到精确的矩形选区或控制创建选区的方式，通常需要在【矩形选框工具】的属性栏中设置参数，如图 2-3 所示。

图 2-3　矩形选框工具属性栏

提示： 图 2-3 所示的矩形选框工具属性栏中的控制按钮及羽化、消除锯齿等参数选项与其他创建选择区域的工具是相同的，因此，在以后的章节中如果出现同样的参数选项将不再赘述。

1. 创建选区的方式

在属性栏中有 4 种创建选区的方式，分别是【新选区】按钮、【添加到选区】按钮、【从选区减去】按钮和【与选区交叉】按钮。选择不同的按钮所获得的选择区域也不相同，因此在掌握如何创建选区前有必要掌握上述 4 个按钮的功能。

- 单击【新选区】按钮，则每次绘制只能创建一个新选区。在已存在选区的情况下，创建新选区时上一个选区将自动被取消。
- 如果已存在选区，单击【添加到选区】按钮，在图像中拖动矩形选框工具(或者其他选框工具)创建新选区时，可以按叠加累积的形式创建选区。
- 如果已存在选区，单击【从选区减去】按钮，在图像中拖动矩形选框工具(或者其他选框工具)创建新选区时，将从已存在的选区中减去当前绘制的选区，当然，如果两个选区无重合区域则无任何变化。
- 如果已存在选区，单击【与选区交叉】按钮，在图像中拖动矩形选框工具(或者其他选框工具)创建新选区时，将得到当前绘制的选区与已存在的选区相交部分的选区。

如图 2-4 所示是分别单击 4 个按钮后绘制出的选区的示例图。

提示： 在创建复杂选区时也可以直接用快捷键来增加、减少选区或得到交集的选区。在【新选区】按钮状态，按住 Shift 键可以切换至【添加到选区】按钮，此时绘制选区取得增加选区的操作效果；按住 Alt 键可以切换至【从选区减去】按钮，此时绘制选区取得减少选区的操作效果；按住 Shift+Alt 组合键可以切换至【与选区交叉】按钮，此时绘制选区取得两个选区的交集部分。此提示对以下要讲述的各选择工具同样适用。

2. 羽化

羽化参数可以改变选区的选择状态，在【羽化】文本框中输入数值可设置选区的羽化程度。简单地说，此数值的大小会直接影响填充选区后所得图像边缘的柔和程度，在此输入的数值越大，所选择图像的边缘的柔和度越大，这在执行剪切或填充操作时效果非常明显。

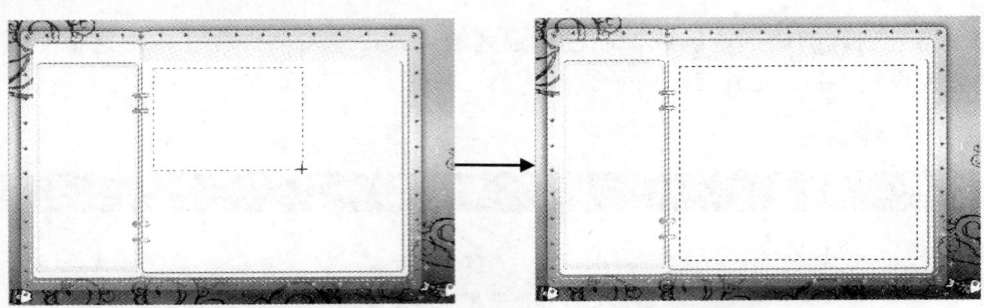

单击【新选区】按钮，在图像区域绘制新选区

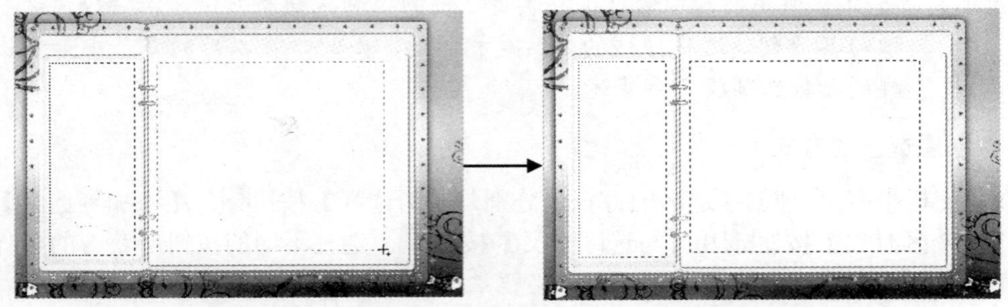

单击【添加到选区】按钮，在图像区域绘制得到的选区

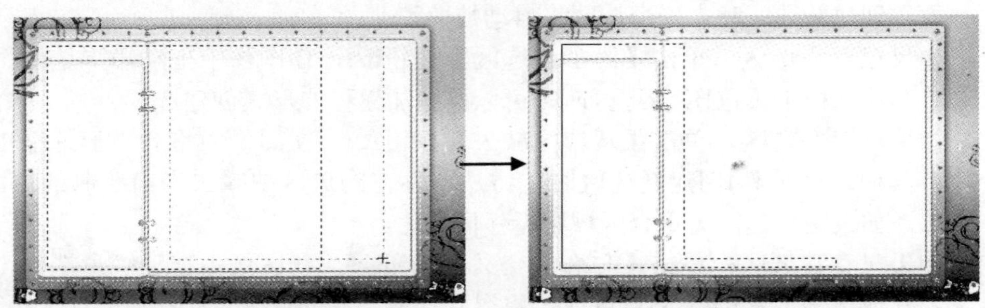

单击【从选区减去】按钮，在图像区域绘制得到的选区

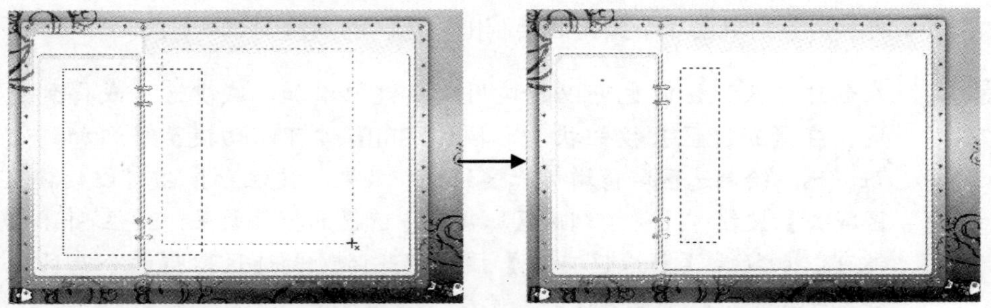

单击【与选区交叉】按钮，得到与现有选区相交部分的选区

图 2-4　4 种方式绘制选区示例图

如图 2-5 所示分别为【羽化】参数值为 5(左图)和【羽化】参数值为 15(右图)时图像的边缘效果。

图 2-5　【羽化】参数值为 5(左图)和【羽化】参数值为 15(右图)时图像的边缘效果

将图像放大后可以更好地了解羽化原理，如图 2-6(a)所示为未羽化的选区的填充效果，如图 2-6(b)所示为【羽化】参数值为 3 的选区的填充效果。可以看出，由于羽化使选区外的图像也具有填充效果，因此在整体上得到柔和的边缘效果。

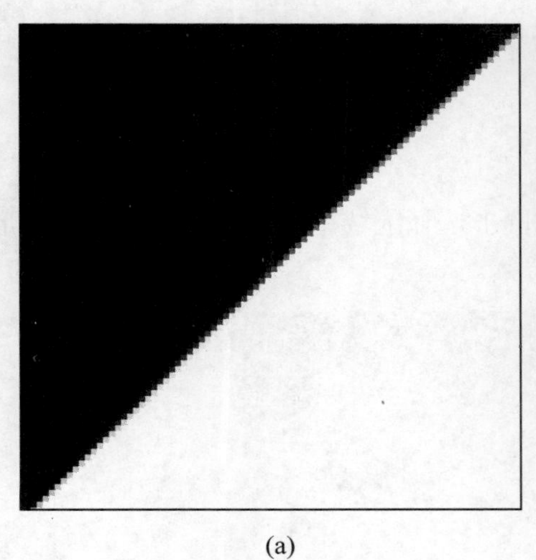

(a)

(b)

图 2-6　羽化前后的填充效果对比

3. 创建选区的样式

在【样式】下拉列表框中有 3 种创建选区的样式，分别是【正常】、【固定比例】和【固定大小】，各选项的介绍如下。

- 【正常】：选择该选项，可随意创建任意大小的选区。
- 【固定比例】：选择该选项，其后的【宽度】和【高度】文本框将被激活，可在其中输入数值来设置选择区域高度与宽度的比例，以得到精确的不同宽高比的选区。

- 【固定大小】：选择该选项，可以得到大小固定的选区，如图 2-7 所示为选择 3 种不同绘制样式时的典型示例图。

(a) 正常样式　　(b) 固定长宽　　(c) 固定大小

图 2-7　3 种不同样式的示例图

提示： 如果需要创建正方形选择区域，按住 Shift 键使用【矩形选框工具】在图像中拖动即可。如果希望从某一点出发创建以此点为中心的矩形选择区域，可以在拖动矩形选框工具时按住 Alt 键。读者可尝试按下 Alt+Shift 组合键时绘制选区的效果。

2.1.2　椭圆选框工具

使用【椭圆选框工具】可建立一个椭圆形选择区域。此工具常用于选择外形为圆形或椭圆形的图像，如选择如图 2-8 所示的圆形。

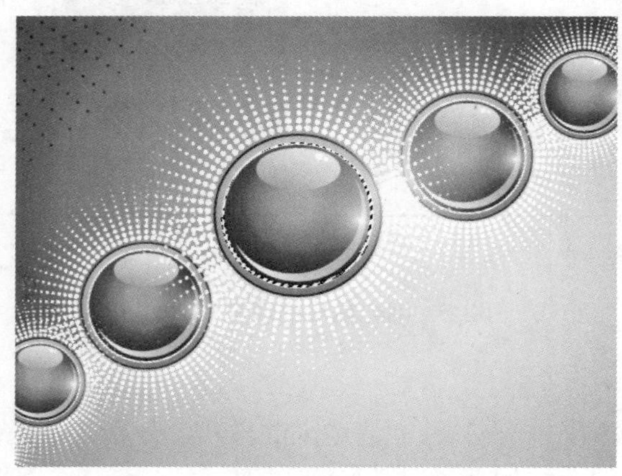

图 2-8　选择圆形

【椭圆选框工具】的属性栏如图 2-9 所示，其中大部分选项与【矩形选框工具】基本相同，在此仅对其中不相同的选项进行介绍。

图 2-9　【椭圆选框工具】的属性栏

- 消除锯齿：启用该复选框可防止产生锯齿，如图 2-10 所示为禁用此复选框绘制选择区域并填充黑色后的效果；如图 2-11 所示为启用此复选框后绘制选择区域并填充黑色后的效果。

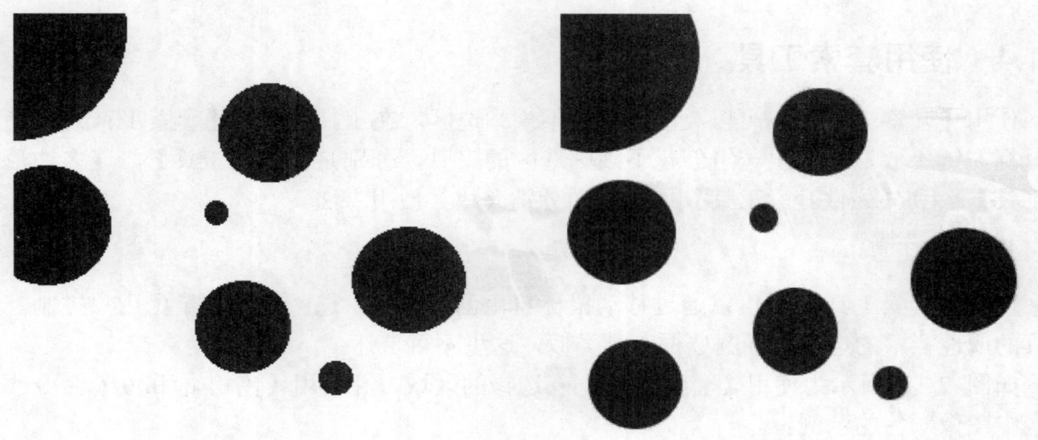

图 2-10　禁用【消除锯齿】复选框的效果　　　　图 2-11　启用【消除锯齿】复选框的效果

对比两幅图可以看出，在启用此复选框的情况下图像的边缘看上去更细腻，反之则会出现很明显的锯齿现象。

提示： 如果需要创建圆形选择区域，按住 Shift 键使用【椭圆选框工具】在图像中拖动即可。如果希望从某一点出发创建以此点为中心的椭圆形选择区域，可以在拖动此工具时按住 Alt 键。读者可以尝试同时按住 Alt+Shift 组合键看一下绘制选区的效果。

如图 2-12 所示为使用【椭圆选框工具】创建多个圆形选区并描边选区的示例图。

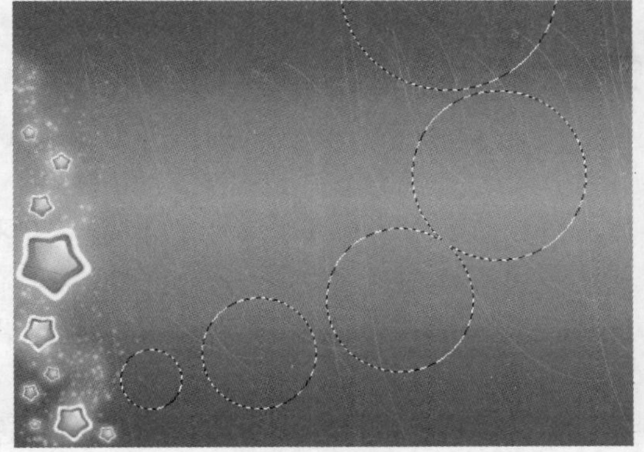

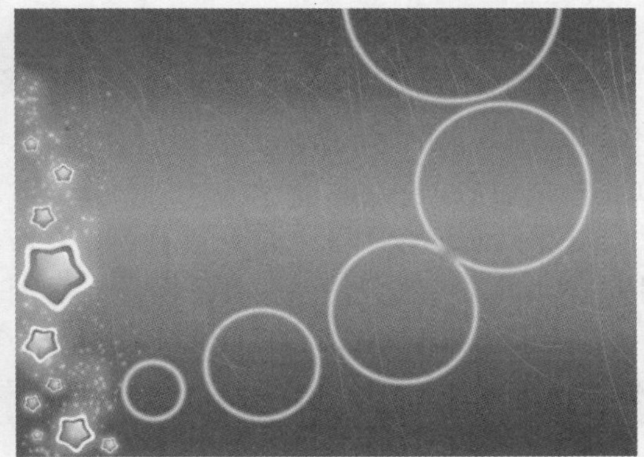

图 2-12　创建多个圆形选区并描边选区的示例

2.1.3 单行选框工具和单列选框工具

使用【单行选框工具】和【单列选框工具】可以非常精确地选择一行像素或一列像素，填充选区后能够得到一个横线或竖线，在版式设计和网页设计中常用此工具绘制直线。

这两个工具使用起来都非常简单，只要在工具箱中选择相应的工具，然后在图像中单击即可选择一行或一列像素。

2.1.4 使用套索工具

使用【套索工具】可以灵活地绘制不规则选区。在工具箱中的【套索工具】上按住鼠标左键不放，将弹出一组创建不规则选区的工具，分别是【套索工具】、【多边形套索工具】和【磁性套索工具】，下面分别介绍其使用方法。

1. 套索工具

使用【套索工具】可以通过移动鼠标自由创建选区，选区效果完全由用户控制。此工具的属性栏中的选项与椭圆选框工具类似，这里不再赘述。

如图 2-13 所示为使用【套索工具】选择的区域，并使用【色相/饱和度】命令改变选区中图像颜色的示例。

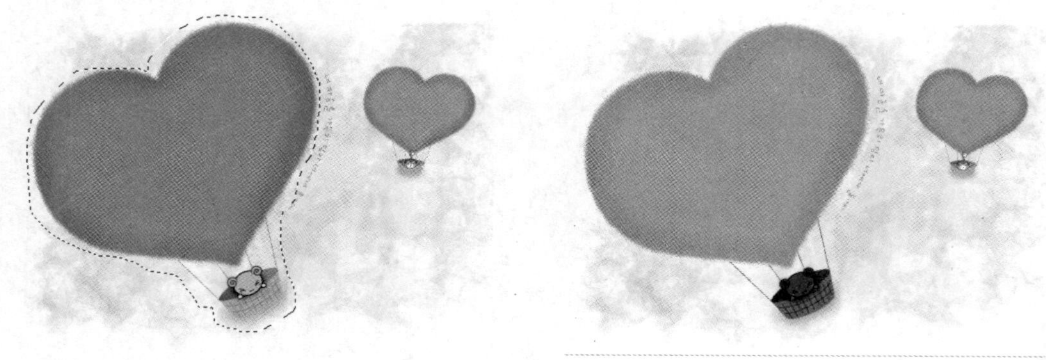

图 2-13 套索选择区域

2. 多边形套索工具

如果要将不规则直边对象从复杂的背景中选择出来，【多边形套索工具】无疑是最佳选择。此工具非常适合于选择边缘虽然不规则，但较为齐整的图像，例如选择如图 2-14 所示的多边形。

【多边形套索工具】属性栏中没有新参数，但其使用方法与【套索工具】有所区别，使用此工具选择图像的具体操作步骤如下。

(1) 打开图像文件，在工具箱中选择【多边形套索工具】，在图像中单击以确定要选择对象的起始点。

(2) 围绕需要选择的图像边缘不断单击，点与点之间将出现连接线。如果某点的位置不正确，可以按下 Delete 键进行删除，以取消当前不正确的点。

(3) 在结束绘制选区的地方双击可以完成多边形选区使其闭合，也可以将最后一点的

光标放在起始点上，当工具图标右下角出现一个小圆时单击，如图 2-15 所示，即完成绘制多边形选区的操作。

图 2-14　选择多边形

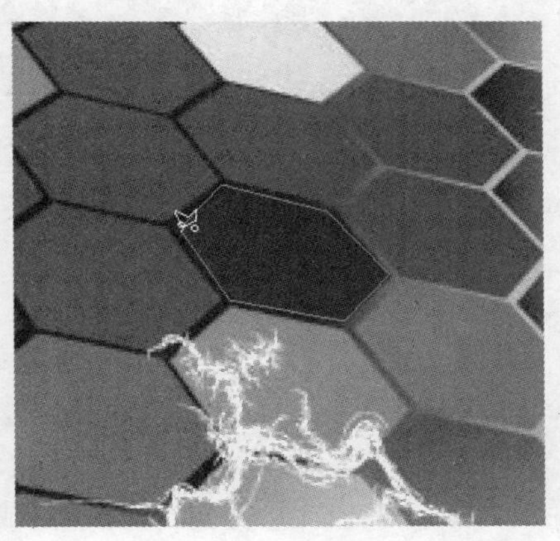

图 2-15　闭合选区

提示：在使用【多边形套索工具】时，如果按下 Shift 键单击，可以绘制水平、垂直或 45° 方向的选择线。在使用【套索工具】或【多边形套索工具】时，按下 Alt 键可以在两个工具之间进行切换。

技巧：在图像中使用【多边形套索工具】绘制选区时，按下 Enter 键，封闭选区，按下 Esc 键，取消选区，按下 Delete 键，删除刚单击建立的选区点。

3．磁性套索工具

【磁性套索工具】是一个智能化的选区工具，其优点是能够非常迅速、方便地选择边缘较光滑且对比度较好的图像。如图 2-16 所示的图像与周围的图像有较好的对比度，因此非常适合于使用此工具进行选择。

图 2-16　对比较好的图像

【磁性套索工具】属性栏如图 2-17 所示，合理地设置属性栏中的参数可以使选择更加精确。

图 2-17 【磁性套索工具】属性栏

该属性栏中的部分参数与选项说明如下。

- 【宽度】：在此文本框中输入数值，用于设置磁性套索工具自动查找颜色边缘的宽度范围。
- 【对比度】：在此文本框中输入百分数，用于设置边缘的对比度，数值越大，磁性套索工具对颜色对比反差的敏感程度越低。
- 【频率】：在此文本框中输入数值，用于设置磁性套索工具在自动创建选区边界线时插入节点的数量，数值越大，插入的定位节点越多，得到的选择区域也越精确。

使用此工具制作选区的具体操作步骤如下。

(1) 打开图像文件，在工具箱中选择【磁性套索工具】，并在其属性栏中设置相关参数。

(2) 使用【磁性套索工具】在图像中单击鼠标左键确定开始选择的位置。

(3) 释放鼠标左键，围绕需要选择图像的边缘移动光标，Photoshop 将在鼠标移动处自动创建选择边界线。

(4) 当光标到达起始点处，将在光标的右下方显示一个小圆，此时单击鼠标左键即可得到闭合的选区，如图 2-18 所示。

图 2-18 利用磁性套索工具创建选区

技巧： 在 Photoshop 自动创建选择边界线时，按下 Delete 键可以删除上一个节点和线段。如果选择边框线没有贴近被选图像的边缘，可以单击鼠标左键手动添加节点。

2.1.5 使用魔棒工具

魔棒是一种依据颜色进行选择的选择工具。使用【魔棒工具】单击图像中的某种颜色，即可将与此种颜色邻近的或不相邻的、在容差值范围内的颜色都一次性选中。此工具

常用于选择颜色较纯或过渡较小的图像，如选择如图 2-19 所示的绿色草地。

图 2-19　选择绿色草地

【魔棒工具】属性栏如图 2-20 所示，工具选项条中的参数与选项介绍如下。

图 2-20　【魔棒工具】属性栏

- 【连续】：启用该复选框，只选取连续的容差值范围内的颜色，否则，Photoshop 会将整幅图像或整个图层中的容差值范围内的此颜色都选中。例如，要选择如图 2-21 所示的图像中的绿色草地，只需在属性栏中禁用【连续】复选框，用【魔棒工具】单击图像中的绿色草地即可。

图 2-21　禁用【连续】复选框的选区效果

- 【容差】：在该文本框中输入数值，以确定魔棒的容差值范围。数值越大，所选取的相邻的颜色越多。如图 2-22 所示为此数值为 20 时得到的选区，如图 2-23 所示为此数值为 60 时得到的选区。

图 2-22 容差值为 20

图 2-23 容差值为 60

- 【对所有图层取样】：启用此复选框，将在所有可见图层中应用魔棒，否则，【魔棒工具】只选取当前图层中的颜色。

2.1.6 快速选择工具

【快速选择工具】最大的特点就是可以像使用【画笔工具】绘图一样创建选区，其属性栏如图 2-24 所示。

30 对所有图层取样 自动增强 调整边缘...

图 2-24 【快速选择工具】属性栏

【快速选择工具】属性栏的参数介绍如下。

- 选区运算模式：由于该工具创建选区的特殊性，它只设定了 3 种选区运算模式，即【新选区】、【添加到选区】和【从选区减去】。
- 【画笔】：单击右侧的三角按钮可调出如图 2-25 所示的画笔参数设置面板，在此可以对涂抹时的画笔属性进行设置。在涂抹过程中，可以设置画笔的硬度，以便创建具有一定羽化边缘的选区。
- 【对所有图层取样】：启用此复选框后，将不再区分当前选择了哪个图层，而是将所有我们看到的图像视为在一个图层上，然后来创建选区。
- 【自动增强】：启用此复选框后，可以在绘制选区的过程中自动增加选区的边缘。
- 【调整边缘】：单击【调整边缘】按钮可以对现有的选区进行更为深入的修改，以帮助我们得到更为精确的选区，详细讲解见 2.3.9 节。

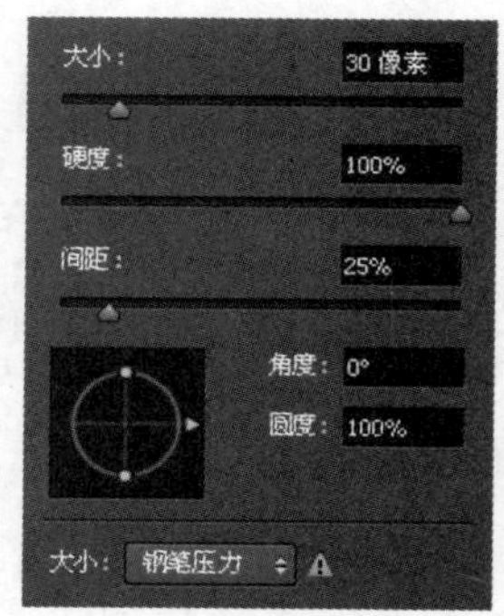

图 2-25 设置画笔参数

【快速选择工具】：主要使用 2 种方式来创建选区，一种是拖动，即通过在图像中的某一部分按住鼠标左键不放进行拖动，即可选中光标掠过的区域；另外一种就是单击，即通过在图像中不断单击即可选中单击处的图像。在选择大范围的图像内容时，可以利用拖动涂抹的形式进行处理，而在添加或减少小范围的选区时，则可以考虑使用单击的方式进行处理。

2.2　使用【色彩范围】命令

除了使用魔棒工具外，还可以使用【色彩范围】命令依据颜色制作选区。

选择【选择】|【色彩范围】菜单命令后，会弹出如图 2-26 所示的对话框。

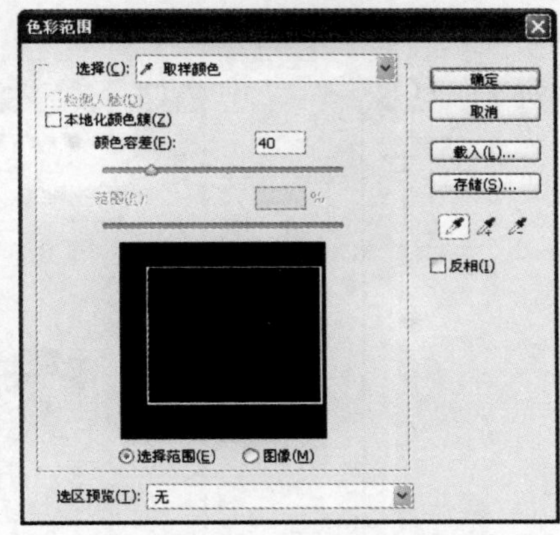

图 2-26　【色彩范围】对话框

利用【色彩范围】命令制作选区的操作方法如下。

(1) 打开图像文件，如图 2-27 所示，选择【选择】|【色彩范围】命令，弹出【色彩范围】对话框。

(2) 确定需要选择的图像部分，如果要选择图像中的红色，则在【选择】下拉列表框中选择红色，在大多数情况下我们要自定义选择的颜色，应该在【选择】下拉列表框中选择【取样颜色】选项。

(3) 选中【选择范围】单选按钮，使对话框预览区域中显示当前选择的图像范围，并设置【颜色容差】为 40、选区预览为【无】，如图 2-28 所示。

(4) 用吸管工具在需要选择的图像部分单击，观察对话框预览区域中图像的选择情况。白色代表已被选择的部分，白色区域越大，表明选择的图像范围越大。

(5) 拖动【颜色容差】滑块，直至所有需要选择的图像都在预览区域中显示为白色(即处于被选中的状态)。如图 2-29 所示为颜色容差较小时的选择范围，如图 2-30 所示为颜色容差较大时的选择范围。

(6) 如果需要添加另一种颜色的选择范围，在对话框中单击【添加到取样】按钮，并用其在图像中要添加的颜色区域单击。如果要减少某种颜色的选择范围，在对话框中单击【从取样中减去】按钮，再在图像中单击即可。

(7) 如果要保存当前的设置，单击【存储】按钮将其保存为*.axt 文件。

图 2-27　图像文件

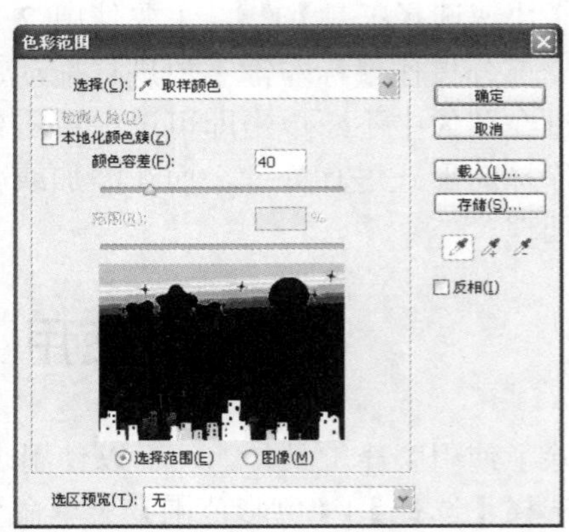

图 2-28　预览区域中显示白色

图 2-29　较小的选择范围

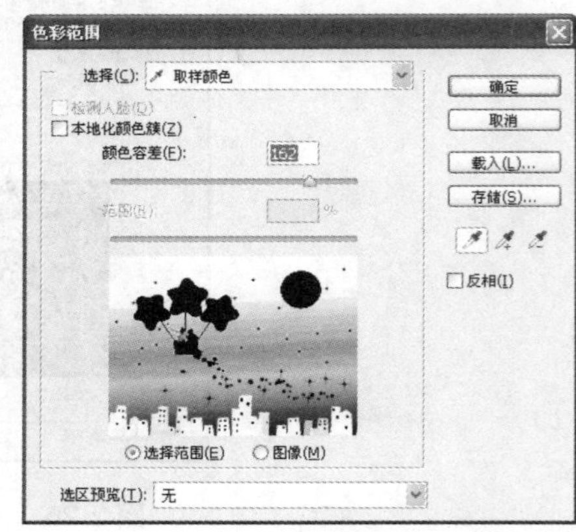

图 2-30　较大的选择范围

(8) 如果希望精确控制选择区域的大小，启用【本地化颜色簇】复选框，【范围】滑块将被激活。

(9) 在对话框的预览区域中通过单击确定选择区域的中心位置，如图 2-31 所示的预览状态表明选择区域位于图像下方，如图 2-32 所示的预览状态表明选择区域位于图像上方。

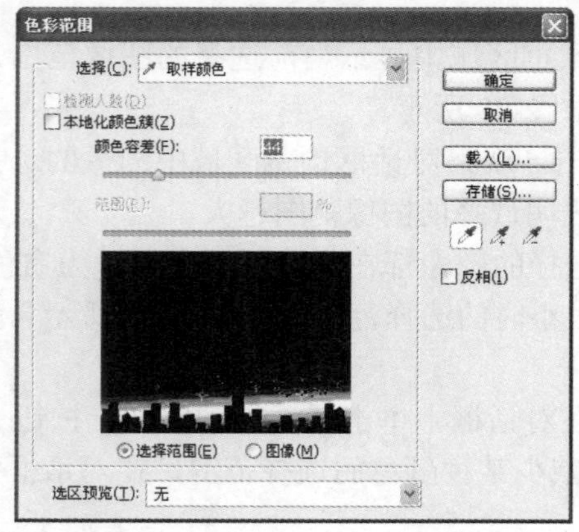

图 2-31　选择区域在下方

图 2-32　选择区域在上方

(10) 通过拖动【范围】滑块可以改变对话框预览区域中的光点范围，光点越大，表明选择区域越大。如图 2-33 所示为范围值为 10%时的光点大小及相应得到的选择区域，如图 2-34 所示为范围值为 100%时的光点大小及相应得到的选择区域。

图 2-33　范围值为 10%时的光点大小及相应得到的选择区域

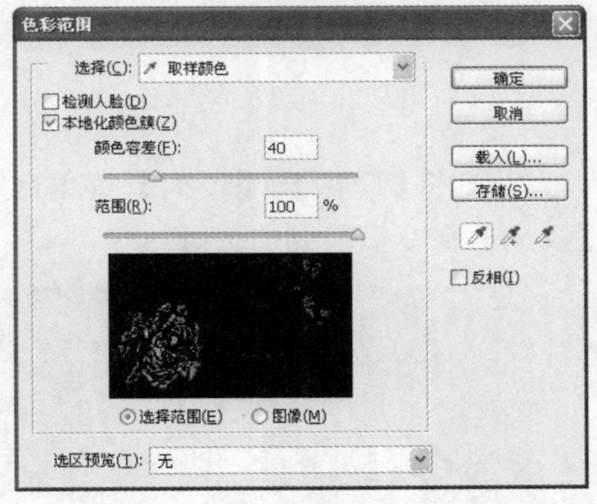

图 2-34　范围值为 100%时的光点大小及相应得到的选择区域

图 2-35 所示是设置适当的参数以创建选区后，再对选区进行羽化及填充蓝色等操作后得到的柔光效果。

图 2-35　填充后的效果

2.3 修 改 选 区

对现有的选区进行修改，可以得到新的或更为精确的选区，下面讲解修改选区的方法和命令。

2.3.1 取消选择区域

当图像中存在选区时，对图像所做的一切操作都被限定在选区中，所以在不需要选区的情况下，一定要将选区取消。取消选区有以下 3 种方法。

- 选择【矩形选框工具】或【套索工具】时，在图像中单击可取消选区。
- 选择【选择】|【取消选择】命令。
- 按下 Ctrl+D 组合键取消选区。

2.3.2 再次选择上次放弃的选区

选择【选择】|【重新选择】菜单命令或按下 Shift+Ctrl+D 组合键，可重选上次放弃的选区。

2.3.3 反选

如果希望选中当前选区外部的所有区域，可以选择【选择】|【反向】菜单命令。如图 2-36 所示为原选区，如图 2-37 所示为选择【反向】命令后得到的选区。

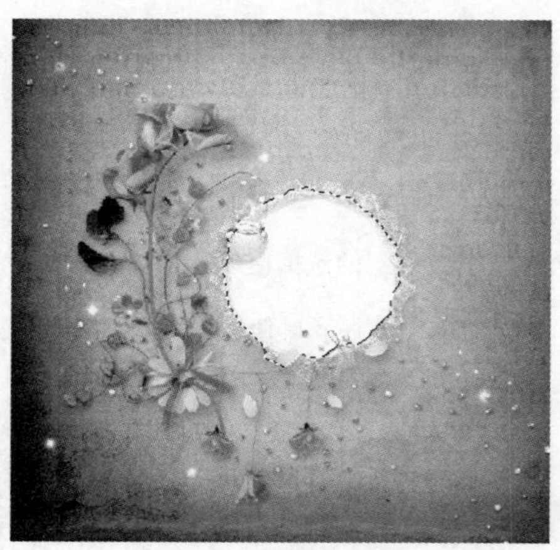

图 2-36　原选区

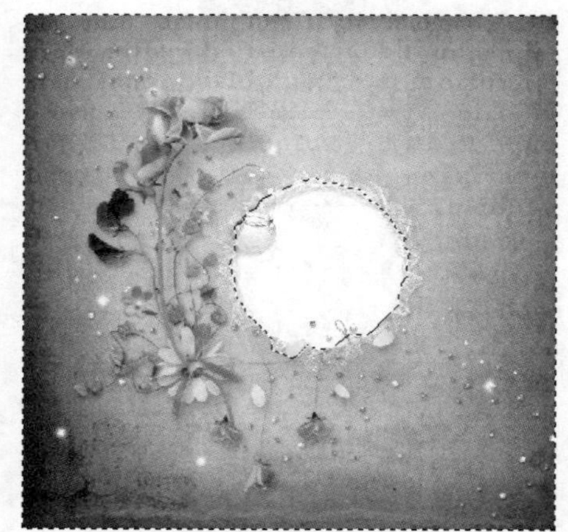

图 2-37　反向后得到的选区

2.3.4 收缩

选择【选择】|【修改】|【收缩】菜单命令，可以将当前选区缩小，其对话框如图 2-38 所示。在【收缩量】文本框中输入的数值越大，选择区域的收缩量越大，如图 2-39 所示为使用【收缩】命令前后的效果对比。

图 2-38　【收缩选区】对话框

图 2-39　收缩选区前后的效果对比

2.3.5　扩展

选择【选择】|【修改】|【扩展】菜单命令，可以扩大当前选区，在【扩展量】文本框中输入的数值越大，选择区域被扩展得越大，如图 2-40 所示为使用【扩展】命令前后的对比。

图 2-40　扩展选区前后的效果对比

2.3.6　平滑

有一些图像的色彩过渡非常细腻，用魔棒工具选取时，容易得到很细碎的选区。

选择【选择】|【修改】|【平滑】菜单命令，在弹出的对话框中输入数值，可以平滑此类选区。如图 2-41 所示为用魔棒工具选择的草地选区及将选区平滑 10 个像素后的效果。

图 2-41　原选区及平滑后的效果

2.3.7　边界

选择【选择】|【修改】|【边界】菜单命令，在弹出的对话框中输入数值，可以将当前选区改变为边框化的选区。如图 2-42 所示为扩边选区操作过程及为选区填充颜色后的效果。

(a) 原选区　　(b) 扩边后的选区　　(c) 填充颜色效果

图 2-42　扩边选区及为选区填充颜色后的效果

2.3.8　羽化

前面所讲的若干创建选区工具的属性栏中基本都有【羽化】文本框，在此输入数值可以羽化以后将要创建的新选区。

而对于当前已存在的选区，要进行羽化则必须选择【选择】|【修改】|【羽化】菜单命令，这时会弹出如图 2-43 所示的【羽化选区】对话框。

图 2-43　【羽化选区】对话框

在【羽化半径】文本框中输入数值，则可以羽化当前选区的轮廓。数值越大，柔化效果越明显。

2.3.9　调整边缘

Photoshop CS6 的【调整边缘】命令提供了很多强大的功能，如选区的预览功能、可以抠选头发的精确选择功能等。选择【选择】|【调整边缘】菜单命令，弹出【调整边缘】对话框，如图 2-44 所示。

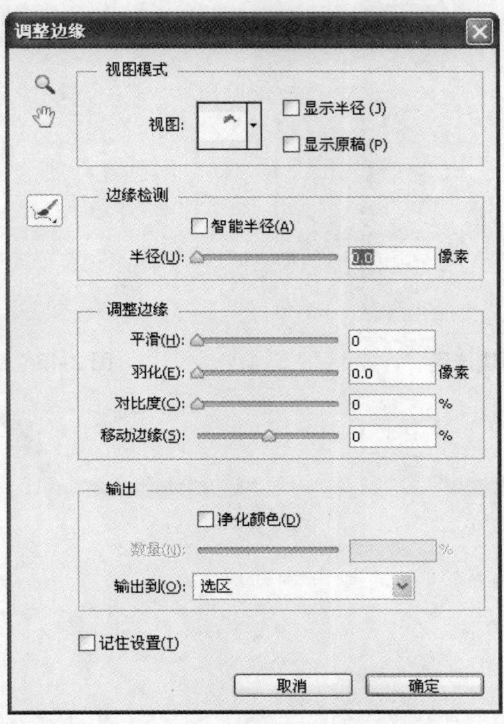

图 2-44　【调整边缘】对话框

【调整边缘】对话框中各参数的含义如下。

(1) 【视图模式】选项组中各参数如下。

- 【视图】：在此下拉列表框中，Photoshop 依据当前处理的图像生成了实时的预览效果，以满足不同的观看需求。根据此列表框底部的提示，按下 F 键可以在各个视图之间进行切换，按下 X 键则只显示原图。
- 【显示半径】：启用此复选框后，将根据下面所设置的半径数值，仅显示半径范围内的图像。
- 【显示原稿】：启用此复选框后，将依据原选区的状态及所设置的视图模式进行显示。

(2) 【边缘检测】选项组中的各参数说明如下。

- 【半径】：在此可以设置检查检测边缘时的范围。
- 【智能半径】：启用此复选框后，将依据当前图像的边缘自动进行取舍，以获得更精确的选择结果。

如图 2-45 所示的选区是结合【套索工具】及【魔棒工具】制作得到的选区，如图 2-46 所示是刚调出【调整边缘】对话框时的预览状态，如图 2-47 所示是设置适当的【半径】数值后得到的效果，如图 2-48 所示是启用【显示半径】复选框时的状态。

图 2-45　创建选区

图 2-46　初始的预览状态

图 2-47　设置半径数值后的效果

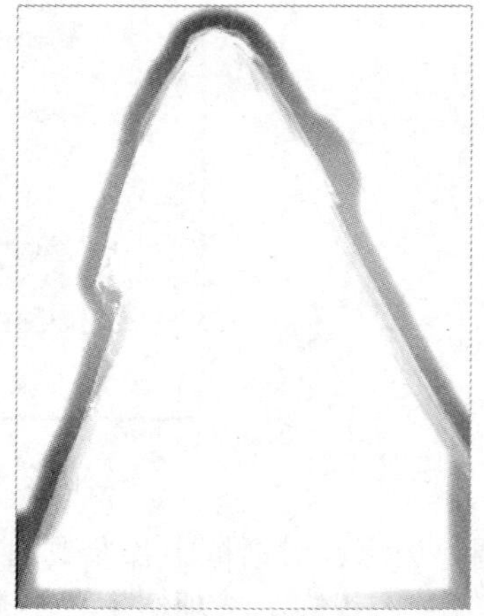

图 2-48　显示半径时的状态

(3)【调整边缘】选项组中的各参数说明如下。

- 【平滑】：当创建的选区边缘非常生硬，甚至有明显的锯齿时，调整此选项值来进行柔化处理。
- 【羽化】：此参数与【羽化】命令的功能基本相同，都是用来柔化选区边缘的。
- 【对比度】：设置此参数可以调整边缘的虚化程度，数值越大则边缘越锐化，它通常可以帮助我们创建比较精确的选区。
- 【移动边缘】：该参数与【收缩】和【扩展】命令的功能基本相同，向左侧拖动滑块可以收缩选区，而向右侧拖动滑块则可以扩展选区。

(4) 【输出】选项组中的各参数说明如下。

- 【净化颜色】：启用此复选框后，下面的【数量】滑块被激活，拖动调整其数值，可以去除选择后的图像边缘的杂色。图 2-49 所示为启用此复选框并设置适当参数后的效果对比，可以看出，处理后的结果被过滤掉了原有的诸多杂色。

图 2-49　净化颜色前后的对比

- 【输出到】：在此下拉列表框中可以选择输出的结果。

(5) 【工具】区域中的各参数说明如下。

- 缩放工具：使用此工具可以缩放图像的显示比例。
- 抓手工具：使用此工具可以查看图像的不同区域。
- 调整半径工具：使用此工具可以编辑检测边缘时的半径，以放大或缩小选择的范围。
- 抹除调整工具：使用此工具可以擦除部分多余的选择结果。

当然，在擦除的过程中，Photoshop 仍然会自动对擦除后的图像进行智能优化，如图 2-50 所示是得到的选择结果。

图 2-50　抠图得到的结果

需要注意的是，【调整边缘】命令相对于通道或其他专门用于抠图的软件及方法，其功能还是比较简单的，因而无法苛求它能够抠出高品质的图像，通常可以在要求不太高或图像对比非常强烈时使用，以快速达到抠图的目的。

2.3.10　扩大选取和选取相似

如果希望选择相邻的区域中与原选区中颜色相似的内容(相似程度由魔棒的容差决定)，可以选择【选择】|【扩大选取】菜单命令。如图 2-51 所示为原选区，如图 2-52 所示

为选择【扩大选取】命令后得到的选区。

图 2-51 原选区

图 2-52 扩大选取后的选区

如果希望按颜色的近似程度(容差决定)扩大选区，这些扩展的选区不一定与原选区相邻，可以选择【选择】|【选取相似】菜单命令。如图 2-53 所示为原选区，如图 2-54 所示为选择【选取相似】命令后得到的选区。

图 2-53 原选区

图 2-54 选取相似后的选区

2.4 变换选区

通过变换选区，可以将现有选区放大、缩小、旋转、拉斜变形。

变换选区仅仅是对选区进行变形操作，并不影响选区中的图像。要变换选区中的图像，就要用 2.5 节所讲述的各个命令。

2.4.1 自由变换

利用变换选区命令，可以对选区进行缩放、旋转、镜像等操作。要变换选区，可按下述步骤进行。

(1) 选择【选择】|【变换选区】菜单命令，如图 2-55 所示；也可以在选择区域右击，

在弹出的快捷菜单中选择【变换选区】命令，如图 2-56 所示。

(2) 选区周围出现变换控制句柄，如图 2-57 所示。

(3) 拖动选区周围的变换控制句柄即可完成对选区的变换操作。

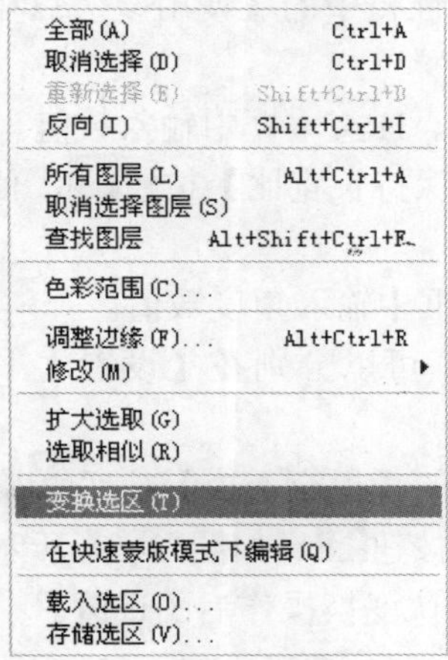

图 2-55　选择【选择】|【变换选区】命令

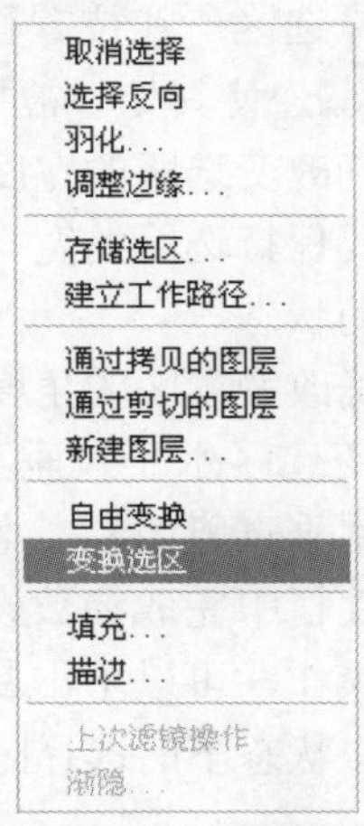

图 2-56　快捷菜单

图 2-57　变换控制句柄

提示：　按下 Shift 键拖动控制句柄，可保持选区边界的高宽比例不变；旋转选择区域的同时按住 Shift 键，将以 15° 为增量进行旋转。

2.4.2　精确变换

如果要精确控制变换操作，应该在如图 2-58 所示的属性栏(选择变换选区命令后会出现)中进行设置。

图 2-58　属性栏

在使用属性栏对选区进行精确变换操作时，可以使用工具栏中的【参考点位置】按钮

确定操作参考点。

- 要精确改变选区的水平位置，可以分别在 X、Y 文本框中输入数值。
- 如果要定位选区的绝对水平位置，直接输入数值即可；如果要使输入的数值为相对于原选区所在位置移动的一个增量，单击属性栏中的【使用参考点相关定位】按钮，使其处于被按下的状态即可。
- 要精确改变选区的宽度与高度，可以分别在 W、H 文本框中输入数值。
- 如果要保持选区的宽高比，单击属性栏中的【保持长宽比】按钮，使其处于被按下的状态。
- 要精确改变选区的角度，需要在【旋转】文本框中输入角度数值。
- 要改变选区水平及垂直方向上的斜切变形度，可以分别在【设置水平斜切】、【设置垂直斜切】文本框中输入角度数值。
- 在属性栏中完成参数设置后，可单击属性栏中的【提交变换】按钮确认，如要取消操作，可以单击属性栏中的【取消变换】按钮。如图 2-59 所示为处于变换操作状态下的选择区域，如图 2-60 所示为确认变换操作后的选区。

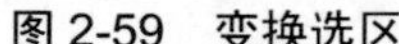

图 2-59　变换选区

图 2-60　确认变换操作后的效果

2.5 变换图像

变换图像是非常重要的图像编辑手段，通过变换图像可以对图像进行放大、缩小、旋转等操作。

2.5.1 缩放

选择【编辑】|【变换】|【缩放】命令，可以对选区中的图像进行缩放操作。选择此命令时图像的四周将出现变换控制框，如图 2-61 所示。

将光标放在变换控制框中的控制句柄上，待光标显示为↖↘形时，按住鼠标左键不放拖动控制句柄即可对图像进行缩放，如图 2-62 所示。得到合适的缩放效果后，按下 Enter 键确认变换即可。

图 2-61　图像四周出现的变换控制框

图 2-62　放大图像后的效果

提示： 如果拖动控制句柄时按住 Shift 键，则可按比例缩放图像。如果拖动控制句柄时按住 Alt 键，则可依据当前操作中心对称地缩放图像。

2.5.2　旋转

选择【编辑】|【变换】|【旋转】菜单命令，可以对选区中的图像进行旋转操作。与缩放操作类似，选择此命令后当前操作图像的四周将出现变换控制框，将光标放在变换控制框边缘或控制句柄上，待光标转换为↶形时，按下鼠标拖动即可旋转图像。

技巧： 如果拖动时按住 Shift 键，则以 15° 为增量对图像进行旋转。

2.5.3　斜切

选择【编辑】|【变换】|【斜切】菜单命令，可以对选区中的图像进行斜切操作。此操作类似于扭曲操作，其不同之处在于：在扭曲变换操作状态下，变换控制框中的控制句柄可以按任意方向移动；在斜切变换操作状态下，变换控制框中的控制句柄只能在变换控制框边线所定义的方向上移动。

2.5.4　扭曲

选择【编辑】|【变换】|【扭曲】菜单命令，可以对选区中的图像进行扭曲变形操作。在此情况下图像四周将出现变换控制框，拖动变换控制框中的控制句柄，即可对图像进行扭曲操作。

如图 2-63 所示为原图像，如图 2-64 所示为通过拖动变换控制框中的控制句柄，对处于选择状态下的图像执行扭曲操作的过程，如图 2-65 所示为通过将图像扭曲并将被选图像贴入打印纸上的效果。

图 2-63　原图像

图 2-64　扭曲操作中的状态

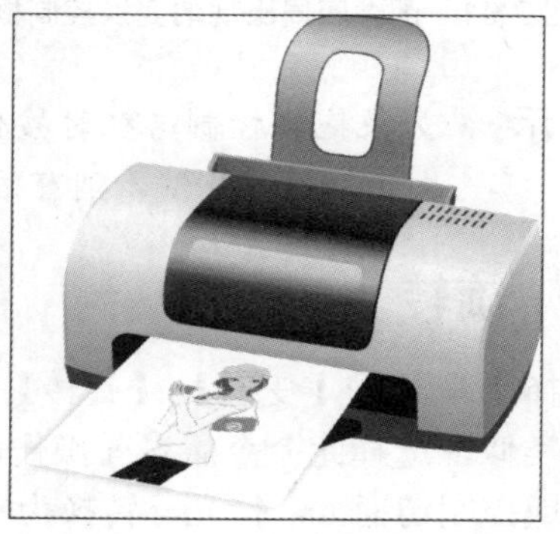

图 2-65　扭曲操作执行后的效果

2.5.5　透视

通过对图像应用透视变换命令，可以使图像获得透视效果，操作方法如下。

(1) 打开图像文件，如图 2-66 所示，选择【编辑】|【变换】|【透视】菜单命令。

(2) 将光标移至控制句柄上，当光标变为箭头▶时拖动鼠标，即可使图像发生透视变形。

(3) 得到需要的效果后释放鼠标，并双击变换控制框(或者按下 Enter 键)以确认透视变换操作。如图 2-67 所示为使用此命令并结合图层操作，制作出的具有空间透视效果的图像，如图 2-68 所示为在变换时的自由变换控制框状态。

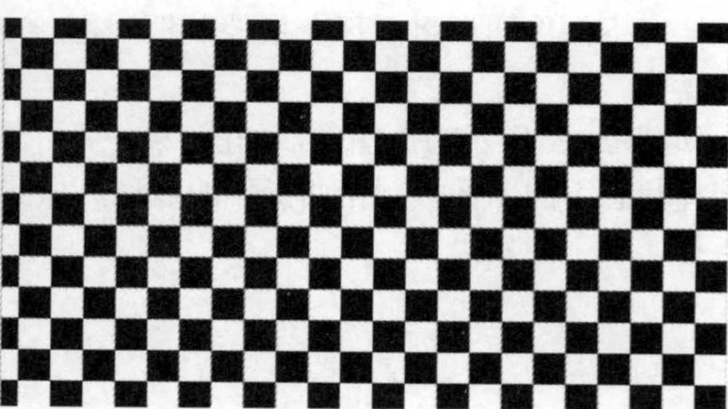

图 2-66　图像文件

图 2-67　制作后的透视效果

图 2-68　自由变换控制框状态

提示： 执行此操作时应该尽量缩小图像的观察比例，尽量多显示一些图像周围的灰色区域，以利于拖动控制句柄。

2.5.6　变形图像

【变形】命令用于对图像进行更灵活、细致、复杂的变形操作，常用于制作页面折角及翻转胶片等效果。

选择【编辑】|【变换】|【变形】菜单命令即可调出变形网格，同时属性栏将变为如图 2-69 所示的状态。

图 2-69　【变形】属性栏

在调出变形控制框后，可以采用以下两种方法对图像进行变形操作。

(1) 直接在图像内部、节点或控制句柄上拖动，直至将图像变形为所需的效果。

(2) 在属性栏的【变形】下拉菜单中选择适当的形状，如图 2-70 所示。

【变形】属性栏中的各个参数说明如下。

- 【变形】：在该下拉列表框中可以选择 15 种预设的变形选项，如果选择自定选项，则可以随意对图像进行变形操作。

提示： 在选择了预设的变形选项后，则无法随意对图形控制框进行编辑，而需要在【变形】下拉列表框中选择【自定】选项后才可以继续编辑。

- 【在自由变换和变形模式之间切换】按钮：单击该按钮可以改变图像变形的方向。

- 【弯曲】弯曲: 50.0 %：在此数值框中输入正或负数值可以调整图像的扭曲程度。
- H、V 数值框 H: 0.0 % V: 0.0 %：在此输入数值可以控制图像扭曲时在水平和垂直方向上的比例。

图 2-70　属性栏中的【变形】下拉菜单

下面将通过具体操作讲解变形控制框的使用方法，操作步骤如下。

(1) 打开图像文件，如图 2-71 所示。选择【编辑】|【变换】|【变形】命令，以调出变形控制框，如图 2-72 所示。

图 2-71　原图像

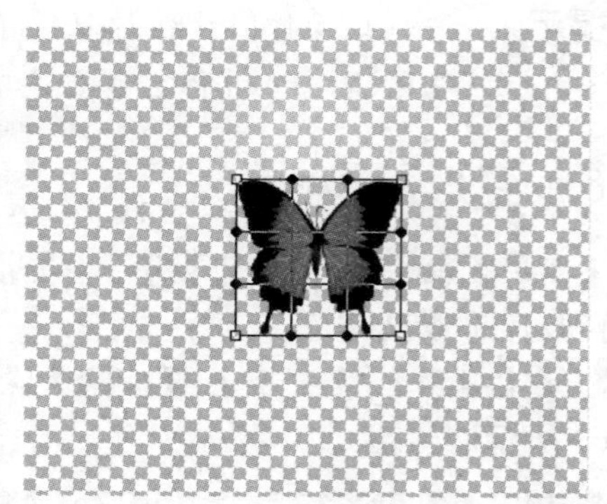

图 2-72　调出变形控制框

(2) 将光标置于右下角角点上，如图 2-73 所示，向左侧拖动至如图 2-74 所示的效果。再将光标置于右上角角点处，向左侧拖动至如图 2-75 所示的效果。

图 2-73　光标置于右下角角点处

图 2-74　变形图像

图 2-75　继续变形图像

(3) 按照同样的方法操作，直至得到类似于图 2-76 所示的效果。按下 Enter 键确认变形操作，得到如图 2-77 所示的效果。如图 2-78 所示为应用到背景中的效果。

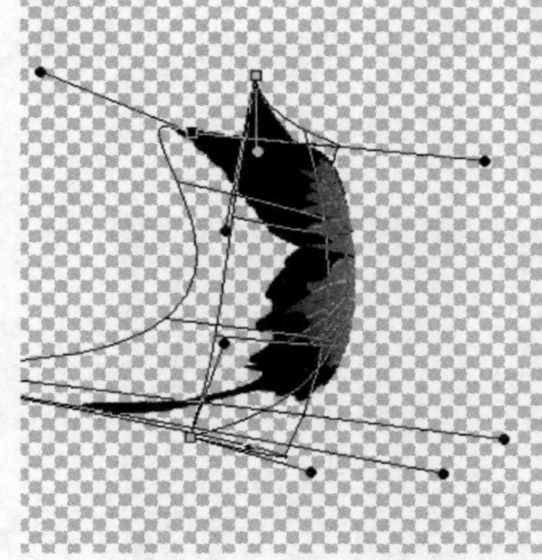

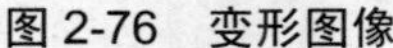

图 2-76　变形图像

图 2-77　变形后的效果

图 2-78　应用到背景中的效果

2.5.7　自由变换

除使用上述命令进行同类的变换操作外，在 Photoshop 中还可以在自由变换操作状态下进行各类变换操作，自由地完成旋转、缩放、透视等操作。

选择【编辑】|【自由变换】命令或按下 Ctrl+T 组合键，可进入自由变换状态。在此状态下配合功能键拖动控制边框的控制句柄即可完成缩放、旋转、扭曲等多种操作。

提示： 直接拖动变形控制框的控制句柄可进行旋转、缩放等操作。如需制作透视效果，可按下 Ctrl+Alt+Shift 组合键拖动控制句柄。如需制作扭曲效果，可按下 Ctrl 键拖动控制句柄。

2.5.8　再次变换

如果已进行过任何一种变换操作，可以选择【编辑】|【变换】|【再次】命令，以相同的参数值再次对当前操作的图像进行变换操作，使用此命令可以确保两次变换操作效果

相同。

例如，如果上一次变换操作是将操作图像旋转 90°，选择此命令则可以对任意操作图像完成旋转 90° 的操作。

如果在选择此命令的时候按住了 Alt 键，则可以在变换的同时进行复制。下面通过示例讲解此操作，操作步骤如下。

(1) 打开图像文件，其效果及【图层】面板如图 2-79 所示。

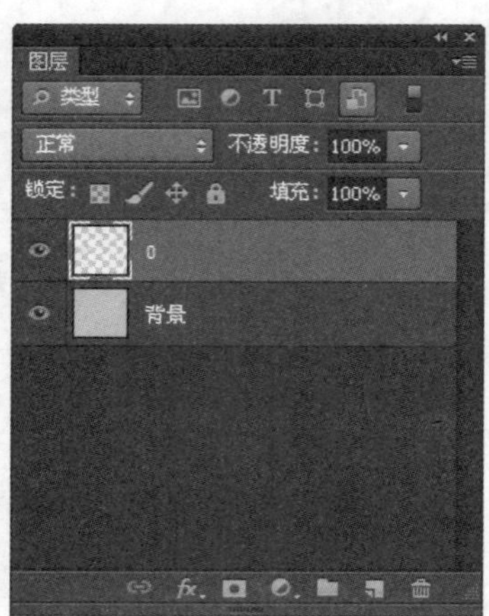

图 2-79 图像文件及其【图层】面板状态

(2) 按住 Ctrl 键单击“图层 0”，调出其选区。

(3) 按下 Ctrl+T 组合键，调出自由变换控制框，将控制框的旋转中心点移至如图 2-80 所示的位置。

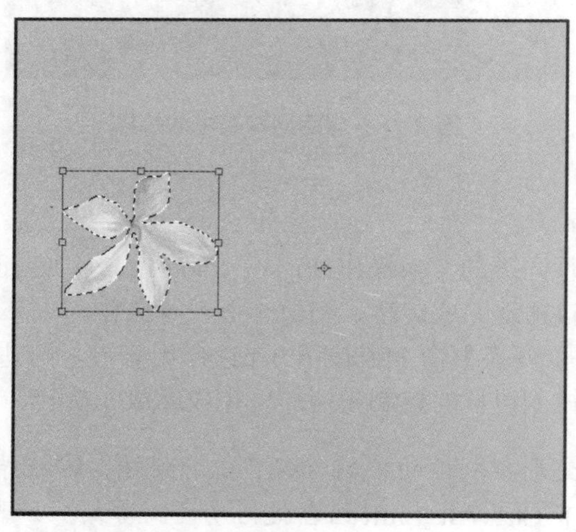

图 2-80 移动旋转中心点

(4) 在属性栏中设置高度和宽度的缩放值为 90%、旋转角度为 45°，得到如图 2-81 所示的效果。

(5) 按下 Enter 键确认变换操作，再按下 Ctrl+Z 组合键后退一步到变换前的状态，确认选区没有被取消，然后按下 Ctrl+Alt+Shift+T 组合键执行再次变换复制操作 30 次，按下

Ctrl+D 组合键取消选区，得到如图 2-82 所示的效果。

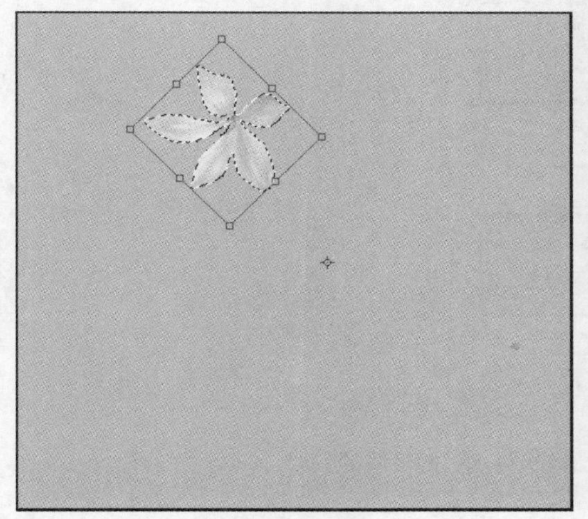

图 2-81 精确设置旋转和缩放值后的效果

图 2-82 最终效果

2.5.9 翻转操作

翻转图像也是图像操作中的一项常规操作，分别选择【编辑】|【变换】|【旋转 180 度】、【旋转 90 度(顺时针)】或【旋转 90 度(逆时针)】命令，可以将操作图像旋转 180°、按顺时针方向旋转 90° 或按逆时针方向旋转 90°。

选择【编辑】|【变换】|【水平翻转】命令，可分别以经过图像中心点的垂直线为轴水平翻转图像；如果选择的是【垂直翻转】命令，则以经过图像中点的水平线为轴垂直翻转图像。

如图 2-83 所示为原图像，如图 2-84 所示为垂直翻转后的效果，如图 2-85 所示为对垂直翻转的图像执行水平翻转后的效果。

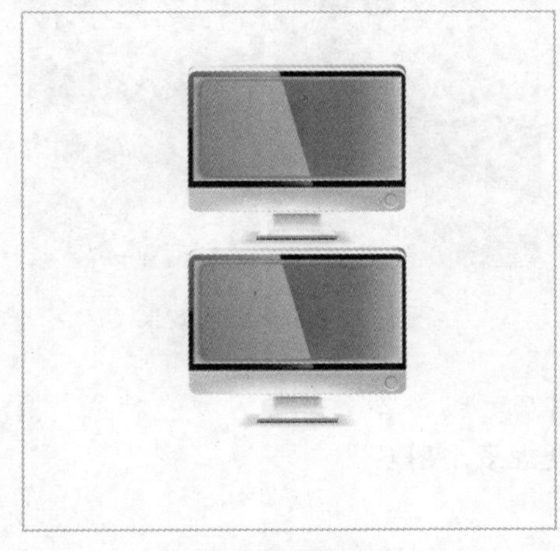

图 2-83 原图像

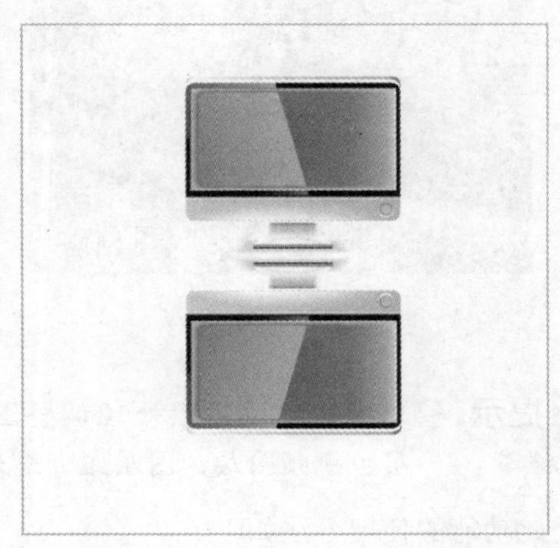

图 2-84 垂直翻转后的效果

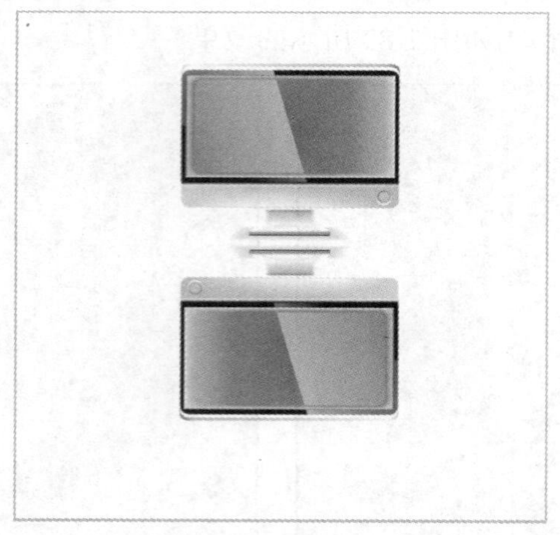

图 2-85　对垂直翻转后的图像执行水平翻转后的效果

2.5.10　使用内容识别比例变换

内容识别比例变换的功能是对图像进行缩放处理，它可以在不更改图像中重要可视内容(如人物、建筑、动物等)的情况下调整图像的大小。

如图 2-86 所示为原素材，如图 2-87 所示为使用常规变换缩放操作的结果，如图 2-88 所示为使用内容识别比例变换对图像进行垂直放大操作后的效果，可以看出，原图像中的人像基本没有受到影响。

图 2-86　原图像

图 2-87　常规缩放效果

提示： 此功能不适用于处理调整图层、图层蒙版、各个通道、智能对象、3D 图层、视频图层、图层组，或者同时处理多个图层。

此功能的使用方法如下。

(1) 选择要缩放的图像后，选择【编辑】|【内容识别比例】命令。

(2) 在如图 2-89 所示的属性栏中设置相关选项，具体讲解如下。

图 2-88　使用内容识别比例变换的效果

图 2-89　【内容识别比例】属性栏

- 数量：在此可以指定内容识别缩放与常规缩放的比例。
- 保护：如果要使用 Alpha 通道保护特定区域，可以在此选择相应的 Alpha 通道。
- 保护肤色：如果试图保留含有肤色的区域，可以单击选中此按钮。

(3) 拖动围绕在被变换图像周围的变换控制框，则可得到需要的变换效果。

2.5.11　操控变形

操控变形是 Photoshop CS6 中的又一强大的变形功能，它提供了更丰富的网格，用于进行更精细的图像变形处理，具体使用和操作方法如下。

(1) 新建文档，如图 2-90 所示，对应的【图层】面板如图 2-91 所示，【图层 1】是用【矩形选框工具】绘制矩形，然后填充的红色，【图层 1 副本】是对【图层 1】进行复制得来的。

(2) 选择【编辑】|【操控变形】命令，可调出类似于如图 2-92 所示的变形网格(为便于观看，本书暂时隐藏了【图层 1 副本】，此时属性栏参数如图 2-93 所示)。

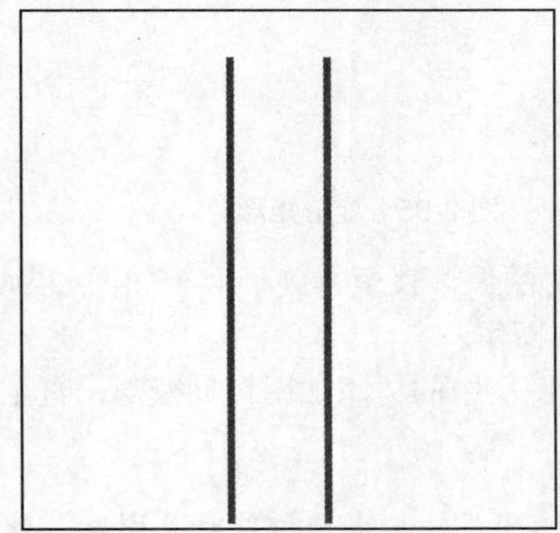

图 2-90　图像文件

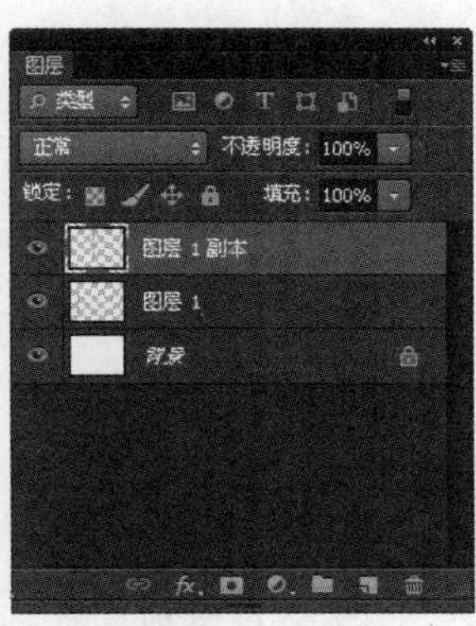

图 2-91　【图层】面板

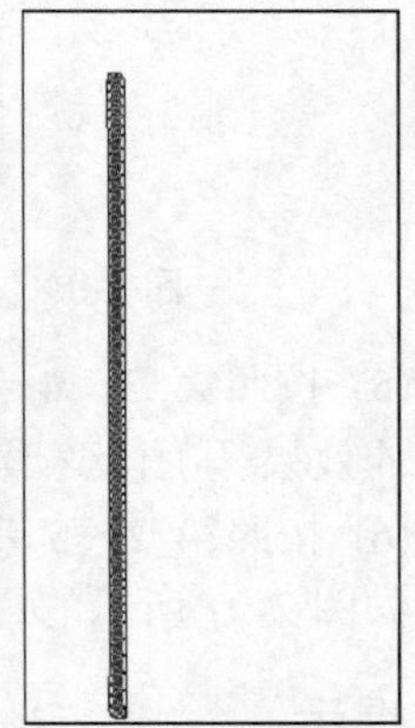

图 2-92　变形网格

图 2-93 【操控变形】属性栏

【操控变形】属性栏的参数介绍如下。

- 【模式】：在该下拉列表框中选择不同的选项，变形的程度也各不相同。
- 【浓度】：在该下拉列表框中可以选择网格的密度，越密的网格占用的系统资源就越多，但变形也越精确，在实际操作时应注意根据情况进行选择。
- 【扩展】：在文本框中输入数值，可以设置变形网格相对于当前图像边缘的距离。该数值可以为负数，即可以向内缩减图像内容。
- 【显示网格】复选框：启用该复选框时，将在图像内部显示网格；反之，则不显示网格。
- 【将图钉前移】按钮：单击此按钮可以将当前选中的图钉向前移一个层次。
- 【将图钉后移】按钮：单击此按钮可以将当前选中的图钉向后移一个层次。
- 旋转：在此下拉菜单中选择【自动】命令，则可以手工拖动图钉以调整其位置；如果在后面的输入框中输入数值，则可以精确地定义图钉的位置。
- 移去所有图钉按钮：单击此按钮可以清除当前添加的图钉，同时还可以复位当前所作的所有变形操作。

(3) 在调出变形网格后，光标将变为✢状态，此时在变形网格内部单击即可添加图钉，用于编辑和控制图像的变形，如图 2-94 所示。

(4) 拖动中间位置的图钉，以对矩形进行变形，如图 2-95 所示。

图 2-94 添加图钉 　　图 2-95 变形矩形

(5) 按照第 3～4 步的方法，继续添加图钉来变形树图像，直至得到类似于如图 2-96 所示的效果。确认变形完成之后，可以按下 Enter 键确认操作。

(6) 按照第 2～5 步的方法，显示【图层 2】并对该图层中的树添加图钉并变形，直至得到如图 2-97 所示的最终效果。

提示： 在进行操控变形时，可以将当前图像所在的图层转换成为智能对象图层，这样我们所做的操控变形就可以记录下来，以供下次继续进行编辑。

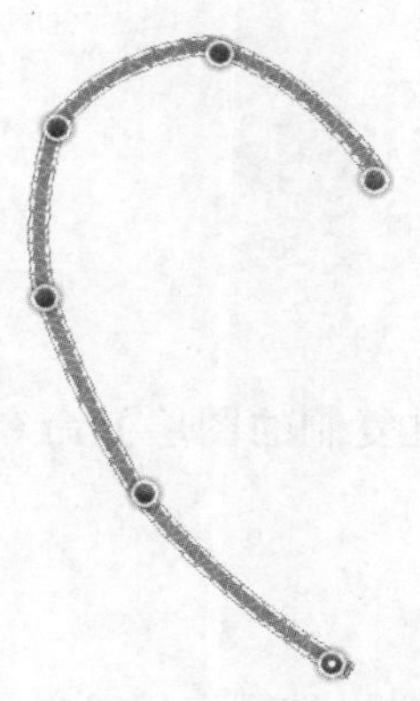

图 2-96　变形效果

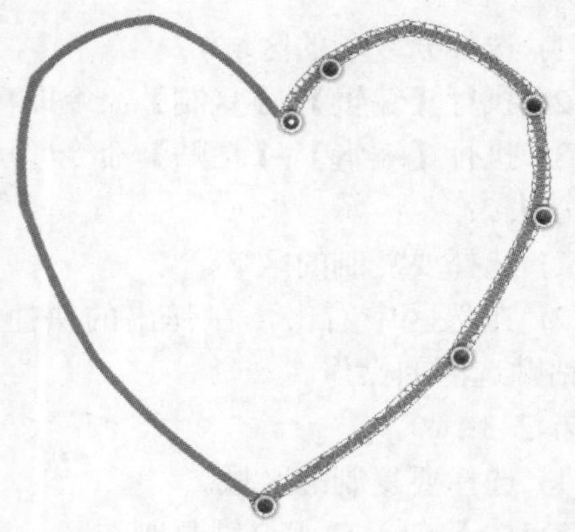

图 2-97　对变形进行校正处理

2.6　移动、复制和粘贴选区

对现有的选区进行移动、复制和粘贴，可以更灵活地使用选区。下面讲解选区的移动、复制和粘贴。

2.6.1　移动选区

要移动选区的位置，可以按下述步骤进行。

(1) 在图像中绘制选区。

(2) 将光标放在绘制的选区内。

(3) 待光标的形状变为 ▷⊡ 时，按住鼠标左键不放拖动选区即可移动选区，此操作过程如图 2-98 所示。

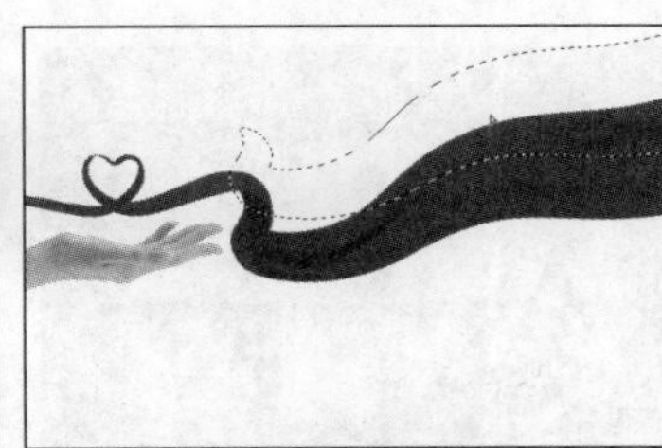

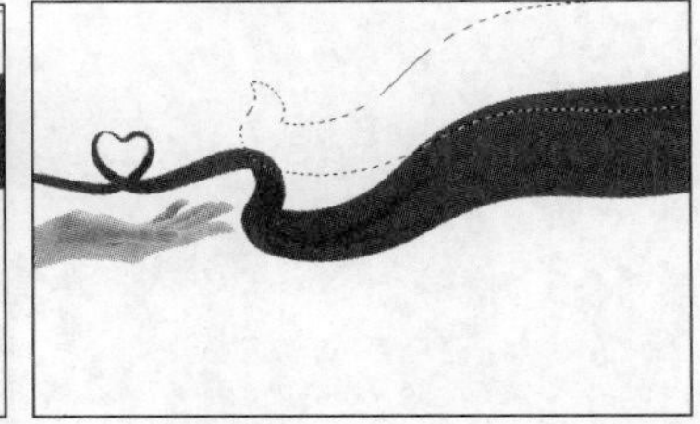

图 2-98　移动选区过程

技巧： 如果在移动光标的同时按住 Shift 键，可限制移动的方向为 45°。按下键盘上的方向键，可以按 1 个像素的增量移动选区。按下 Shift 键和键盘方向键，可按 10 个像素的增量移动选区。

2.6.2　复制与粘贴选区

复制与粘贴选区的方法有以下 3 种。

方法 1：

(1) 选择要复制的区域。

(2) 执行【编辑】|【复制】命令即可复制选区。

(3) 执行【编辑】|【粘贴】命令即可粘贴选区。

方法 2：

(1) 选择要复制的区域。

(2) 在选区中右击，在弹出的快捷菜单中选择【通过复制的图层】命令即可完成复制、粘贴选区的操作。

方法 3：

(1) 选择要复制的区域。

(2) 按下 Ctrl+C 组合键复制选区，按下 Ctrl+V 组合键粘贴选区。

2.7　上机操作实践——制作心灵居所图片

本范例源文件：\02\城堡.psd

本范例完成文件：\02\心灵居所.psd

多媒体教学路径：光盘→多媒体教学→第 2 章

2.7.1　实例介绍和展示

本例通过创建新选区、添加选区、填充选区、反选等操作绘制出一个新的图形，效果如图 2-99 所示。

图 2-99　最终效果

2.7.2　绘制选区

(1) 启动 Photoshop CS6 主程序，按下 Ctrl+O 组合键打开素材文件，如图 2-100 所示。

图 2-100　素材文件

(2) 在工具箱中选择【矩形选框工具】，在其属性栏中设置矩形选框大小，在【样式】下拉列表框中选择【固定大小】选项，在【宽度】文本框中输入 100 像素，在【高度】文本框中输入 150 像素，如图 2-101 所示。

图 2-101　设定选框大小

(3) 在窗口中单击绘制出一个矩形选区，在【矩形选框工具】属性栏中选择【添加到选区】，绘制出同样大小的矩形选区，如图 2-102 所示。

图 2-102　绘制矩形选区

2.7.3 填充选区

(1) 按下 Shift+Ctrl+I 组合键对选区进行反选，设置前景色颜色值为#438508，在【图层】面板中单击【创建新图层】按钮新建图层，按下 Alt+Delete 组合键为其填充颜色，如图 2-103 所示。

图 2-103 填充选区效果及【图层】面板

(2) 在【图层】面板中双击【图层 2】的缩略图，打开【图层样式】对话框，启用【投影】复选框，切换到【投影】选项设置界面，参数设置如图 2-104 所示。

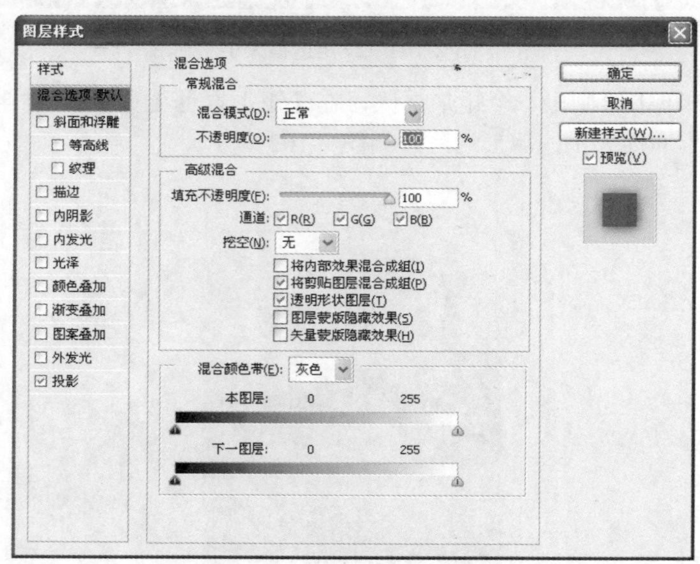

图 2-104 【图层样式】对话框参数设置

(3) 完成的最终效果如图 2-105 所示。

图 2-105　最终效果

2.8 操 作 练 习

运用所学知识绘制瓢虫示意图，本练习效果如图 2-106 所示。

图 2-106　瓢虫示意图

第 3 章　图像润饰工具

教学目标

本章主要讲解 Photoshop 的绘画及图像编辑、润饰功能，其中包括对画笔工具的深入了解与广泛使用、使用仿制图章工具修饰图片、使用修复工具修饰图像等。

上述工具及命令的使用频率都非常高，因此建议各位读者认真学习这些工具与命令的使用方法。

教学重点和难点

1. 选色与绘图工具。
2. 画笔面板。
3. 图章工具。
4. 模糊、锐化工具。

3.1　选色与绘图工具

就像我们画画一样，画笔再好，没有墨水，也一样什么都画不出来。使用 Photoshop 绘画也是一样，首先应该了解我们所使用的颜色和画笔的基本情况。

3.1.1　选色

在 Photoshop 中的选色操作包括选择前景色与背景色。选择前景色和背景色非常重要，Photoshop 使用前景色绘画、填充和描边选区等，使用背景色生成渐变填充并在图像的抹除区域中填充。有一些特殊效果滤镜中也使用前景色和背景色。

在工具箱中可设置前景色和背景色。工具箱下方的颜色选择区由设置前景色、设置背景色、切换前景色和背景色按钮及默认前景色和背景色按钮组成，如图 3-1 所示。

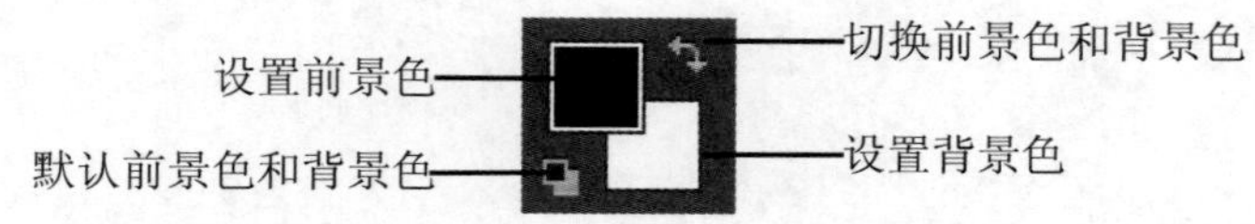

图 3-1　前景色和背景色设置

- 【切换前景色和背景色】按钮：单击该按钮可交换前景色和背景色的颜色。
- 【默认前景色和背景色】按钮：单击该按钮可恢复前景色为黑色、背景色为白色的默认状态。

无论单击前景色颜色样本块还是背景色颜色样本块，都会弹出【拾色器】对话框。图 3-2 所示为单击前景色弹出的对话框。

在【拾色器】对话框的颜色区中的任意位置单击即可选取一种颜色，拖动颜色条上的三角形滑块，可以选择不同颜色范围中的颜色。

如果正在设计网页，则可能需要选择网络安全颜色。要选择网络安全颜色，可在【拾色器】对话框中启用【只有 Web 颜色】复选框。在该复选框被启用的状态下，【拾色器】对话框显示如图 3-3 所示，在此状态下可直接选择能正确显示于互联网中的颜色。

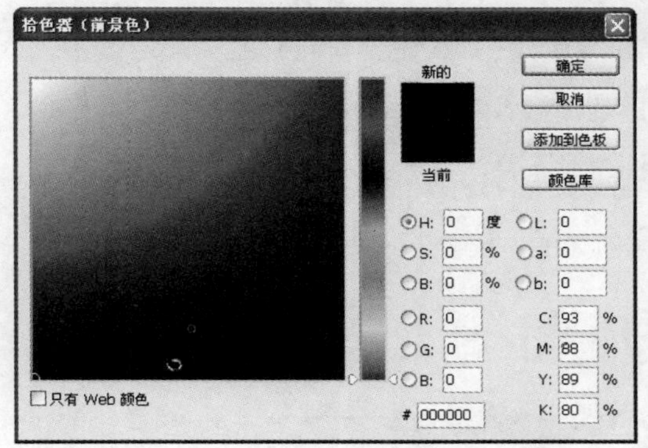

图 3-2　【拾色器】对话框

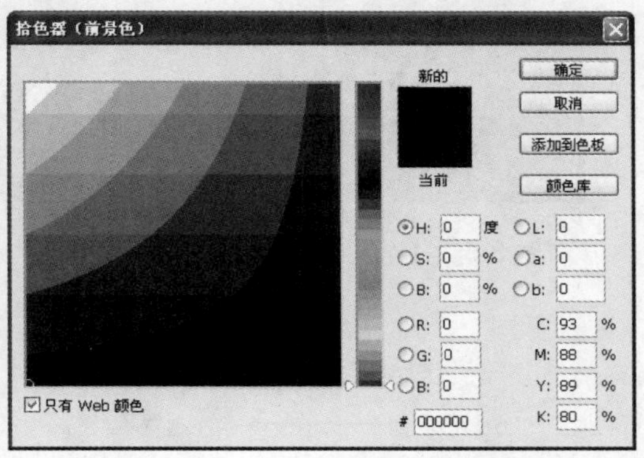

图 3-3　启用【只有 Web 颜色】复选框的【拾色器】

3.1.2　画笔工具

【画笔工具】是 Photoshop 中最重要的绘图工具，使用此工具能够完成复杂的绘画制作。

在使用【画笔工具】进行工作时，需要注意的操作要点有两个，包括需要选择正确的前景色及设置正确的【画笔工具】选项或参数。

对于选择前景色，在 3.1.1 节中已经进行了较为详细的讲解，下面讲解如何设置工具的选项或参数。

在工具箱中选择【画笔工具】，属性栏显示如图 3-4 所示，在此可以选择画笔的笔刷类型并设置透明度及叠加模式。

图 3-4　【画笔工具】属性栏

单击属性栏中画笔右侧的三角形按钮，在弹出的如图 3-5 所示的【画笔】面板中选择需要的笔刷。Photoshop 内置的笔刷效果非常丰富，使用这些笔刷能够绘制出不同效果的图像，如图 3-6 所示为 Photoshop 内置的笔刷，如图 3-7 所示为使用不同的笔刷绘制出的不同效果。

单击属性栏中的【模式】下拉菜单按钮，选择使用【画笔工具】作图时所使用的颜色与底图的混合效果。

在【不透明度】文本框中输入百分数或单击右侧三角按钮弹出三角形滑块进行调节，设置绘制图形的透明度。百分比数值越小，在绘制时得到的图像颜色就越淡。如图 3-8 所示为设置不同画笔不透明度数值后为图片中的牡丹着色的过程。

图 3-5 【画笔】面板

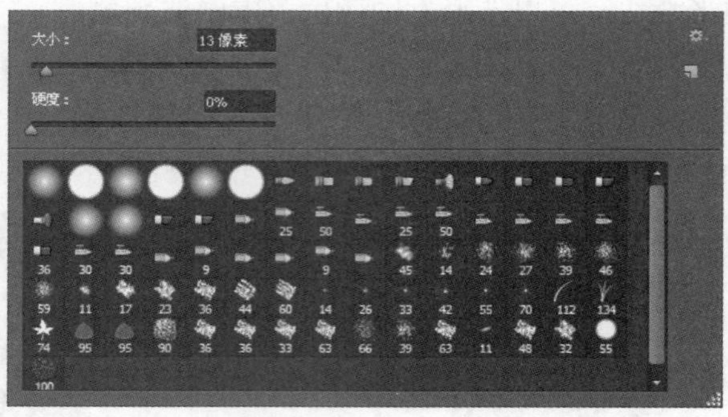

图 3-6 Photoshop 内置的笔刷

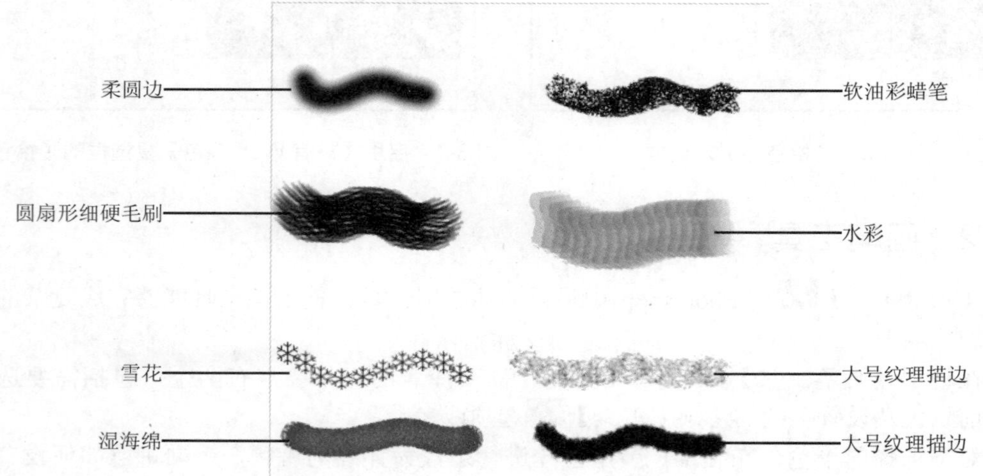

图 3-7 使用不同的笔刷绘制出的不同效果

图 3-8 选择不同的不透明度为牡丹着色

单击【启用喷枪样式的建立效果】按钮，这样就将画笔的工作状态转换为喷枪绘图状态，在此绘图状态下使用画笔工具能绘制出笔刷淤积的效果，如图 3-9 所示。

在使用绘图板进行涂抹时，选择绘图板压力【控制画笔大小】按钮，将可以依据给予绘图板的压力控制画笔的大小。

在使用绘图板进行涂抹时，选择绘图板压力【控制画笔透明】按钮，将可以依据给予绘图板的压力控制画笔的不透明度。

(a) 未选中喷枪工具绘制的效果

(b) 选中喷枪工具绘制的效果

图 3-9　喷枪工具操作示例

3.1.3　铅笔工具

铅笔工具用于绘制边缘较硬的线条，此工具的属性栏如图 3-10 所示。

图 3-10　【铅笔工具】属性栏

【铅笔工具】属性栏中的选项与【画笔工具】属性栏中的选项非常相似，不同之处是在此工具被选中的情况下，【画笔】面板中所有笔刷均为硬边，如图 3-11 所示，【铅笔工具】属性栏的部分参数讲解如下。

- 【自动抹除】：在该复选框被启用的情况下进行绘图时，如绘图处不存在使用【铅笔工具】所绘制的图像，则该工具的作用是以前景色绘图。反之，如果存在以前使用【铅笔工具】所绘制的图像，则该工具可以起到擦除图像的作用。
- 【绘图板压力控制不透明度】按钮：在使用绘图板进行涂抹时，单击该按钮后，将可以依据给予绘图板的压力控制画笔的不透明度。
- 【绘图板压力控制大小】按钮：在使用绘图板进行涂抹时，单击该按钮后，将可以依据给予绘图板的压力控制画笔的尺寸。

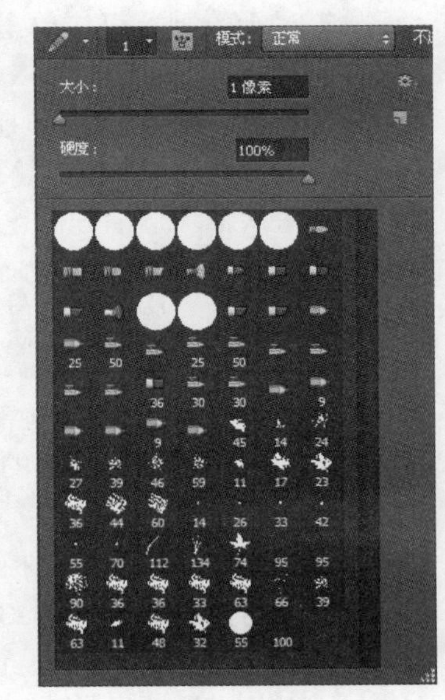

图 3-11　【铅笔工具】的画笔面板

3.1.4　颜色替换工具

【颜色替换工具】用于替换图像中某种颜色区域，其属性栏如图 3-12 所示，其属

性栏中的选项与画笔基本相同。

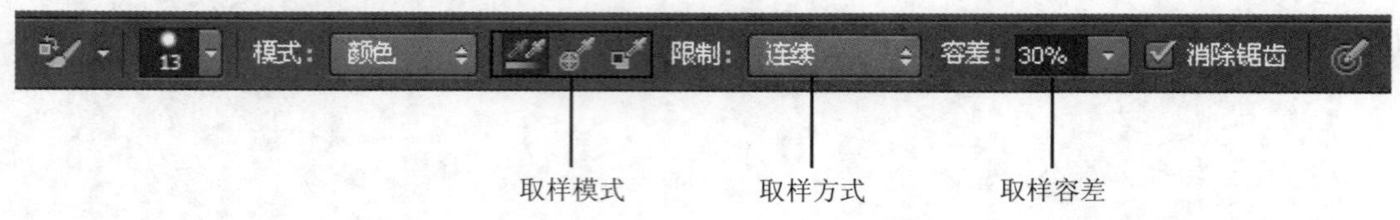

图 3-12 【颜色替换工具】属性栏

3.1.5 混合器画笔工具

【混合器画笔工具】可以模拟绘画的笔触进行艺术创作，如果配合手写板进行操作，将会变得更加自由、更像在自己的画板上绘画，其属性栏如图 3-13 所示。

图 3-13 【混合器画笔工具】属性栏

属性栏中的各参数含义如下。

- 【当前画笔载入】：在此可以重新载入或者清除画笔。在此下拉列表框中选择【只载入纯色】选项，此时按住 Alt 键将切换至【吸管工具】吸取要涂抹的颜色，如果没有选中此选项，则可以像【仿制图章工具】定义一个图像作为画笔进行绘画。直接单击此缩览图，可以调出【拾色器】对话框，选择一个要绘画的颜色。
- 【每次描边后载入画笔】按钮：单击该按钮后，将可以自动载入画笔。
- 【每次描边后清理画笔】按钮：单击该按钮后，将可以自动清理画笔，也可以将其理解为画家绘画一笔之后，是否要将画笔洗干净。
- 【画笔预设】自定：在此下拉列表框中选择多种预设的画笔，选择不同的画笔预设，可自动设置后面的【潮湿】、【载入】以及【混合】等参数。
- 【潮湿】：此参数可控制绘画时从画布图像中拾取的油彩量，如图 3-14 所示是原始图像，图 3-15 所示是分别设置此参数为 0 和 100 时的不同涂抹效果。

图 3-14 原图像

- 【载入】：此参数可控制画笔上的油彩量。
- 【混合】：此参数可控制色彩混合的强度，数值越大，混合强度越大。

图 3-16 所示为原图像，图 3-17 所示是使用混合器画笔工具涂抹后的效果，图 3-18 所示是仅显示涂抹内容时的效果。

图 3-15　设置【潮湿】数值为 0 和 100 时的涂抹效果

图 3-16　原图像

图 3-17　绘画效果

图 3-18　仅显示涂抹内容时的效果

3.2 画笔面板

在【画笔】面板中，我们可以为画笔设置【动态形状】、【散布】、【纹理】等，使画笔笔触能够绘制出丰富的随机效果。能够在【画笔】面板中设置笔触效果的工具有【画笔工具】、【铅笔工具】、【修复画笔工具】、【橡皮擦工具】、【仿制图章工具】、【涂抹工具】。

3.2.1 认识【画笔】面板

要显示【画笔】面板，可以在上述工具被选中的情况下，在属性栏中单击【切换画笔面板】按钮或直接按下 F5 键。在默认情况下【画笔】面板显示如图 3-19 所示。

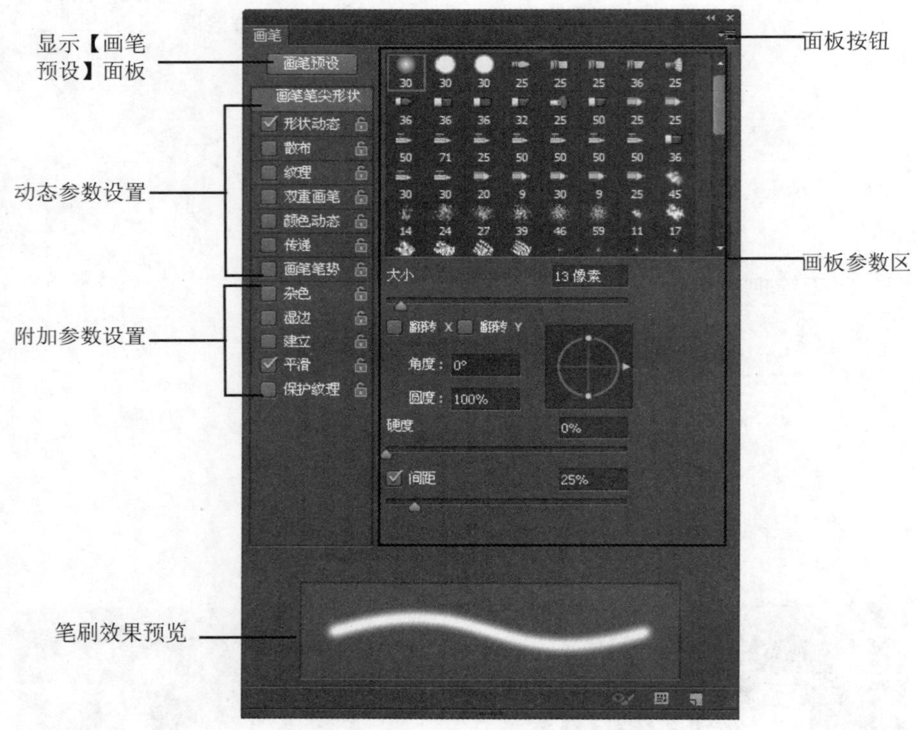

图 3-19 【画笔】面板

下面介绍一些有关【画笔】面板的基本使用方法。

- 单击【画笔预设】按钮可以调出 Photoshop【画笔预设】面板。
- 单击【画笔】面板右上角的面板按钮，在弹出的菜单中可对画笔进行简单的控制，弹出的菜单如图 3-20 所示。
- 动态参数区：在该区域中列出了可以设置动态参数的选项，其中包含【画笔笔尖形状】、【形状动态】、【散布】、【纹理】、【双重画笔】、【颜色动态】和【传递】7 个复选框。

- 附加参数区：在该区域中列出了一些选项，启用它们可以为画笔增加杂色及湿边等效果。
- 画笔参数区：该区域中列出了与当前所选的动态参数相对应的参数，在选择不同的选项时，该区域所列的参数也不相同。
- 预览区域：在该区域可以看到根据当前的画笔属性生成的预览效果。
- 【切换硬毛刷画笔预览】按钮：单击该按钮后，默认情况下将在画布的左上方显示笔刷的形态，如图 3-21 所示。需要注意的是，我们必须启用 OpenGL 才能使用此功能。

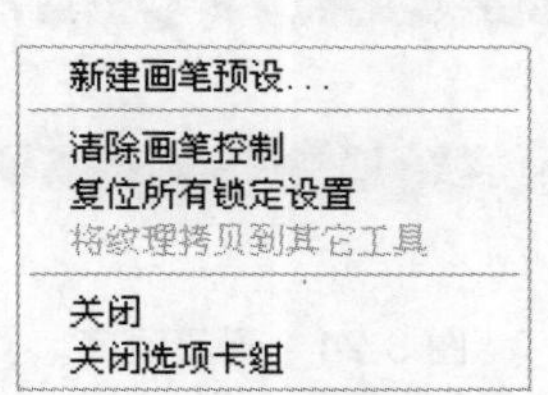

图 3-20　面板按钮下拉菜单

图 3-21　画笔预览效果

- 【打开预设管理器】按钮：单击该按钮将可以调出画笔的【预设管理器】对话框，用于管理和编辑画笔预设。
- 【创建新画笔】按钮：单击此按钮，可以将当前选择的画笔定义为一个新画笔。

3.2.2　选择画笔

在【画笔】面板的显示预设画笔区列有各种画笔，要选择一种画笔，只需在预设画笔区中单击要选择的画笔即可。

3.2.3　编辑画笔的常规参数

【画笔】面板中的每一种画笔基本上都有数种属性可以设置，其中包括【大小】、【角度】、【间距】、【圆度】。通过编辑这些参数，可以改变画笔的外观，从而得到效果更为丰富的画笔。

要编辑上述常规参数，单击【画笔】面板参数区中的【画笔笔尖形状】按钮，此时【画笔】面板如图 3-22 所示。

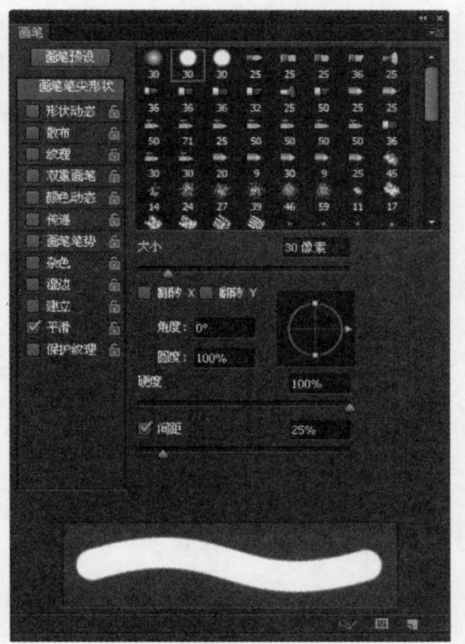

图 3-22　显示常规参数的【画笔】面板

拖动相应的滑块或在文本框中输入数值即可编辑上述参数，在调节参数的同时，可以在预视区观察调节后的效果。

- 【大小】：在该文本框中输入数值或调节滑块，可以设置画笔的大小，数值越大，画笔越大，绘制效果如图 3-23 所示。
- 【硬度】：在该文本框中输入数值或调节滑块，可以设置画笔边缘的硬度，数值越大，画笔的边缘越清晰，数值越小，边缘越柔和，绘制效果如图 3-24 所示。

图 3-23　画笔大小

图 3-24　画笔硬度

- 【间距】：在该文本框中输入数值或调节滑块，可以设置绘图时组成线段的两点间的距离，数值越大，间距越大。将画笔的【间距】设置成为一个足够大的数值，则可以得到如图 3-25 所示的点线效果。
- 【圆度】：在该文本框中输入数值，可以设置画笔的圆度。数值越大，画笔越趋向于正圆或画笔在定义时所具有的比例。
- 【角度】：在该文本框中直接输入数值，则可以设置画笔旋转的角度。对于圆形画笔，仅当【圆度】数值小于 100%时，才能够看出效果。

图 3-26 所示为圆形画笔角度相同、圆度不同时绘制的对比效果，图 3-27 所示为非圆形画笔角度相同、圆度不同时绘制的对比效果。

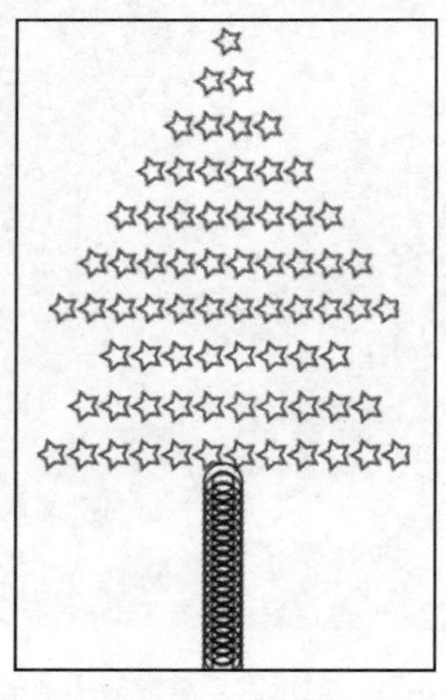

图 3-25　点线效果

图 3-26　圆形画笔绘图的对比效果

图 3-27　非圆形画笔绘图的对比效果

3.2.4　编辑画笔的动态参数

启用【形状动态】复选框后，【画笔】面板如图 3-28 所示。在下面的操作中，我们使用的是一个小鸭子形状的画笔。

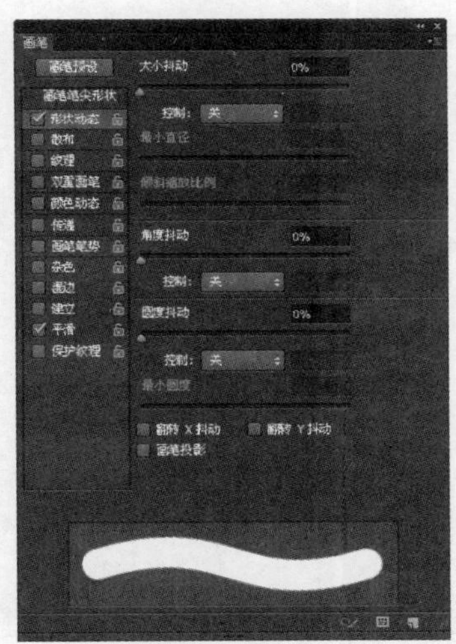

图 3-28　启用【形状动态】复选框时的【画笔】面板

【画笔】画板的参数讲解如下。

- 【大小抖动】：此参数控制画笔在绘制过程中尺寸的波动幅度，百分数越大，波动的幅度越大，绘制效果如图 3-29 所示。

【大小抖动】选项下方的【控制】下拉列表框用于控制画笔波动的方式，其中包括【关】、【渐隐】、【钢笔压力】、【钢笔斜度】、【光笔轮】5 种方式。选择【关】选项，则在绘图过程中画笔尺寸始终波动，而选择【渐隐】选项，则可以在其后面的文本框中输入一个数值，以确定尺寸波动的步长值，到达此步长值后波动随即结束。

提示： 由于【钢笔压力】、【钢笔斜度】、【光笔轮】3 种方式都需要压感笔的支持，因此如果没有安装此硬件，在【控制】下拉列表框的左侧将显示一个叹号 ⚠ 控制：钢笔压力。

(a) 设置【大小抖动】值为 20

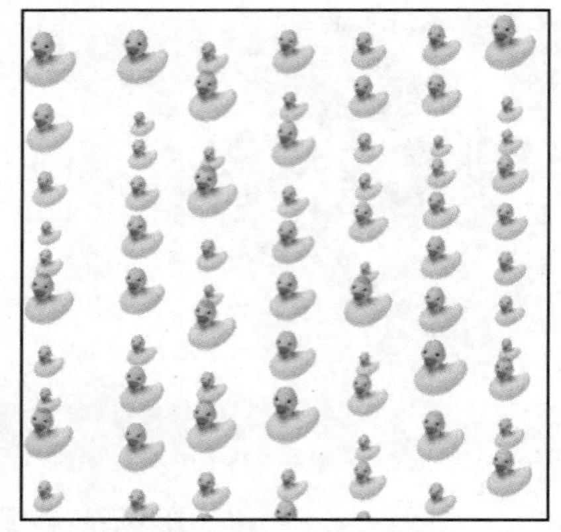

(b) 设置【大小抖动】值为 60

图 3-29　设置【大小抖动】参数值的绘制效果图

- 【最小直径】：此数值控制在画笔尺寸发生波动时画笔的最小尺寸。百分数越大，发生波动的范围越小，波动的幅度也会相应变小。
- 【角度抖动】：此参数控制画笔在角度上的波动幅度，百分数越大，波动的幅度也越大，画笔显得越紊乱，绘制效果如图 3-30 所示。

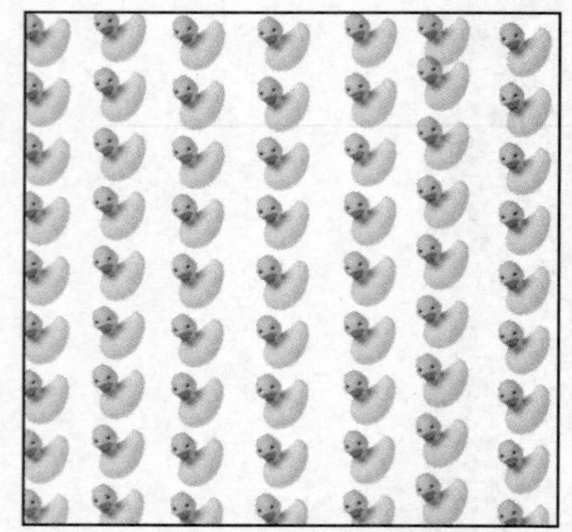

【角度抖动】值为 0、【圆度抖动】值为 0

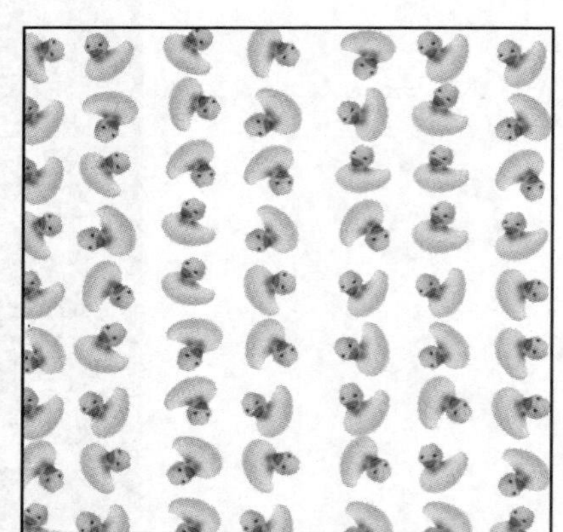

【角度抖动】值为 100、【圆度抖动】值为 20

图 3-30　【角度抖动】数值示意

- 【圆度抖动】：此参数控制画笔笔迹在圆度上的波动幅度。百分数越大，波动的幅度也越大。
- 【最小圆度】：此数值控制画笔笔迹在圆度发生波动时画笔的最小圆度尺寸值，百分数越大，发生波动的范围越小，波动的幅度也会相应变小。

3.2.5　分散度属性参数

在【画笔】面板中启用【散布】复选框后【画笔】面板如图 3-31 所示。下面的示例使用的是一个文字形状的画笔。

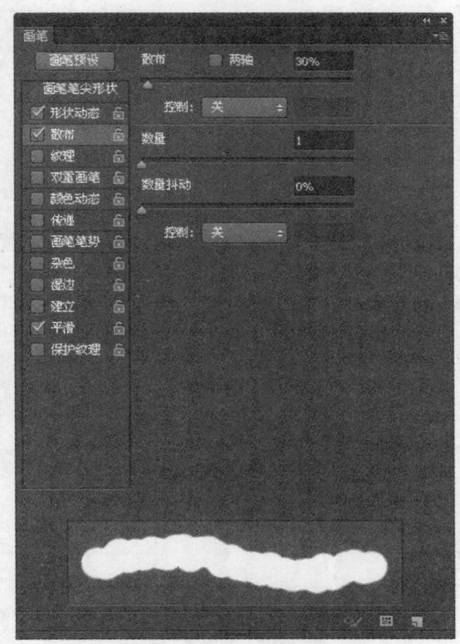

图 3-31　启用【散布】复选框的【画笔】面板

【画笔】画板的参数讲解如下。

- 【散布】：此参数控制使用画笔笔画的偏离程度，百分数越大，偏离的程度越大，绘制效果如图 3-32 所示。

(a) 【散布】参数值为 10

(b) 【散布】参数值为 100

图 3-32　【散布】参数值示意图

- 【两轴】：启用此复选框，笔迹在 X 和 Y 两个轴向上发生分散，如果禁用此复选框，则只在 X 轴上发生分散。
- 【数量】：此参数控制画笔笔迹的数量，数值越大，画笔笔迹越多。
- 【数量抖动】：此参数控制画笔笔迹数量的波动幅度，百分数越大，画笔笔迹的数量波动幅度也越大，绘制效果如图 3-33 所示。

(a) 【数量】参数值为 1、【数量抖动】参数值为 0　(b) 【数量】参数值为 1、【数量抖动】参数值为 100

图 3-33　【数量抖动】参数值示意图

3.2.6　纹理效果

在【画笔】面板的参数区启用【纹理】复选框，可以在绘制时为画笔的笔迹叠加一种纹理，从而在绘制的过程中应用纹理效果。在此复选框被启用的情况下，【画笔】面板如图 3-34 所示。

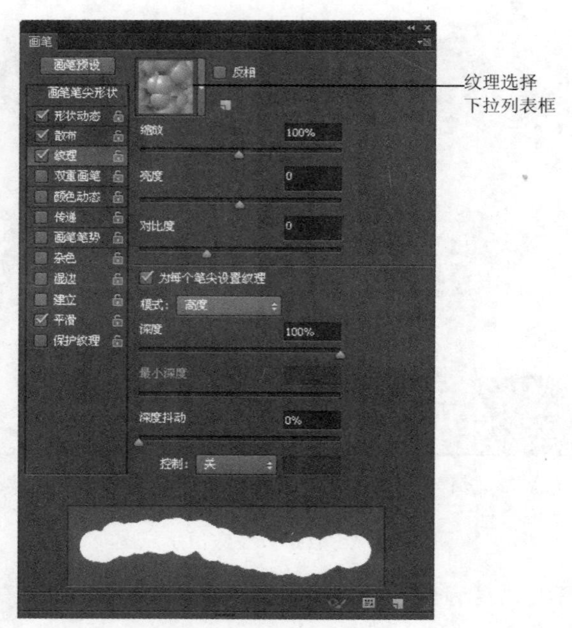

图 3-34　启用【纹理】复选框的【画笔】面板

【画笔】面板的参数讲解如下。

- 选择纹理：要使用此效果，必须在【画笔】面板上方的纹理选择下拉列表框中选

择合适的纹理效果，此下拉列表框中的纹理均为系统默认或由用户创建的纹理。

- 【缩放】：拖动滑块或在文本框中输入数值，可以定义所使用的纹理缩放比例。
- 【模式】：在此可从 10 种预设模式中选择一种，作为纹理与画笔的叠加模式。
- 【深度】：此参数用于设置所使用的纹理显示时的浓度，数值越大，纹理的显示效果越好，反之纹理效果越不明显。
- 【最小深度】：此参数用于设置纹理显示时的最浅浓度，参数越大，纹理显示效果的波动幅度越小。例如，【最小深度】参数值设为 80%，而【深度】参数值设为 100%，两者间的波动范围幅度仅有 20%。
- 【深度抖动】：此参数用于设置纹理显示浓淡度的波动程度，数值越大，波动的幅度也越大。

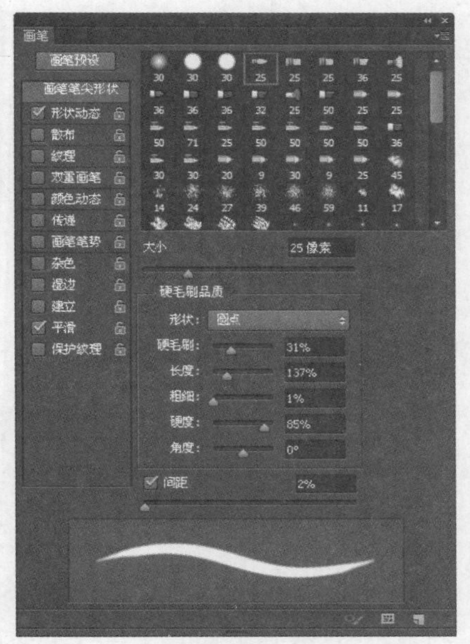

图 3-35　选择硬毛刷画笔后的【画笔】面板

3.2.7　硬毛刷画笔

Photoshop CS6 中提供的硬毛刷画笔，可以控制硬毛刷上硬毛的数量，以及硬毛的长度等，从而改变绘画的效果。默认情况下，在【画笔】面板中就已经显示了一部分画笔，选择该画笔后，会在【画笔笔尖形状】区域中显示对应的参数控制，如图 3-35 所示。

下面分别介绍关于硬毛刷画笔的相关参数。

- 【形状】：在此下拉列表中可以选择硬毛刷画笔的形状，图 3-36 所示是在其他参数不变的情况下，分别设置其中 5 种形状后得到的绘画效果。

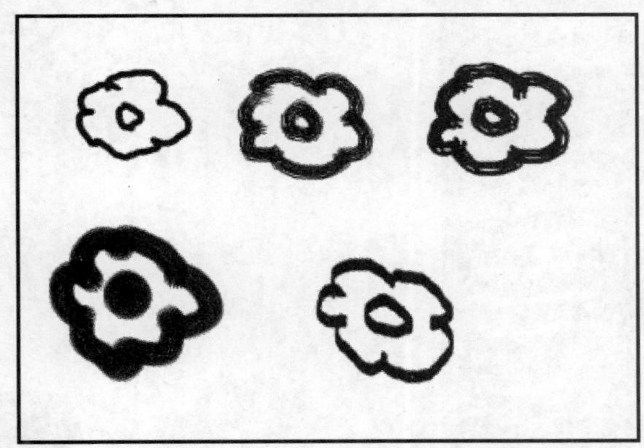

图 3-36　5 种不同形状的画笔绘制的效果

- 【硬毛刷】：此参数用于控制当前笔刷硬毛的密度。
- 【长度】：此参数用于控制每根硬毛的长度。

- 【粗细】：此参数用于控制每根硬毛的粗细，也最终决定了整个笔刷的粗细。
- 【硬度】：此参数用于控制硬毛的硬度。硬毛越硬，则绘画得到的结果越淡、越稀疏，反之则越深、越浓密。
- 【角度】：此参数用于控制硬毛的角度。

3.2.8 新建画笔

Photoshop 具有自定义画笔的功能，下面我们以将文字定义为画笔的示例讲解其操作方法。

(1) 输入要定义的文字或打开定义为画笔的文字的图像，选择【矩形选框工具】框选文字(如果要将图像定义为画笔，则应该选择图像)，如图 3-37 所示。

图 3-37 框选要定义画笔的对象

(2) 选择【编辑】|【定义画笔预设】命令。

(3) 在弹出的【画笔名称】对话框中输入新画笔的名称，如图 3-38 所示，单击【确定】按钮。

图 3-38 【画笔名称】对话框

此时新画笔被添加在【画笔预设】面板中，如图 3-39 所示，应用后的效果如图 3-40 所示。

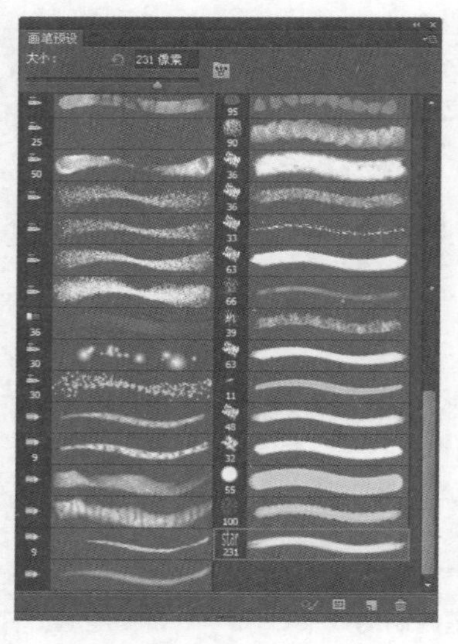

图 3-39 新画笔

图 3-40 画笔应用后的效果

3.2.9 【画笔预设】面板

【画笔预设】面板主要用于管理 Photoshop 中的各种画笔，如图 3-41 所示。图 3-42 所示是单击此面板右上角的面板按钮所弹出的面板菜单，在此可以对画笔进行更多的管理和控制。

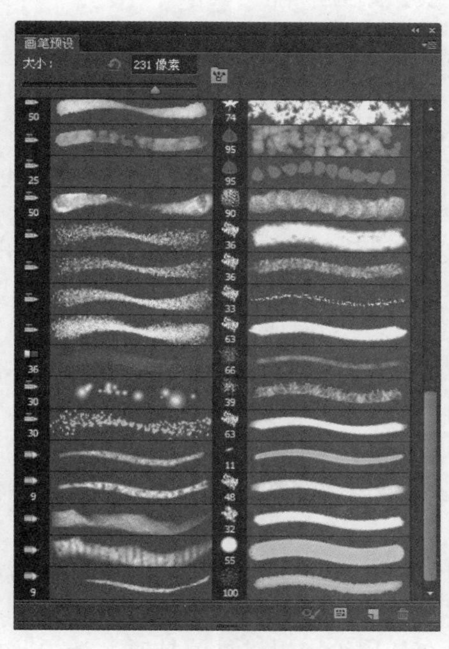

图 3-41　【画笔预设】面板

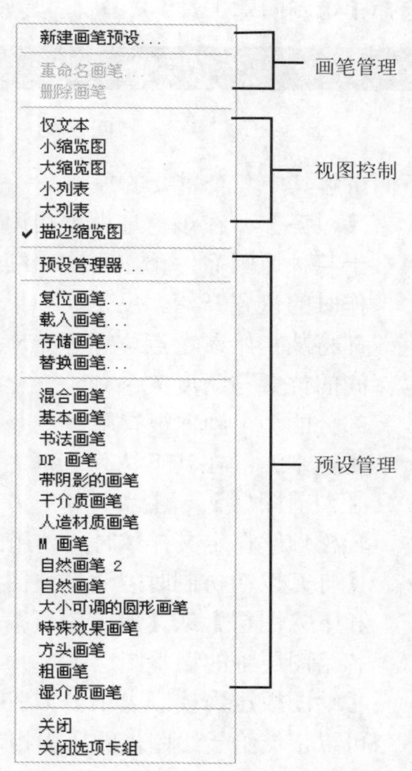

图 3-42　【画笔预设】面板菜单

【画笔预设】面板及其菜单中的参数如下。

- 画笔管理：在此区域可以创建、重命名及删除画笔。
- 视图控制：此处可以设置画笔显示的缩览图状态。
- 预设管理：在此区域可以进行载入、存储等画笔管理操作。
- 【切换硬毛刷画笔预览】按钮：单击此按钮后，默认情况下将在画布的左上方显示笔刷的形态(必须启用 OpenGL 才能使用此功能)。
- 【打开预设管理器】按钮：单击此按钮将可以调出画笔的【预设管理器】对话框，用于管理和编辑画笔预设。
- 【创建新画笔】按钮：单击该按钮，在弹出的对话框中单击【确定】按钮，按当前所选画笔的参数创建一个新画笔。
- 【删除画笔】按钮：在选择【画笔预设】选项的情况下，选择了一个画笔后，该按钮就会被激活，单击该按钮，在弹出的对话框中单击【确定】按钮，即可将该画笔删除。

3.3 仿制图章

3.3.1 仿制图章工具

选择【仿制图章工具】后，其属性栏如图 3-43 所示。

图 3-43 【仿制图章工具】属性栏

下面讲解其中几个重要的参数。

- 【对齐】：在该复选框被启用的状态下，整个取样区域仅应用一次，即使操作由于某种原因而停止，再次继续使用仿制图章工具进行操作时，仍可从上次结束操作时的位置开始。反之，如果未启用此复选框，则每次停止操作再继续绘画时，都将从初始参考点位置开始应用取样区域，因此在操作过程中，参考点与操作点间的位置与角度关系处于变化之中，该选项对于在不同的图像上应用图像的同一部分的多个副本很有用。
- 【样本】：在其下拉列表框中可以选择定义源图像时所取的图层范围，其中包括【当前图层】、【当前和下方图层】以及【所有图层】3 个选项，从其名称便可轻松理解在定义样式时所使用的图层范围。
- 【打开以在仿制时忽略调整图层】按钮：在【样本】下拉列表框中选择【当前和下方图层】或【所有图层】时，该按钮将被激活，按下以后将在定义源图像时忽略图层中的调整图层。
- 【绘图板压力控制大小】按钮：在使用绘图板进行涂抹时，选中此按钮后，将可以依据给予绘图板的压力控制画笔的尺寸。
- 【绘图板压力控制不透明度】按钮：在使用绘图板进行涂抹时，选中此按钮后，将可以依据给予绘图板的压力控制画笔的不透明度。

3.3.2 图案图章工具

使用【图案图章工具】可以将自定义的图案内容复制到同一幅图像或其他图像中，该工具的使用方法与仿制图章工具相似，不同之处在于在使用此工具之前要先定义一个图案。

下面通过一个名为“枫叶”的实例来熟悉图案图章工具的使用方法。

(1) 新建一个文件，用【画笔工具】在画布上绘制一些枫叶，如图 3-44 所示。

(2) 在工具箱中单击【矩形选框工具】按钮，然后将绘制的枫叶框选，选择【编辑】|【定义图案】菜单命令，在打开的【图案名称】对话框中输入名称“枫叶”，如图 3-45 所示，单击【确定】按钮，保存设置。

(3) 在工具箱中单击【图案图章工具】，在属性栏的图案下拉列表框中选中刚才定义的图案，在绘图区域中拖动鼠标进行绘制，最终完成的效果如图 3-46 所示。

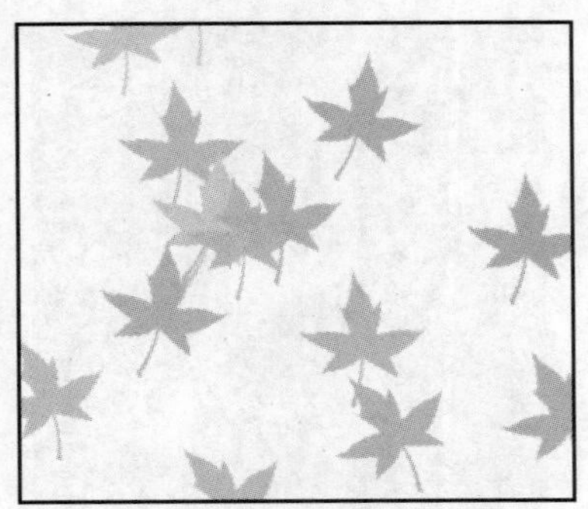

图 3-44　绘制的枫叶

图 3-45　【图案名称】对话框参数设置

图 3-46　最终效果

3.4　使用【仿制源】面板

【仿制源】面板功能较为强大，以配合仿制图章工具进行操作。在以前版本中仿制源只能定义一次，当定义第二次后第一次所定义的仿制源将不能使用，【仿制源】面板就解决了此问题，它可以提供 5 个仿制源来定义，同时也可以对仿制对象进行缩放、角度调整等设置。

3.4.1　自由变换

选择【窗口】|【仿制源】命令，显示如图 3-47 所示的【仿制源】面板。

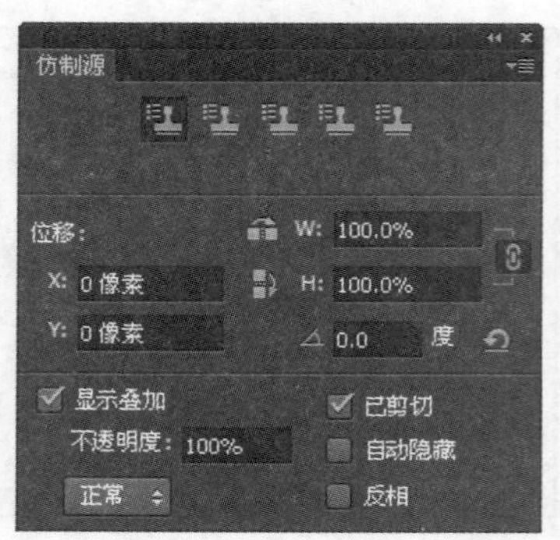

图 3-47 【仿制源】面板

技巧： 在【仿制图章工具】属性栏中单击【切换仿制源面板】按钮也可以直接打开【仿制源】面板。

面板中灰色的分割线将【仿制源】面板分成 3 栏：第一栏用来定义多个仿制源；第二栏用于定义进行仿制操作时图像产生的位移、旋转角度、缩放比例等设置；第三栏用于处理仿制动画；最下面的一栏用于定义进行仿制时显示的状态。

3.4.2 定义多个仿制源

要定义多个仿制源，可以按下面的步骤进行操作。

(1) 打开一张图像文件，如图 3-48 所示。

图 3-48 图像文件

(2) 选择工具箱中的【仿制图章工具】，在属性栏中设置大小为 50 个像素，然后按住 Alt 键用【仿制图章工具】在图像中小熊的腿部单击以创建一个仿制源点，此时【仿制源】面板如图 3-49 所示，可以看出在第一个仿制源图标的下方，有当前通过单击定义的仿制源的文件名称。

(3) 在【仿制源】面板中单击第二个仿制源图标，将光标置于此图标上，可以显示热敏菜单，如图 3-50 所示，从菜单中可以看出这是一个还没有使用的仿制源。

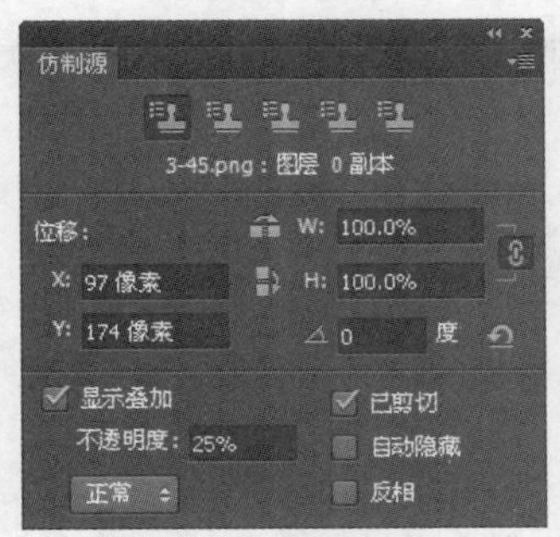

图 3-49　定义了第一个仿制源的面板

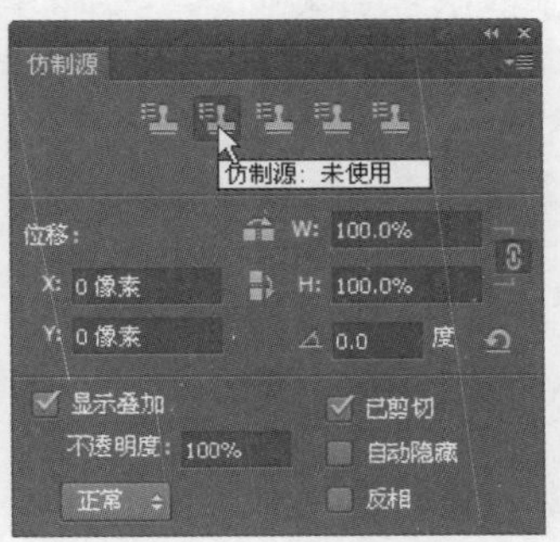

图 3-50　尚未使用的仿制源图标

(4) 按住 Alt 键，用【仿制图章工具】在图像中单击一下，即可创建第二个仿制源点。用同样的方法，可以使用【仿制图章工具】定义多个仿制源点。

3.4.3　变换仿制效果

除了控制显示状态，使用【仿制源】面板最大的优点在于能够在仿制中控制所得到的图像与原始被仿制的图像之间的变换关系。例如，我们可以按一定的角度进行仿制，或者使仿制操作后得到的图像与原始图像呈现一定的比例。

具体操作步骤如下。

(1) 接 3.4.2 节的操作，在【仿制源】面板中单击第一个仿制源图标。

(2) 设置【仿制源】面板，如图 3-51 所示。此时可以看出，叠加预览图像已经与被复制图像呈现一定的夹角及距离的变化，如图 3-52 所示。

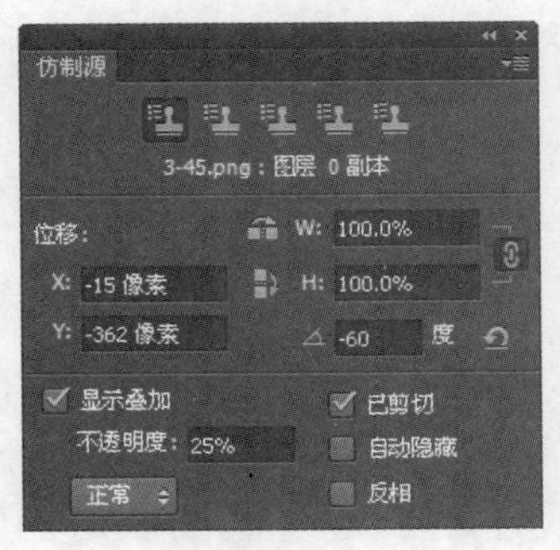

图 3-51　设置【仿制源】面板

图 3-52　预览状态

提示： 在设置【仿制源】面板时要启用【显示叠加】复选框，具体见下一小节。

(3) 在【仿制源】面板中单击第二个仿制源图标，设置【仿制源】面板，如图 3-53 所示，此时可以看出，叠加预览图像也与被复制图像呈现一定的夹角及距离的变化，如图 3-54 所示。

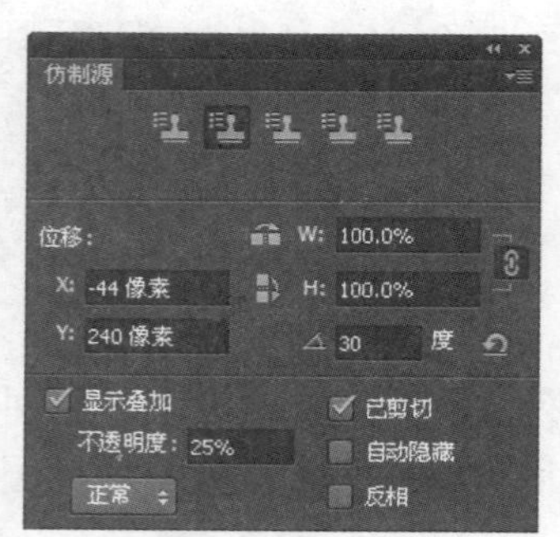

图 3-53 再次设置【仿制源】面板

图 3-54 仿制后的效果

仔细观察会发现，叠加预览图像已经与被复制图像不仅呈现一定的夹角，而且还成比例被放大。

3.4.4 定义显示效果

使用【仿制源】面板，可以定义仿制操作时图像的显示效果，以便使我们更清晰地预知仿制操作所得到的效果。

【仿制源】面板中用于定义仿制时显示效果的选项如下。

- 【显示叠加】复选框：启用此复选框，可以在仿制操作中显示预览效果，图 3-55 所示为选择第一个仿制源后操作前的预览状态，图 3-56 所示为涂抹后的操作效果。可以看出，在叠加预览图像显示的情况下，我们能够更加准确地预见操作后的效果，从而避免错误的操作。
- 【不透明度】：此参数用于制作叠加预览图像的不透明度显示效果，数值越大，显示效果越实在、越清晰。图 3-57 左图所示数值为 20%的显示效果，右图所示为数值为 50%的显示效果。
- 【模式】下拉列表：在此下拉列表中可以显示预览图像与原始图像的叠加模式，如图 3-58 所示，用户可以尝试选择不同模式时的显示状态。
- 【已剪切】复选框：在此复选框及【显示叠加】复选框被启用的情况下，Photoshop 将操作中的预览区域的大小剪切为画笔的大小。

- 【自动隐藏】复选框：此复选框被启用的情况下，在按住鼠标左键进行仿制操作时，叠加预览图像将暂时处于隐藏状态，不再显示。
- 【反相】复选框：在此复选框被启用的情况下，叠加预览图像呈反相显示状态，如图 3-59 所示。

图 3-55　操作前的状态

图 3-56　操作中的状态

图 3-57　数值为 20%的显示效果和数值为 50%的显示效果

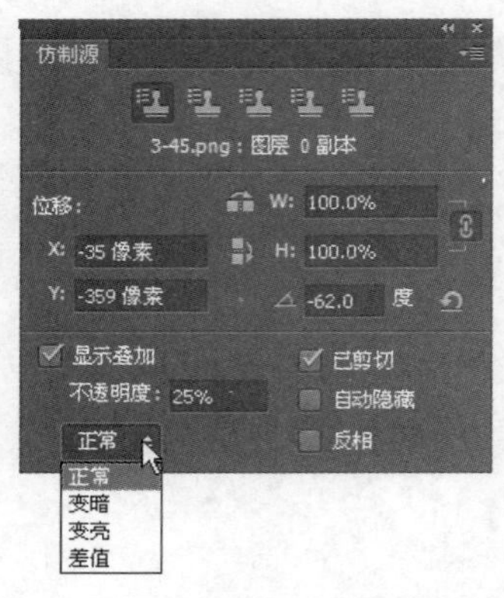

图 3-58　模式列表

图 3-59　反相显示状态

3.4.5　使用多个仿制源点

下面将使用仿制源进行图像复制操作，具体操作步骤如下。

(1) 单击面板中第一个仿制源图标，此仿制源在 3.4.2 节已定义，且在 3.4.3 节设置了属性，我们用此仿制源进行相关图像操作。

(2) 使用【仿制图章工具】在图像中如图 3-60 所示的白色箭头周围进行涂抹，即可得到如图 3-61 所示的效果。

图 3-60　涂抹位置

图 3-61　涂抹后的效果

(3) 单击面板中第二个仿制源图标，用此仿制源进行图像复制操作。

(4) 使用【仿制图章工具】在图像中如图 3-62 所示的白色箭头周围进行涂抹，即可得到如图 3-63 所示的效果。

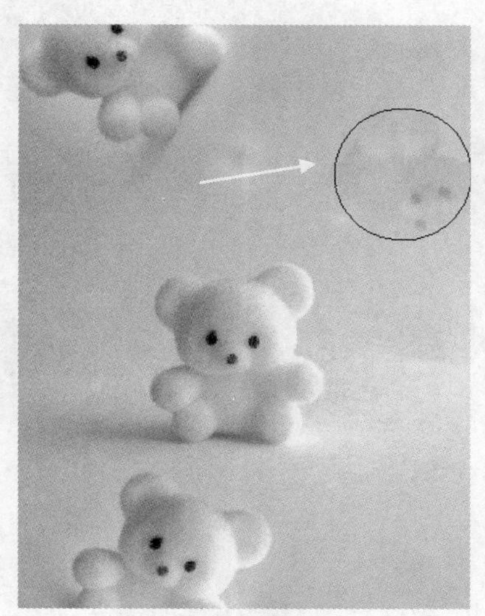

图 3-62　涂抹位置

图 3-63　涂抹后的效果

3.5　模糊、锐化工具

【模糊工具】、【锐化工具】和【画笔工具】一样，在设置其画笔笔触后，可在图像上随意涂抹，以修饰图像的细节部分。

3.5.1　模糊工具

【模糊工具】可以使操作部分的图像变得模糊，以更加突出清晰的局部(未被涂抹的部分)。使用【模糊工具】可以按以下步骤进行操作。

(1) 选择【模糊工具】，此时属性栏显示如图 3-64 所示。

图 3-64　【模糊工具】属性栏

(2) 根据需要设置【模糊工具】属性栏的参数。

- 【画笔】：在其下拉列表框中选择一个合适的画笔，此处选择的画笔越大，图像被模糊的区域也越大。
- 【强度】：设置此文本框中的百分数，可以控制模糊工具操作时笔画的压力值，百分数越大，得到的效果越明显。
- 【对所有图层取样】复选框：启用该复选框，将使模糊工具的操作应用在图像的所有图层中，否则，操作效果只作用在当前图层中。

(3) 在图像中需要模糊的位置拖动光标，即可使操作区域被模糊。

如图 3-65 所示为使用此工具模糊人物以外的对象的前后对比效果。

图 3-65　模糊图像示例

3.5.2　锐化工具

【锐化工具】的作用与【模糊工具】刚好相反，它用于锐化图像的部分像素，以使被操作区域更清晰，【锐化工具】属性栏与【模糊工具】完全一样，其参数的意义也一样，在此不再赘述。

3.6　擦 除 图 像

橡皮擦工具、背景橡皮擦工具和魔术橡皮擦工具用于擦除对象。

3.6.1　橡皮擦工具

【橡皮擦工具】和现实中橡皮擦的作用是相同的，在此工具被选择的情况下，在图像中按下鼠标左键并拖动便可以擦除拖动操作所掠过的区域。

如果在背景图层上使用【橡皮擦工具】，则被擦除的区域填充背景色，如果在非背景图层使用此工具，被擦除的区域将变得透明，此工具的属性栏如图 3-66 所示。

模式：画笔　不透明度：100%　流量：100%　抹到历史记录

图 3-66　【橡皮擦工具】属性栏

使用【橡皮擦工具】进行擦除操作前，需要首先在【画笔】下拉列表框中选择合适的笔刷，以确定在擦除时拖动一次所能擦除区域的大小，选择的笔刷越大，一次所能擦除的区域就越大。

在【模式】下拉列表框中，可以选择不同的橡皮擦工作方式以创建不同的擦除效果，在此可以选择的选项有【画笔】、【铅笔】、【块】3 个选项，如图 3-67 所示为分别使用这 3 种选项执行擦除后的效果(假设此时的背景色为白色)。

在【抹到历史记录】复选框被启用的情况下，使用此工具在图像上擦除，可以将图像有选择地恢复至某一历史记录状态。在此复选框被启用的情况下，将如图 3-68 所示的图像进行动感模糊处理，得到如图 3-69 所示的效果。

画笔擦除效果　　铅笔擦除效果　　块擦除效果

图 3-67　不同的擦除效果

图 3-68　原图像

图 3-69　模糊后的效果

如果在【历史记录】面板中，将历史笔刷定位于模糊前命令的左侧，如图 3-70 所示，应用【橡皮擦工具】在图像上擦除，即可使图像恢复至模糊前的效果，如图 3-71 所示。

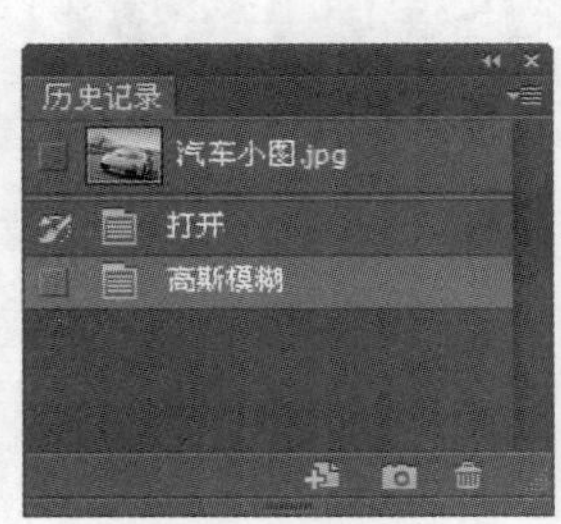

图 3-70　将历史笔刷定位于模糊前命令的左侧

图 3-71　使用橡皮擦工具后的效果

3.6.2　背景橡皮擦工具

使用 Photoshop 中的【背景橡皮擦工具】，可以将【背景】图层上的所有像素擦除掉，得到透明像素，此时【背景】图层将转换成为【图层 0】，背景橡皮擦的属性栏如图 3-72 所示。

图 3-72　【背景橡皮擦工具】属性栏

如图 3-73 所示为原图像及其对应的【图层】面板。如图 3-74 所示为按图 3-72 所示设置背景橡皮擦属性栏后，在图像中背景色区域进行擦除操作后所得到的效果及对应的【图层】面板状态。

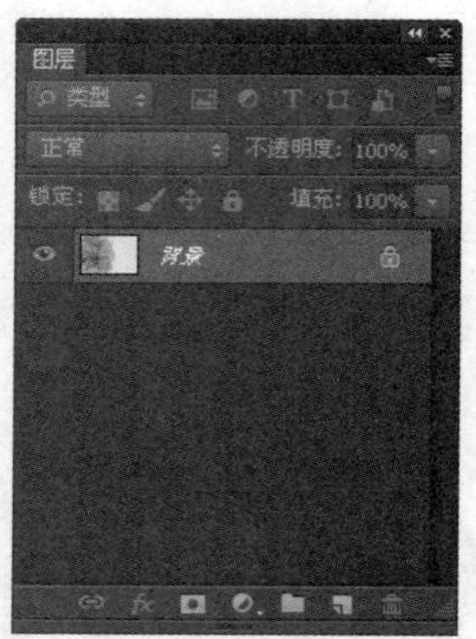

图 3-73　原图像及其对应的【图层】面板

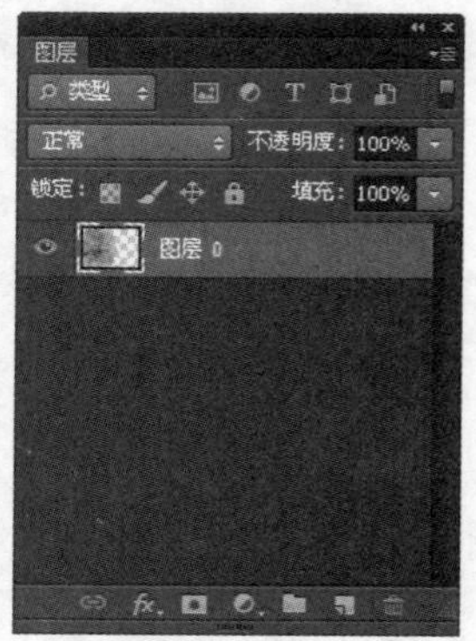

图 3-74　擦除背景后的效果及其对应的【图层】面板

可以看出，使用此工具后图像中的所有白色区域均被擦除成为透明，而且背景层也转换成为图层 0。

3.6.3　魔术橡皮擦工具

使用【魔术橡皮擦工具】可以擦除与当前单击处颜色相近的连续或非连续区域，

其属性栏如图 3-75 所示。

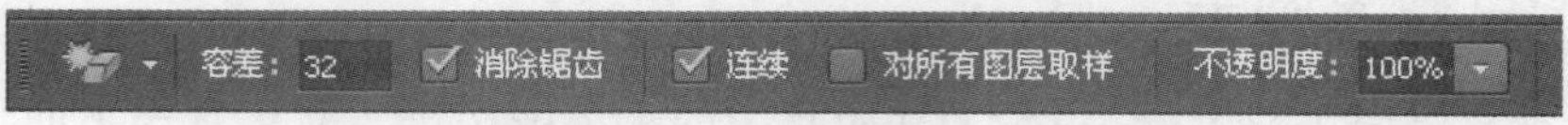
容差: 32
消除锯齿
连续
对所有图层取样
不透明度: 100%

图 3-75　【魔术橡皮擦工具】属性栏

如图 3-76 所示为原图像及其对应的【图层】面板。按图 3-75 所示设置【魔术橡皮擦工具】属性栏参数，使用【魔术橡皮擦工具】单击图像中的天空区域得到如图 3-77 所示的效果(仅执行单击操作)。

图层
类型
正常
不透明度: 100%
锁定:
填充: 100%
图层 1
图层 0

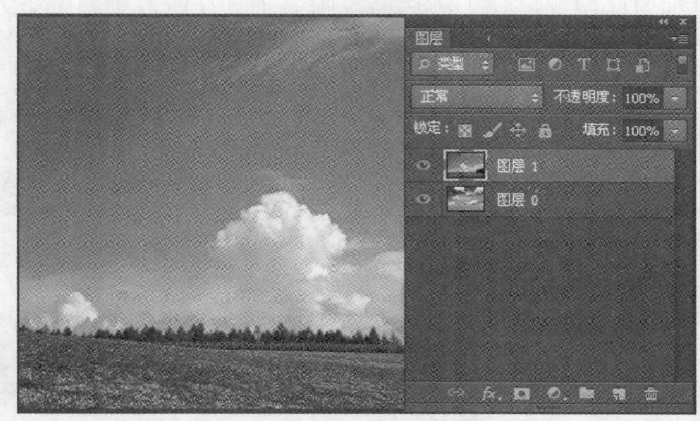

图 3-76　原图像及其对应的图层面板

图层
类型
正常
不透明度: 100%
锁定:
填充: 100%
图层 1
图层 0

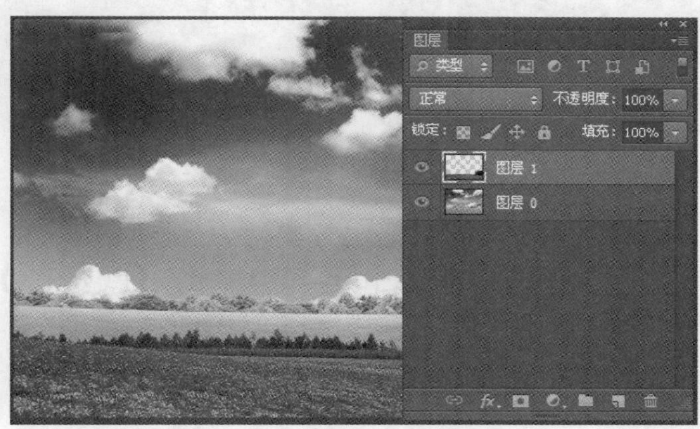

图 3-77　擦除天空后的效果

如果在擦除操作中需要得到较柔和的效果，可以启用【消除锯齿】复选框，其他选项与所讲基本相同，在此不再赘述。

3.7　修 复 工 具

Photoshop CS6 中的修复工具包括污点修复画笔工具、修复画笔工具、修补工具，具体使用方法如下。

3.7.1 污点修复画笔工具

【污点修复画笔工具】用于去除照片中的杂色或污斑，此工具与下面将要讲到的【修复画笔工具】非常相似，两者的不同之处在于使用的方法。

使用此工具时不需要进行采样操作，只需要在图像中有杂色或污斑的地方单击即可去除此处的杂色或污斑。这是由于 Photoshop 能够自动分析单击处图像的不透明度、颜色和质感，从而进行自动采样，最终完美地去除杂色或污斑。

如图 3-78(a)所示为原图像，使用污点修复画笔工具在照片中眉毛下方的污点上单击，图 3-78(b)所示为单击后的效果。

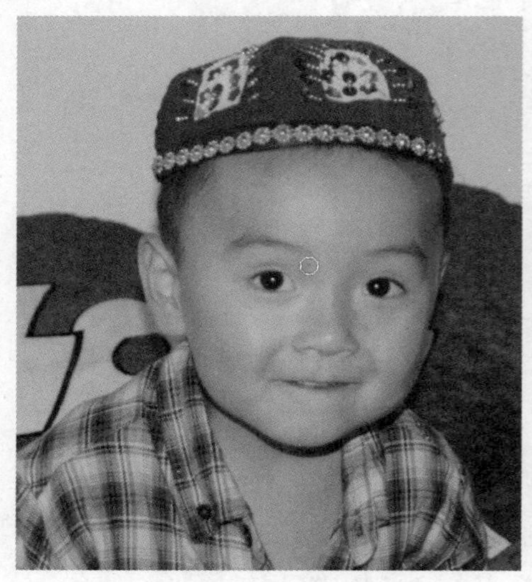

(a)

(b)

图 3-78　原图像及使用污点修复画笔工具修复后的效果

在 Photoshop CS6 中，运用【污点修复画笔工具】的【内容识别】选项，可以在修复时依据周围的场景，进行智能化的修复处理。

3.7.2 修复画笔工具

【修复画笔工具】的最佳操作对象是有皱纹或雀斑等杂点的照片，或有污点、划痕的图像，因为此工具能够根据要修改点周围的像素及色彩将其完美无缺地复原，而不留任何痕迹。

下面以使用此工具修复汽车上贴签为例讲解如何使用此工具，具体操作步骤如下。

(1) 打开图像文件，如图 3-79 所示。

(2) 在工具箱中选择【修复画笔工具】。

(3) 在【修复画笔工具】属性栏中设置属性栏的参数，如图 3-80 所示。

(4) 按下 Alt 键在汽车上无杂色的区域取样，如图 3-81 所示，然后在有贴签的区域涂抹。

图 3-79　具有贴签的汽车

图 3-80　【修复画笔工具】属性栏

(5) 连续多次重复上一步的操作，即可消除全部标签，如图 3-82 所示。

图 3-81　定义取样点

图 3-82　消除贴签之后的效果

3.7.3　修补工具

【修补工具】的操作方法与修复画笔工具不同，在工具箱中选择【修补工具】后，需要用此工具选择有眼袋的区域，如图 3-83 所示。然后将此工具放于选择区域之中，将选择区域移动至无眼袋的区域，如图 3-84 所示，即可得到如图 3-85 所示的去除眼袋后的效果。

这两个工具各具特色，操作方法也不尽相同，因此得到的效果也有一些区别，修复画笔工具较适合修复小面积的图像，修补工具适合修复大面积的图像。

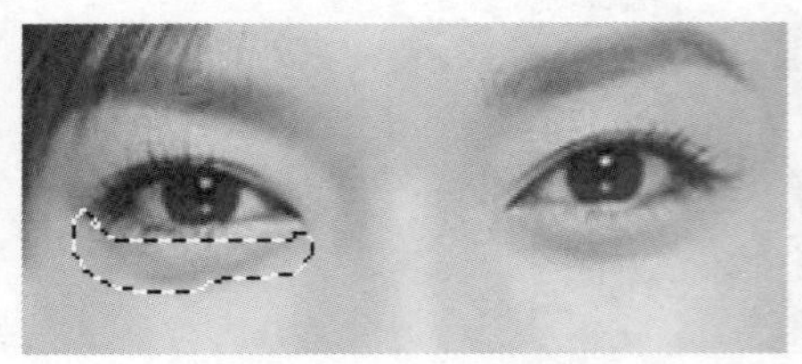

图 3-83　选择有眼袋的区域

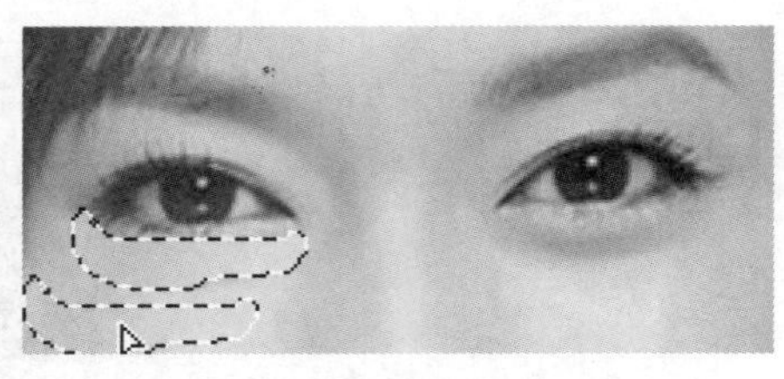

图 3-84　移动选择区域

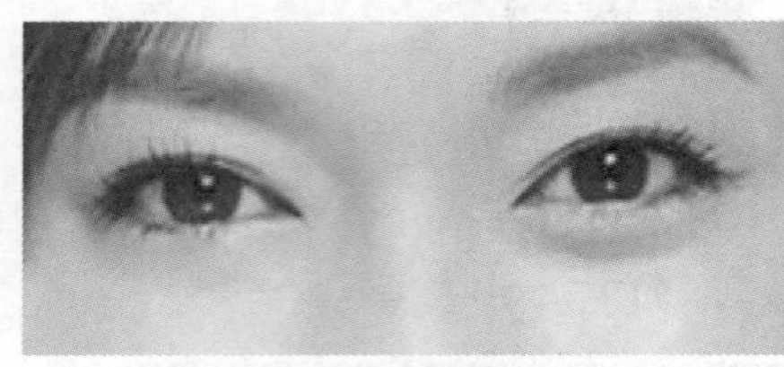

图 3-85　修补后的效果

3.8　上机操作实践——绘制绚丽背景

本范例源文件：\03\背景.psd、圆形画笔.psd

本范例完成文件：\03\七彩绚丽背景.psd

多媒体教学路径：光盘→多媒体教学→第 3 章

3.8.1　实例介绍和展示

本实例主要运用【画笔工具】、【画笔】面板、【描边】命令绘制一幅七彩绚丽背景，如图 3-86 所示。

图 3-86　七彩绚丽背景

3.8.2　绘制背景

(1) 启动 Photoshop CS6 主程序，新建一个 600×600 像素的黑色背景文档，选择【画笔工具】，在【画笔】面板中选择柔角画笔，调整好画笔和颜色(笔者选择的颜色值有#11c6c6、#df4291、#d01616、#ffcc66、#cc6633、#2753a4)，在【图层】面板中新建一个图层，在画布上绘制大小不同的彩色圆点，如图 3-87 所示。

图 3-87　在画布上绘制大小不同的彩色圆点

(2) 选择【文件】|【存储为】菜单命令，打开【存储为】对话框，将其命名为“背景.psd”，关闭文件。

3.8.3　自定义画笔

(1) 新建一个 100×100 像素的透明文档，如图 3-88 所示。

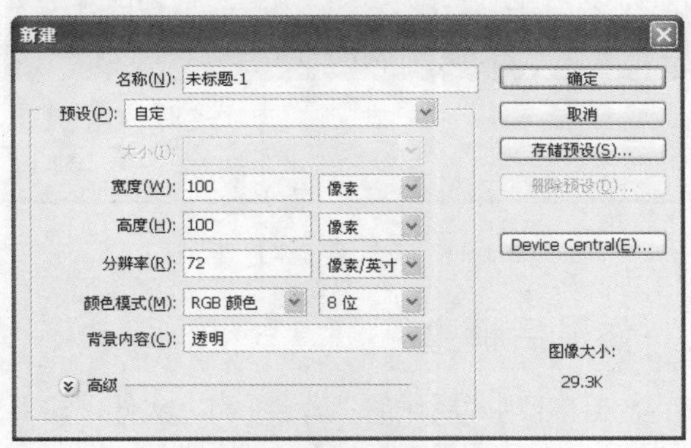

图 3-88　新建文档

(2) 新建一个图层，定义前景色为黑色，选择一个大小合适的硬边画笔，在画布中心位置绘制一个圆点，更改图层不透明度为 40%，如图 3-89 所示。

(3) 按下 Ctrl 键将【图层 1】载入选区，单击【创建新图层】按钮新建一个图层，选

择【编辑】|【描边】菜单命令，弹出【描边】对话框，参数设置如图 3-90 所示。按下 Ctrl+D 组合键取消选区。

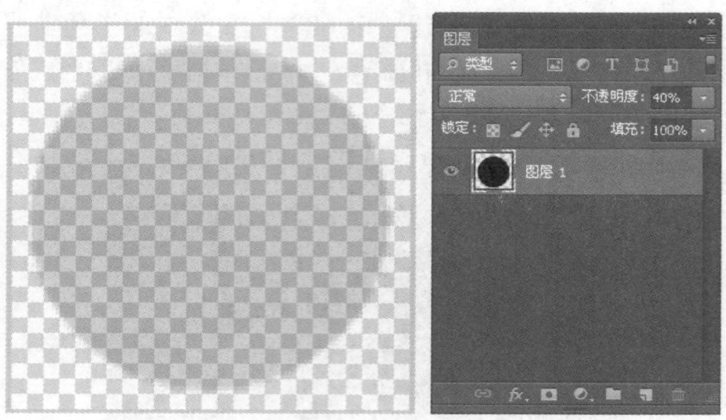

图 3-89　绘制圆点

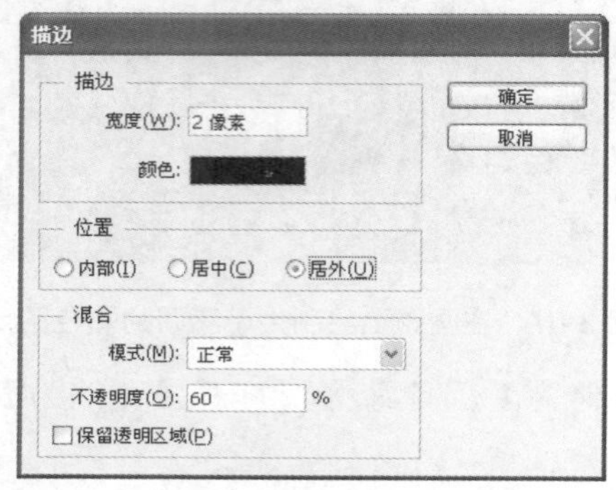

图 3-90　【描边】对话框参数设置

(4) 选择【编辑】|【定义画笔预设】菜单命令，打开【画笔名称】对话框，如图 3-91 所示，在【名称】文本框中将画笔命名为“圆点画笔”，单击【确定】按钮。

图 3-91　【画笔名称】对话框

3.8.4　绘制亮点，作最后调整

(1) 按下 Ctrl+O 组合键打开刚才制作的“背景.psd”文件，按下 Ctrl+E 组合键将两个图层合并，再新建一个图层，选择【画笔工具】，在属性栏中设置画笔【模式】为【颜色减淡】，如图 3-92 所示。

图 3-92　【画笔工具】属性栏

(2) 单击【切换到画笔面板】按钮，打开【画笔】面板，选择刚才预设的画笔，调整好大小，设定间距为 60%，如图 3-93 所示。

(3) 启用【形状动态】复选框，调整【大小抖动】为 50%，如图 3-94 所示。

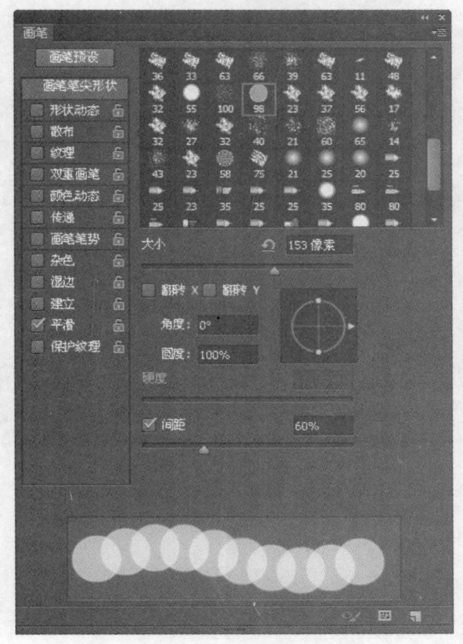

图 3-93　【画笔】面板

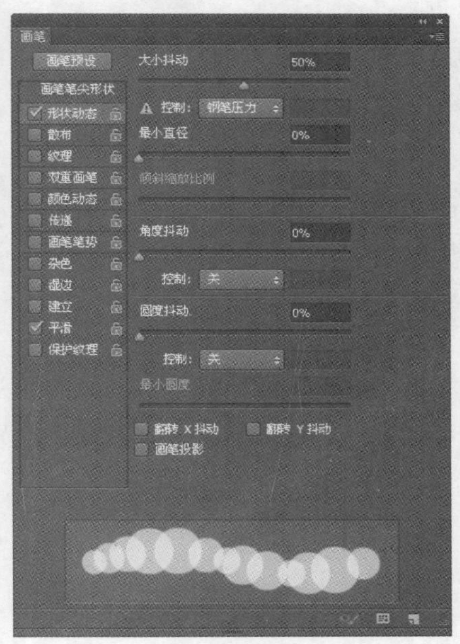

图 3-94　调整【形状动态】参数

(4) 启用【散布】复选框，参数设置如图 3-95 所示。

(5) 启用【传递】复选框，参数设置如图 3-96 所示。

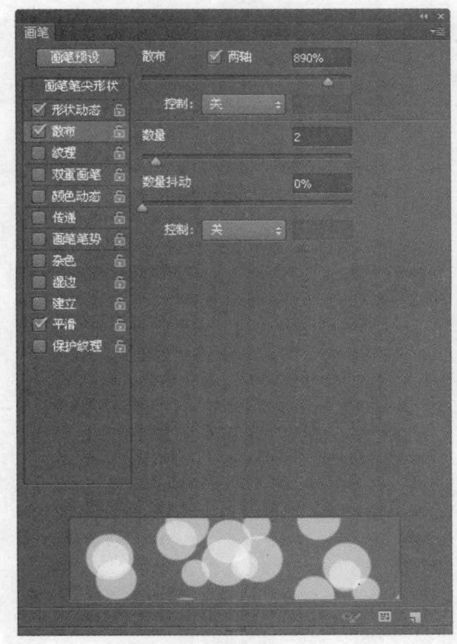

图 3-95　调整【散布】参数

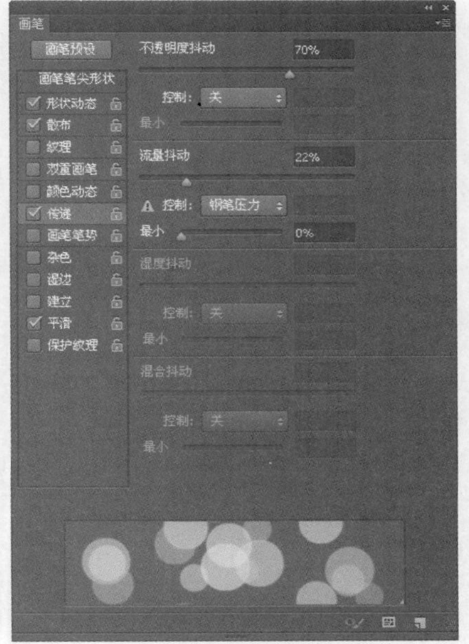

图 3-96　调整【传递】参数

(6) 调整画笔大小在新建的图层上进行涂抹，绘制效果如图 3-97 所示。

(7) 更改图层的混合模式为【叠加】，最终效果如图 3-98 所示。

图 3-97　绘制效果

图 3-98　最终效果

3.9　操 作 练 习

运用所学知识练习绘制一幅漂亮的风景画，绘制效果如图 3-99 所示。

图 3-99　效果展示

第4章　填　　色

教学目标

本章主要讲解 Photoshop 的填色工具，主要包括【油漆桶工具】的使用、为选区填充颜色和描边选区、自定义图案，以及【渐变工具】的使用方法。

教学重点和难点

1. 【油漆桶工具】。
2. 填充选区。
3. 描边选区。
4. 自定义图案。
5. 创建渐变。

4.1　填 充 工 具

4.1.1　使用【油漆桶工具】进行填充

在工具箱中选择【油漆桶工具】后，属性栏显示如图 4-1 所示。

图 4-1　【油漆桶工具】属性栏

【油漆桶工具】的使用方法较为简单，其操作步骤如下。

(1) 选取一种前景色。

(2) 选择【油漆桶工具】。

(3) 指定是用前景色还是图案填充选区。

(4) 指定绘画的混合模式和不透明度。

(5) 输入填充的容差。容差用于定义一个颜色相似度(相对于我们所单击的像素)，一个像素必须达到此颜色相似度才会被填充。值的范围为 0～255。低容差会填充颜色值范围内与所单击像素非常相似的像素。高容差则填充更大范围内的像素。

(6) 若要平滑填充选区的边缘，则启用【消除锯齿】复选框。

(7) 若仅填充与所单击像素邻近的像素，则需要启用【连续的】复选框，否则将填充图像中的所有相似像素。

(8) 若基于所有可见图层中的合并颜色数据填充像素，则需要启用【所有图层】复选框。

(9) 单击要填充的图像部分，即会使用前景色或图案填充指定容差内的所有指定像素。

如果正在图层上工作，并且不想填充透明区域，则必须在【图层】面板中单击【锁定透明像素】按钮。

提示： 【油漆桶工具】不能用于位图模式的图像。

4.1.2 对选区进行填充

利用【编辑】|【填充】菜单命令可以进行填充操作。选择【编辑】|【填充】菜单命令，将弹出如图 4-2 所示的【填充】对话框。

此对话框中的重要参数及选项如下。

- 【使用】：可以在此选项组中选择 9 种填充类型中的一种。
- 【自定图案】：如果在【使用】下拉列表框中选择【图案】选项，可激活其下方的【自定图案】选项，单击其右侧的下拉按钮在图案类型列表框中选择图案。

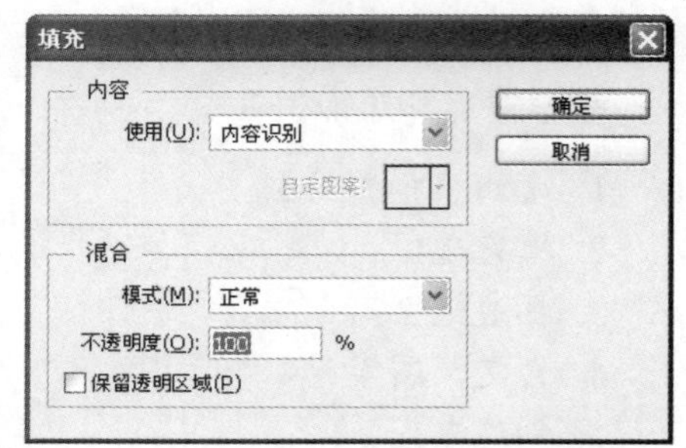

图 4-2 【填充】对话框

通常在使用此命令执行填充操作前，需要制作一个合适的选择区域，如果在当前图像中不存在选区，则填充效果将作用于整幅图像。

在 Photoshop CS6 中，【填充】命令新增了一个极具创造性的填充选项，即在【使用】下拉列表框中选择【内容识别】选项后，可以根据所选区域周围的图像进行修补。就实际的效果来说，虽说不能百发百中，但确实是为我们的图像处理工作提供了一个更智能化、更有效率的解决方案。

以图 4-3 所示的图片为例，使用【矩形选框工具】绘制一个选区，如图 4-4 所示。选择【编辑】|【填充】菜单命令，在弹出的【填充】对话框中使用【内容识别】选项进行填充，如图 4-5 所示。取消选区后可得到类似于图 4-6 所示的效果。

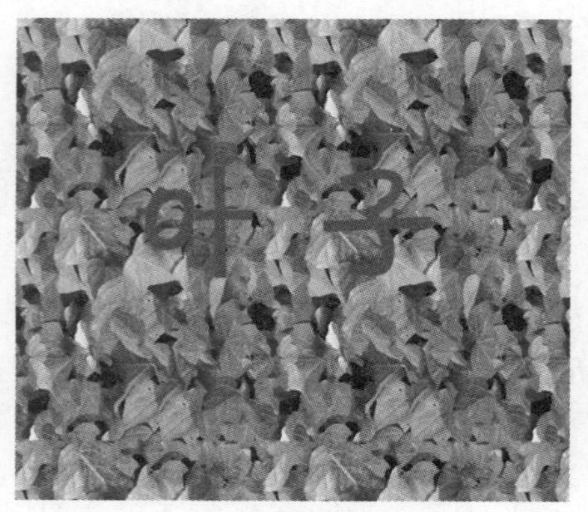

图 4-3 图像素材

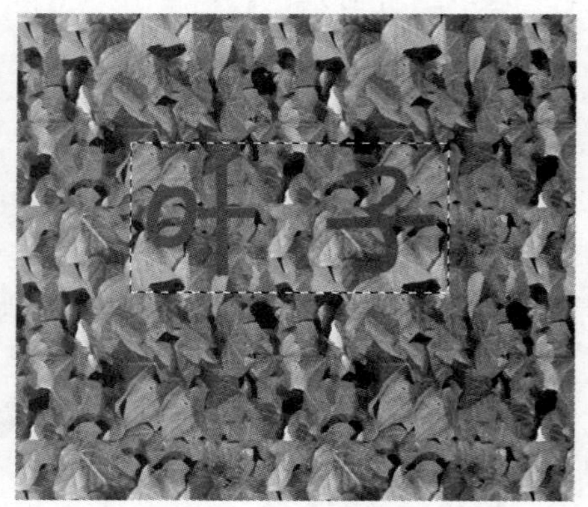

图 4-4 绘制选区

通过上面的示例不难看出，这个功能还是非常强大的。如果对于填充后的结果不太满意，也可以尝试缩小选区的范围，对于细小的瑕疵，可以配合仿制图章工具，进行二次修补，直至得到满意的结果。

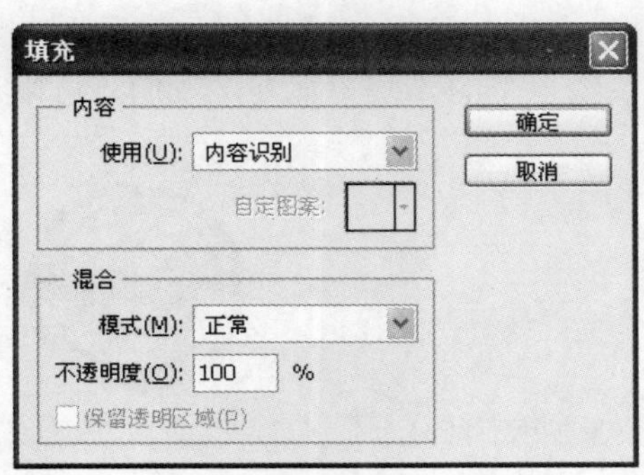

图 4-5　【填充】对话框

图 4-6　填充后的效果

4.1.3　描边选区

对选择区域进行描边操作，可以得到沿选择区域勾描的线框，描边操作的前提条件是具有一个选择区域。选择【编辑】|【描边】命令，弹出如图 4-7 所示的【描边】对话框。

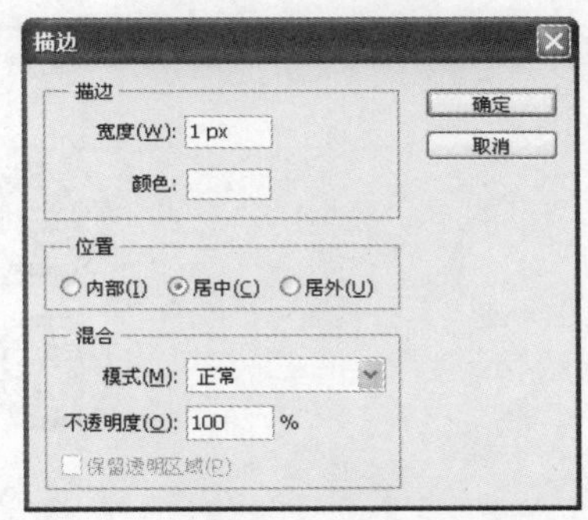

图 4-7　【描边】对话框

该对话框中的几个比较重要的参数及选项如下。

- 【宽度】：在该文本框中输入数值，可确定描边线条的宽度，数值越大，线条越宽。
- 【颜色】：如果要设置描边线条的颜色，可以单击该图标，在弹出的拾色器中选择颜色。
- 【位置】：选中【位置】中的单选按钮，可以设置描边线条相对于选择区域的位置，图 4-8～图 4-10 所示分别为选中 3 个单选按钮后的描边效果。

图 4-8　选中【内部】单选按钮

图 4-9　选中【居中】单选按钮

图 4-10　选中【居外】单选按钮

4.1.4 自定义图案

在 Photoshop 中图案具有很重要的作用，在很多工具的工具属性栏及对话框中都有【图案】选项，使用【图案】选项时，除了利用系统自带的一些图案外，我们还可以自定义图案用作填充内容。

自定义图案的操作步骤如下。

(1) 打开图像文件，用【矩形选框工具】选择图像，如图 4-11 所示。

图 4-11 选择图像

(2) 选择【编辑】|【定义图案】菜单命令。

(3) 在弹出的如图 4-12 所示的【图案名称】对话框中输入图案的名称，确认后图案被添加至【图案】下拉列表框中。如图 4-13 所示为使用此图案填充后的效果。

图 4-12 定义【图案名称】对话框

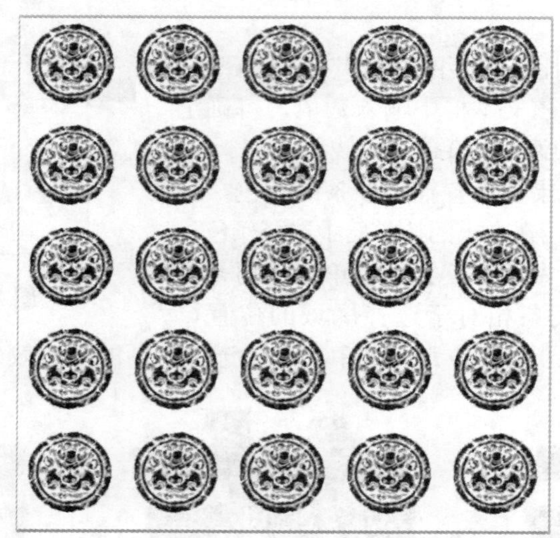

图 4-13 填充自定义的图案

提示： 执行第一步操作时，【矩形选框工具】的【羽化】值一定要为 0。另外，在选择要定义的图像时，不要利用【变换选区】等命令对选区的大小进行调整，否则将无法应用【定义图案】命令。

本例所展示的是将一幅素材图像定义为图案的方法，实际上我们也可以先绘制图像，然后用同样的方法将所绘制的图像的某一部分或全部定义为图案。

4.2 渐　　变

渐变颜色可以使用 Photoshop CS6 工具箱中的【渐变工具】完成，通过它可以创建多种颜色的渐变效果，即可以在整个图像或者图像的一部分中填充具有多种颜色过渡的渐变色。【渐变工具】用于创建不同色间的混合过渡。

4.2.1 【渐变工具】属性栏

在工具箱中选择【渐变工具】后，属性栏显示如图 4-14 所示。渐变工具的使用方法较为简单，其操作步骤如下。

图 4-14　【渐变工具】属性栏

(1) 在工具箱中选择渐变工具。

(2) 在 Photoshop CS6 的【渐变工具】属性栏中可以创建 5 类渐变，分别是线性渐变、径向渐变、角度渐变、对称渐变、菱形渐变，如图 4-15 所示。我们可以根据需要从中选择需要的渐变类型。

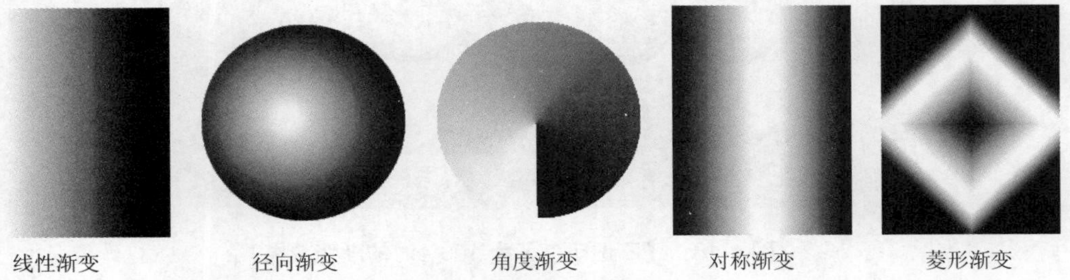

图 4-15　不用渐变工具创建的不同效果

(3) 单击【渐变编辑器】下拉按钮，在弹出的如图 4-16 所示的【渐变类型】面板中选择需要的渐变效果。

图 4-16　【渐变类型】面板

(4) 设置渐变工具属性栏中的【模式】、【不透明度】等选项。

(5) 在图像中拖动渐变工具，即可得到渐变效果。

属性栏中的各个选项如下。

- 【模式】：用于选择着色的模式。
- 【不透明度】：在此输入百分比数可设置渐变的不透明度，数值越大，渐变越不透明，反之则越透明。如图 4-17 所示是【不透明度】为 40%时的渐变效果，如图 4-18 所示是【不透明度】为 100%时的渐变效果。

图 4-17 【不透明度】为 40%时的渐变效果

图 4-18 【不透明度】为 100%时的渐变效果

- 【反向】：启用该复选框，可以使当前的渐变反向填充。如图 4-19 所示为启用该复选框前的渐变效果，如图 4-20 所示为启用该复选框后的渐变效果。

图 4-19 原渐变效果

图 4-20 反向渐变效果

- 【透明区域】：启用该复选框，可以使当前的渐变按设置呈现透明效果，从而使应用渐变的下层图像区域透过渐变显示出来。如图 4-21 所示为应用白色到透明的渐变前后对比效果。

图 4-21　应用透明渐变前后的对比效果

4.2.2　创建实色渐变

单击属性栏中的【渐变编辑器】，弹出如图 4-22 所示的【渐变编辑器】对话框，在此对话框中可以创建新的实色渐变类型。

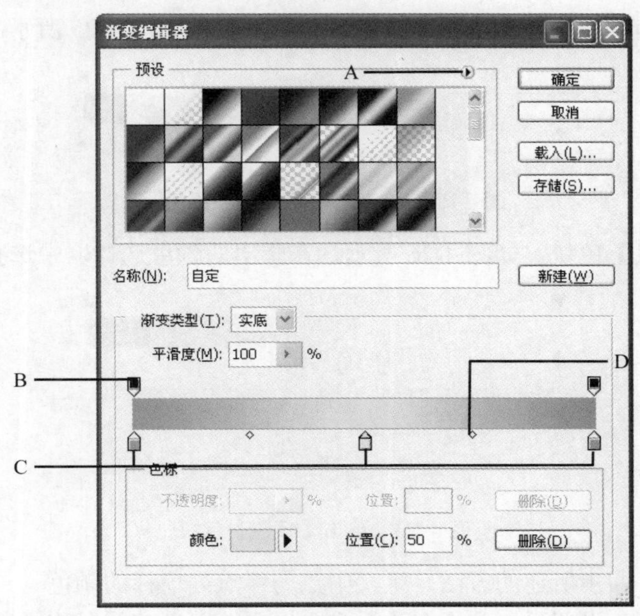

A.面板菜单 B.不透明度色标 C.色标 D.颜色中点

图 4-22　反向渐变效果

下面我们以创建一个颜色渐变为“黑—白—黑”的新渐变为例，讲解如何创建一个新的实色渐变，其操作步骤如下。

(1) 在属性栏中单击【渐变编辑器】，打开【渐变编辑器】对话框，从中选择渐变类型为【前景色到背景色渐变】，此时【渐变编辑器】显示如图 4-23 所示。

图 4-23　反向渐变效果

(2) 在颜色条的下方中间处单击，在颜色条上添加色标，如图 4-24 所示。

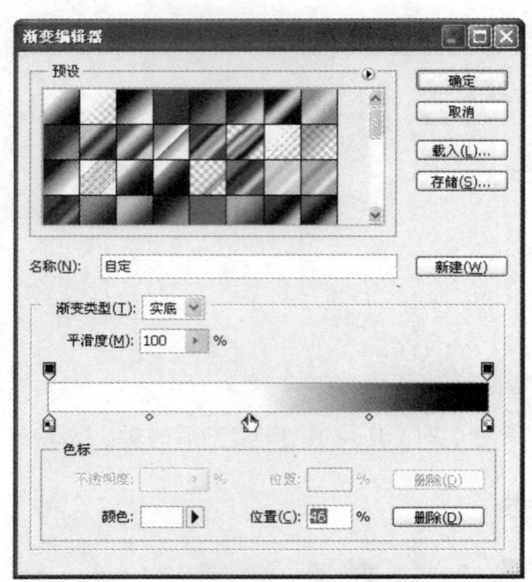

图 4-24　添加色标

(3) 单击左下角的色标使该色标上方的三角形变黑，如图 4-25 所示。

图 4-25　单击起始点处的颜色色标

(4) 单击【颜色】色块，如图 4-26 所示，在弹出的颜色选择器中选择黑色。

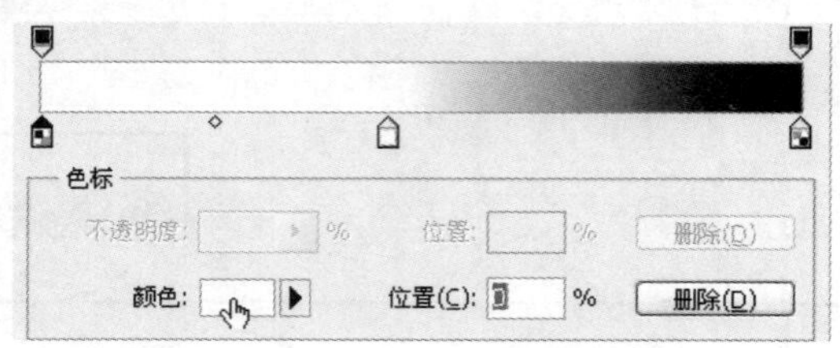

图 4-26　单击【颜色】色块

(5) 重复第三、四步所述的方法，定义中点与终点处色标的颜色。

(6) 完成渐变颜色设置后，在【名称】文本框中输入渐变的名称“渐变 1”。

(7) 单击【新建】按钮，此时【渐变编辑器】对话框如图 4-27 所示。

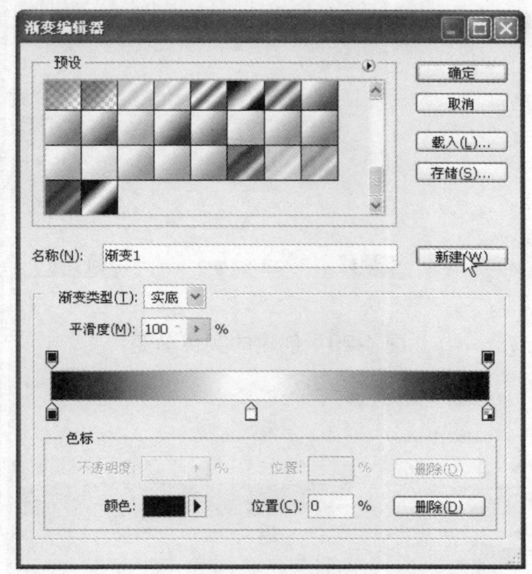

图 4-27　新渐变

(8) 单击【确定】按钮退出该对话框，新创建的渐变自动处于被选中状态。应用此渐变后得到的效果如图 4-28 所示。

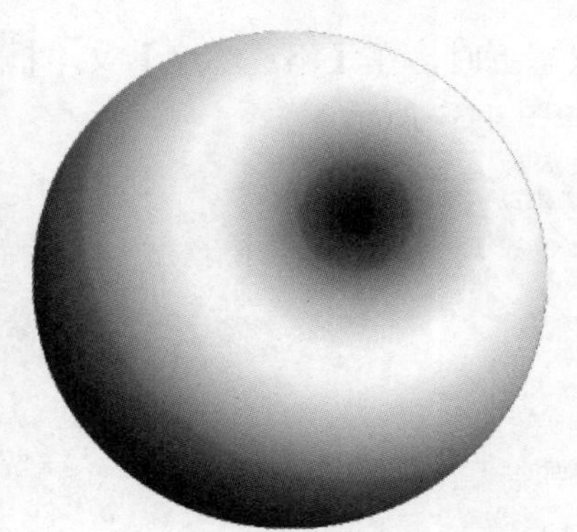

图 4-28　【黑—白—黑】渐变应用效果

4.2.3　创建透明渐变

在 Photoshop CS6 中除可创建不透明的实色渐变外，还可以创建具有透明效果的渐变。在此以创建一个菱形的渐变为例，讲解创建一个具有透明效果的渐变的方法，其操作步骤如下。

(1) 按上面所讲述的方法进行操作，创建一个实色渐变，如图 4-29 所示。

(2) 在渐变条中单击右侧的黑色不透明度色标，如图 4-30 所示。通过调整此色标的参数，以创建具有透明效果的渐变。

提示： 在【渐变编辑器】对话框中，渐变类型各色标值从左至右分别为 535b5e、fefefe、4a5154、fdfdfd 和 535b5e。

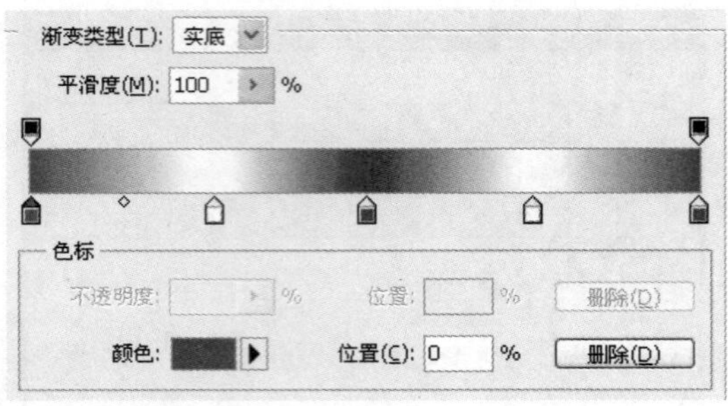

图 4-29　创建的实色渐变

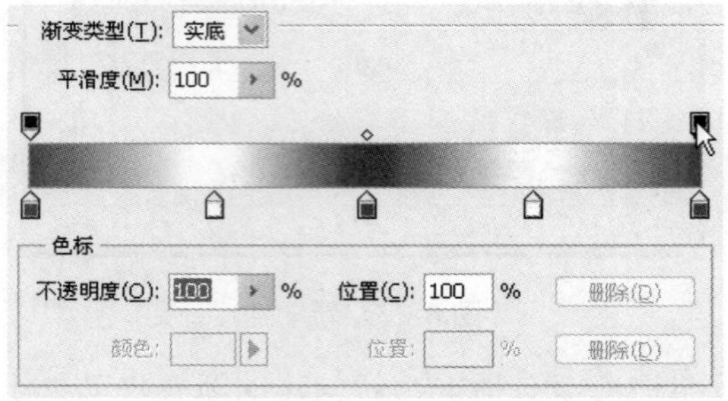

图 4-30　选择不透明度色标

(3) 在该色标处于选中状态下时，在【不透明度】文本框中输入数值 40，以将此滑块所对应的位置定义为透明，如图 4-31 所示。

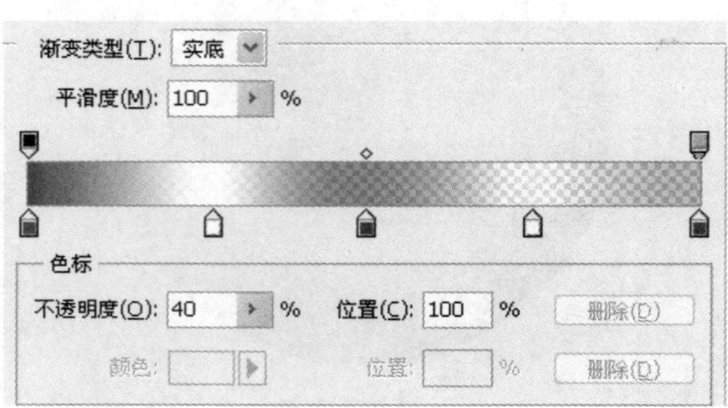

图 4-31　改变色标的不透明度

(4) 将光标移至需要添加不透明度色标的位置，当光标成小手状时，如图 4-32 所示，单击调整不透明度值。

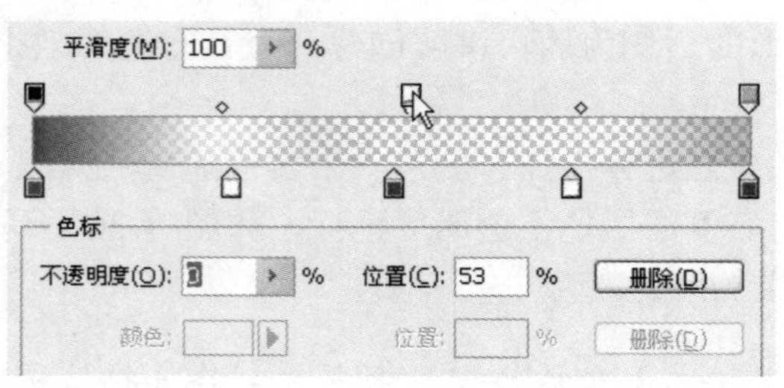

图 4-32　调整不透明度值

图 4-33 为接上步的操作添加其他不透明度色标后的状态。

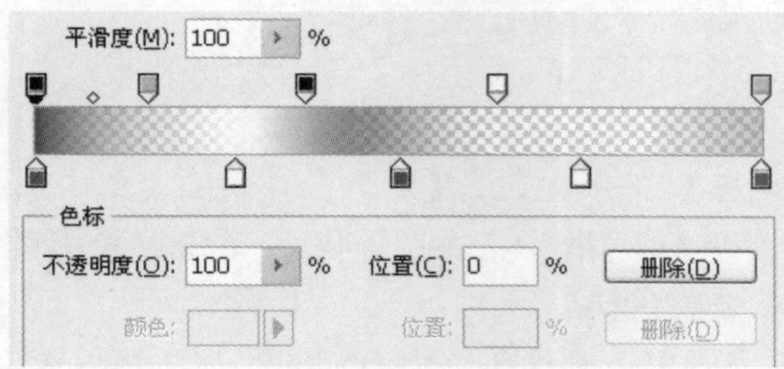

图 4-33　调整好后的渐变状态

(5) 单击【确定】按钮，退出该对话框，即完成创建透明渐变效果。

提示：在【渐变编辑器】对话框中，不透明度色标值从左至右分别为 100%、40%、100%、0%、40%。

如图 4-34 所示为应用渐变后的效果，可以看出图像四角部分均不透明，仅中间的区域呈现透明效果。

图 4-34　在透明背景上的渐变效果

提示：在使用具有透明度的渐变时，一定要启用【渐变工具】属性栏中的【透明区域】复选框，否则将无法显示渐变的透明效果。

4.2.4　创建平滑渐变

仍以菱形的渐变为例，创建平滑渐变的操作步骤如下。

(1) 选择【渐变工具】。

(2) 在属性栏中单击【渐变编辑器】，打开【渐变编辑器】对话框。

(3) 要使新渐变基于现有渐变，在对话框的【预设】部分选择一种渐变。

(4) 从【渐变类型】下拉列表框中选择【实底】选项。

(5) 要定义渐变的起始颜色，单击渐变条下方左侧的色标，该色标上方的三角形将变黑，这表明正在编辑起始颜色。

(6) 要选取颜色，则执行下列操作之一。

- 双击色标，或者在对话框的【色标】部分单击色板。选取一种颜色，然后单击【确定】按钮。
- 在对话框的【色标】部分中，从【颜色】弹出的菜单中选取一个选项。
- 将指针定位在渐变条上(指针变成吸管状)，单击以采集色样，或单击图像中的任意位置从图像中采集色样。

(7) 要定义终点颜色，则单击渐变条下方右侧的色标，然后选取一种颜色。

(8) 要调整起点或终点的位置，请执行下列操作之一。

- 将相应的色标拖动到所需位置的左侧或右侧。
- 单击相应的色标，并在对话框【色标】部分的【位置】中输入值。如果值是0%，色标会在渐变条的最左端；如果值是100%，色标会在渐变条的最右端。

(9) 要调整中点的位置(渐变将在此处显示起点颜色和终点颜色的均匀混合)，向左或向右拖动渐变条下面的菱形，或单击菱形并输入【位置】值。

(10) 要将中间色添加到渐变，在渐变条下方单击，以便定义另一个色标。像对待起点或终点那样，为中间点指定颜色并调整位置和中点。

(11) 要删除正在编辑的色标，单击【删除】按钮，或向下拖动此色标直到其消失。

(12) 要控制渐变中的两个色带之间逐渐转换的方式，在【平滑度】文本框中输入一个数值，或拖动【平滑度】滑块。

(13) 如果需要，设置渐变的透明度值。

(14) 输入新渐变的名称。

(15) 要将渐变存储为预设，在完成渐变的创建后单击【新建】按钮。

注意： 新预设存储在首选项文件中。如果此文件被删除或已损坏，或者将预设复位到默认库，则新预设将丢失。要永久存储新预设，应将它们存储在库中。

4.2.5 创建杂色渐变

杂色渐变是这样的渐变，它包含了在所指定的颜色范围内随机分布的颜色，如图 4-35所示。

(a) 10% 粗糙度；(b) 50% 粗糙度；(c) 100% 粗糙度

图 4-35 具有不同粗糙度值的杂色渐变

创建杂色渐变的步骤如下。

(1) 选择【渐变工具】。

(2) 单击属性栏中的【渐变编辑器】，打开【渐变编辑器】对话框。

(3) 要使新渐变基于现有渐变，在对话框的【预设】选项组中选择一种渐变。

(4) 从【渐变类型】下拉列表框中选择【杂色】选项，如图 4-36 所示。

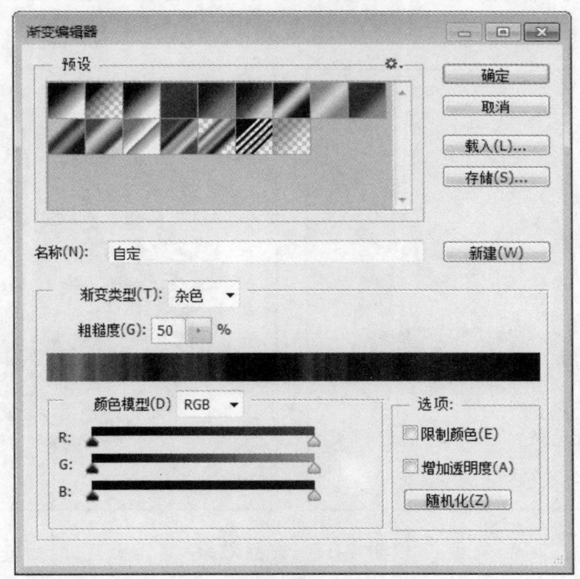

图 4-36　选择【杂色】选项

其中各选项的含义如下。

- 【粗糙度】：控制渐变中的两个色带之间逐渐过渡的方式。
- 【颜色模型】：更改可以调整的颜色分量。对于每个分量，拖动滑块可以定义可接受值的范围。例如，如果选取 HSB 模型，可以将渐变限制为蓝绿色调、高饱和度和中等亮度。
- 【限制颜色】：启用该复选框，防止过饱和颜色。
- 【增加透明度】：启用该复选框，增加随机颜色的透明度。
- 【随机化】：随机创建符合上述设置的渐变。单击该按钮，直至找到所需的设置。

(5) 要创建具有指定设置的预设渐变，在【名称】文本框中输入名称，然后单击【新建】按钮。

4.3　上机操作实践——绘制光盘

本范例完成文件：\04\光盘. psd

多媒体教学路径：光盘→多媒体教学→第 4 章

4.3.1 实例介绍和展示

本实例通过运用【填充工具】、【渐变工具】为选区填充实色及渐变颜色，更改图层的不透明度，结合使用滤镜制作出逼真的光盘效果，如图 4-37 所示。

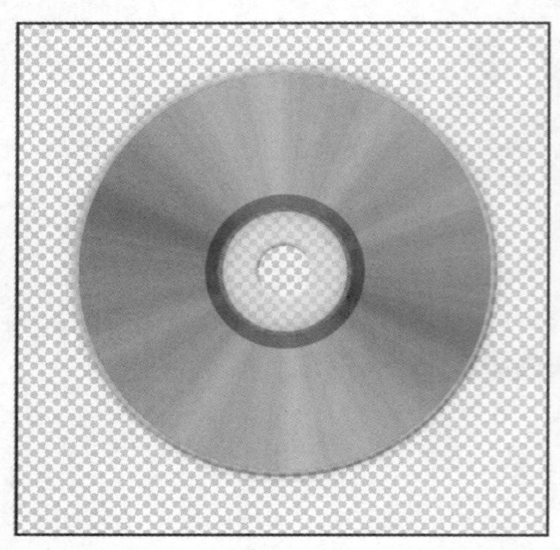

图 4-37　光盘效果

4.3.2 新建文档

启动 Photoshop CS6 主程序，按下 Ctrl+N 组合键打开【新建】对话框，设置【宽度】为 15 厘米、【高度】为 15 厘米、【分辨率】为 96dpi；选择【颜色模式】为【RGB 颜色】、【背景内容】为【透明】，如图 4-38 所示，单击【确定】按钮。

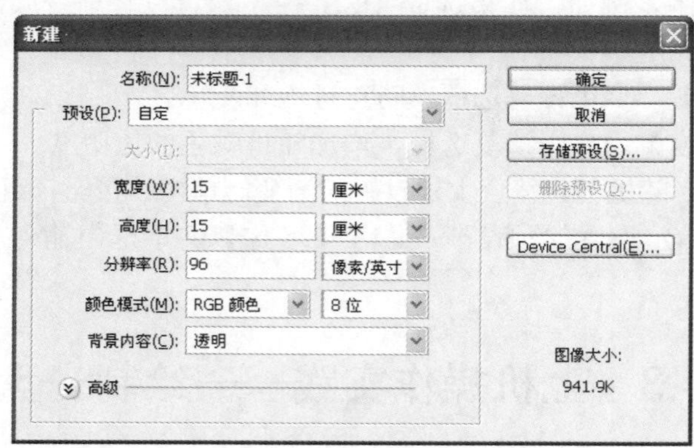

图 4-38　【新建】对话框参数设置

4.3.3 绘制选区并填充颜色

(1) 在工具箱中选择【椭圆选框工具】，在属性栏中设置参数，在【样式】下拉列表框中选择【固定大小】，在【宽度】和【高度】文本框中分别输入 12 厘米，如图 4-39 所示。

图 4-39　【椭圆选框工具】属性栏

(2) 在文件窗口中绘制圆形选区，设定前景色值为#d7d7d7，按下 Alt+Delete 组合键为选区填充前景色，如图 4-40 所示，按下 Ctrl+D 组合键取消选区。

(3) 选择【椭圆选框工具】，在属性栏中设定选区大小为 1.48 厘米×1.48 厘米，在灰色圆形中心位置绘制圆形选区，然后分别选择【图层】|【将图层与选区对齐】|【垂直居中】和【水平居中】菜单命令，将选区与图层完全居中对齐，按住 Delete 键删除选区部分，如图 4-41 所示。

图 4-40　为圆形选区填充前景色后的效果

图 4-41　删除选区部分后的效果

(4) 在【图层】面板下方单击【添加图层样式】按钮，在弹出的菜单中选择【斜面和浮雕】命令，打开其【图层样式】对话框，参数设置如图 4-42 所示，单击【确定】按钮。

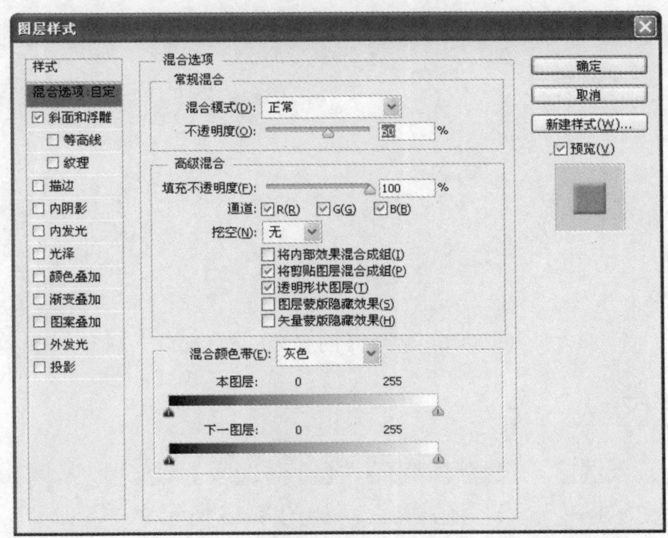

图 4-42　设置【斜面和浮雕】的参数

(5) 在【图层】面板下方单击【创建新图层】按钮，创建【图层 2】，在工具箱中选择【椭圆选框工具】，在属性栏中设置选区大小为 11.6 厘米×11.6 厘米，在文件窗口中绘制出此选区，并将其与【图层 1】居中对齐，如图 4-43 所示。设置前景色值为#d7d7d7，为选区填充前景色，此时【图层】面板如图 4-44 所示。

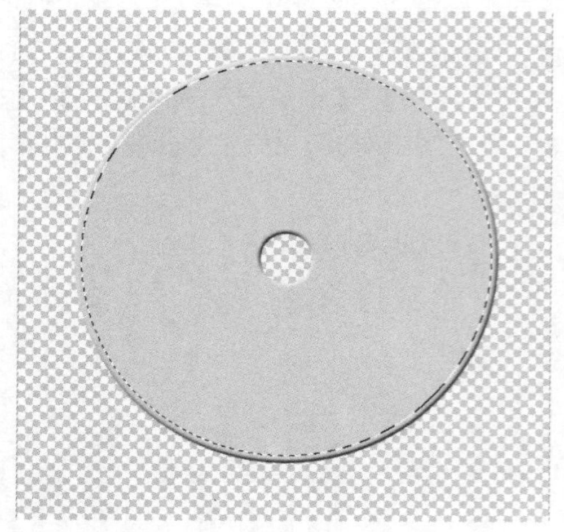

图 4-43　选区与【图层 1】居中对齐

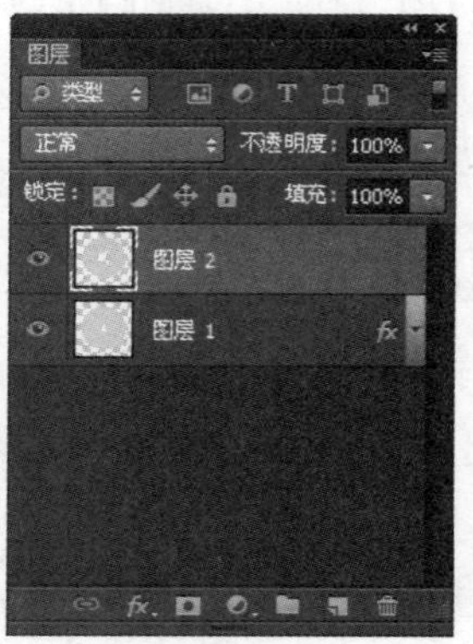

图 4-44　【图层】面板

(6) 选择【椭圆选框工具】，绘制大小为 3.8 厘米×3.8 厘米的正圆形选区，与【图层 2】居中对齐后，按下 Delete 键删除选区部分，如图 4-45 所示。

图 4-45　删除【图层 2】选区部分

4.3.4　存储选区

将【图层 2】载入选区，选择【选择】|【存储选区】菜单命令，打开【存储选区】对话框，在【名称】文本框中输入“图层 2”，如图 4-46 所示。

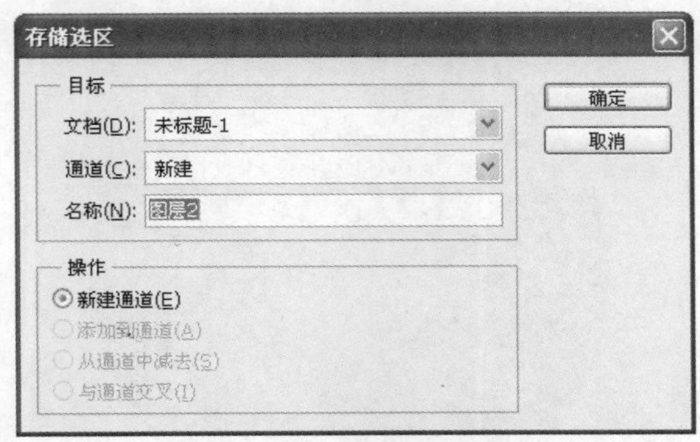

图 4-46　【存储选区】对话框

4.3.5　为选区进行渐变填充

(1) 新建【图层 3】，在【通道】面板中选择【图层 2】并将其载入选区，如图 4-47 所示。

(2) 在工具箱中选择【渐变工具】，单击【渐变编辑器】，打开【渐变编辑器】对话框，选择【渐变类型】为【杂色】，单击【随机化】按钮，选择合适的颜色组，如图 4-48 所示。

图 4-47　【通道】面板

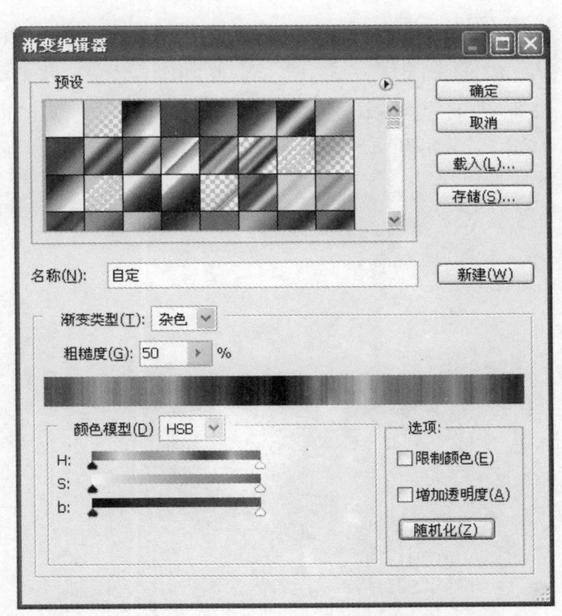

图 4-48　【渐变编辑器】对话框参数设置

(3) 在【渐变工具】属性栏中选择【角度渐变】，在【图层 3】的选区中心位置向边缘部分拉出渐变，如图 4-49 所示。

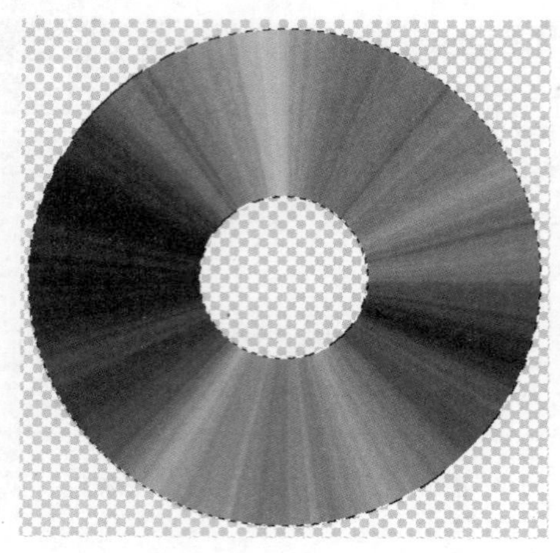

图 4-49　渐变效果

4.3.6　合并图层、更改不透明度

(1) 取消选区，复制【图层 3】，将【图层 3 副本】的不透明度调整为 50%，选择【编辑】|【变换】|【旋转 180 度】命令，按下 Ctrl+E 组合键向下合并图层，将新的【图层 3】不透明度调整为 50%，再将【图层 1】的不透明度修改为 60%，同时显示 3 个图层，效果如图 4-50 所示。

(2) 新建【图层 4】，选择【椭圆选框工具】，绘制大小为 4.5 厘米×4.5 厘米的选区，设置前景色为#292929，按下 Alt+Delete 组合键为其填充颜色，并将其与其他 3 个图层居中对齐，如图 4-51 所示。

图 4-50　修改不透明度后的效果

图 4-51　为【图层 4】填充后的效果

(3) 选择【椭圆选框工具】，绘制大小为 3.5 厘米×3.5 厘米的选区，将选区与图层居中对齐，按下 Delete 键删除选区部分，设置不透明度为 50%，效果如图 4-52 所示。

(4) 新建【图层 5】，用【矩形选框工具】选择整个画面，选择【编辑】|【描边】菜单命令，在打开的【描边】对话框中进行设置，如图 4-53 所示。

图 4-52　对【图层 4】进行编辑后的效果

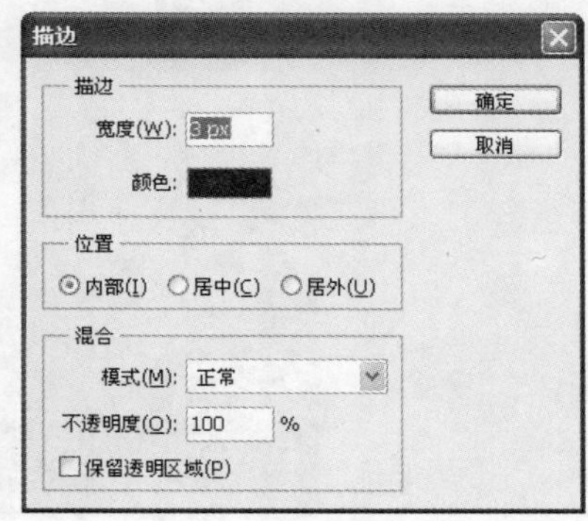

图 4-53　【描边】对话框

4.3.7　最后修整

(1) 新建【图层 6】，载入图层 2 选区，填充黑色，选择【滤镜】|【模糊】|【高斯模糊】命令，设置【半径】值为 10 像素，然后将【图层 6】拖拽到【图层 1】下面，最终效果如图 4-54 所示。

(2) 另外，还可以通过后面章节的学习，为光盘添加文字及各种酷炫的封面，示例效果如图 4-55 所示。

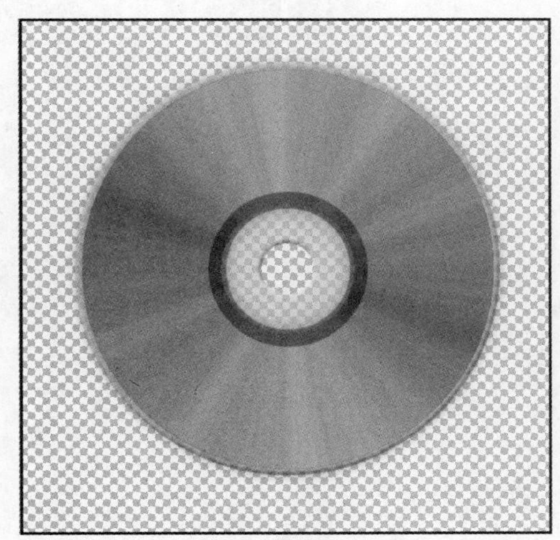

图 4-54　最终效果

图 4-55　示例效果

4.4　操 作 练 习

运用所学知识绘制彩虹，本练习效果如图 4-56 所示。

图 4-56　示例效果图

第 5 章　图像基础操作

教学目标

本章主要讲解 Photoshop 中修剪图像的方法及显示全部图像的命令，还讲解了较为初级的图像色彩调整命令及操作方法，其中包括的命令有【去色】、【反相】、【阈值】等。

教学重点和难点

1. 了解和掌握修剪图像的方法及如何显示全部图像。
2. 掌握基础调色命令。
3. 掌握色彩调整的基本方法。

5.1　图像的基础操作

5.1.1　修剪

除了使用工具箱中的【裁剪工具】进行裁切外，Photoshop CS6 还提供了有较多选项的裁切方法，即【图像】|【裁切】菜单命令。使用此命令可以裁切图像的空白边缘，选择该命令后，将弹出【裁切】对话框，如图 5-1 所示。

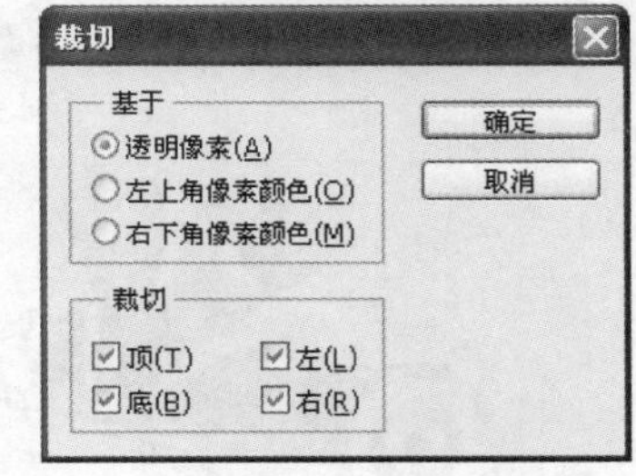

图 5-1　【裁切】对话框

使用此命令首先需要在【基于】选项组中选择一种裁切方式，以确定基于某个位置进行裁切。

- 选中【透明像素】单选按钮，则以图像中有透明像素的位置为基准进行裁切。
- 选中【左上角像素颜色】单选按钮，则以图像左上角位置为基准进行裁切。
- 选中【右下角像素颜色】单选按钮，则以图像右下角位置为基准进行裁切。

在【裁切】选项组中可以选择裁切的方位，其中有【顶】、【左】、【底】、【右】4 个复选框。

如果仅启用某一复选框如【顶】复选框，则在裁切时从图像顶部开始向下裁切，而忽略其他方位。

如图 5-2 所示为原图像，如图 5-3 所示为使用此命令后得到的效果，可以看出，图像四周的透明区域已被修剪去。

图 5-2　原图像

图 5-3　裁切后的效果

5.1.2　显示全部

在某些情况下，图像的部分会处于画布的可见区域外，如图 5-4 所示。选择【图像】|【显示全部】菜单命令，可以扩大画布，从而使处于画布可见区域外的图像完全显示出来，如图 5-5 所示是使用此命令后完全显示的图像。

图 5-4　未显示完全的图像

图 5-5　显示完全的图像

5.2　基础调色命令

在工具箱中有 3 个用于调整图像颜色的工具，分别是【减淡工具】、【加深工具】和【海绵工具】，这些工具适用于对图像局部进行细微的调节。

5.2.1　减淡工具

使用【减淡工具】在图像中拖动，可使光标掠过处的图像色彩减淡，从而起到加亮的视觉效果，其属性栏如图 5-6 所示。

图 5-6　【减淡工具】属性栏

使用该工具需要在属性栏中选择合适的笔刷，然后选择【范围】下拉列表框中的选项，以定义减淡工具应用的范围。

- 【范围】：在此可以选择【暗调】、【中间调】及【高光】3 个选项，分别用于对图像的暗调、中间调及高光部分进行调节。
- 【曝光度】：此数值定义了对图像的加亮程度，数值越大，亮化效果越明显。
- 【保护色调】：启用此复选框可以使操作后图像的色调不发生变化。

如图 5-7 所示为原图，如图 5-8 所示为使用【减淡工具】对人的面部进行操作，以突出显示人物面部受光面的效果。

图 5-7　原图

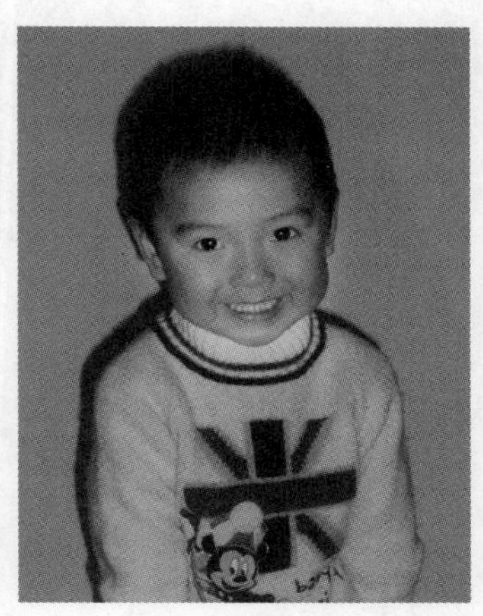

图 5-8　减淡面部后的效果

5.2.2　加深工具

【加深工具】和【减淡工具】相反，可以使图像中被操作的区域变暗，其属性栏及操作方法与【减淡工具】的应用相同，在此不再赘述。

如图 5-9 所示为原图，如图 5-10 所示为使用此工具加深面部后的效果，可以看出操作后的面部更具立体感。

图 5-9　原图

图 5-10　加深面部后的效果

5.3 处 理 图 像

5.3.1 为图像去色

选择【图像】|【调整】|【去色】菜单命令，可以去掉彩色图像中的所有颜色值，将其转换为相同颜色模式的灰度图像。如图 5-11 所示为原图像，如图 5-12 所示为选择蝴蝶以外的图像并应用此命令去色后得到的效果，可以看出，经过此命令的操作，图像的重点更加突出。

图 5-11 原图像

图 5-12 应用【去色】命令处理后的效果

5.3.2 反相图像

选择【图像】|【调整】|【反相】菜单命令，可以将图像的颜色反相。将正片黑白图像变成负片，或将扫描的黑白负片转换为正片，如图 5-13 所示。

图 5-13 原图及应用【反相】命令处理后的效果

5.3.3　均化图像的色调

使用【图像】|【调整】|【色调均化】菜单命令可以对图像的亮度进行色调均化，即在整个色调范围中均匀分布像素。如图 5-14 所示为原图像，如图 5-15 所示为使用此命令后的效果图。

图 5-14　原图

图 5-15　应用【色调均化】命令处理后的效果

5.3.4　制作黑白图像

选择【图像】|【调整】|【阈值】菜单命令，可以将图像转换为黑白图像。

在此命令弹出的【阈值】对话框中，所有比指定的阈值亮的像素会被转换为白色，所有比该阈值暗的像素会被转换为黑色，其对话框如图 5-16 所示。

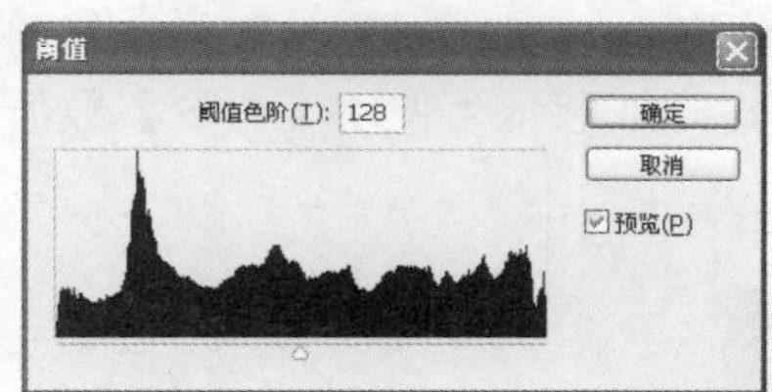

图 5-16　【阈值】对话框

如图 5-17 所示为原图像及对此图像使用【阈值】命令后得到的图像效果。

图 5-17　原图及应用【阈值】命令处理后的效果图

5.3.5 使用【色调分离】命令

使用【色调分离】菜单命令可以减少彩色或灰阶图像中色调等级的数目。例如，如果将彩色图像的色调等级制定为 6 级，Photoshop 可以在图像中找出 6 种基本色，并将图像中所有颜色强制与这 6 种颜色匹配。

提示： 在【色调分离】对话框中，可以使用上、下方向键来快速试用不同的色调等级。

此命令适用于在照片中制作特殊效果，例如，制作较大的单色调区域，其操作步骤如下。

(1) 打开图像素材。

(2) 选择【图像】|【调整】|【色调分离】菜单命令，弹出如图 5-18 所示的【色调分离】对话框。

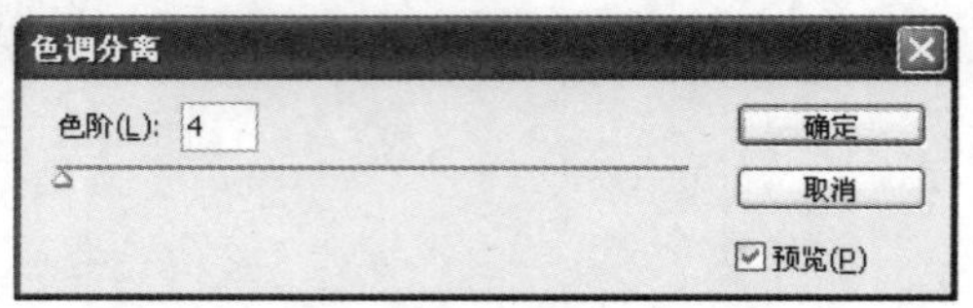

图 5-18 【色调分离】对话框

(3) 在对话框中的【色阶】文本框中输入数值或拖动其下方的滑块，同时预览被操作图像的变化，直至得到所需要的效果，单击【确定】按钮。如图 5-19 所示为原图像，如图 5-20 所示为使用【色阶】数值为 4 时所得到的效果，如图 5-21 所示为使用【色阶】数值为 10 时所得到的效果，如图 5-22 所示为使用【色阶】数值为 50 时所得到的效果。

图 5-19 原图像

图 5-20 【色阶】数值为 4

图 5-21　【色阶】数值为 10

图 5-22　【色阶】数值为 50

5.4　上机实践操作——制作反相字

本范例完成文件：\05\反相字. psd

多媒体教学路径：光盘→多媒体教学→第 5 章

5.4.1　实例介绍和展示

本实例运用【渐变工具】、【文字工具】、【套索工具】、【反相】命令及【图层样式】制作反相字，效果如图 5-23 所示。

图 5-23　效果展示

5.4.2 新建文档

新建一个 400×400 的文档，选择【渐变工具】，在画布中由上至下拉出一个彩色的线性渐变，如图 5-24 所示。

图 5-24 彩色渐变背景

5.4.3 创建文字层并编辑文字

(1) 设置前景色为白色，选择【文字工具】，在画布中创建文字层，输入“云杰漫步”4 个字，如图 5-25 所示。

(2) 右击文字层缩略图，在弹出的快捷菜单中选择【栅格化文字】命令，然后用【套索工具】在文字层上绘制一个不规则选区，如图 5-26 所示。

图 5-25 创建文字层

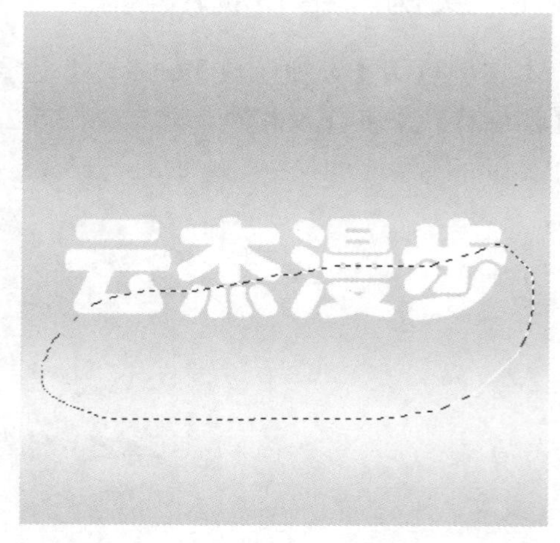

图 5-26 绘制不规则选区

(3) 选择【图像】|【调整】|【反相】菜单命令，效果如图 5-27 所示。

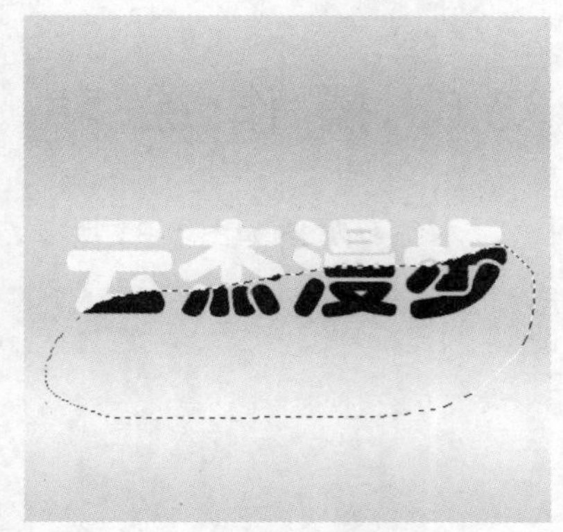

图 5-27　执行反相命令

(4) 按下 Ctrl+D 组合键取消选区。双击文字层，在弹出的【图层样式】对话框中启用【投影】复选框，设置阴影颜色值为#0c08be、【距离】为 2、【大小】为 5，如图 5-28 所示，单击【确定】按钮。

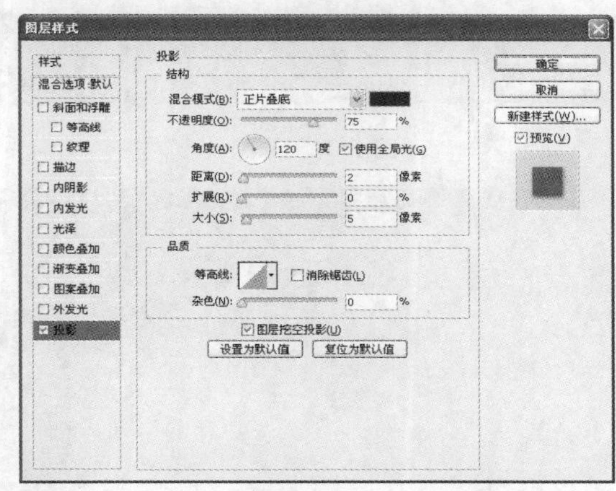

图 5-28　【图层样式】对话框的参数设置

(5) 完成绘制的最终效果及【图层】面板如图 5-29、图 5-30 所示。

图 5-29　反相字效果图

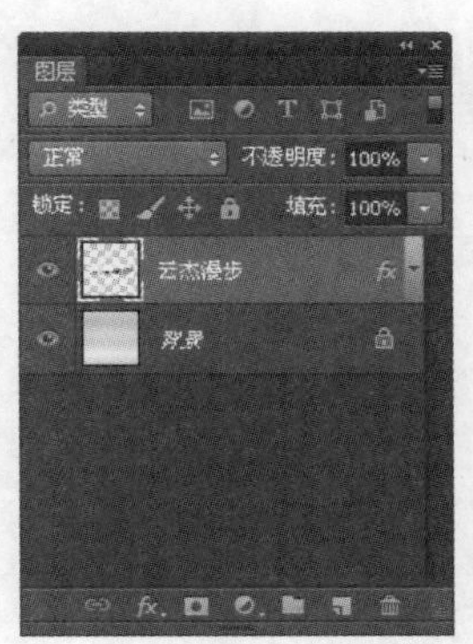

图 5-30　【图层】面板

5.5 操作练习

运用所学知识制作一幅图画，本练习原图如图 5-31 所示，效果图如图 5-32 所示。

图 5-31 原图

图 5-32 效果图

第 6 章　图 层 管 理

教学目标

本章主要讲解 Photoshop 的核心功能之一——图层，其中包括图层的基础操作，如新建、选择、复制、删除图层，以及图层混合模式、图层样式等。

图层最基本的功能是使我们在修改作品的一个元素时不会受到其他元素的影响，通过调整图层的叠放顺序、透明度和混合方式等，可以实现许多有趣的效果。另外，加入调整层、填充层和图层样式可以创造出更为复杂的效果。

由于 Photoshop 中的任何操作都是基于图层的，因此本章是本书的重点之一，希望读者认真学习这一章的内容。

教学重点和难点

1. 图层概念。
2. 图层的基础管理。
3. 图层混合。
4. 图层样式。
5. 对齐或分布图层。

6.1　图 层 概 念

【图层】，顾名思义就是图像的层次，在 Photoshop 中可以将图层想象成是一张张叠起来的透明胶片，如果图层上没有图像，就可以一直看到底下的图层，其示意图如图 6-1 所示。

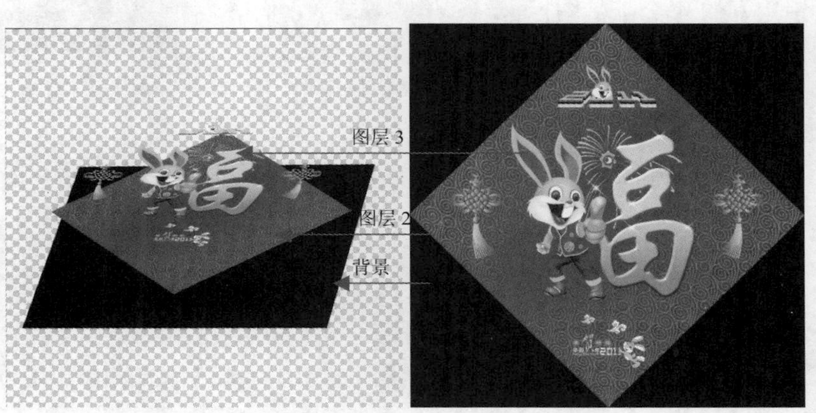

图 6-1　透明胶片示意图

使用图层绘图的优点在于，可以非常方便地在相对独立的情况下对图像进行编辑或修改，可以为不同图层设置混合模式及透明度，可以通过更改图层的顺序和属性改变图像的合成效果。而且当我们对其中的一个图层进行处理时，不会影响到其他图层的图像。

如上所述，在 Photoshop 中图层就像是分层的透明胶片。对应于如图 6-1 所示的分层胶片，实际上就是不同的图层，如图 6-2 所示。

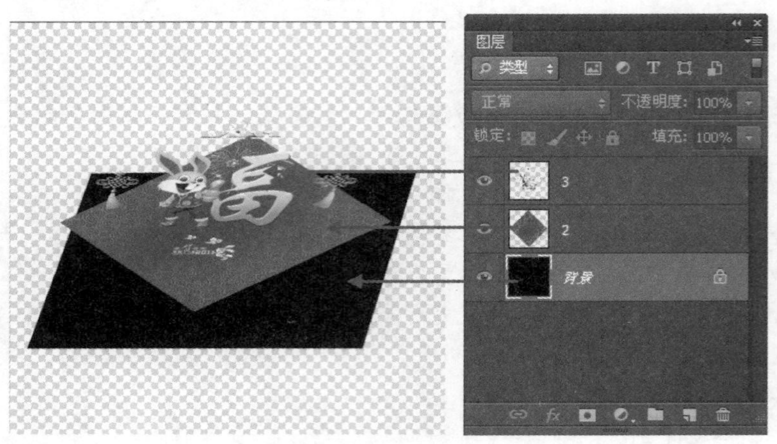

图 6-2　透明胶片对应图层

图层的显示和操作都集中在【图层】面板中，选择【窗口】|【图层】命令，打开【图层】面板，如图 6-3 所示。

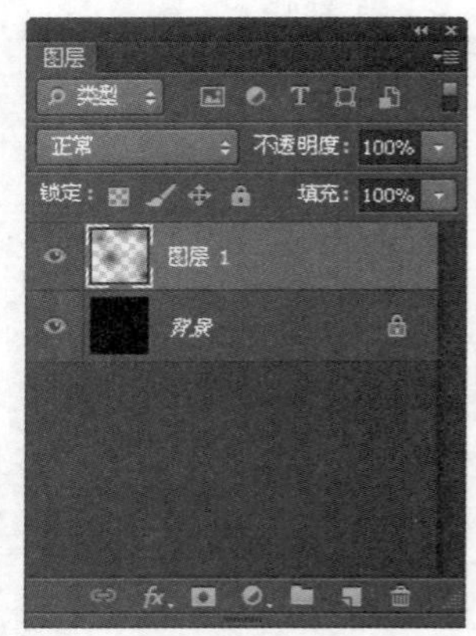

图 6-3　【图层】面板

【图层】面板中的各个控制按钮的意义如下。

- 混合模式下拉列表框 正常 ：用于设定图层的混合模式，它包含有 27 种混合模式。
- 【不透明度】：用于设定图层的不透明度。
- 【填充】：用于设定图层的填充百分比。
- (眼睛)图标：用于显示或隐藏图层中的内容。
- 【锁定】的 4 个工具图标 锁定： ：它们从左至右依次是【锁定透明像素】工具、【锁定图像像素】工具、【锁定位置】工具和【锁定全部】工具。
  - ◆ 【锁定透明像素】工具：锁定当前图层的透明区域，使透明区域不能被编辑。
  - ◆ 【锁定图像像素】工具：使当前图层和透明区域不能被编辑。
  - ◆ 【锁定位置】工具：使当前图层不能被移动。
  - ◆ 【锁定全部】工具：使当前图层或序列完全被锁定。
- 7 个工具按钮图标：它们从左到右依次是【链接图层】按钮、【添加图层样式】按钮、【添加图层蒙版】按钮、【创建新的填充或调整图层】按钮、【创建新组】按钮、【创建新图层】按钮和【删除图层】按钮。
  - ◆ 【链接图层】按钮：可以将图层与图层进行链接。
  - ◆ 【添加图层样式】按钮 fx ：使当前图层增加图层样式风格效果。

- 【添加图层蒙版】按钮：将在当前层上创建一个蒙版。在图层蒙版中，黑色的代表隐藏图像，白色的代表显示图像。可以使用画笔等绘图工具对蒙版进行绘制，而且可以将蒙版转换成选择区域。
- 【创建新的填充或调整图层】按钮：可对图层进行颜色填充和效果调整。
- 【创建新组】按钮：新建一个文件夹，可放入图层。
- 【创建新图层】按钮：该工具将在当前图层的上面创建一个新层。单击该工具按钮，系统将创建一个新图层。
- 【删除图层】按钮：即垃圾桶。可以将不想要的图层拖到此处进行删除。

- 单击【图层】面板右上角黑色的三角形按钮，将弹出下拉菜单，我们可以从中选择各种命令对图层进行操作。

6.2　基础图层管理

图层的应用很灵活，想要在进行平面设计时得心应手，必须熟练掌握图层的基本操作。本小节讲解图层的基本操作，包括新建、复制、删除图层等，读者应熟练掌握图层的功能和使用方法。

6.2.1　新建普通图层

新建普通图层的步骤如下。

1．单击【创建新图层】按钮创建新图层

在 Photoshop CS6 中创建图层的方法有很多，最常用的是单击【图层】面板中的【创建新图层】按钮。

按此方法操作，可以直接在当前操作图层的上方创建一个新图层，在默认情况下，Photoshop 将新建的图层按顺序命名为【图层 1】、【图层 2】……以此类推。

技巧： 按住 Alt 键单击【创建新图层】按钮，可以弹出【新建图层】对话框；按住 Ctrl 键单击【创建新图层】按钮，可在当前图层的下方创建新图层。

2．通过复制新建图层

通过当前存在的选区也可以创建新图层。在当前图层存在选区的情况下，选择【图层】|【新建】|【通过拷贝的图层】菜单命令，即可将当前选区中的图像复制至一个新图层中。

也可以选择【图层】|【新建】|【通过剪切的图层】菜单命令，将当前选区中的图像剪切到一个新图层中。

如图 6-4 所示是原图中的选区及对应的【图层】面板，如图 6-5 所示是选择【图层】|【新建】|【通过复制的图层】菜单命令得到新图层后，变换图层中的图像后的效果，如图 6-6 所示为选择【图层】|【新建】|【通过剪切的图层】菜单命令得到的新图层。

图 6-4　原图像及对应的【图层】面板

图 6-5　通过复制得到的新图层

图 6-6　通过剪切得到的新图层

6.2.2　新建调整图层

调整图层本身表现为一个图层，其作用是调整图像的颜色，使用调整图层可以对图像试用颜色和色调调整，而不会永久改变图像中的像素。

使用调整图层时，所有颜色和色调的调整参数都位于调整图层内，但会影响它下面的所有图层。该图层像一层透明膜一样，下层图像可以透过它显示出来。这样就可以在调整图层中通过调整单个图层来校正多个图层，而不是分别对每个图层进行调整。

如图 6-7 所示为原图像(由两个图层合成)及对应的【图层】面板，如图 6-8 所示为在所有图层的上方增加反相调整图层后的效果及对应的【图层】面板，可以看出，所有图层中的图像均被反相。

图 6-7　原图像及对应的【图层】面板

图 6-8　增加反相调整图层后的图像及对应的【图层】面板

要创建调整图层，可以单击【图层】面板底部的【创建新的填充或调整图层】按钮，在弹出的下拉菜单中选择需要创建的调整图层的类型。

例如，要创建一个将所有图层加亮的调整图层，可以按以下步骤进行操作。

(1) 打开图像素材，如图 6-9 所示。在【图层】面板中选择最上方的图层。

图 6-9　原图像

(2) 单击【图层】面板底部的【创建新的填充或调整图层】按钮。

(3) 在弹出的下拉菜单中选择【色阶】命令。

(4) 在弹出的【色阶】面板中，将灰色滑块与白色滑块向左侧拖动。完成操作后，可以在【图层】面板最上方看到如图 6-10 所示的调整图层。

图 6-10　调整【色阶】后的效果及对应的【图层】面板

提示： 由于调整图层仅影响其下方的所有可见图层，故在增加调整图层时，图层位置的选择非常重要，在默认情况下调整图层创建于当前选择的图层上方。

在使用调整图层时，还可以充分使用调整图层本身所具有的图层灵活性与优点，为调整图层增加蒙版以屏蔽对某些区域的调整，如图 6-11 所示。

图 6-11　编辑蒙版后的效果及对应的【图层】面板

6.2.3　创建填充图层

使用填充图层可以创建填充有【纯色】、【渐变】和【图案】3 类内容的图层，与调

整图层不同，填充图层不影响其下方的图层。

单击【图层】面板底部的【创建新的填充或调整图层】按钮，在下拉菜单中选择一种填充类型，设置弹出对话框参数，即可在目标图层之上创建一个填充图层。

- 选择【纯色】命令，可以创建一个纯色填充图层。
- 选择【渐变】命令，将弹出如图 6-12 所示的【渐变填充】对话框，在此对话框中可以设置填充图层的渐变效果。如图 6-13 所示为创建渐变填充图层所获得的效果及对应的【图层】面板。

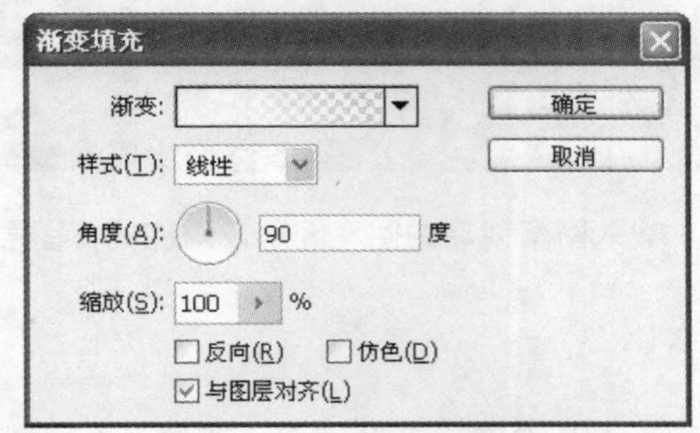

图 6-12　【渐变填充】对话框

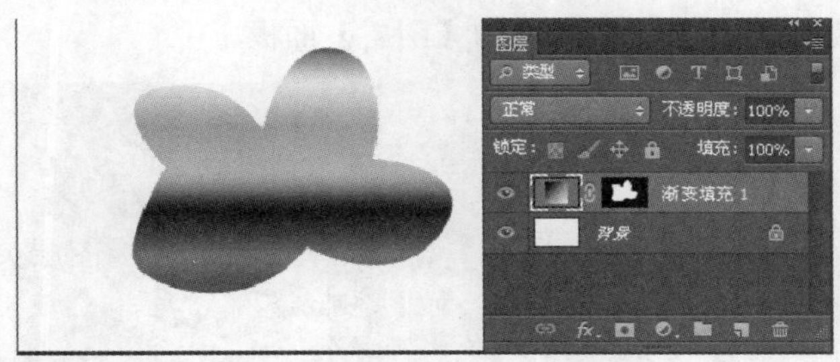

图 6-13　使用渐变填充图层所得到的效果

- 选择【图案】命令可以创建图案填充图层，此命令弹出的【图案填充】对话框如图 6-14 所示。

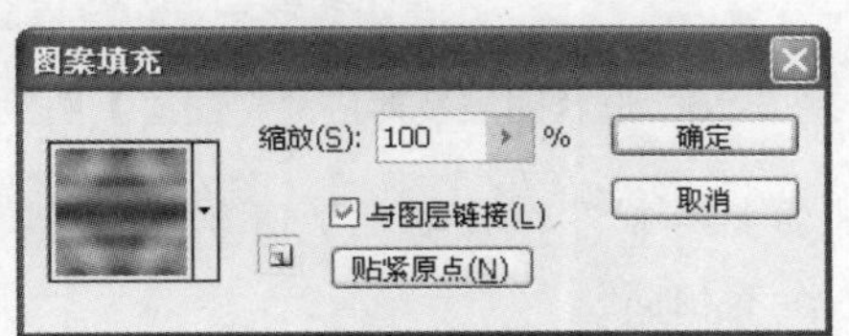

图 6-14　【图案填充】对话框

在对话框中选择图案并设置相关参数后，单击【确定】按钮，即可在目标图层上方创建图案填充图层。如图 6-15 所示为使用载入的图案所创建的图案图层(混合模式为【线性加深】)的效果及对应的【图层】面板。

图 6-15　载入图案创建的图案图层及对应的【图层】面板

6.2.4　新建形状图层

在工具箱中选择形状工具可以绘制几何形状、创建几何形状的路径，还可以创建形状图层。在工具箱中选择形状工具后，单击属性栏中的按钮再进行绘制即可创建形状图层。如图 6-16 所示为创建的形状图层及对应的【图层】面板。

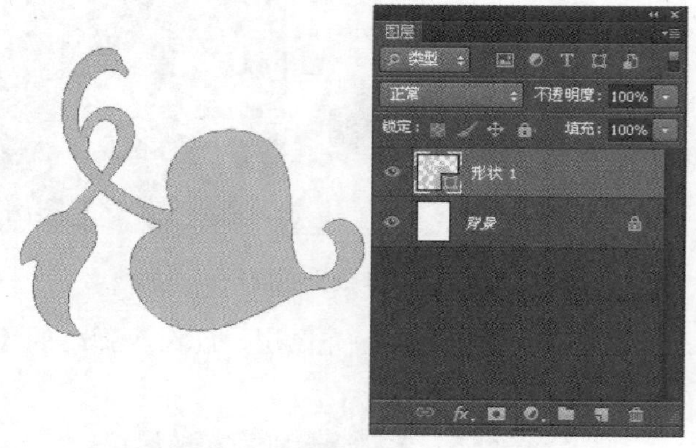

图 6-16　形状图层及对应的【图层】面板

提示： 在一个形状图层上绘制多个形状时，用户在属性栏中选择的作图模式不同，得到的效果也各不相同。

1. 编辑形状图层

双击形状图层前方的图标，在弹出的【拾色器】对话框中选择另外一种颜色，即可改变形状图层填充的颜色。

2. 将形状图层栅格化

由于形状图层具有矢量特性，因此在此图层中无法使用对像素进行处理的各种工具与命令。要去除形状图层的矢量特性使其像素化，可以选择【图层】|【栅格化】|【形状】菜单命令将形状图层转换为普通图层。

6.2.5　选择图层

正确地选择图层是正确操作的前提，只有选择了正确的图层，所有基于此图层的制作才有意义。下面将详细讲解 Photoshop 中选择图层的方法。

1．选择一个图层

要选择某一个图层，只需在【图层】面板中单击需要的图层即可，如图 6-17 所示。处于选择状态的图层与普通图层有一定的区别，被选择的图层以蓝底显示。

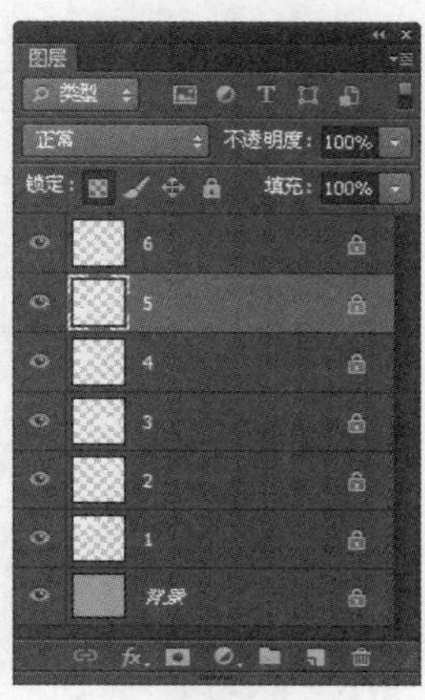

图 6-17　选择单个图层

2．选择所有图层

使用【选择】|【所有图层】命令可以快速地选择除【背景】图层以外的所有图层，也可按下 Ctrl+Alt+A 组合键来进行选择。

3．选择连续图层

如果要选择连续的多个图层，可在选择一个图层后，按下 Shift 键在【图层】面板中单击另一个图层的图层名称，则两个图层间的所有图层都会被选中，如图 6-18 所示。

4．选择非连续图层

如果要选择不连续的多个图层，可在选择一个图层后，按住 Ctrl 键在【图层】面板中单击其他图层的图层名称，如图 6-19 所示。

5．选择链接图层

当要选择的图层处于链接状态时，选择【图层】|【选择链接图层】菜单命令就可将所有与当前图层存在链接关系的图层都选中，如图 6-20 所示。

6．选择相似图层

使用【选择】|【选取相似】菜单命令可以将与当前所选图层类型相似的图层全部选中，如文字图层、普通图层、形状图层以及调整图层等，如图 6-21 所示为使用此命令选中所有文字图层后的效果。

图 6-18　选择连续图层

图 6-19　选择非连续图层

图 6-20　选择链接图层

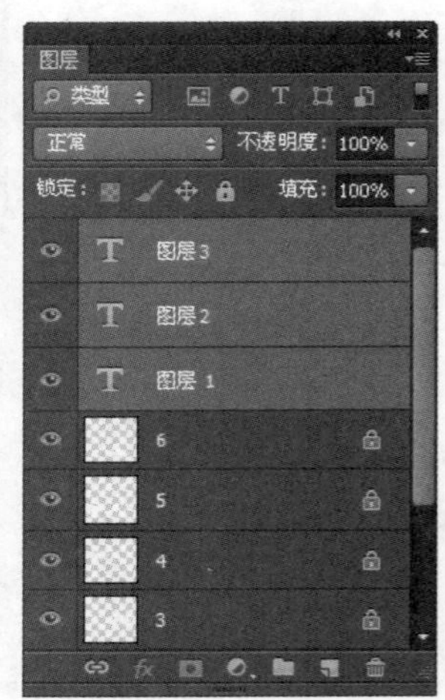

图 6-21　选择相似图层

7．利用图像选择图层

除了在【图层】面板中选择图层外，我们还可以直接在图像中使用移动工具来选择图层。

- 选择【移动工具】直接在图像中按住 Ctrl 键单击要选择的图层中的图像。如果已经在此工具的属性栏中启用【自动选择】复选框，则不必按住 Ctrl 键。
- 如果要选择多个图层，可以按住 Shift 键单击要选择的其他图层的图像。

6.2.6　复制图层

要复制图层，可按以下任意一种方法进行操作。

- 在图层被选中的情况下，选择【图层】|【复制图层】菜单命令。
- 在【图层】面板弹出的菜单中选择【复制图层】命令。

- 将图层拖至面板下面的【创建新图层】按钮上，待高光显示线出现时释放鼠标，如图 6-22 所示。

图 6-22　将图层拖至面板下面的【创建新图层】按钮上及复制层效果

6.2.7　删除图层

在对图像进行操作的过程中，经常会产生一些无用的图层或临时图层，设计完成后可以将这些多余的图层删除，以降低文件的大小。

删除图层可以用以下的方法。

- 选择要删除的图层，单击【图层】面板右上角的按钮，在弹出的下拉菜单中选择【删除图层】命令，就会弹出如图 6-23 所示的提示对话框，单击【是】按钮即可删除该图层。
- 选择一个或多个要删除的图层，单击【删除图层】按钮，在弹出的提示对话框中单击【是】按钮即可删除该图层。

图 6-23　删除图层提示对话框

- 在【图层】面板中选中需要删除的图层并将其拖至【图层】面板下方的【删除图层】按钮上即可。
- 如果要删除处于隐藏状态的图层，可以选择【图层】|【删除】|【隐藏图层】命令，在弹出的提示对话框中单击【是】按钮。
- 在当前图层没有选区且选择【移动工具】的情况下，按下 Delete 键即可删除当前所选图层。

6.2.8　锁定图层

Photoshop 具有锁定图层属性的功能，根据需要用户可以选择锁定图层的透明像素、可编辑性、位置等属性，从而保证被锁定的属性不被编辑。

图层在任意属性被锁定的情况下，图层名称的右边都会出现一个锁形图标。如果该图层的所有属性被锁定，则图标为实心锁状态；如果图层的部分属性被锁定，则图标为空心锁状态。

下面分别讲解各个锁定功能的作用。

1．锁定图层透明像素

锁定图层透明像素的目的是使处理工作发生在有像素的地方而忽略透明区域。

例如，要对如图 6-24 所示的【图层 1】中图像的非透明区域更换渐变色，则可以在此图层被选中的情况下单击【锁定透明像素】按钮，然后使用【渐变工具】进行操作，即可使渐变效果仅应用于非透明区域，得到如图 6-25 所示的效果。

图 6-24　原图像及对应的【图层】面板

图 6-25　绘制渐变后的效果

观察应用渐变后的效果，可看出在图层的非透明区域具有渐变效果，而透明区域无变化。

2．锁定图层的图像像素

单击【锁定图像像素】按钮可锁定图层的可编辑性，以防止无意间更改或删除图层中的像素，但在此状态下仍然可以改变图层的混合模式、不透明度及图层样式。在图层的可编辑性被锁定的情况下，工具箱中所有绘图类工具及图像调整命令都会被禁止在该图层上使用。

3．锁定图层的位置

单击【锁定位置】图标可锁定图层的位置属性，以防止图层中的图像位置被移动。在此状态下如果使用工具箱中的【移动工具】移动图像，Photoshop 将弹出如图 6-26 所示的警告对话框。

图 6-26　警告对话框

4．锁定图层所有属性

单击【锁定全部】图标可锁定图层的所有属性，在此状态下【锁定透明像素】、【锁定图像像素】、【锁定位置】均处于被锁定的状态，而且不透明度、填充透明度及混合模式等数值框及选项也会同时被锁定。

5．锁定选中图层

如果要锁定多个图层的相同属性，可以先将要锁定的图层选中，再将它们一起锁定。

6．锁定组中的图层

当要锁定组中的全部图层时，可以选中此图层组，然后单击【图层】面板右上角的按钮，在弹出的菜单中选择【锁定组内的所有图层】命令，弹出如图 6-27 所示的【锁定组内的所有图层】对话框，设置与【锁定图层】对话框完全相同的参数，单击【确定】按钮即可。

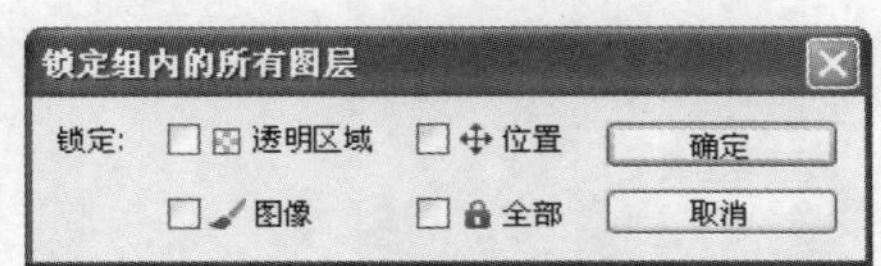

图 6-27　【锁定组内的所有图层】对话框

6.2.9　链接图层

链接图层是指若干个彼此相链接的图层，链接图层不会自动出现，需要我们手动进行链接。将图层链接起来的优点在于可以同时移动、缩放、旋转被链接的图层。

要链接图层，可先选择要链接的两个或两个以上的图层，然后单击【图层】面板中的【链接图层】按钮，这时图层名称右边就会出现链接图标，表示这几个图层链接在一起。

如果要取消图层链接，可先选择要取消链接的图层，然后单击【图层】面板中的【链接图层】按钮，即可解除该图层与链接图层组中图层的链接。

图 6-28 所示是将链接图层中的对象同时缩放时的状态，可以看到，此时变换控制框包含了有链接关系的两个图层中的两个对象。

提示：删除链接图层中的一个图层时，其他的图层不受影响，改变当前图层的【混合模式】、【不透明度】、【锁定】等属性时，其他与之保持链接关系的图层也不受影响。

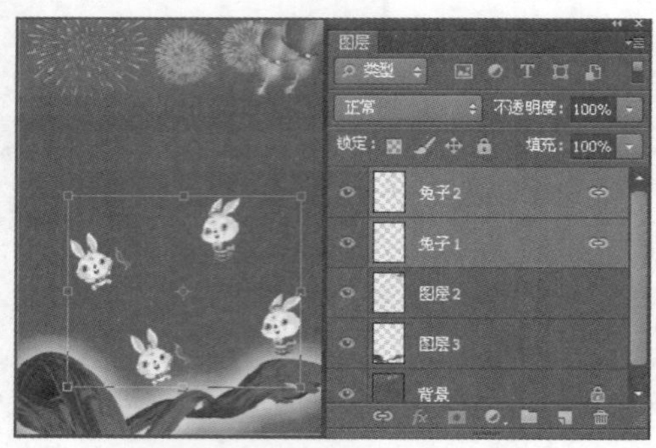

图 6-28 链接图层操作示例

6.2.10 设置图层不透明度属性

通过设置图层的不透明度值以改变图层的透明度，当图层不透明度为 100%时，当前图层将完全遮盖下方的图层，如图 6-29 所示。

图 6-29 不透明度为 100%时的效果

而当不透明度小于 100%时，可以隐约显示下方图层的图像，如图 6-30 所示为不透明度分别设置为 70%和 30%时的对比效果。

图 6-30 分别设置不透明度为 70%和 30%时的效果

6.3　图 层 混 合

在 Photoshop 中，混合模式分为工具的混合模式和图层的混合模式，在工具箱中选择【画笔工具】、【渐变工具】、【图案图章工具】、【涂抹工具】等工具后，在其相应的属性栏中都能设置其混合模式，在【图层】面板中除背景图层外的其他图层都能设置其混合模式。这两者之间没有本质的不同，在此以【图层】面板中的混合模式来讲解其功能与用法。

在当前操作图层中，单击【图层】面板中【正常】右侧的三角按钮，将弹出如图 6-31 所示的混合模式下拉列表，在此选择不同的选项，即可得到不同的混合效果。

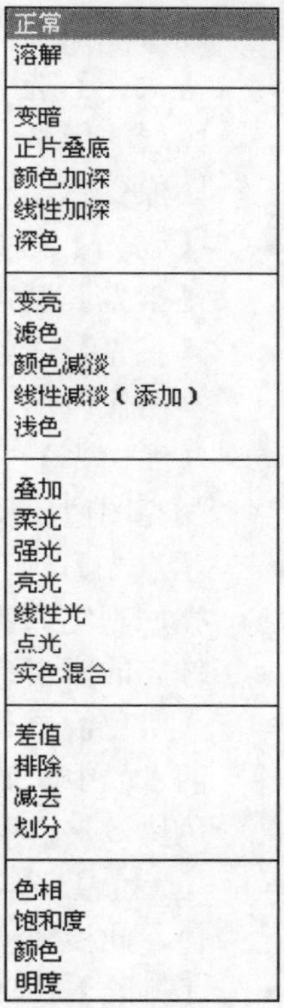

正常
溶解

变暗
正片叠底
颜色加深
线性加深
深色

变亮
滤色
颜色减淡
线性减淡（添加）
浅色

叠加
柔光
强光
亮光
线性光
点光
实色混合

差值
排除
减去
划分

色相
饱和度
颜色
明度

图 6-31　图层混合模式下拉列表

- 【正常】选项：选择该选项，上方的图层完全遮盖下方的图层。
- 【溶解】选项：选择该选项，将创建像素点状效果。
- 【变暗】选项：选择该选项，将显示上方图层与其下方图层相比较暗的色调处。
- 【正片叠底】选项：选择该选项，将显示上方图层与其下方图层的像素值中较暗的像素合成的效果。
- 【颜色加深】选项：选择该选项，将创建非常暗的阴影效果。
- 【线性加深】选项：选择该选项，Photoshop 将对比查看上、下两个图层的每一个颜色通道的颜色信息，加暗所有通道的基色，并通过提高其他颜色的亮度来反映混合颜色。
- 【深色】选项：选择该选项，可以依据图像的饱和度，用当前图层中的颜色直接覆盖下方图层中的暗调区域颜色。
- 【变亮】选项：选择该选项，则以较亮的像素代替下方图层中与之相对应的较暗的像素，且下方图层中的较亮区域代替画笔中的较暗区域，因此叠加后整体图像呈亮色调。
- 【滤色】选项：选择该选项，在整体效果上显示由上方图层及下方图层的像素值中较亮的像素合成的图像效果。
- 【颜色减淡】选项：选择该选项，可以生成非常亮的合成效果，其原理是将上方图层的像素值与下方图层的像素值采取一定的算法相加，此模式通常被用于创建极亮的效果。
- 【线性减淡(添加)】选项：选择该选项，可查看每一个颜色通道的颜色信息，加亮所有通道的基色，并通过降低其他颜色的亮度来反映混合颜色，此模式对黑色无效。

- 【浅色】选项：该选项与【深色】模式刚好相反，选择此模式，可以依据图像的饱和度，用当前图层中的颜色直接覆盖下方图层中的高光区域颜色。
- 【叠加】选项时：选择该选项，图像最终的效果取决于下方图层，但上方图层的明暗对比效果也将直接影响到整体效果，叠加后下方图层的亮度区与阴影区仍被保留。
- 【柔光】选项：选择该选项，可使颜色变亮或变暗，具体效果取决于上、下两个图层的像素的亮度值。如果上方图层的像素比 50%灰色亮，则图像变亮，反之则图像变暗。
- 【强光】模式：该模式的叠加效果与【柔光】类似，但其加亮与变暗的程度较【柔光】模式更大。
- 【亮光】选项：选择该选项，如果混合色比 50%灰度亮，就通过降低对比度来加亮图像，反之通过提高对比度来使图像变暗。
- 【线性光】选项：选择该选项，如果混合色比 50%灰度亮，就通过提高对比度来加亮图像，反之通过降低对比度来使图像变暗。
- 【点光】选项：该选项通过置换颜色像素来混合图像，如果混合色比 50%灰度亮，则比原图像暗的像素会被置换，而比原图像亮的像素无变化；反之，比原图像亮的像素会被置换，而比原图像暗的像素无变化。
- 【实色混合】选项：选择该选项，将会根据上、下图层中图像的颜色分布情况取两者的中间值对图像中相交的部分进行填充，利用该混合模式可制作出强对比度的色块效果。
- 【差值】选项：选择该选项，可从上方图层中减去下方图层相应处像素的颜色值，此模式通常使图像变暗并取得反相效果。
- 【排除】选项：选择该选项，可创建一种与差值模式相似但对比度较低的效果。
- 【减去】选项：选择该选项，可以使用上方图层中亮调的图像隐藏下方的内容。
- 【划分】选项：选择该选项，可以在上方图层中加上下方图层相应处像素的颜色值，通常用于使图像变亮。
- 【色相】选项：选择该选项，最终图像的像素值将由下方图层的亮度与饱和度值以及上方图层的色相值构成。
- 【饱和度】选项：选择该选项，最终图像的像素值将由下方图层的亮度和色相值以及上方图层的饱和度值构成。
- 【颜色】选项：选择该选项，最终图像的像素值将由下方图层的亮度及上方图层的色相和饱和度值构成。
- 【明度】选项：选择该选项，最终图像的像素值将由下方图层的色相和饱和度值以及上方图层的亮度构成。

以如图 6-32 所示的两幅素材图像为例，当两幅图像分别以上述混合模式相互叠加时的效果如图 6-33 所示。

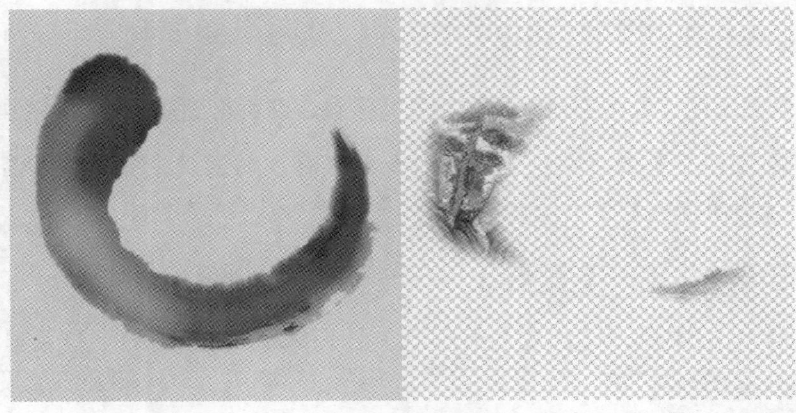

图 6-32　原图像

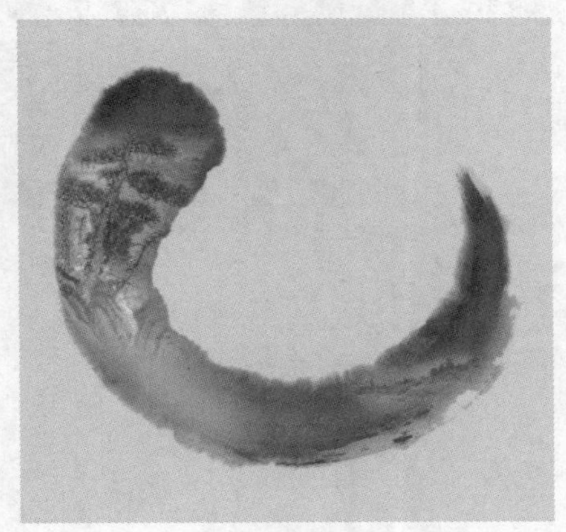

图 6-33　混合模式为【叠加】的效果

6.4　图 层 样 式

图层样式是 Photoshop 中相当实用的功能。使用图层样式可以快速制作阴影、发光、浮雕、凹陷等多种效果，而通过组合图层样式则可以得到更丰富的图层效果。Photoshop 提供了各式各样的效果，如阴影、光晕、斜角、覆盖和笔画等，让读者能快速更改图层内容的外观。图层效果会链接到图层内容。移动或编辑图层内容时，会同时修改效果。例如，如果将阴影效果套用到文字图层中，当编辑文字时，阴影就会自动更改。

在 Photoshop CS6 中，【图层样式】对话框中有【设置为默认】和【复位为默认值】两个按钮，前者可以将当前的参数保存成为默认的数值，以便后面应用，而后者可以复位到系统或之前保存过的默认参数。

Photoshop 中的图层样式共有 10 种，包括【投影】、【内阴影】、【外发光】、【内发光】、【斜面和浮雕】、【光泽】、【颜色叠加】、【渐变叠加】、【图案叠加】、【描边】。

虽然每一种图层样式得到的效果是不同的，但其使用方法基本相同，具体如下。

(1) 在【图层】面板中选择需要添加图层样式的图层。

(2) 在【图层】面板中单击【添加图层样式】按钮fx，在弹出的下拉菜单中选择合适的图层样式。

(3) 在弹出的【图层样式】对话框中设置其参数，即可得到需要的效果。

技巧： 在【图层】面板中选择需要添加图层样式的图层，双击该图层，在弹出的【图层样式】对话框中设置参数即可得到需要的效果。

6.4.1 图层样式——【投影】

在【图层】面板中单击【添加图层样式】按钮fx，在弹出的下拉菜单中选择【投影】命令，在弹出的对话框中设置投影参数，如图 6-34 所示。原图及添加投影样式后的效果如图 6-35 所示。

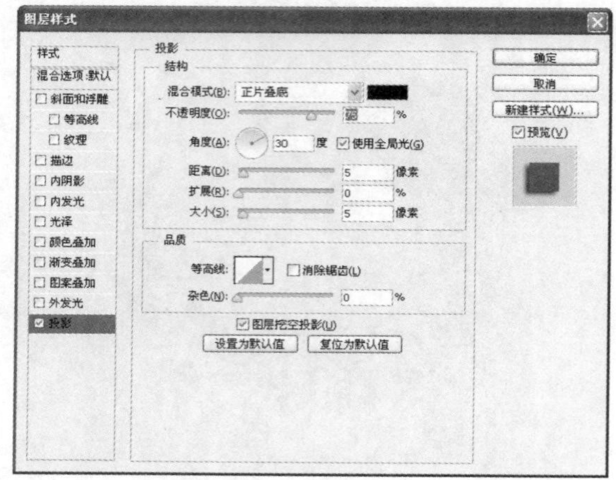

图 6-34 【投影】参数设置

(a) 原图像　　(b) 添加投影样式后的效果

图 6-35 原图像及添加投影样式后的效果

6.4.2 图层样式——【内阴影】

在【图层】面板中单击【添加图层样式】按钮，在弹出的菜单中选择【内阴影】命令，在弹出的对话框中设置内阴影参数，如图 6-36 所示，即可得到具有内阴影图层样式的效果。如图 6-37 所示为原图及添加内阴影图层样式后的效果，内阴影图层样式增强了相框的层次感。

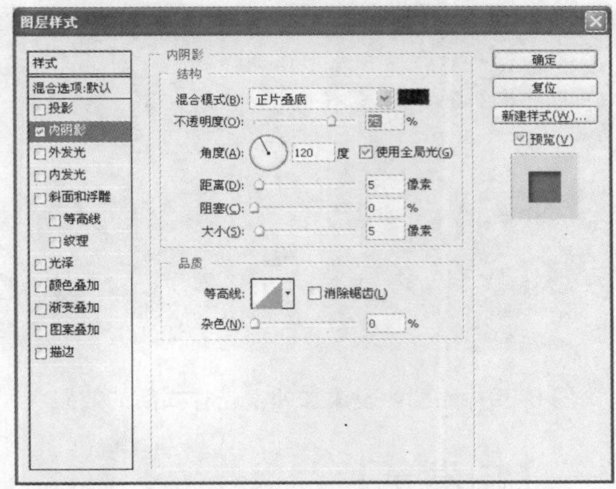

图 6-36　【内阴影】参数设置

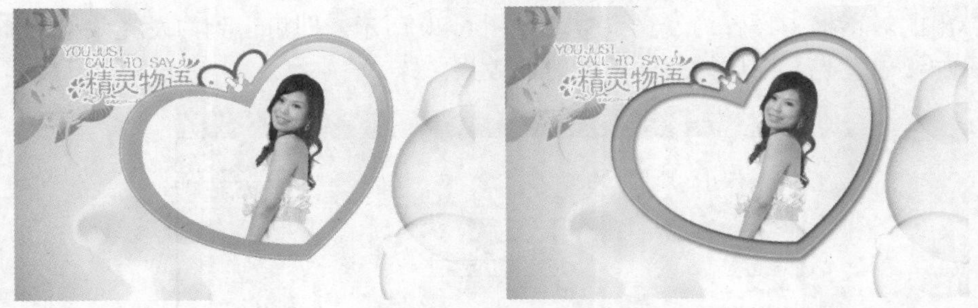

图 6-37　原图像及添加内阴影样式后的效果

6.4.3　图层样式——【外发光】

在【图层】面板中单击【添加图层样式】按钮，在弹出的菜单中选择【外发光】命令，在弹出的对话框中设置外发光参数，如图 6-38 所示。外发光效果如图 6-39 所示。

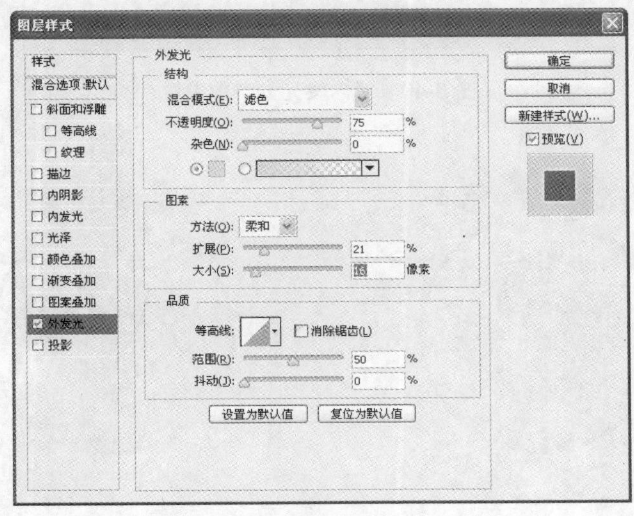

图 6-38　【外发光】参数设置

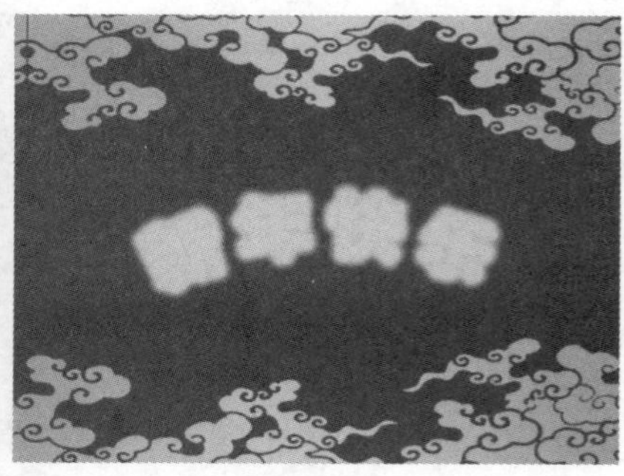

图 6-39　原图像及添加外发光样式后的效果

6.4.4　图层样式——【内发光】

在【图层】面板中单击【添加图层样式】按钮，在弹出的菜单中选择【内发光】命令，在弹出的对话框中设置内发光参数，如图 6-40 所示，即可得到内发光效果。如图 6-41 所示为添加【内发光】图层样式的前后对比效果。

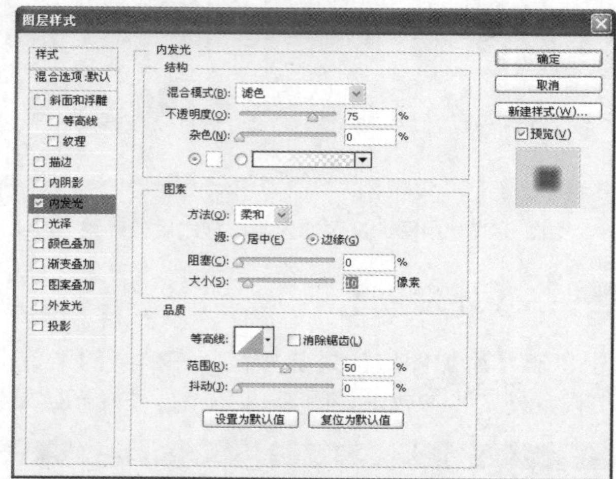

图 6-40　【内发光】参数设置

图 6-41　原图像及添加内发光样式后的效果

6.4.5　图层样式——【斜面和浮雕】

如图 6-42 所示为添加【斜面和浮雕】样式前的效果，将两侧文字的填充值设置为 0%，在【图层样式】对话框中启用【斜面和浮雕】复选框，切换到【斜面和浮雕】选项卡，在其中设置参数，如图 6-43 所示。为图层添加斜面和浮雕的效果如图 6-44 所示。

图 6-42　原图

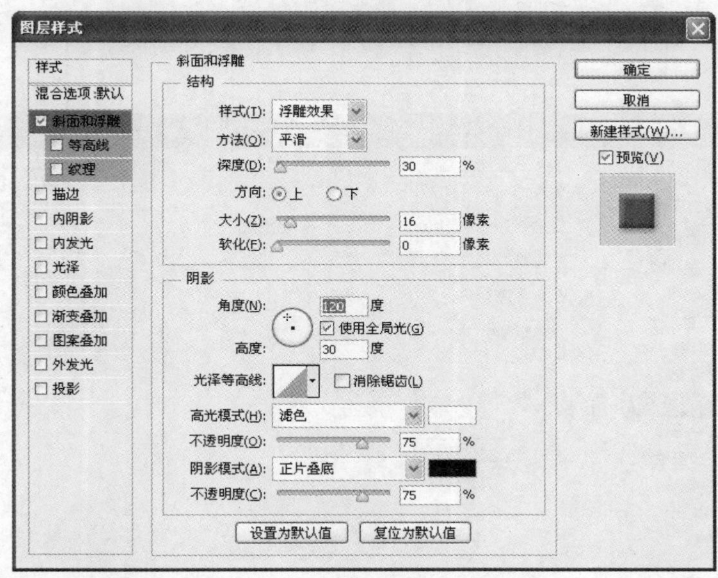

图 6-43　【斜面和浮雕】参数设置

在【斜面和浮雕】复选框的下方有【等高线】和【纹理】两个复选框。启用【等高线】复选框，为图像再添加一次等高线效果，使其边缘效果更加明显。启用【纹理】复选框，则可以为图像添加具有纹理的斜面和浮雕效果，如图 6-45 所示。

图 6-44　添加斜面和浮雕的效果

图 6-45　纹理效果

6.4.6　图层样式——【光泽】

在【图层】面板中单击【添加图层样式】按钮，在弹出的菜单中选择【光泽】命令，在弹出的对话框中设置光泽参数，如图 6-46 所示，即可得到如图 6-47 所示的具有光泽的图像效果。如果在【等高线】下拉列表框中选择不同的等高线，还可以得到不同的光泽效果。

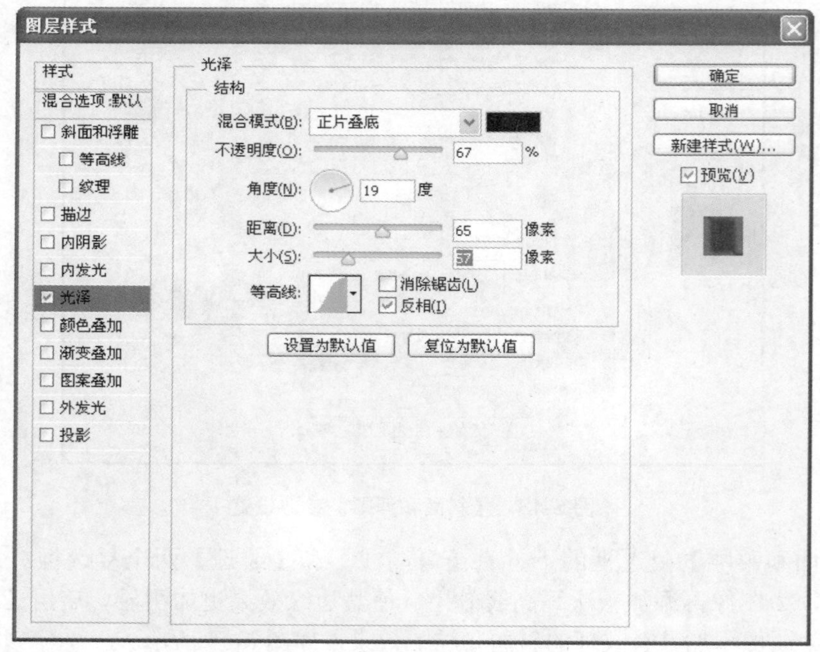

图 6-46　【光泽】参数设置

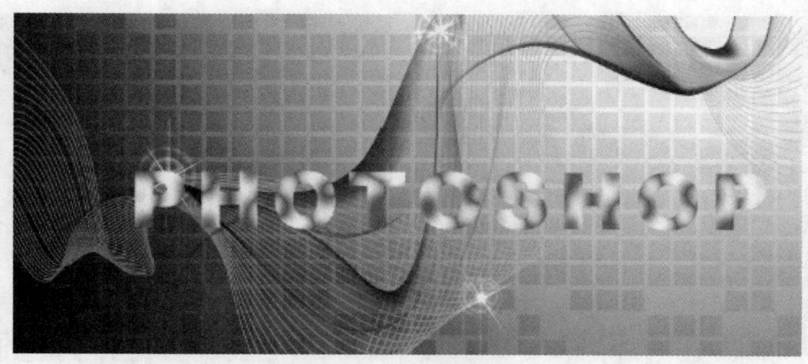

图 6-47　光泽效果

6.4.7　图层样式——【颜色叠加】

此图层样式的功能非常简单，只能为当前图层中的图像叠加一种颜色，由于其参数非常简单，在此不再赘述。

6.4.8　图层样式——【渐变叠加】

在【图层】面板中单击【添加图层样式】按钮，在弹出的菜单中选择【渐变叠加】命令，在弹出的对话框中设置渐变叠加参数，如图 6-48 所示，可以为图像叠加渐变效果，如图 6-49 所示为将图像应用【渐变叠加】的前后对比效果。

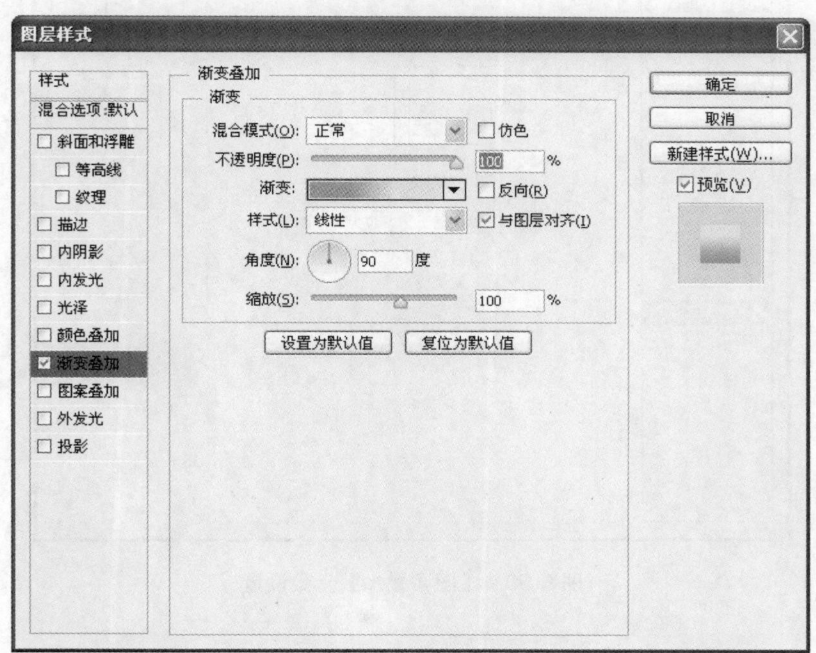

图 6-48　【渐变叠加】参数设置

(a) 原图

(b) 应用【渐变叠加】后的效果

图 6-49 应用【渐变叠加】前后的对比效果

6.4.9 图层样式——【图案叠加】

在【图层】面板中单击【添加图层样式】按钮，在弹出的菜单中选择【图案叠加】命令，在弹出的对话框中设置图案叠加参数，如图 6-50 所示，可以得到为图像添加叠加图案的效果，如图 6-51 所示。

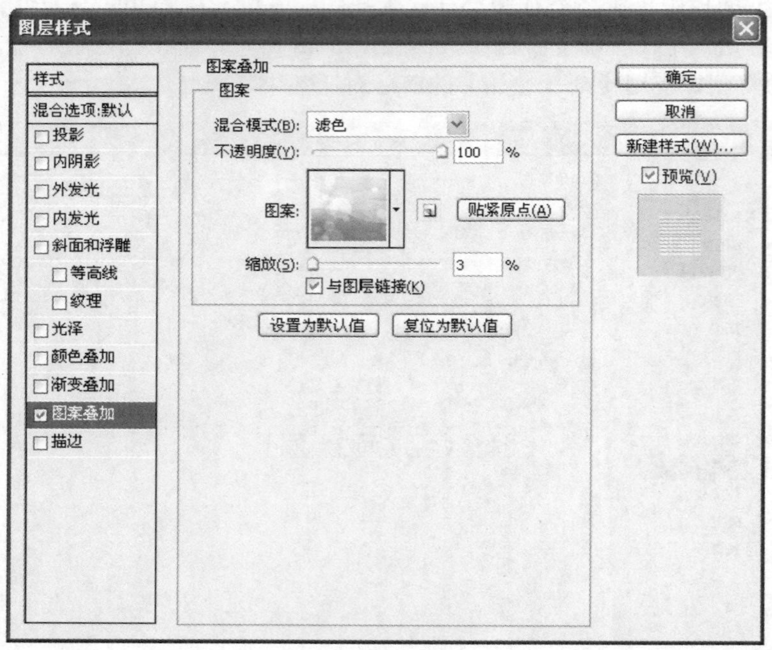

图 6-50 【图案叠加】参数设置

图 6-51　利用【图案叠加】制作的效果

6.4.10　图层样式——【描边】

在【图层】面板中单击【添加图层样式】按钮，在弹出的菜单中选择【描边】命令，在弹出的对话框中设置描边参数，如图 6-52 所示，可以得到在图像的周围描绘纯色或渐变线条的效果，如图 6-53 所示为给文字图层添加描边的前后对比效果。

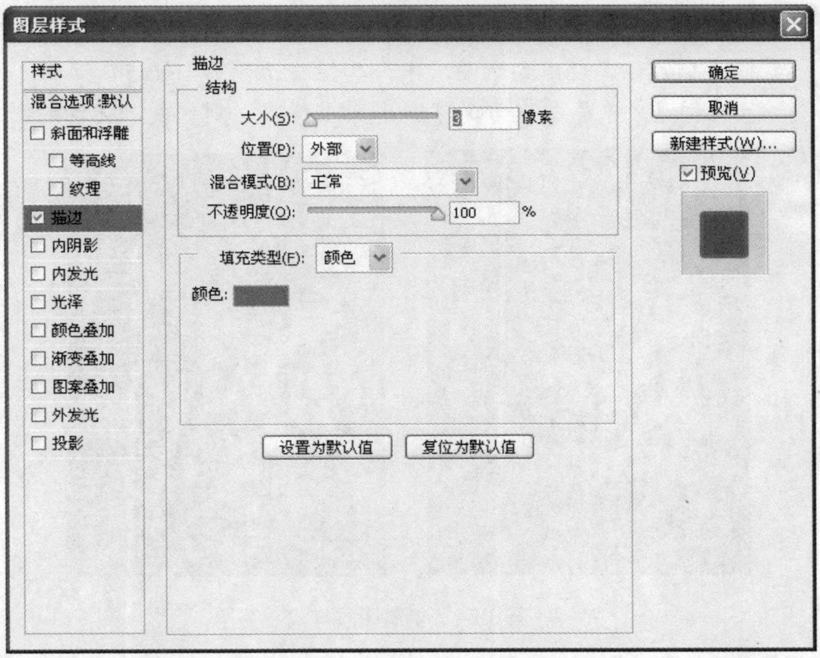

图 6-52　【描边】参数设置

图 6-53　描边效果对比

6.4.11　复制、粘贴、删除图层样式

要复制与粘贴图层样式，可以按下述步骤操作。

(1) 在【图层】面板中具有图层样式的图层中右击。

(2) 在弹出的快捷菜单中选择【拷贝图层样式】命令。

(3) 在【图层】面板中选择需要粘贴新样式的图层并右击，在弹出的快捷菜单中选择【粘贴图层样式】命令。

技巧： 在【图层】面板中按下 Alt 键拖动【效果】栏至要添加图层样式的图层，也可将所有的样式应用到此图层中，其操作示例如图 6-54 所示。如果按下 Alt 键只拖动【效果】栏下方的某一个图层样式，则仅复制拖动的图层样式。

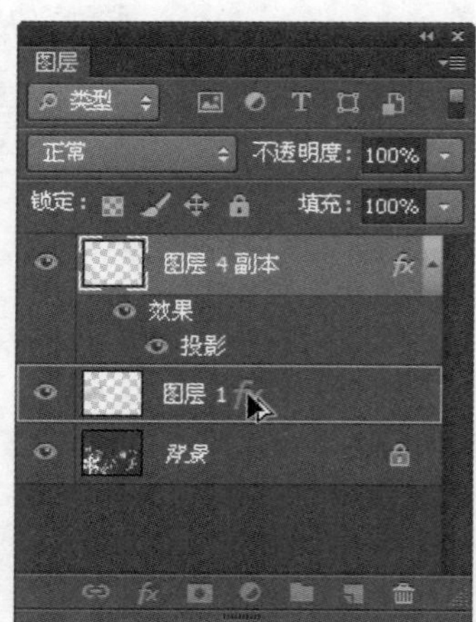

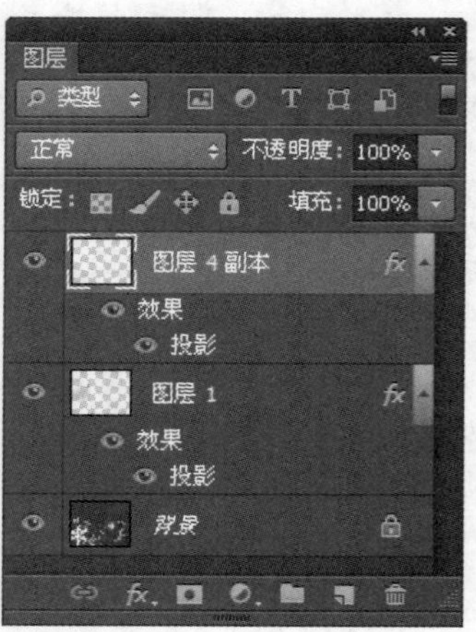

图 6-54　复制图层样式

图层样式的删除操作较为简单，使用鼠标将图层样式图标拖到删除图层按钮上释放即可完成图层样式的删除。或者在图层名称上右击，在弹出的快捷菜单中选择【清除图层样式】命令。

6.5　设置填充透明度

与图层的不透明度不同，图层的【填充】透明度仅改变在当前图层上使用绘图类绘制得到的图像的不透明度，不会影响图层样式的透明效果。

如图 6-55 所示为一个具有图层样式的图层，如图 6-56 所示为将图层不透明度设置为 50 时的效果，如图 6-57 所示为将填充透明度设置为 50 时的效果。

可以看出，在改变填充透明度后，图层样式的透明度不会受到影响。

图 6-55　具有图层样式的图层

图 6-56　不透明度为 50

图 6-57　填充透明度为 50

6.6　对齐或分布图层

通过对齐或分布图层操作，可以使分别位于多个图层中的图像规则排列，这一功能对于排列分布于多个图层中的网页按钮或小标志特别有用。

在执行对齐或分布图层操作前，需要将对齐及分布的图层链接起来，或同时选中多个图层。

6.6.1　对齐图层

选择【图层】|【对齐】菜单命令的子命令，可以将所有链接图层的内容与当前操作图层的内容对齐。

- 选择【顶边】命令，可将链接图层最顶端像素与当前图层的最顶端像素对齐。
- 选择【垂直居中】命令，可将链接图层垂直方向的中心像素与当前图层垂直方向的中心像素对齐。如图 6-58 所示为未对齐前的图层及【图层】面板，如图 6-59 所示为按垂直居中对齐后的效果。
- 选择【底边】命令，可将链接图层最底端的像素与当前图层最底端的像素对齐。
- 选择【左边】命令，可将链接图层最左端的像素与当前图层最左端的像素对齐。

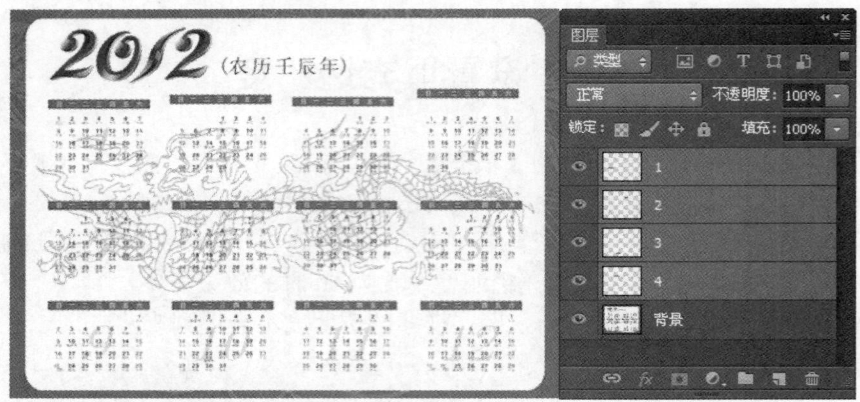

图 6-58　原图像及其图层面板

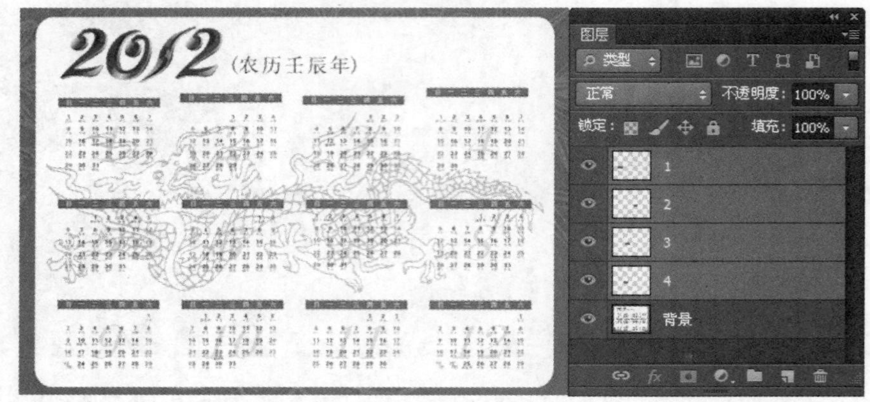

图 6-59　垂直居中对齐后的效果

- 选择【水平居中】命令，可将链接图层的水平方向的中心像素与当前图层的水平方向的中心像素对齐。
- 选择【右边】命令，可将链接图层最右端的像素与当前图层最右端的像素对齐。

6.6.2 分布图层

选择【图层】|【分布】菜单命令的子命令，可以平均分布链接图层，其子命令如下所述。

- 选择【顶边】命令，将从每个图层的顶端像素开始，以平均间隔分布链接的图层。如图 6-60 所示为原图像，如图 6-61 所示为对“2012”执行此分布操作后的效果。
- 选择【垂直居中】命令，将从图层的垂直居中像素开始，以平均间隔分布链接图层。
- 选择【底边】命令，将从图层的底部像素开始，以平均间隔分布链接的图层。
- 选择【左边】命令，将从图层的最左边像素开始，以平均间隔分布链接的图层。
- 选择【水平居中】命令，将从图层的水平中心像素开始，以平均间隔分布链接的图层。

- 选择【右边】命令，将从每个图层最右边像素开始，以平均间隔分布链接的图层。

图 6-60　原图像

图 6-61　执行【顶边】后的效果

6.6.3　合并图层

通过合并图层、图层组，可以将多个图层合并到一个目标图层，从而降低文件的大小，使图层更易于管理。

在 Photoshop 中，可根据不同情况选择以下 3 种合并图层的方法。

1. 向下合并

如果需要将当前图层与其下方的图层合并，可以在【图层】面板弹出的菜单中选择【向下合并】命令或选择【图层】|【向下合并】命令。

提示： 合并时应确保需要合并的两个图层都处于显示状态下。

2. 合并可见图层

如果要一次性合并图像中所有可见图层，可以选择【图层】|【合并可见图层】命令或从【图层】面板弹出的菜单中选择【合并可见图层】命令。

3. 拼合图像

选择【图层】|【拼合图像】命令，或从【图层】面板弹出的菜单中选择【拼合图像】命令，可以合并所有图层。

在执行此操作的过程中，如果当前面板中存在隐藏图层，将弹出如图 6-62 所示的提示对话框，单击【确定】按钮将删除隐藏图层并拼合所有图层。

图 6-62　提示对话框

6.7　上机操作实践——浪漫字体效果

本范例完成文件：\06\浪漫的粉色字体效果. psd

多媒体教学路径：光盘→多媒体教学→第 6 章

6.7.1　实例介绍和展示

本实例通过运用创建文字、为图层添加图层样式、修改颜色值、画笔等工具和命令，制作出浪漫的粉色字体效果，如图 6-63 所示。

图 6-63　效果展示

6.7.2　新建文档

启动 Photoshop CS6 主程序，按下 Ctrl+N 组合键，打开【新建】对话框，参数设置如

图 6-64 所示。

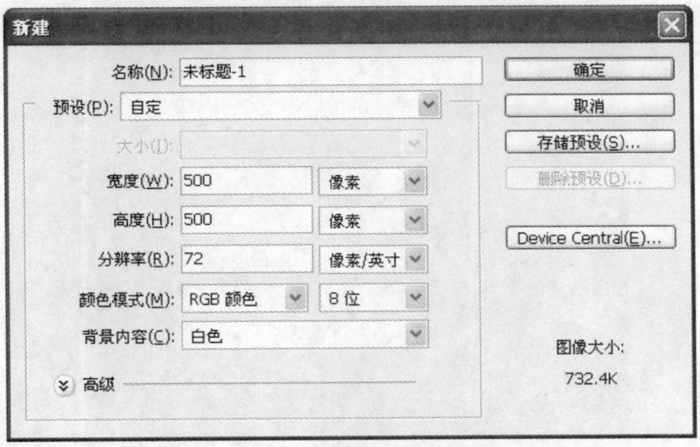

图 6-64　【新建】对话框

6.7.3　填充渐变

设置前景色为#e8e8e8、背景色为#8e8e8e，在工具箱中选择【渐变工具】，然后在背景层上创建一个从中央到边缘的径向渐变，如图 6-65 所示。

图 6-65　径向渐变

6.7.4　创建文字层

在工具箱中选择【文字工具】，输入想要的文字，选择一种喜欢的字体(这里选择的字体是 Park Avenue BT)，设定文字的颜色为#e085a5，如图 6-66 所示。

图 6-66　创建文字层

6.7.5　调整文字层的图层样式

(1) 在【图层】面板中双击文字层，打开【图层样式】对话框，启用【投影】复选框，如图 6-67 所示，颜色改为#e085a5，设置【距离】为 0、【大小】为 10。

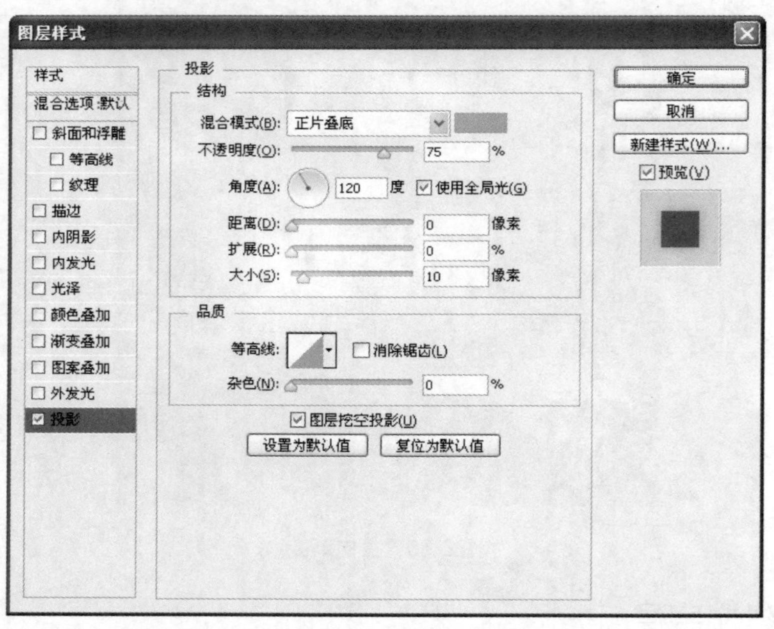

图 6-67　修改【投影】参数值

(2) 启用【内发光】复选框，选择【混合模式】为【叠加】，颜色改为#f2d4de，设置【大小】为 10，如图 6-68 所示。

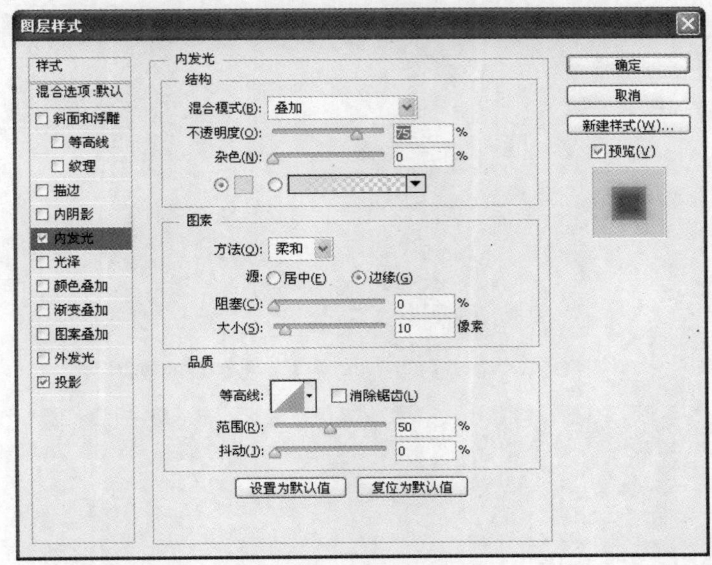

图 6-68　修改【内发光】参数值

(3) 启用【斜面和浮雕】复选框，设置【深度】为 100、【大小】为 4，阴影颜色改为# e085a5。启用【等高线】复选框，如图 6-69 所示。

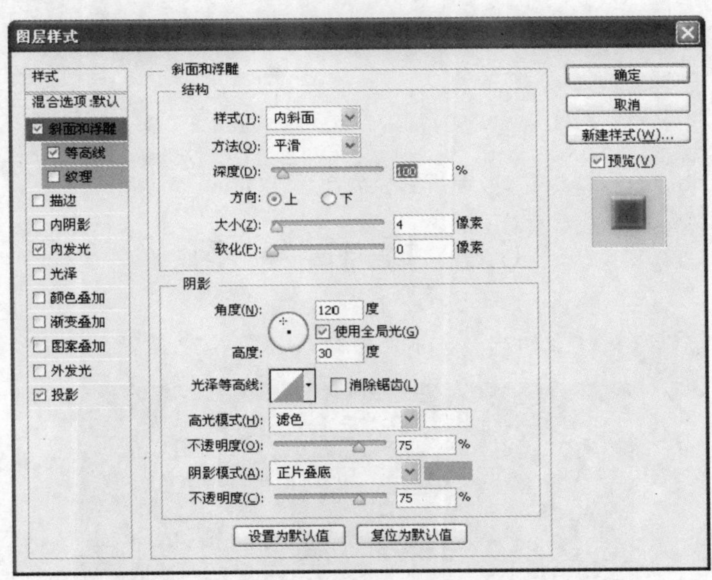

图 6-69　修改【斜面和浮雕】参数值

完成上述操作后的效果如图 6-70 所示。

注意： 图层样式的效果因字体的属性不同而有所改变。因此，读者在为文字设定图层样式的参数时应该根据实际情况而定，这样才能得到想要的效果。

(4) 设定前景色为#ffe3f2、背景色为#e90052，选择【画笔工具】并设置其参数，新建图层，使用【画笔工具】在新图层上涂抹为文字添加效果，完成的最终效果如图 6-71 所示。

图 6-70　修改【斜面和浮雕】参数值后的效果

图 6-71　最终效果展示

6.8　操 作 练 习

运用所学知识制作树叶上的露珠，本练习效果如图 6-72 所示。

图 6-72　露珠效果展示

第 7 章　图像模式、通道与图层蒙版

教学目标

本章主要讲解 Photoshop 的图像模式、通道以及图层蒙版的创建与编辑。通道和蒙版在 Photoshop 中的使用频率仅次于图层，他们具有更多的可行性和灵活性，我们必须熟练掌握。

教学重点和难点

1. 图像模式。
2. 通道的运用。
3. 图层蒙版。

7.1　图 像 模 式

Photoshop CS6 提供了数种颜色模式，每一种模式的特点均不相同，应用领域也各异，因此了解这些颜色模式对于正确理解图像文件有很重要的意义。

7.1.1　位图模式

【位图】模式的图像也叫作黑白图像或一位图像，因为它只使用黑色和白色两种颜色值来表现图像的轮廓，黑白之间没有灰度过渡色，此类图像占用的存储空间非常少。

如果要将一幅彩色的图像转换为【位图】模式，可以按下述步骤进行操作：

(1) 选择【图像】|【模式】|【灰度】菜单命令，将此图像转换为【灰度】模式(此时【图像】|【模式】|【位图】菜单命令才可以被激活)。

(2) 选择【图像】|【模式】|【位图】菜单命令，弹出如图 7-1 所示的【位图】对话框，在此设置转换模式时的分辨率及转换方式。

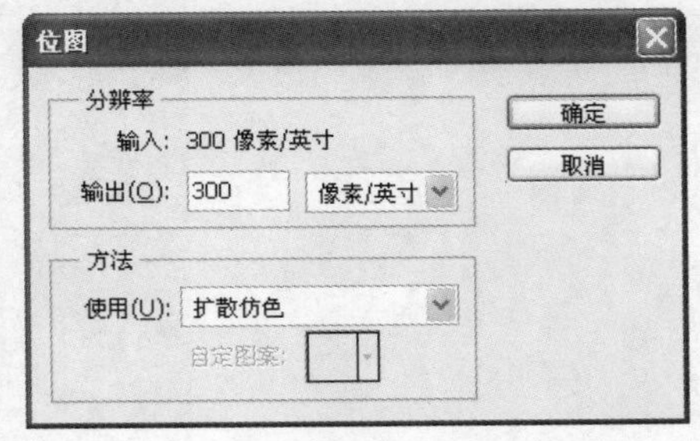

图 7-1　【位图】对话框

【位图】对话框中的重要参数如下。

- 在【输出】文本框中可以输入转换生成的【位图】模式的图像分辨率。
- 在【使用】下拉列表框中可以选择转换为【位图】模式的方式，每种方式得到的效果各不相同。转换为【位图】模式的图像可以再次转换为【灰度】模式，但是图像仍然只有黑、白两种颜色。

7.1.2　灰度模式

【灰度】模式的图像是由 256 种不同程度明暗的黑白颜色组成，因为每个像素可以用

8 位或 16 位来表示，因此色调表现力比较丰富。将彩色图像转换为【灰度】模式时，所有的颜色信息都将被删除。

虽然 Photoshop 允许将灰度模式的图像再转换为彩色模式，但是原来已丢失的颜色信息不能再返回，因此，在将彩色图像转换为【灰度】模式之前，应该保存一个备份图像。

7.1.3 Lab 模式

Lab 颜色模式是 Photoshop 在不同颜色模式之间转换时使用的内部安全格式。其色域包含了 RGB 颜色模式和 CMYK 颜色模式的色域，如图 7-2 所示。因此，将 Photoshop 中的 RGB 颜色模式转换为 CMYK 颜色模式时，需要首先将其转换为 Lab 颜色模式，再从 Lab 颜色模式转换为 CMYK 颜色模式。

图 7-2 色域相互关系示意图

提示：从色域空间较大的图像模式转换到色域空间较小的图像模式，操作图像会产生颜色丢失现象。

7.1.4 RGB 模式

RGB 颜色模式是 Photoshop 默认的颜色模式，此颜色模式的图像由红(R)、绿(G)和蓝(B)3 种不同的颜色值组合而成，其原理如图 7-3 所示。

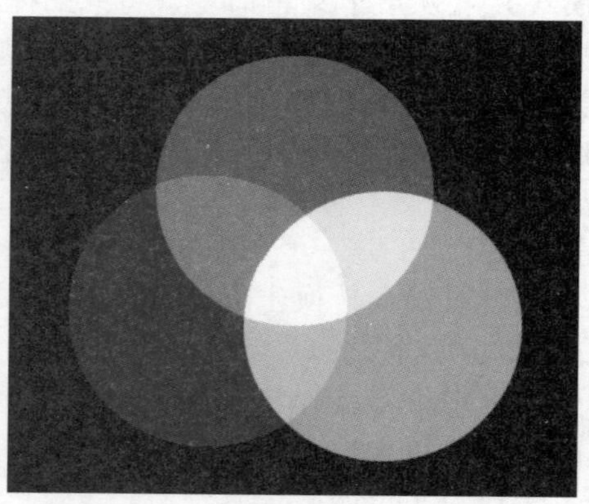

图 7-3 RGB 颜色模式的色彩构成示意图

RGB 颜色模式为彩色图像中每个像素的 R、G、B 颜色值分配一个 0～255 范围的强度值，一共可以生成超过 1670 万种颜色，因此 RGB 颜色模式下的图像非常鲜艳、丰富。由于 R、G、B 3 种颜色合成后产生白色，所以 RGB 颜色模式也被称为【加色】模式。

RGB 颜色模式所能够表现的颜色范围非常广，因此在将此颜色模式的图像转换为其他

包含颜色种类较少的颜色模式时，则有可能丢色或偏色。

7.1.5　CMYK 模式

CMYK 颜色模式是标准的工业印刷用颜色模式，如果要将 RGB 等其他颜色模式的图像输出并进行彩色印刷，必须将其颜色模式转换为 CMYK。

CMYK 颜色模式的图像由 4 种颜色组成，即青(C)、洋红(M)、黄(Y)和黑(K)，每一种颜色对应于一个通道及用来生成四色分离的原色。根据这 4 个通道，输出中心制作出青色、洋红色、黄色和黑色 4 张胶版，在印刷图像时将每张胶版中的彩色油墨组合起来以产生各种颜色，CMYK 颜色模式的色彩构成原理如图 7-4 所示。

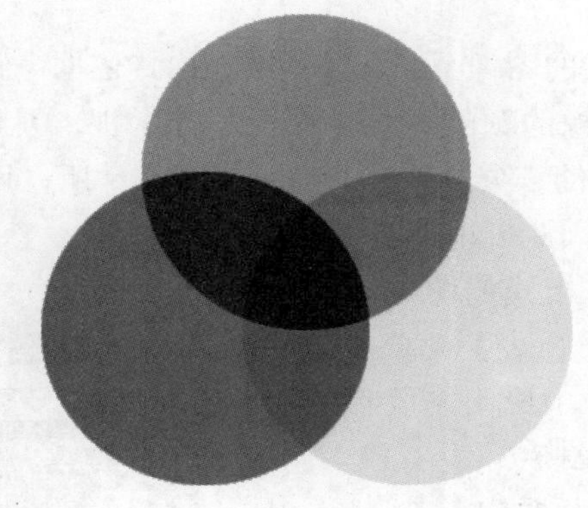

图 7-4　CMYK 颜色模式的色彩构成示意图

7.1.6　双色调模式

【双色调】模式是在灰度图像上添加一种或几种彩色的油墨，以达到有彩色的效果，比起常规的 CMYK 四色印刷，其成本大大降低。

要得到【双色调】模式的图像，应首先将其他模式的图像转换为【灰度】模式，然后选择【图像】|【模式】|【双色调】菜单命令，在弹出的如图 7-5 所示的【双色调】对话框中进行设置。

图 7-5　【双色调】对话框

此对话框的重要参数及选项说明如下。

- 在【类型】下拉列表框中选择色调的类型，选择【单色调】选项，则只有【油墨1】被激活，生成仅有一种颜色的图像。单击【油墨】右侧的颜色图标，在弹出的对话框中可以选择图像的色彩。
- 在【类型】下拉列表框中选择【双色调】选项，可激活【油墨 1】和【油墨 2】选项，此时可以同时设置两种图像色彩，生成双色调图像。
- 在【类型】下拉列表框中选择【三色调】选项，可激活 3 个【油墨】选项，生成具有 3 种颜色的图像。

7.1.7 索引色模式

与 RGB 和 CMYK 模式的图像不同，【索引】模式依据一张颜色索引表来控制图像中的颜色，在此颜色模式下图像的颜色种类最多可达 256 种，因此图像文件较小，大概只有同等条件下 RGB 模式图像的三分之一，大大减少了文件所占用的磁盘空间，缩短了图像文件在网络上传输的时间，因此多用于网络中。

对于任何一个【索引】模式的图像，可以选择【图像】|【模式】|【颜色表】菜单命令，在弹出的【颜色表】对话框中应用系统自带的颜色排列或自定义颜色，如图 7-6 所示。

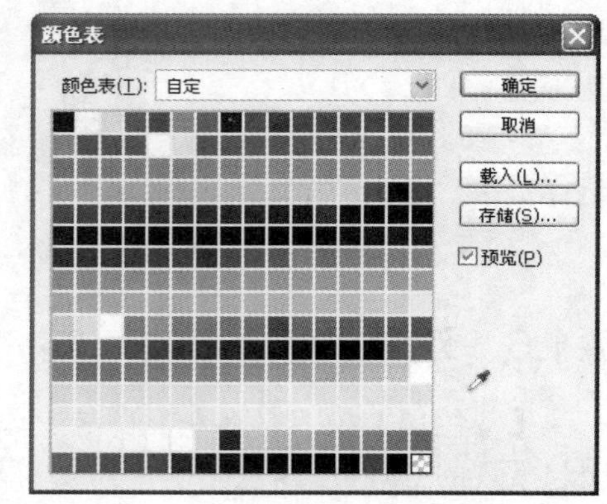

图 7-6 【颜色表】对话框

在【颜色表】下拉列表框中包含有【自定】、【黑体】、【灰度】、【色谱】、【系统(Mac OS)】和【系统(Windows)】6 个选项，除【自定】选项外，其他每一个选项都有相应的颜色排列效果。

将图像转换为【索引】模式后，对于被转换前颜色值多于 256 种的图像，会丢失许多颜色信息。虽然还可以从【索引】模式转换为 RGB、CMYK 模式，但 Photoshop 无法找回丢失的颜色，所以在转换之前应该备份文件。

提示： 转换为【索引】模式后，Photoshop 的大部分滤镜命令将不可以使用，因此在转换前必须先做好一切相应的操作。

7.1.8 多通道模式

多通道模式是在每个通道中使用 256 级灰度，多通道图像对特殊的打印非常有用。将 CMYK、RGB 模式图像转换为多通道模式后可创建青、洋红、黄和黑专色通道。当用户从 RGB、CMYK 或 Lab 模式的图像中删除一个通道后，该图像将自动转换为多通道模式。

7.2　通　　道

通道用于存储图像颜色信息、选区信息和专色信息。

在 Photoshop 中，通道的数目取决于图像的颜色模式。例如，CMYK 模式的图像有 4 个通道，即 C 通道、M 通道、Y 通道和 K 通道，以及由四个通道合成的合成通道，如图 7-7 所示。而 RGB 模式图像则有 3 个通道，即 R 通道、G 通道、B 通道和一个合成通道，如图 7-8 所示。

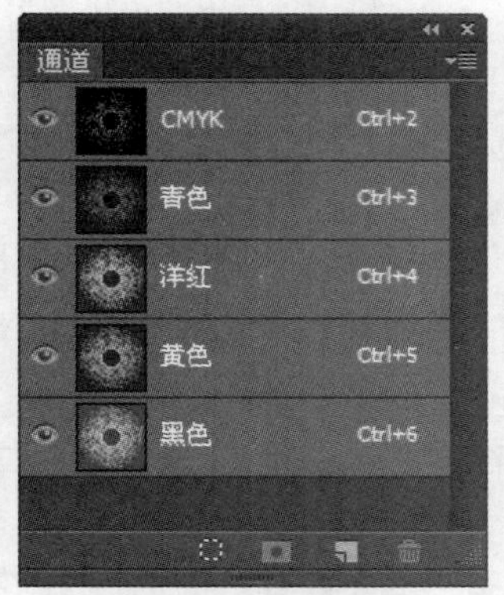

图 7-7　CMYK 模式的【通道】面板

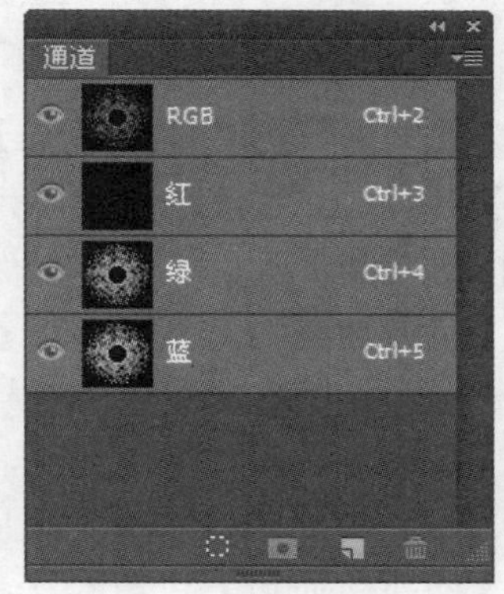

图 7-8　RGB 模式的【通道】面板

这些不同的通道保存了图像的不同颜色信息，例如，在 RGB 模式图像中，【红】通道保存了图像中红色像素的分布信息，【蓝】通道保存了图像中蓝色像素的分布信息。正是这些原色通道的存在，所有的原色通道合成在一起时，才会得到具有丰富色彩效果的图像。

在 Photoshop 中新建的通道被自动命名为 Alpha 通道，Alpha 通道用来存储选区。

专色是指在印刷时使用的一种预制的油墨，使用专色通道的好处在于可以获得通过使用 CMYK 四色油墨无法合成的颜色效果，如得到金色与银色，此外还可以降低印刷成本。

7.2.1　【通道】面板的使用

通道的大多数操作都是在【通道】面板中进行的，本节讲解【通道】面板的功能及其使用方法。

选择【窗口】|【通道】菜单命令，可以显示或隐藏【通道】面板，如图 7-9 所示。

在【通道】面板中，放置区用于存放当前的图像中存在的所有通道。在通道放置区中，如果选中的只是其中的一个通道，则只有此通道处于选中状态，此时该通道上将出现一个蓝色条，如图 7-9 所示。如果想选中多个通道，则可以按住 Shift 键再单击其他的通道。通道左侧的(眼睛)图标用于打开或关闭显示颜色通道。

单击【通道】面板右上角黑色的三角形按钮，将弹出其下拉菜单，如图 7-10 所示。

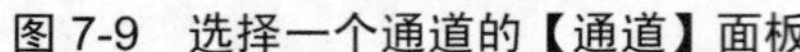

图 7-9 选择一个通道的【通道】面板

图 7-10 弹出的下拉菜单

在【通道】面板的底部有 4 个工具按钮，如图 7-11 所示，依次为【将通道作为选区载入】按钮、【将选区存储为通道】按钮、【创建新通道】按钮、【删除当前通道】按钮。

图 7-11 工具按钮

- 【将通道作为选区载入】按钮：用于将通道中的选择区域调出。该功能与【选择】|【载入选区】菜单命令功能相同。
- 【将选区存储为通道】按钮：用于将选择区域存入通道中，并在后面调出来制作一些特殊效果。
- 【创建新通道】按钮：用于创建或复制一个新的通道，此时建立的通道即为 Alpha 通道。
- 【删除当前通道】按钮：用于删除一个图像中的通道，使用鼠标将通道直接拖动到垃圾桶图标处即可将其删除。

7.2.2 通道的基本操作

通道的基本操作与图层是类似的，如创建新通道、复制通道和删除通道等。

1. 创建新通道

创建新通道的方法如下。

方法 1：使用【通道】面板弹出式菜单。

单击【通道】面板右上角的黑色三角形按钮，将弹出其下拉菜单。在弹出式菜单中选择【新建通道】命令，将弹出【新建通道】对话框，如图 7-12 所示。

- 【名称】文本框用于设定当前通道的名称，【色彩指示】选项组用于选择两种区域方式。
- 【颜色】选项可以设定新通道的颜色。
- 【不透明度】选项用于设定当前通道的不透明度。

单击【确定】按钮，【通道】面板中将建好一个新通道，即“Alpha 1”通道，如图 7-13 所示。

方法 2：在【通道】面板上单击下方的【创建新通道】按钮，创建一个新通道。

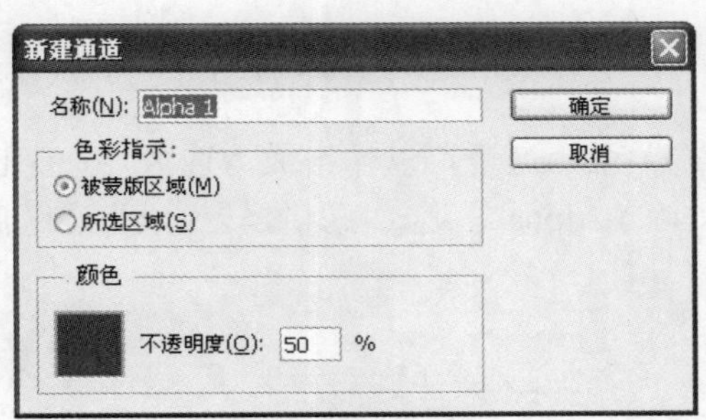

图 7-12　【新建通道】对话框

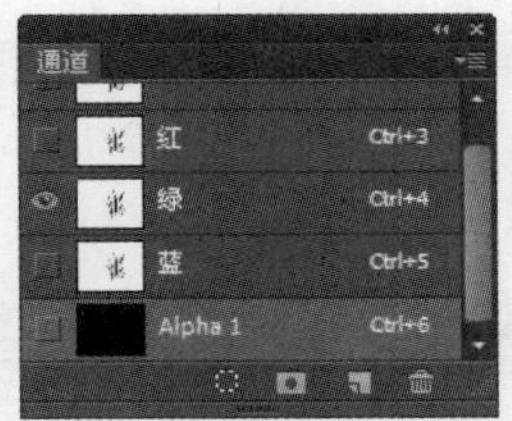

图 7-13　新建“Alpha 1”通道

2. 复制和删除通道

(1) 复制通道的方法

方法 1：使用【通道】面板弹出式菜单。

单击【通道】面板右上角的黑色三角形按钮，将弹出其下拉菜单。在弹出式菜单中选择【复制通道】命令，弹出【复制通道】对话框，如图 7-14 所示。

- 【复制为】选项用于设定复制通道的名称。
- 【文档】选项用于设定复制通道的文件来源。

方法 2：使用【通道】面板按钮。

将【通道】面板中需要复制的通道拖放到下方的【创建新通道】按钮上，就可以将所选的通道复制为一个新通道。

方法 3：在【通道】面板中右击某通道，在弹出的快捷菜单中选择【复制通道】命令，选择命令后打开【复制通道】对话框复制通道。

(2) 删除通道的方法

要删除无用的通道，可以在【通道】面板中选择要删除的通道，并将其拖至面板下方的【删除当前通道】按钮上，单击该按钮即可将通道删除。

提示： 除 Alpha 通道和专色通道外，图像的颜色通道如红通道、绿通道、蓝通道等通道也可以被删除。但这些通道被删除后，当前图像的颜色模式自动转换为多通道模式。图 7-15 所示为一幅 CMYK 模式的图像中青色通道、黑色通道被删除后的【通道】面板状态。

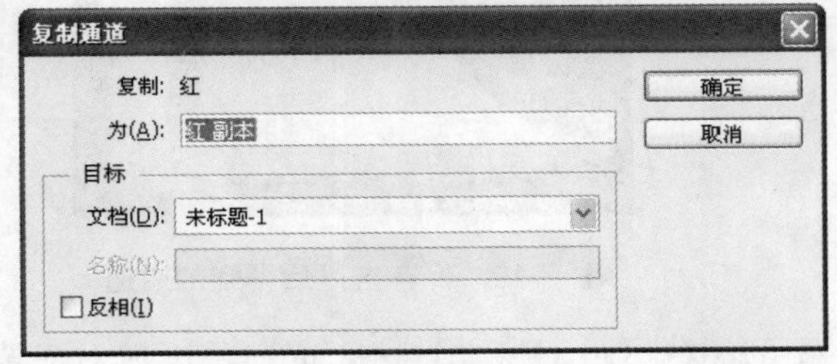

图 7-14　【复制通道】对话框

图 7-15　删除通道

7.2.3 Alpha 通道

Alpha 通道与选区之间存在着密不可分的关系，通道可以转换成为选区，选区也可以保存为通道。例如，图 7-16 所示为一个图像中的 Alpha 通道，在其被转换成为选区后，可以得到如图 7-17 所示的选区。

图 7-16 图像中的 Alpha 通道

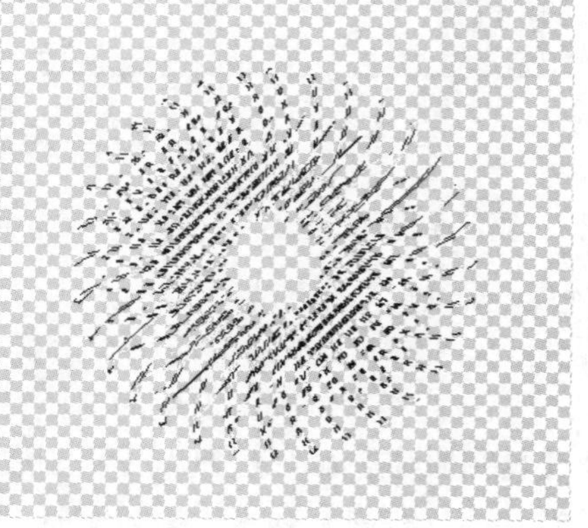

图 7-17 转换后得到的选区

如图 7-18 所示为一个使用【钢笔工具】绘制行转换得到的选区，在其被保存成为 Alpha 通道后，得到如图 7-19 所示的 Alpha 通道。

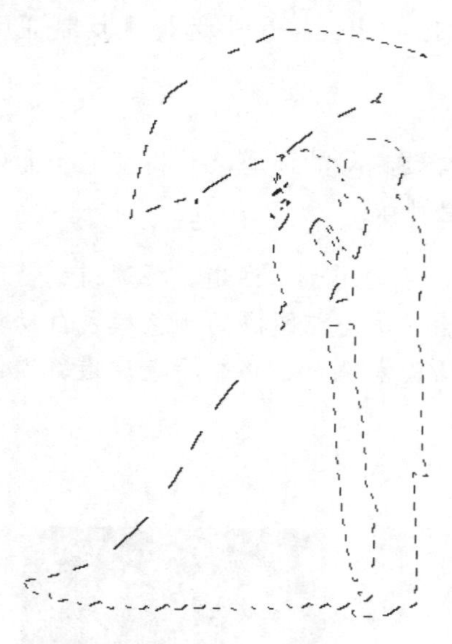

图 7-18 钢笔绘制的选区

图 7-19 保存选区后得到的通道

由这两个示例可以看出，Alpha 通道中的黑色区域对应非选区，而白色区域对应选择区域。由于 Alpha 通道中可以创建从黑到白共 256 级灰度色，因此能够创建并通过编辑得到非常精细的选择区域。

1. 通过操作认识 Alpha 通道

前面已经讲述过 Alpha 通道与选区的关系，下面通过一个操作实例来认识两者之间的关系。

(1) 选择【文件】|【新建】菜单命令，新建一个适当大小的文件，选择自定形状工具，在工具属性栏中选择【雨伞】形状，并在【属性】工具栏的【工具模式】下拉列表框中选择【路径】选项，在工作区中绘制形状路径，按下 Ctrl+Enter 组合键将路径转换为选区，如图 7-20 所示。

(2) 选择【选择】|【存储选区】菜单命令，在弹出的【存储选区】对话框中进行参数设置，如图 7-21 所示。

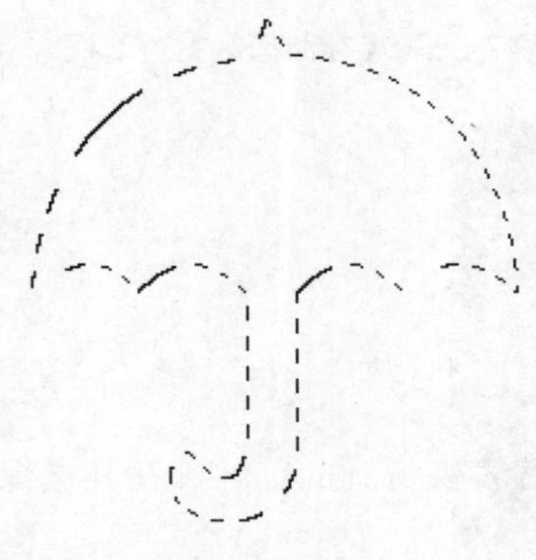

图 7-20　创建选区

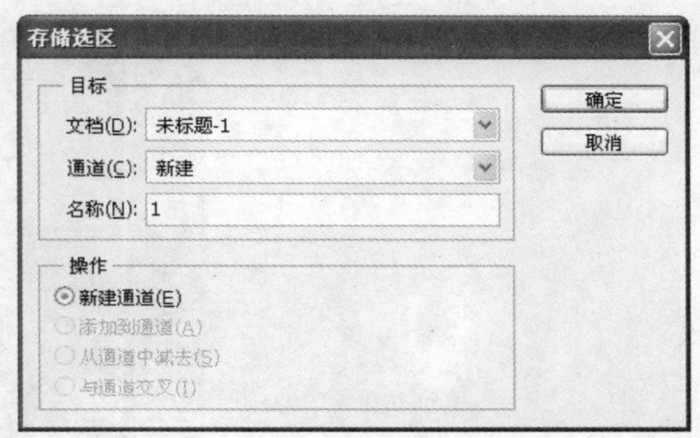

图 7-21　【存储选区】对话框

(3) 按照第一步的方法绘制一只蜗牛的选区，如图 7-22 所示。

(4) 再次选择【选择】|【存储选区】菜单命令，在弹出的【存储选区】对话框中进行设置，如图 7-23 所示。

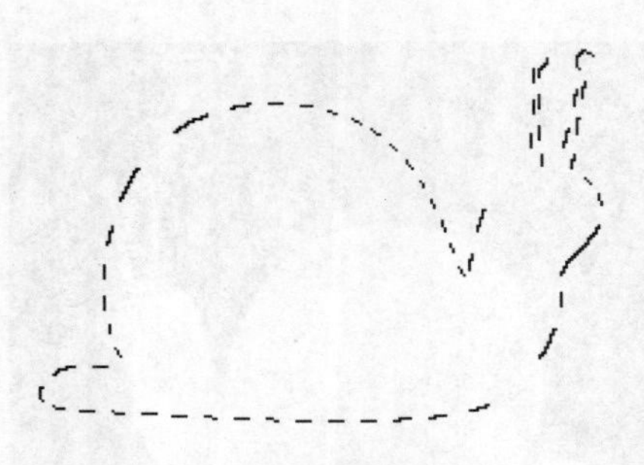

图 7-22　创建蜗牛选区

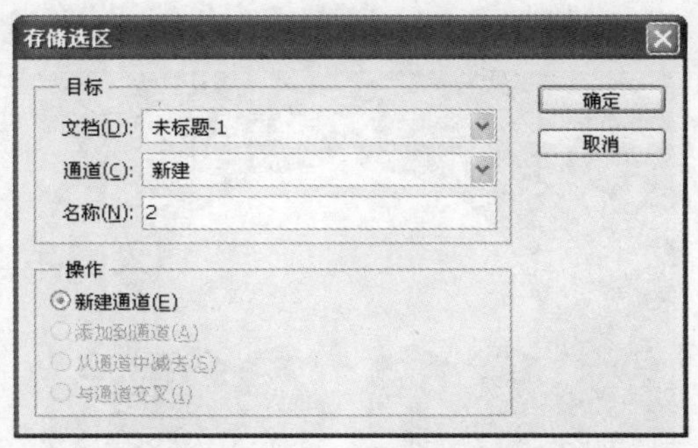

图 7-23　【存储选区】对话框

(5) 按照第一步的方法绘制一个太阳选区，如图 7-24 所示，并设置其羽化值为 5。

(6) 再次选择【选择】|【存储选区】菜单命令，在弹出的【存储选区】对话框中进行参数设置，如图 7-25 所示。

(7) 切换至【通道】面板，可以发现【通道】面板中多了 3 个 Alpha 通道，如图 7-26 所示。

图 7-24　创建太阳选区

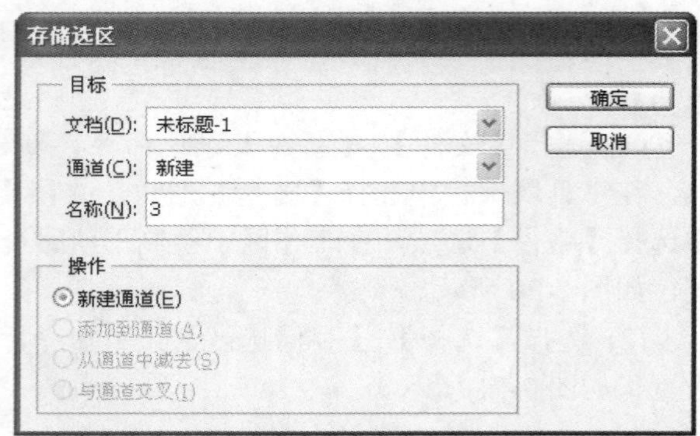

图 7-25　【存储选区】对话框

图 7-26　【通道】面板

(8) 分别切换至 3 个 Alpha 通道，图像分别如图 7-27 所示。

1 号 Alpha 通道效果

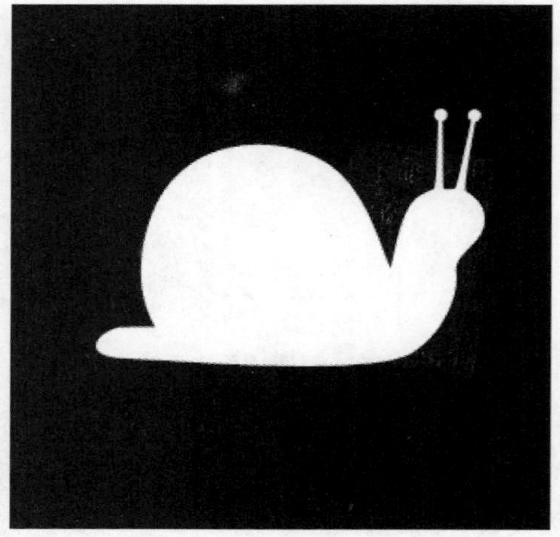

2 号 Alpha 通道效果

图 7-27　3 个 Alpha 通道

3 号 Alpha 通道效果

图 7-27　3 个 Alpha 通道(续)

3 个通道中白色的部分对应的正是我们创建的 3 个选择区域的位置与大小，而黑色则对应于非选择区域。

而对于通道 3，除了黑色与白色外，还出现了灰色柔和边缘，实际上这正是具有【羽化】值的选择区域保存于通道后的状态。在此状态下，Alpha 通道中的灰色区域代表部分选择，换言之，即具有羽化值的选择区域。

因此，我们创建的选择区域都可以被保存在【通道】面板中，而且选择区域被保存为白色，非选择区域被保存为黑色，具有【羽化】值的选择区域保存为具有灰色柔和边缘的通道。

2. 将选区保存为通道

将选择区域保存为通道的方法有以下 3 种。

(1) 绘制好选区后，可以在【通道】面板中直接单击【将选区存储为通道】按钮。

(2) 还可以选择【选择】|【存储选区】菜单命令将选区保存为通道。

(3) 在绘制的选区范围内右击，在弹出的快捷菜单中选择【存储选区】命令，弹出如图 7-28 所示的【存储选区】对话框。

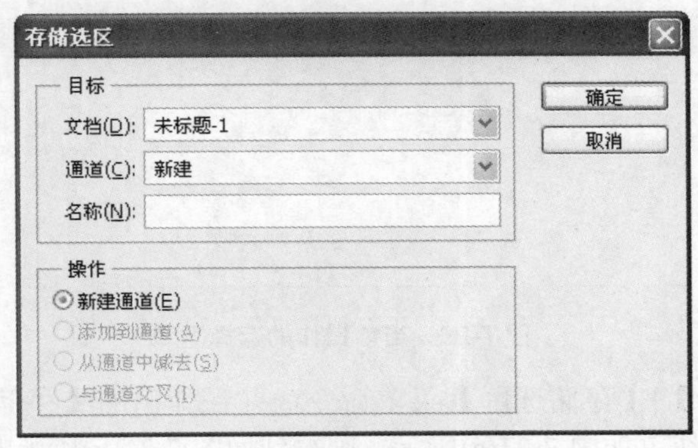

图 7-28　【存储选区】对话框

此对话框中的重要参数及选项说明如下。

- 【文档】：该下拉列表框中显示了所有已打开的尺寸大小及与当前操作图像文件相同的文件的名称，选择这些文件名称可以将选择区域保存在该图像文件中。如果选择【新建】选项，则可以将选择区域保存在一个新文件中。
- 【通道】：在该下拉列表框中列有当前文件中已存在的 Alpha 通道名称及【新建】选项。如果选择已有的 Alpha 通道，可以替换该 Alpha 通道所保存的选择区域。如果选择【新建】选项，可以创建一个新的 Alpha 通道。
- 【新建通道】：选中该单选按钮，可以添加一个新通道。如果在【通道】下拉列表框中选择一个已存在的 Alpha 通道，下面的【新建通道】单选按钮将转换为【替换通道】单选按钮，选中此单选按钮可以用当前选择区域生成的新通道替换所选的通道。
- 【添加到通道】：在【通道】下拉列表框中选择一个已存在的 Alpha 通道时，此单选按钮被激活，选中该单选按钮，可以在原通道的基础上添加当前选择区域所定义的通道。
- 【从通道中减去】：在【通道】下拉列表框中选择一个已存在的 Alpha 通道时，此单选按钮被激活，选中该单选按钮，可以在原通道的基础上减去当前选择区域所创建的通道，即在原通道中以黑色填充当前选择区域所确定的区域。
- 【与通道交叉】：在【通道】下拉列表框中选择一个已存在的 Alpha 通道时，此单选按钮被激活，选中该单选按钮，可以得到原通道与当前选择区域所创建的通道的重叠区域。

例如，图 7-29 所示为当前存在的选择区域，图 7-30 所示为已存在的一个 Alpha 通道及其对应的【通道】面板。

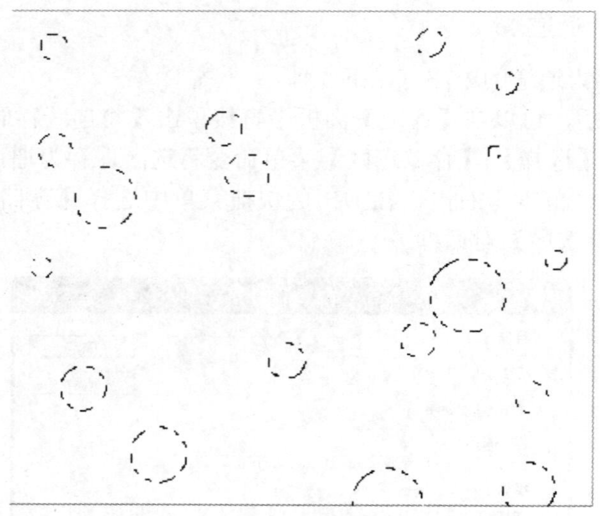

图 7-29　当前操作的选择区域

如果选择【选择】|【存储选区】菜单命令，并在弹出的【存储选区】对话框中选中【替换通道】单选按钮，如图 7-31(a)所示，则得到如图 7-31(b)所示的通道。

图 7-30　已存在的 Alpha 通道及其对应的【通道】面板

存储选区
目标
文档(D): jianying.jpg
通道(C): 1
名称(N):
确定
取消
操作
替换通道(R)
添加到通道(A)
从通道中减去(S)
与通道交叉(I)

(a) 【存储选区】对话框设置

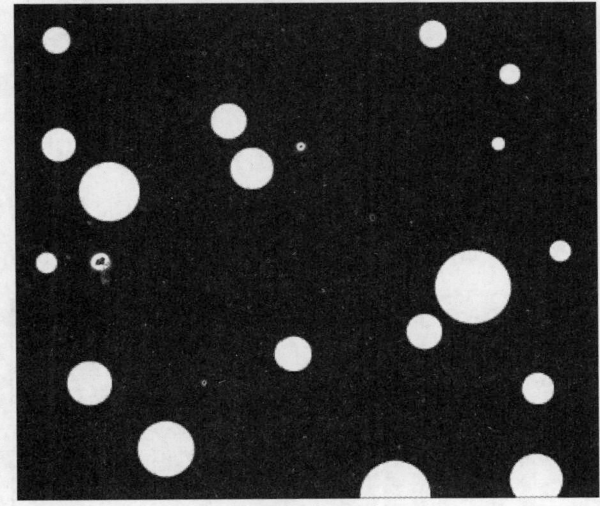

(b) 通道效果图

图 7-31　选中【替换通道】单选按钮的效果

如果选择【选择】|【存储选区】菜单命令，并在弹出的【存储选区】对话框中选中【添加到通道】单选按钮，如图 7-32(a)所示，则得到如图 7-32(b)所示的通道。

存储选区

目标

文档(D): jianying.jpg

通道(C): 1

名称(N):

操作

○替换通道(R)

⊙添加到通道(A)

○从通道中减去(S)

○与通道交叉(I)

确定

取消

(a) 【存储选区】对话框

(b) 通道效果图

图 7-32　选中【添加到通道】单选按钮的效果

如果选择【选择】|【存储选区】菜单命令，并在弹出的【存储选区】对话框中选中【从通道中减去】单选按钮，如图 7-33(a)所示，则得到如图 7-33(b)所示的通道。

存储选区

目标

文档(D): jianying.jpg

通道(C): 1

名称(N):

操作

○替换通道(R)

○添加到通道(A)

⊙从通道中减去(S)

○与通道交叉(I)

确定

取消

(a) 【存储选区】对话框

图 7-33　选中【从通道中减去】单选按钮的效果

(b) 通道效果图

图 7-33　选中【从通道中减去】单选按钮的效果(续)

如果选择【选择】|【存储选区】菜单命令，并在弹出的【存储选区】对话框中选中【与通道交叉】单选按钮，如图 7-34(a)所示，则得到如图 7-34(b)所示的通道。

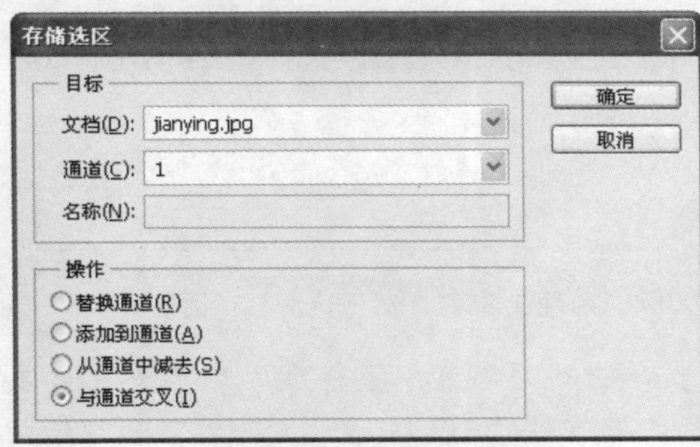

(a) 【存储选区】对话框

(b) 通道效果图

图 7-34　选中【与通道交叉】单选按钮的效果

通过观察可以看出，在保存选择区域时，选择不同的选项将得到不同的效果。

除可以按上述方法保存选择区域外，还可以在选择区域存在的情况下，直接切换至【通道】面板中，单击【将选区存储为通道】按钮，将当前选择区域保存为一个默认的新通道。

3. 将通道作为选区载入

要调用 Alpha 通道所保存的选区，可以采用以下 3 种方法。

第一种方法是在【通道】面板中选择该 Alpha 通道，单击【通道】面板中的【将通道作为选区载入】按钮，即可调出此 Alpha 通道所保存的选区。

第二种方法是按住 Ctrl 键，单击该通道即可调出此 Alpha 通道所保存的选区。

第三种方法是选择【选择】|【载入选区】菜单命令，在图像中存在选区的情况下，将弹出如图 7-35 所示的【载入选区】对话框。由于此对话框中的选项与【存储选区】对话框中选项的意义基本相同，故在此不再赘述。

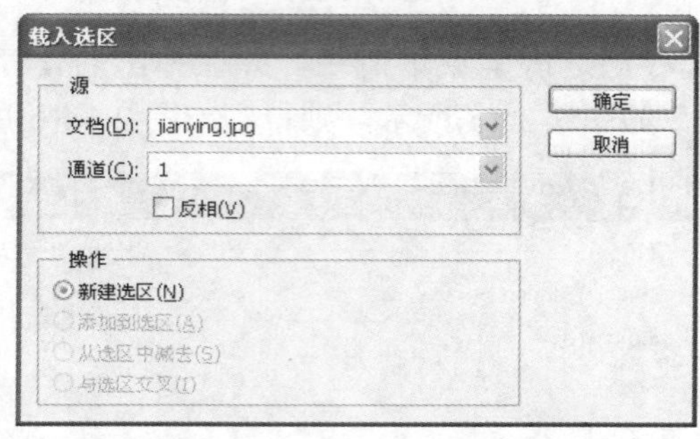

图 7-35 【载入选区】对话框

技巧： 按下 Ctrl 键单击通道，可以直接调用此通道所保存的选择区域。如果按下 Ctrl+Shift 组合键单击通道，可在当前选择区域中增加单击的通道所保存的选择区域。如果按下 Alt+Ctrl 组合键单击通道，可以在当前选择区域中减去当前单击的通道所保存的选择区域。如果按下 Alt+Ctrl+Shift 组合键单击通道，可以得到当前选择区域与该通道所保存的选择区域重叠的选择区域。

7.2.4 专色通道

在印刷时，一般使用 CMYK 四色油墨。但专墨颜色艳丽，有些具有反光特性和颗粒夹杂的效果，所以在设计精美的印刷品和包装时可以考虑采用专墨。每种专墨在进行胶片输出时，需要单独输出在一张胶片上，所以我们需要在【通道】面板中为其定义一个专门的通道来记录专色信息。

使用专色通道，可以在分色时输出第 5 块或第 6 块甚至更多的色片，用于定义需要使用专色印刷或处理的图像局部。

1. Photoshop 中制作专色通道

要得到专色通道，可以采用以下 3 种方法。

- 直接创建一个空的专色通道。

- 根据当前选区创建专色通道。
- 直接将 Alpha 通道转换成专色通道。

(1) 直接创建专色通道

在【通道】面板弹出的菜单中选择【新建专色通道】命令，将弹出如图 7-36 所示的【新建专色通道】对话框，在此对话框中进行参数设置即可完成创建专色通道的操作。

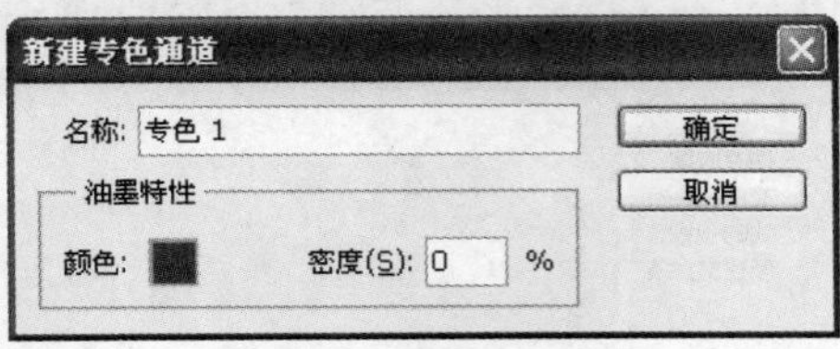

图 7-36　【新建专色通道】对话框

【新建专色通道】对话框的参数功能如下。

- 【名称】：用于输入新通道的名称。
- 【颜色】：用于选择特别颜色。
- 【密度】：用于输入特别颜色的显示透明度，数值为 0%～100%。

(2) 从选区创建专色通道

如果当前已经存在一个选择区域，可以在【通道】面板弹出的菜单中选择【新建专色通道】命令，直接依据当前选区创建专色通道。

(3) 通过转换生成专色通道

如果希望将一个 Alpha 通道转换成为专色通道，可以在【通道】面板弹出的菜单中选择【通道选项】命令，在弹出的【通道选项】对话框中选中【专色】单选按钮，如图 7-37 所示。

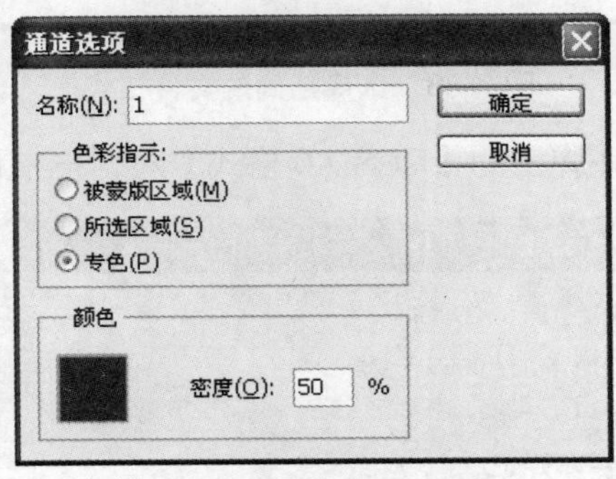

图 7-37　【通道选项】对话框

单击【确定】按钮，即可将一个 Alpha 通道转换成为一个专色通道。

2. 指定专色选项

使用上面的方法创建专色通道时，需要设置对话框中的【颜色】和【密度】参数。

单击色样可以在弹出的【颜色库】对话框中选择一种专色。在【密度】文本框中输入数值，能够定义专色的透明度。

3. 专色图像文件保存格式

为了使含有专色通道的图像能够正确输出或在其他排版软件中应用，必须将文件保存为 DCS 2.0 EPS 格式，即选择【文件】|【存储】或【存储为】菜单命令后，弹出【存储为】对话框，在【格式】下拉列表框中选择 Photoshop DCS 2.0 选项，如图 7-38 所示。

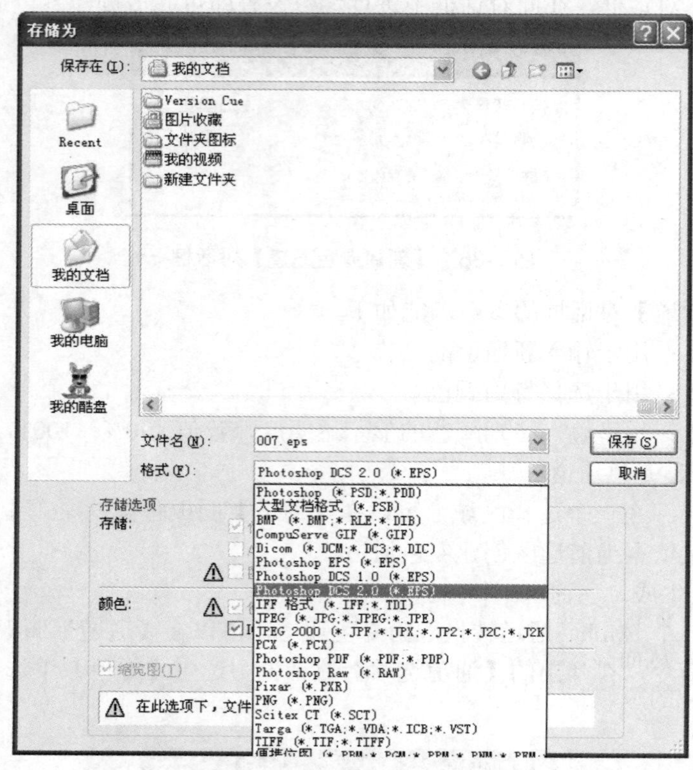

图 7-38 选择正确的文件格式

单击【保存】按钮后，在弹出的【DCS 2.0 格式】对话框中设置参数，如图 7-39 所示。

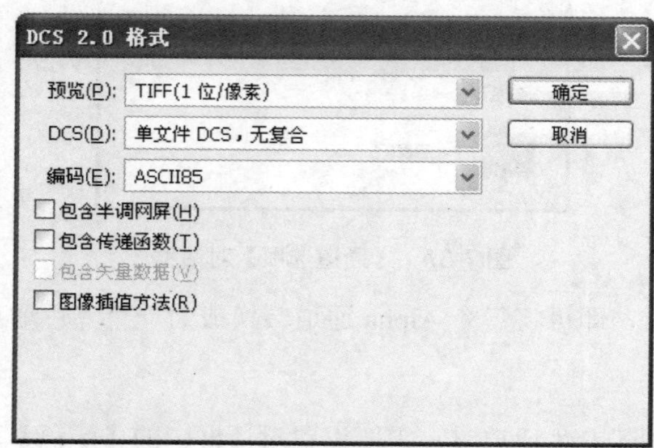

图 7-39 【DCS 2.0 格式】对话框

7.3　图 层 蒙 版

图层蒙版可用于为图层增加屏蔽效果，其优点在于可以通过改变图层蒙版不同区域的黑白程度，控制图像对应区域的显示或隐藏状态，从而为图层添加特殊效果。在平面设计中图层蒙版可以用来抠图，使用它进行抠图的好处是只对蒙版进行编辑，不影响图层的像素，当对图层蒙版所做的效果不满意时，可以随时去掉蒙版，即可恢复图像的本来面目。

图 7-40 所示为应用图层蒙版后的图像效果及对应的【图层】面板。

图 7-40　图层蒙版效果示例

对比【图层】面板与使用蒙版后的实际效果可以看出，图层蒙版中黑色区域部分所对应的区域被隐藏，从而显示出底层图像；图层蒙版中的白色区域显示对应的图像区域；灰色部分使图像对应的区域半隐半显。

7.3.1　蒙版【属性】面板

蒙版【属性】面板提供了用于图层蒙版及矢量蒙版的多种控制选项，使操作者可以轻松更改其不透明度、边缘柔化程度，可以方便地增加或删除蒙版、反相蒙版或调整蒙版边缘。

双击添加的图层蒙版，系统显示如图 7-41 所示的蒙版【属性】面板。

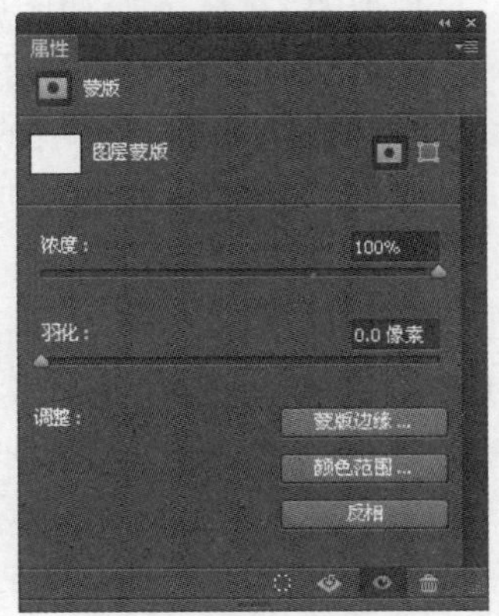

图 7-41　蒙版【属性】面板

使用蒙版【属性】面板可以对蒙版进行如浓度、羽化、反相及显示/隐藏蒙版等操作，下面将以此面板为中心讲解与图层蒙版相关的操作。

7.3.2 创建图层蒙版

在 Photoshop 中有很多种创建图层蒙版的方法，用户可以根据不同的情况来决定使用哪种方法。

1. 直接添加蒙版

要直接为图层添加蒙版，可以进行如下操作：选择要添加图层蒙版的图层，单击【图层】面板底部的【添加图层蒙版】按钮，可以为图层添加一个默认填充为白色的图层蒙版，即显示全部图像，如图 7-42 所示。

图 7-42 添加蒙版前后的【图层】面板

提示： 如果当前选择的是背景图层，在【蒙版】面板中单击【添加像素蒙版】按钮，会将其转换成为普通图层，然后再为其添加蒙版。

如果按住 Alt 键执行上述的添加蒙版操作，即可为图层添加一个默认填充为黑色的图层蒙版，即隐藏全部图像。

2. 利用选区添加图层蒙版

如果当前图像中存在选区，可以利用该选区来添加图层蒙版，并决定添加图层蒙版后显示或者隐藏选区内部的图像。

- 依据选区范围添加蒙版：选择要添加图层蒙版的图层，在【图层】面板中单击【添加图层蒙版】按钮，即可依据当前选区的选择范围为图像添加蒙版。
- 依据与选区相反的范围添加蒙版：如果在单击【添加图层蒙版】按钮前按住 Alt 键，即可依据与当前选区相反的范围为图层添加蒙版，即先对选区执行【反相】操作，然后再为图层添加蒙版。

如果当前图层中存在选择区域，按上述方法创建蒙版时，选区部分将以白色显示，非选择区域将以黑色显示，如图 7-43 所示为存在选区的图像，如图 7-44 所示为添加图层蒙版后的图像及【图层】面板。

图 7-43　存在选区的图像

图 7-44　添加图层蒙版后的图像及【图层】面板

7.3.3　编辑图层蒙版

添加图层蒙版只是完成了应用图层蒙版的第一步，要使用图层蒙版还必须对图层蒙版进行编辑，这样才能取得所需的效果。

编辑图层蒙版的操作步骤如下。

(1) 单击【图层】面板中的图层蒙版缩览图以将其激活。

(2) 选择任何一种编辑或绘画工具，按照下述准则进行编辑。

- 如果要隐藏当前图层，用黑色在蒙版中绘图。
- 如果要显示当前图层，用白色在蒙版中绘图。
- 如果要使当前图层部分可见，用灰色在蒙版中绘图。

(3) 如果要编辑图层而不是编辑图层蒙版，可单击【图层】面板中该图层的缩览图以将其激活。

7.3.4　更改图层蒙版的浓度

【蒙版】面板中的【浓度】滑块可以调整选定的图层蒙版或矢量蒙版的不透明度，其使用步骤如下。

(1) 在【图层】面板中，选择包含要编辑的蒙版的图层。

(2) 单击蒙版【属性】面板中的单击【矢量蒙版】按钮将其激活。

(3) 拖动【浓度】滑块，当其数值为 100%时，蒙版将完全不透明，并遮挡图层下面的所有区域。此数值越小，蒙版下的更多区域变得可见。

图 7-45 所示为原图像，图 7-46 所示为在蒙版【属性】面板中将【浓度】数值降低时的效果。可以看出，由于蒙版中黑色变成为了灰色，被隐藏的图层中的图像也开始显现出来。

图 7-45　原图像及其对应的【图层】面板

图 7-46　设置蒙版浓度后的效果

7.3.5　羽化蒙版边缘

可以使用蒙版【属性】面板中的【羽化】滑块直接控制蒙版边缘的柔化程度，其步骤如下。

(1) 在【图层】面板中选择包含要编辑的蒙版的图层。

(2) 单击蒙版【属性】面板中的【矢量蒙版】按钮将其激活。

(3) 在蒙版【属性】面板中拖动【羽化】滑块，以将羽化效果应用至蒙版的边缘，使蒙版边缘在蒙住和未蒙住区域之间创建较柔和的过渡。

7.3.6　调整蒙版边缘及色彩范围

单击【蒙版边缘】按钮，将弹出【调整蒙版】对话框，此对话框的功能及使用方法与【调整边缘】命令相同，使用此命令可以对蒙版进行平滑、羽化等操作。

单击【颜色范围】按钮，将弹出【色彩范围】对话框，使用该对话框可以更好地在蒙版中进行选择操作，调整得到的选区并将其直接应用于当前的蒙版中。

7.3.7　图层蒙版与通道的关系

在蒙版被选中的情况下，可以使用任何一种编辑或绘画工具对蒙版进行编辑。由于图层蒙版实际上是一个灰度 Alpha 通道，可以看到在【通道】面板中增加了一个名称为“图层蒙版”的通道。

如图 7-47 所示为具有蒙版的【图层】面板，如图 7-48 所示为切换至【通道】面板时，名称为“图层 1 蒙版”的 Alpha 通道的显示状态。

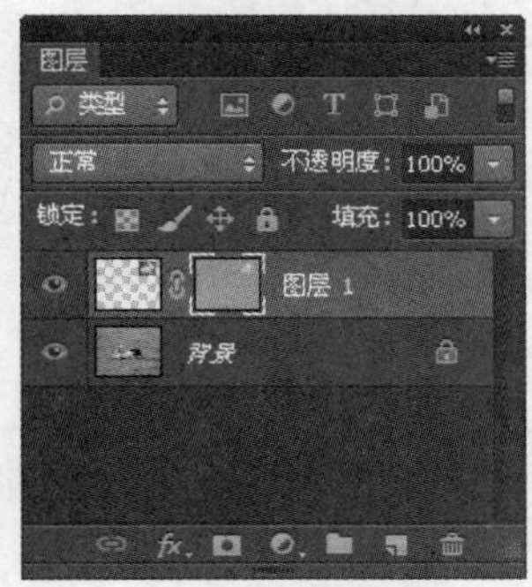

图 7-47　【图层】面板

图 7-48　【通道】面板中的 Alpha 通道

7.3.8　应用与删除图层蒙版

应用图层蒙版可以将图层蒙版中黑色对应的图像遮盖、白色对应的图像显示、灰色过渡区域所对应的图像部分像素遮盖以得到一定的透明效果，从而保证图像效果在应用图层蒙版前后不发生变化。应用图层蒙版可以执行以下操作之一。

- 在蒙版【属性】面板中单击【应用蒙版】按钮。
- 选择【图层】|【图层蒙版】|【应用】菜单命令。
- 在图层蒙版缩览图上右击，在弹出的快捷菜单中选择【应用图层蒙版】命令。

如图 7-49 所示为未应用图层蒙版前的【图层】面板，如图 7-50 所示为【图层 1】应用图层蒙版后的【图层】面板。此时隐藏其他图层可以看出，该图层中的图像显示为如图 7-51 所示的状态。

图 7-49 原【图层】面板

图 7-50 应用图层蒙版后的状态

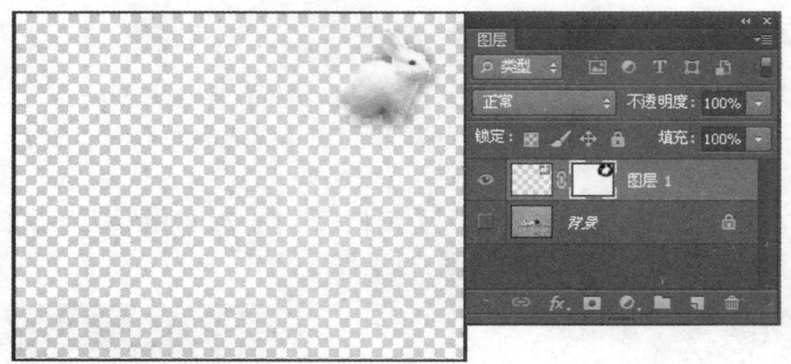

图 7-51 隐藏其他图层后的图像显示

如果不想对图像进行任何修改而直接删除图层蒙版，可以执行以下操作之一。

- 单击蒙版【属性】面板中的【删除蒙版】按钮。
- 选择【图层】|【图层蒙版】|【删除】菜单命令。
- 在图层蒙版缩览图中右击，在弹出的快捷菜单中选择【删除图层蒙版】命令。

7.3.9 显示与屏蔽图层蒙版

要屏蔽图层蒙版可以按住 Shift 键单击图层蒙版缩略图，此时蒙版显示为一个红色叉，如图 7-52 所示，再次按住 Shift 键单击蒙版缩略图即可重新显示蒙版效果。

图 7-52 被屏蔽的图层蒙版

除上述方法外，选择【图层】|【图层蒙版】子菜单中的【停用】、【启用】命令也可以暂时屏蔽、显示图层蒙版效果。

7.4　上机实践操作——制作雪人效果

本范例源文件：\07\水晶球.psd、雪人.jpg

本范例完成文件：\07\水晶球里的世界.psd

多媒体教学路径：光盘→多媒体教学→第 7 章

7.4.1　实例介绍和展示

本实例运用【移动工具】、【图层蒙版】、【画笔工具】、【渐变工具】制作出“水晶球里的雪人”，效果如图 7-53 所示。

图 7-53　效果展示

7.4.2　打开图像

启动 Photoshop CS6 主程序，按下 Ctrl+O 组合键打开两张素材图像，如图 7-54、图 7-55 所示。

图 7-54　水晶球

图 7-55　雪人

7.4.3　添加蒙版

(1) 用【移动工具】将“雪人”拖拽到【水晶球】文档中，以降低不透明度，然后按下 Ctrl+T 组合键对其进行缩放，如图 7-56 所示。

(2) 按下 Enter 键保存并退出自由变换状态。将【雪人】层的不透明度调为 100%，在【图层】面板中单击【添加蒙版】按钮，为雪人层添加蒙版，如图 7-57 所示。

图 7-56　对“雪人”进行缩小处理

(3) 在工具箱中选择【渐变工具】，调出【渐变编辑器】对话框，选择一个默认的黑白渐变，如图 7-58 所示。

图 7-57　为【雪人】层添加图层蒙版

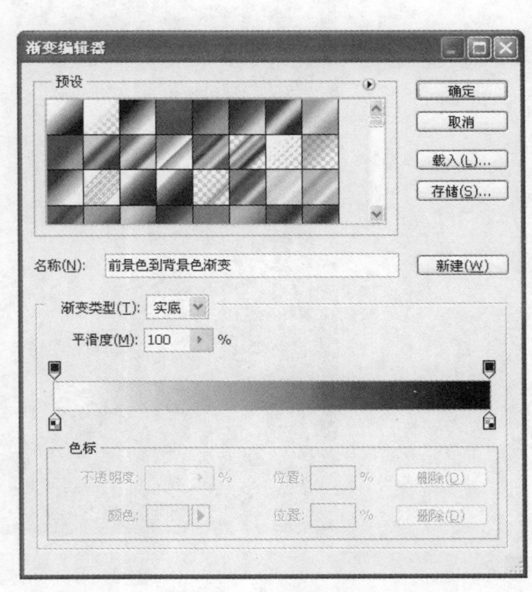

图 7-58　【渐变编辑器】对话框

(4) 在【渐变工具】属性栏中选择【径向渐变】类型，在画布中由里向外拉出渐变，如图 7-59 所示。

(5) 选择【画笔工具】，设置前景色为黑色，在画布上涂抹，直至“雪人”完全融合在“水晶球”中，调整【雪人】层的不透明度为 80%，最终完成的效果如图 7-60 所示。

图 7-59 拉出渐变

图 7-60 完成效果展示

7.5 操作练习

运用所学知识本练习，效果如图 7-61 所示。

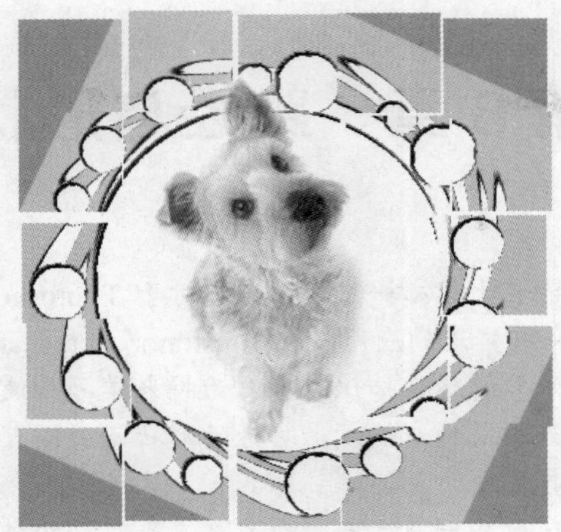

图 7-61　效果展示

第 8 章　路径与形状

教学目标

路径属于 Photoshop 的三大核心概念之一！它对于 Photoshop 高手来说是一个得力助手。它不仅在 Photoshop 中有广泛的应用，在 Illustrator、Freehand 等矢量软件中更有举足轻重的地位。我们在这里所学的路径知识，可以为将来学习和使用其他平面设计软件带来便利。路径是由一系列的线段或曲线构成。路径的形状是由锚点控制的，所以如何用锚点勾勒出路径是本章学习的重点。

路径与形状在 Photoshop 中同属于矢量对象，本章对这两种矢量对象进行了深入而全面的讲解，不仅介绍了如何使用各种工具绘制路径与形状，还讲解了变换、修改这两种矢量对象的操作方法。除此之外，【路径】面板也是本章比较重要的内容。

教学重点和难点

1. 绘制路径。
2. 选择及改变路径。
3. 【路径】面板。
4. 绘制几何形状。

8.1　概　　述

路径是 Photoshop 的重要辅助工具，它不仅可以用于绘制图形，更为重要的是，它能够转换成为选区，从而增加了一种制作选区的方法。

【钢笔工具】是最基本的路径绘制工具，它可以在图像中创建工作路径或图形。图 8-1 所示为使用【钢笔工具】绘制的路径概念图。

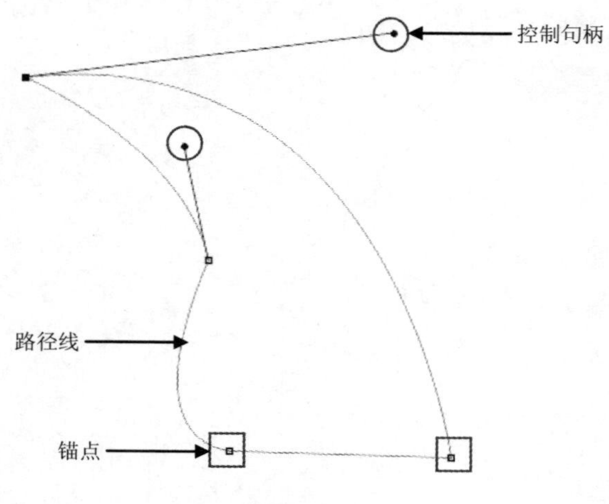

图 8-1　路径概念图

【锚点】：由【钢笔工具】创建，是一个路径中两条线段的交点，路径是由锚点组成的。

【控制句柄】：用于控制路径线的形状。

【路径线】：两个锚点之间的线段叫作路径线。

在 Photoshop 中有两种绘制路径的工具，即【钢笔工具】和【形状工具】，使用钢笔工具可以绘制出任意形状的路径，使用形状可以绘制出具有规则外形的路径。

通过本章的学习，读者将能够掌握绘制路径、几何图形及编辑路径的方法，并熟悉路径运算及与【路径】面板有关的操作。

8.2　路　　径

在工具箱中单击【钢笔工具】，弹出如图 8-2 所示的路径工具组，路径工具组包括 5 个工具，分别用于绘制路径、添加/删除锚点及转换节点。

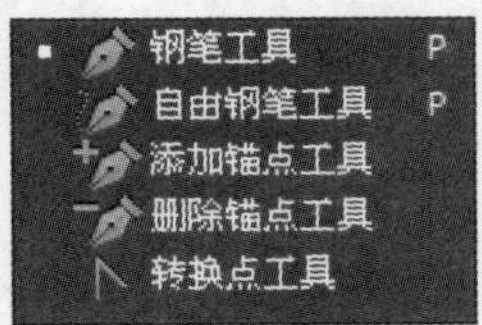

图 8-2　路径工具组

- 【钢笔工具】：是所有路径工具组中最精确的绘制路径的工具，可以创建光滑而复杂的路径。
- 【自由钢笔工具】：类似于【铅笔工具】，只是在绘制过程中此工具将自动生成路径。通常使用此工具生成的路径还需要再次进行编辑。
- 【添加锚点工具】：可用来为已创建的路径添加节点。
- 【删除锚点工具】：可用来从路径中删除节点。
- 【转换点工具】：可将圆角节点转换为尖角节点或将尖角节点转换为圆角节点。

下面详细讲解各工具的使用方法与注意事项。

8.2.1　钢笔工具

默认情况下，工具属性栏中的【钢笔工具】处于选中状态，单击属性栏中的【几何选项】按钮，将弹出如图 8-3 所示的【钢笔工具】属性栏。

图 8-3　【钢笔工具】属性栏

【钢笔工具】属性栏的参数功能如下。

使用【钢笔工具】勾勒路径，有时会觉得钢笔工作“不正常”，这常常是在使用钢笔前没有在其属性栏中设置钢笔的原因。

- 【选择工具模式】：单击此按钮后，将弹出下拉列表选项，选择【路径】选项，【钢笔工具】在图像中勾勒出的是新的工作路径，不生成形状图层。
- 【几何选项】按钮：单击该按钮，在弹出的下拉列表选项中启用【橡皮带】

复选框后，当鼠标移动时，图像中将显示路径轨迹的预览效果，便于我们勾勒路径。

启用【橡皮带】复选框绘制路径时，可以依据节点与钢笔光标间的线段标识出下一段路径线的走向，如图 8-4(a)所示，否则没有任何标识，如图 8-4(b)所示。

(a) 启用【橡皮带】复选框

(b) 未启用【橡皮带】复选框

图 8-4　绘制路径

- 【自动添加/删除】：如启用此复选框，在工作路径上单击可以增加一个锚点。在锚点上单击时，可以删除此锚点。如不启用此复选框，则没有此效果。
- 【路径操作】按钮：单击该按钮，在弹出的下拉列表中包括 6 种选项，如图 8-5 所示。

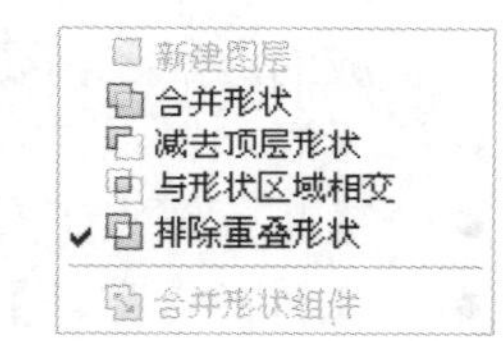

图 8-5　【路径操作】下拉列表

利用【钢笔工具】绘制路径时，单击可得到直线型点，按此方法不断单击可以创建一条完全由直线型节点构成的直线型路径，如图 8-6 所示。为直线型路径填充实色并描边后的效果如图 8-7 所示。

图 8-6　直线型路径

图 8-7　填充后的效果

如果在单击锚点后拖动鼠标，则在锚点的两侧会出现控制句柄，该锚点也将变为圆滑

型节点，按此方法可以创建曲线型路径。如图 8-8 所示为曲线型路径填充前景色后的效果，为此路径填充实色后的效果如图 8-9 所示。

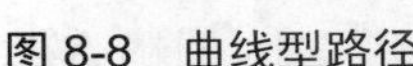

图 8-8　曲线型路径

图 8-9　填充后的效果

在绘制路径结束时如要创建开放路径，可在工具箱中切换为【直接选择工具】，然后在工作页面上单击，放弃对路径的选择。

如果要创建闭合路径，将光标放在起点上，当钢笔光标下面显示一个小圆时单击，即可绘制闭合路径。

8.2.2　自由钢笔工具

使用自由钢笔工具时绘制路径的方法如下。

在工具箱中选择【自由钢笔工具】，直接在页面中拖动创建所需要的路径形状。要得到闭合路径时，可将光标放在起点上，当光标下面显示一个小圆时单击即可。也可以在页面中双击闭合路径。要得到开放的路径时，按下 Enter 键即可结束路径的绘制。

单击【工具】属性栏中的【几何选项】按钮，弹出如图 8-10 所示的【自由钢笔选项】面板，在其中可以设置【自由钢笔工具】的参数。

- 【曲线拟合】：此参数控制绘制路径时对鼠标移动的敏感性，输入的数值越大，所创建的路径的节点越少，路径也越光滑。
- 【磁性的】：启用该复选框，可以激活【磁性钢笔工具】，此时面板中的【磁性的】选项将自动处于被激活状态，如图 8-11 所示，在此可以设置磁性钢笔的相关参数。
- 【宽度】：在此可以输入一个 1～40 的像素值，以定义磁性钢笔探测的距离，此数值越大，磁性钢笔探测的距离越大。
- 【对比】：在此可以输入一个 0～100 的百分比，以定义边缘像素间的对比度。
- 【频率】：在此可以输入一个 0～100 的值，以定义当钢笔在绘制路径时设置节点的密度，此数值越大，得到路径上的节点数量越多。

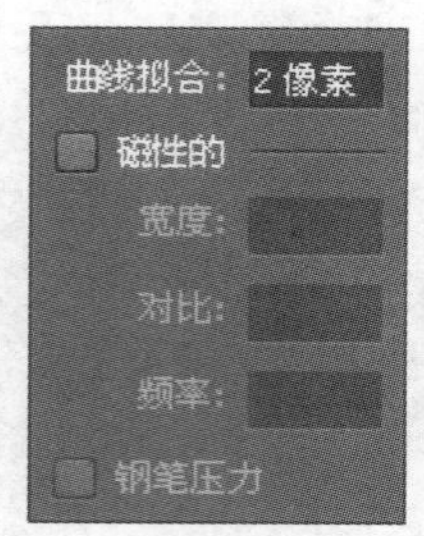

图 8-10 【自由钢笔选项】面板

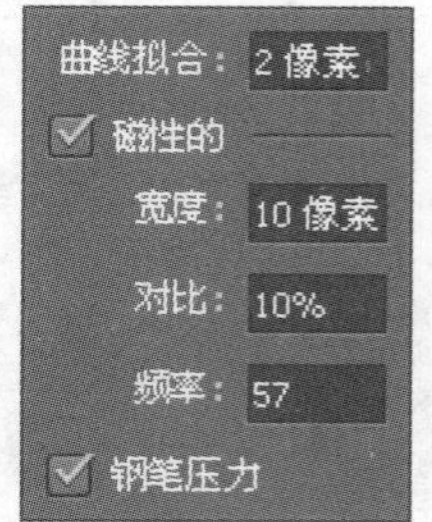

图 8-11 启用【磁性的】复选框

8.2.3 添加锚点工具

【添加锚点工具】用于在已创建的路径上添加锚点，在路径被激活的状态下，选择添加锚点工具，直接单击要增加锚点的位置，即可增加一个锚点。

8.2.4 删除锚点工具

将【删除锚点工具】移动到欲删除的锚点上，单击要删除的锚点即可将其删除。如图 8-12 所示为原路径，如图 8-13 所示为删除锚点后的路径。

图 8-12 原路径

图 8-13 删除锚点后的路径

8.2.5 转换点工具

对锚点进行编辑时，经常需要将一个两侧没有控制句柄的直线型锚点(见图 8-14)转换为两侧有控制句柄的圆滑型锚点(见图 8-15)，或将圆滑型节点转换为直线型节点，要完成此类操作可选用【转换点工具】。

应用此工具在直线型锚点上单击并拖动，可以将该锚点转换为圆滑型锚点；反之，如果运用此工具单击圆滑型锚点，则可以将此锚点转换为直线型锚点。

图 8-14　直线型锚点

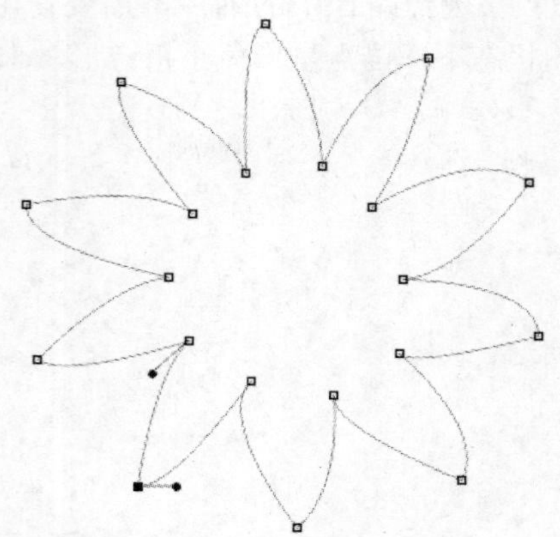

图 8-15　圆滑型锚点

如图 8-16 所示为转换前由直线型节点构成的路径，如图 8-17 所示为使用此工具对这些节点进行操作后得到的路径。

图 8-16　转换前的路径

图 8-17　转换后的路径

8.3　选择及改变路径

8.3.1　选择路径

在对已绘制完成的路径进行编辑操作时，往往需要选择路径中的节点或整条路径。执行选择操作，需使用工具箱中的如图 8-18 所示的路径选择工具组。

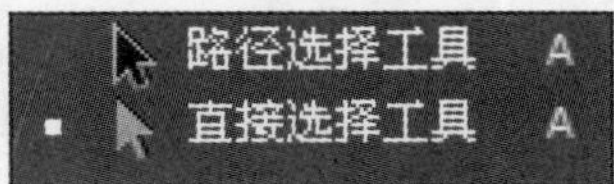

图 8-18　路径选择工具组

(1) 要选择路径中的锚点，需要使用工具箱中的【直接选择工具】。在锚点处于被选定的状态下，锚点呈黑色小正方形，未选中的锚点呈空心小正方形，如图 8-19 所示。

图 8-19 选择锚点示例

(2) 如果在编辑的过程中需要选择整条路径，可以使用路径选择工具组中的【路径选择工具】。在整条路径被选中的情况下，路径上的节点全部显示为黑色小正方形，如图 8-20 所示。

图 8-20 选择整条路径操作示例

提示： 如果当前使用的工具是【直接选择工具】，只需按下 Alt 键单击路径，也可将整条路径选中。

8.3.2 移动节点或路径

要改变路径的形状，可以使用【直接选择工具】。单击锚点，当选中的锚点变为

黑色小正方形后移动锚点即可。与移动锚点相同，使用此工具单击要移动的线段并进行拖动，即可移动路径中的线段。

如图 8-21 所示为原路径，如图 8-22 所示为向右移动路径锚点后的效果。

图 8-21　原路径

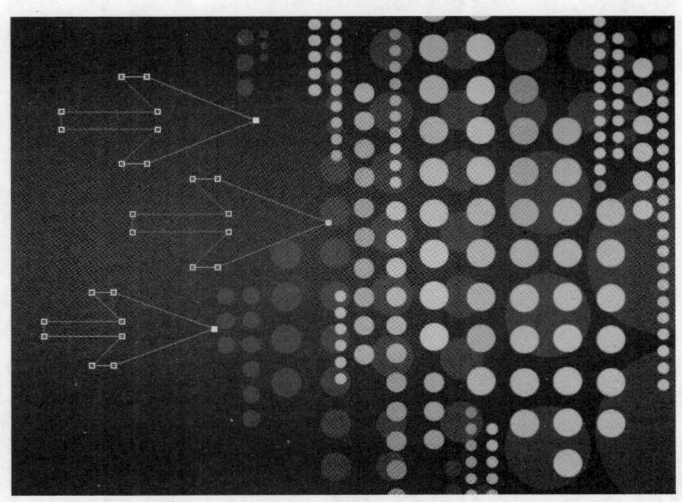

图 8-22　向右移动路径锚点后的效果

技巧： 使用【路径选择工具】或【直接选择工具】还可以进行路径复制操作：如果当前使用的是【直接选择工具】或【路径选择工具】，按住 Alt 键单击并拖动路径即可复制路径；如果当前使用的是钢笔工具，按住 Alt+Ctrl 组合键并拖动路径即可复制路径。

8.3.3　变换路径

选择【编辑】|【自由变换路径】命令或【编辑】|【变换路径】子菜单下的命令，可以对当前所选的路径进行变换。

变换路径操作和变换选区操作一样，包括【缩放】、【旋转】、【扭曲】等操作。在选择变换命令后，工具属性栏如图 8-23 所示，在此栏中可以重新设置其中的参数以精确改变路径的形状。

X: 564.67 像素 Y: 404.72 像素 W: 100.00% H: 100.00% 0.00 度 H: 0.00 度 V: 0.00 度

图 8-23 【变换路径操作工具】属性栏

如果需要对路径中的部分节点进行变换操作，需要用【直接选择工具】选中需要变换的节点，然后再选择【编辑】|【自由变换路径】命令或【编辑】|【变换路径】子菜单下的命令。

如图 8-24 所示为原路径，如图 8-25 所示为对路径进行缩放操作后得到的错落有致的效果，如图 8-26 所示为对路径分别填充颜色后的效果。

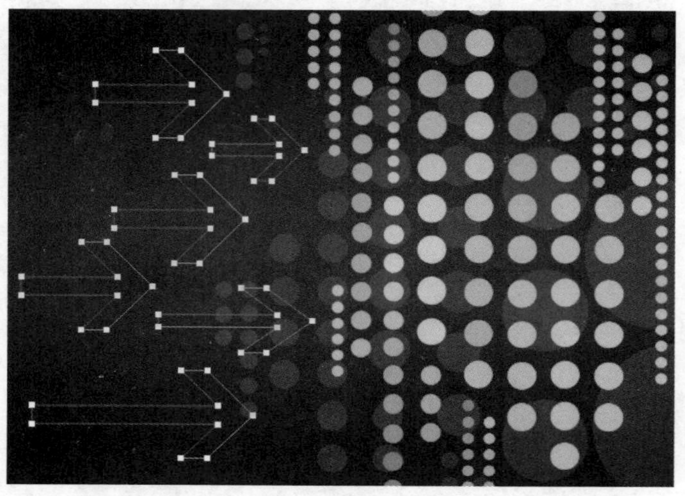

图 8-24 原路径

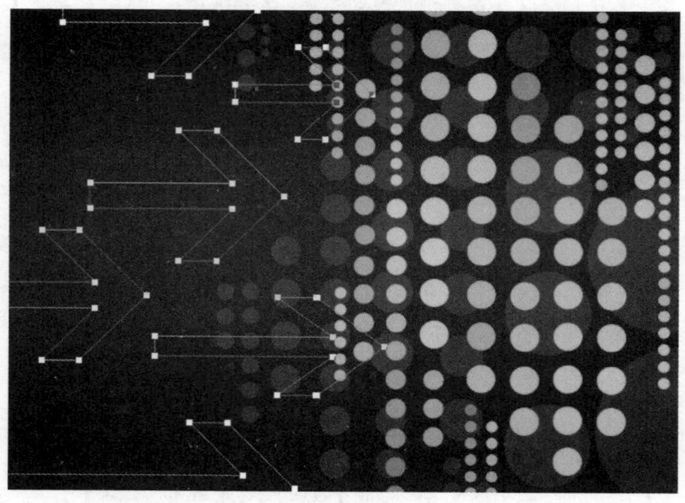

图 8-25 对路径进行操作得到的效果

图 8-26　对路径填充颜色后的效果

技巧： 如果按住 Alt 键选择【编辑】|【变换路径】子菜单下的命令，可以复制当前操作路径，并对复制路径进行变换操作。

8.4　【路径】面板

【路径】面板可通过建立若干路径层来保存路径，它是路径的控制与保存中心，如图 8-27 所示。所有绘制的路径都保存在此面板中，通过使用面板的相关功能，可以快速完成复制、删除、选择等多种操作。

单击面板右上角黑色的三角形按钮，将弹出其下拉菜单，如图 8-28 所示。

图 8-27　【路径】面板

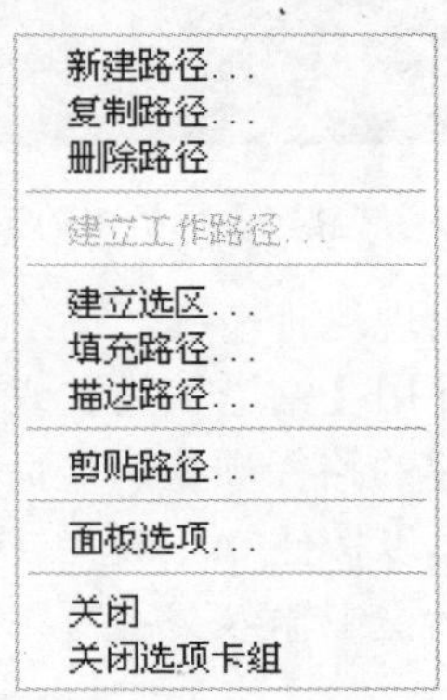

图 8-28　弹出的下拉菜单

在【路径】面板的底部有 7 个工具按钮，如图 8-29 所示，这几个工具的具体介绍如下。

图 8-29 【路径】面板的工具按钮

- 【用前景色填充路径】按钮：单击此按钮将对当前选中的路径进行填充，填充的对象包括当前路径的所有子路径以及不连续的路径线段。
- 【用画笔描边路径】按钮：单击此按钮，系统将使用当前的颜色和当前在【描边路径】对话框中设定的工具对路径进行勾画。
- 【将路径作为选区载入】按钮：单击该按钮将把当前路径所圈选的范围转换成为选择区域，单击此按钮即可进行转换。
- 【从选区生成工作路径】按钮：单击该按钮将把当前的选择区域转换成路径。
- 【添加蒙版】按钮：单击该按钮，为当前选择的路径应用蒙版。
- 【创建新路径】按钮：单击该按钮可创建一个新的路径。
- 【删除当前路径】按钮：该按钮用于删除当前路径。可以直接拖曳一个路径到此工具上，即可将整个路径全部删除。

提示：在【路径】面板中，除了【删除当前路径】按钮和【添加蒙版】按钮外，其他几项按住 Alt 键再单击相应按钮或直接选择弹出子菜单中的相应菜单命令，都可以打开相应的对话框。

8.4.1 新建路径

通常创建的路径都被保存为工作路径，如图 8-30 所示。但当我们取消路径的显示状态后再次绘制新路径时，该工作路径将会被替代，如图 8-31 所示。

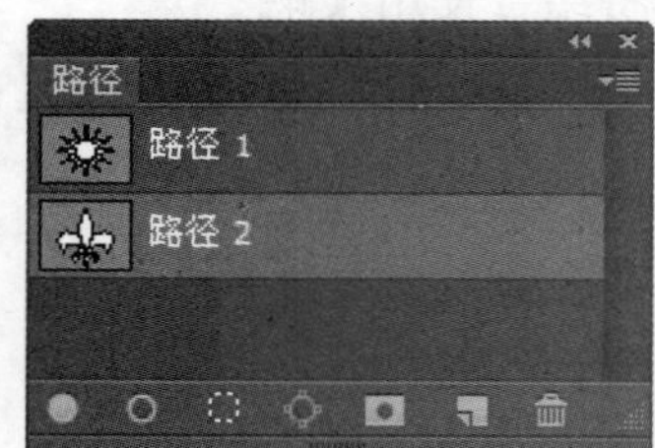

图 8-30 【路径】面板中的工作路径

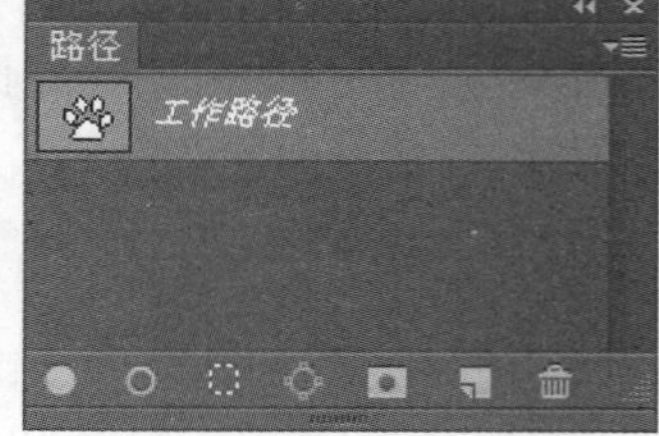

图 8-31 被替代的工作路径

为避免出现这种情况，在绘制路径前应该先单击【创建新路径】按钮创建一个新的路径项，再使用【钢笔工具】或【形状工具】进行绘制路径的操作。

通常新建的路径项依次被命名为“路径 1”、“路径 2”。如果需要在新建路径项时为其命名，可以按住 Alt 键单击【创建新路径】按钮，在弹出的如图 8-32 所示的【新建路径】对话框中输入文字为路径项命名。

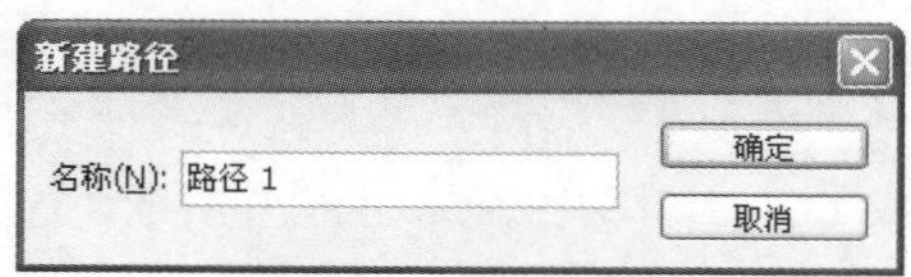

图 8-32 新建路径并为其命名

在【路径】面板中可对路径进行如下操作。

- 在【路径】面板中单击路径名称，即可设置该路径为当前操作路径，如图 8-33 所

示，被激活的路径项为蓝底白字。

- 如果要取消路径在图像中的显示，可按下 Esc 键，此时【路径】面板中不再有任何路径项被激活，如图 8-34 所示。

图 8-33　【路径 2】为当前操作的路径

图 8-34　取消显示路径项后的【路径】面板

- 将路径拖至【路径】面板下面的【删除当前路径】按钮上，即可删除该路径。

技巧： 在【路径】控制面板中，除了【删除当前路径】工具按钮外，其他几项可按住 Alt 键再单击相应的工具按钮或直接选择弹出式菜单中相应的菜单命令，即可打开工具按钮的对话框。

8.4.2　绘制心形路径

在 Photoshop 中路径是非常重要的辅助工具，灵活地使用路径工具组绘制路径，不但能够绘制出丰富的形状，还能够提高工作效率。下面将结合使用【钢笔工具】、【直接选择工具】等绘制一条心形路径，操作步骤如下。

(1) 按下 Ctrl+N 组合键新建一个文件。选择【钢笔工具】，按住 Shift 键在文件中绘制一条如图 8-35 所示的路径。

(2) 将【钢笔工具】置于路径的第一个锚点上，当光标变为如图 8-36 所示的效果时，单击闭合路径，得到如图 8-37 所示的封闭路径。

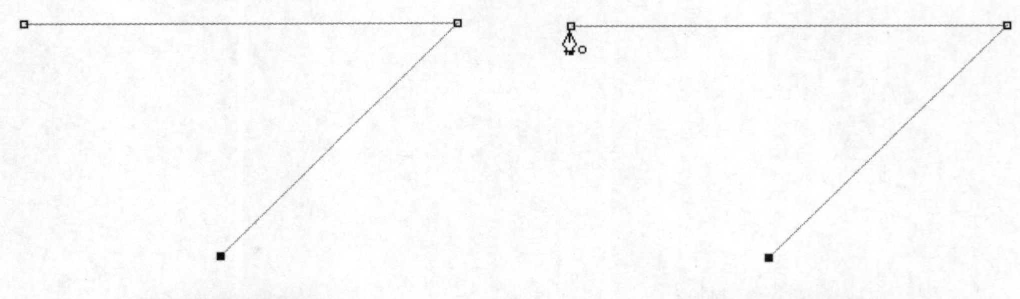

图 8-35　绘制路径　　　图 8-36　光标变化

(3) 将【钢笔工具】置于路径顶部的中间处，使光标右下角出现“+”号，如图 8-38 所示。

(4) 单击添加一个锚点，按下 Ctrl+Shift 组合键使用【钢笔工具】向下拖动该节点，如图 8-39 所示。

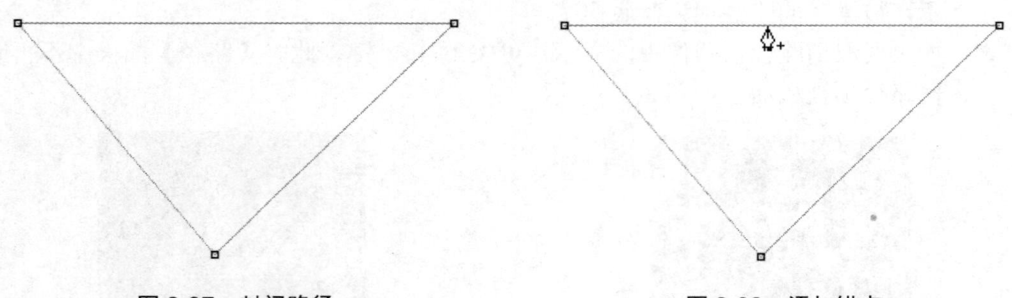

图 8-37　封闭路径　　　　图 8-38　添加锚点

技巧： 按住 Ctrl 键是暂时切换至直接选择工具，按住 Shift 键的同时，可以按水平或垂直方向移动。

(5) 使用【转换点工具】单击上一步添加的节点，使其变为尖角节点，如图 8-40 所示。

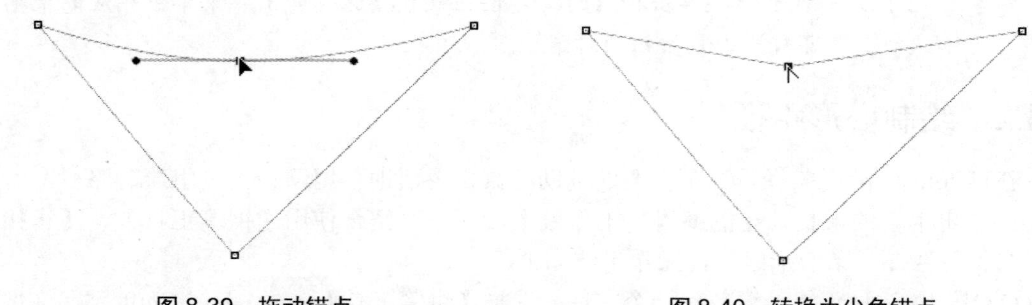

图 8-39　拖动锚点　　　　图 8-40　转换为尖角锚点

(6) 使用【转换点工具】向右下方拖动路径右上角的节点，直至将其变为如图 8-41 所示的效果。

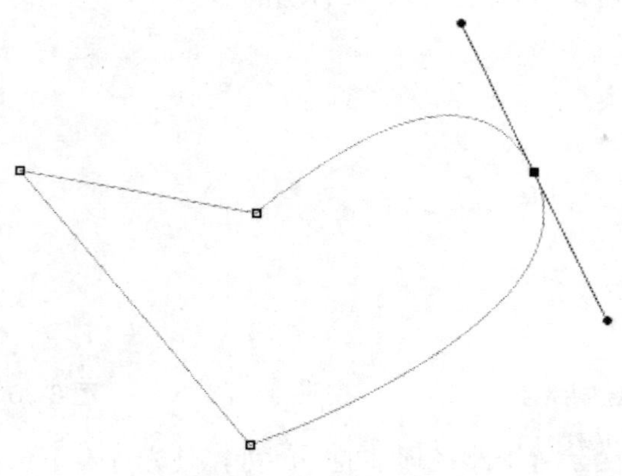

图 8-41　拖动锚点

(7) 按照上一步中的方法对路径左上角的节点进行操作，得到如图 8-42 所示的心形路径效果。

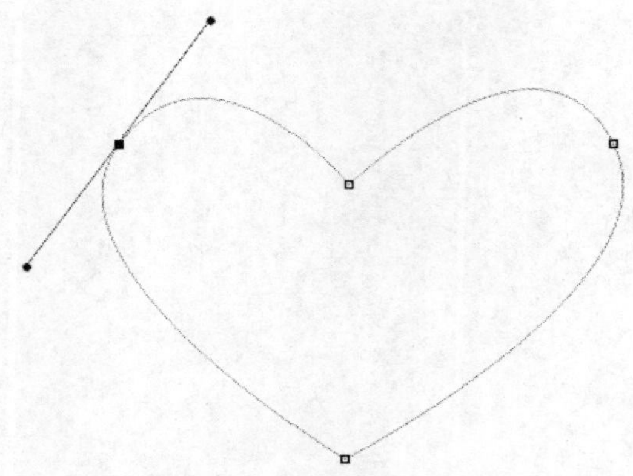

图 8-42 心形路径效果

提示：绘制线段路径时，要结束一个开放路径的绘制时，可在按住 Ctrl 键的同时，单击路径外的任意位置。要使绘制的路径呈水平、垂直或 45° 角，在绘制时按住 Shift 键。

8.4.3 描边路径

通过描边路径操作，可以为路径增加外轮廓边缘效果。如图 8-43 所示为原路径及在工具箱中选择【画笔工具】后对路径进行描边操作后的效果。

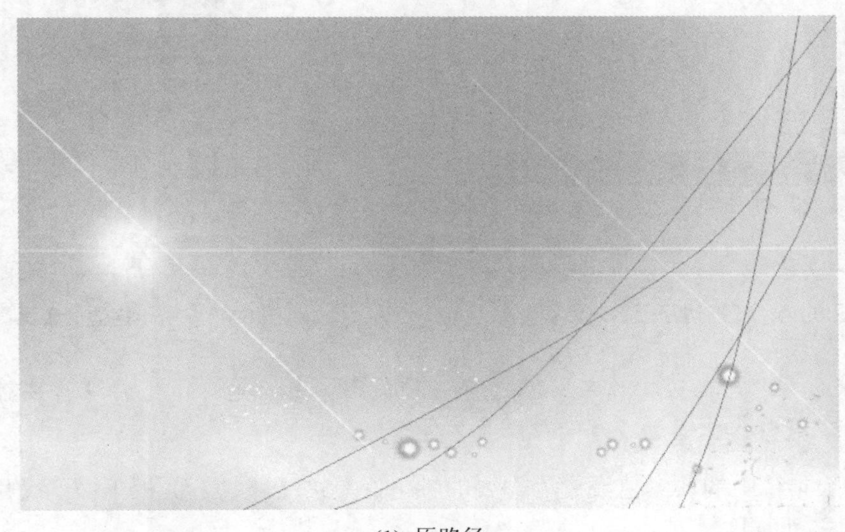

(1) 原路径

图 8-43 原路径及描边路径效果

要为路径描边可以进行如下操作。

(1) 按住 Alt 键单击【用画笔描边路径】按钮，或选择【路径】面板弹出菜单中的【描边路径】命令。

(2) 弹出如图 8-44 所示的【描边路径】对话框，在【工具】下拉列表框中选择一种描边工具，如图 8-45 所示。

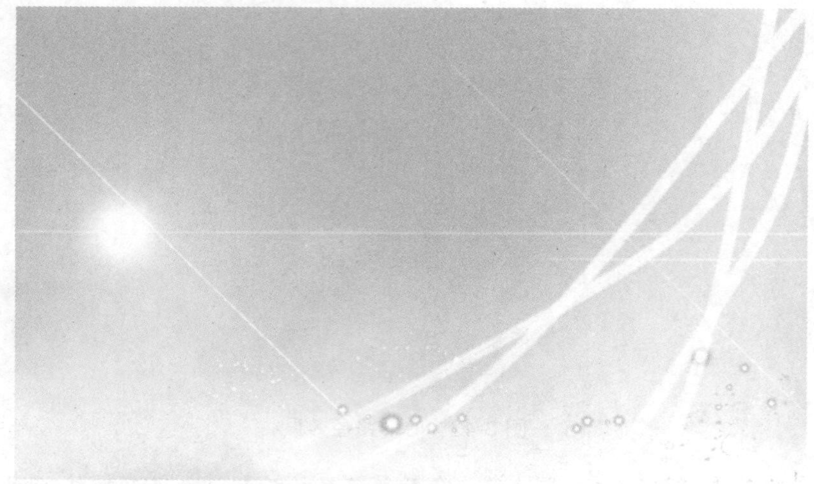

(2) 描边路径效果

图 8-43　原路径及描边路径效果(续)

图 8-44　【描边路径】对话框

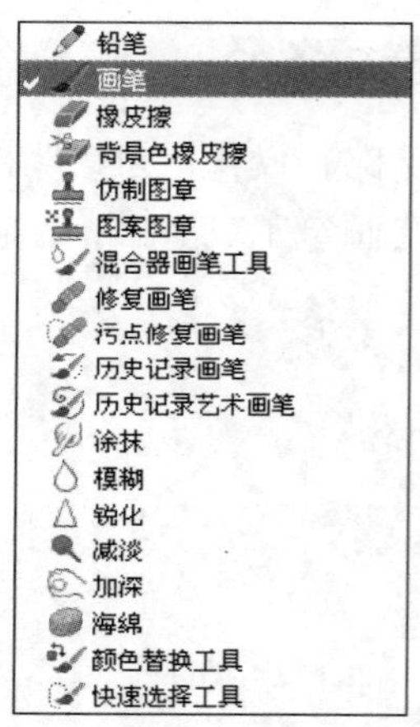

图 8-45　用于描边的工具

提示： 要进行描边操作不必非选择一种绘图工具，也可以选择【橡皮擦工具】、【模糊工具】或【涂抹工具】等。

(3) 将工具箱中的前景色设置为需要的颜色，单击【路径】面板下面的【用画笔描边路径】按钮即可。

8.4.4　通过描边路径绘制头发丝

女性的缕缕长发丝在绘画中较难表现，下面我们通过为路径描边来表现飘逸的丝丝秀发，具体操作步骤如下。

(1) 打开图像素材。

(2) 在工具箱中选择【钢笔工具】，绘制如图 8-46 所示的路径。

图 8-46　绘制路径

(3) 使用【路径选择工具】将绘制的路径选中，按下 Ctrl+T 组合键调出路径自由变换控制框，按下键盘中的向下光标键 2 次，将路径向下移动 5 个单位，按下 Enter 键确认变换操作。

(4) 按下 Ctrl+Alt+Shift 组合键 10 次，复制出 10 条路径，如图 8-47 所示。

图 8-47　复制路径后的效果

(5) 新建一个图层，得到【图层 1】并设置前景色为#B4963B。选择【画笔工具】，在工具属性栏中选择圆形画笔，设置画笔大小为 1、硬度为 100%。

(6) 切换至【路径】面板，单击面板上的黑色三角按钮，在弹出的菜单中选择【描边路径】命令，打开【描边路径】对话框，选择描边的工具为【画笔】，隐藏路径后得到如图 8-48 所示的效果。

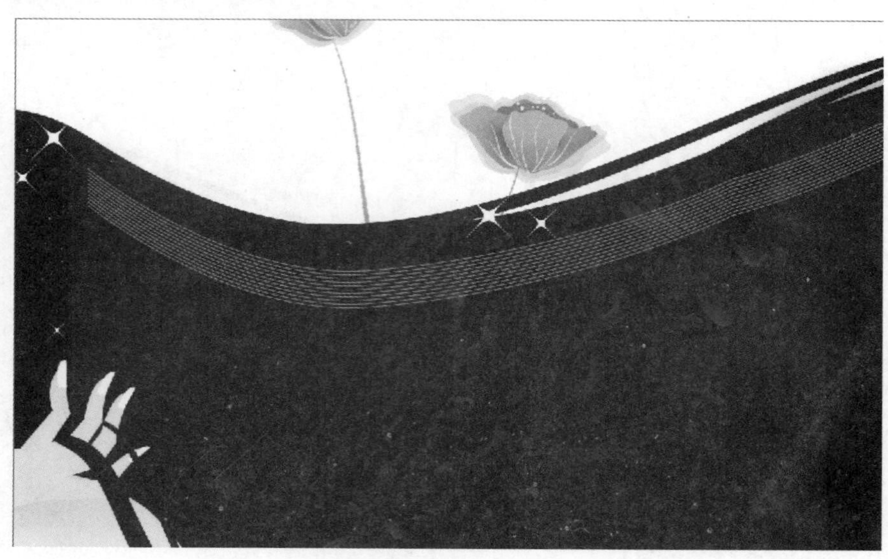

图 8-48　描边路径后的效果

(7) 按照第(2)～(6)步的方法绘制第二组路径并描边路径，得到如图 8-49 所示的效果。

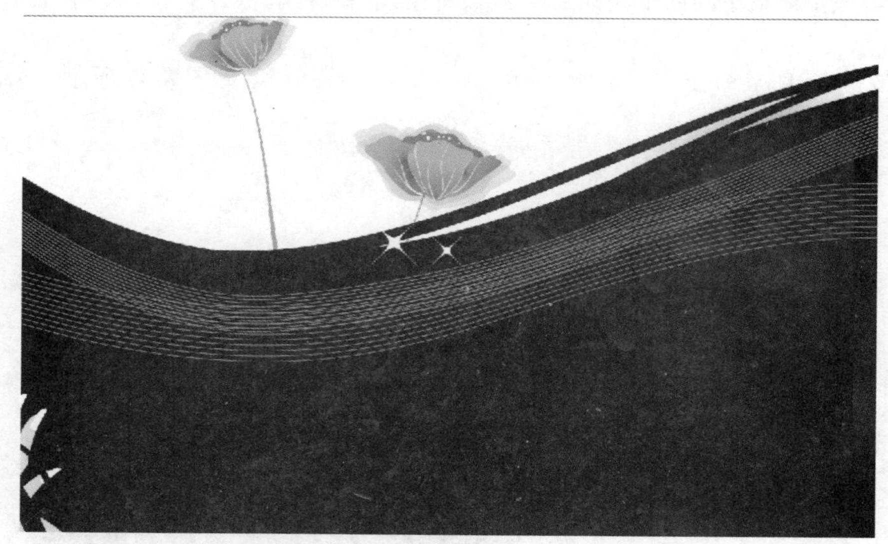

图 8-49　绘制第二组路径并描边后的效果

(8) 按照第(2)～(6)步的方法绘制第三组路径并描边路径，得到如图 8-50 所示的效果。

(9) 按照第(2)～(6)步的方法绘制第四组路径并描边路径，得到如图 8-51 所示的效果。

(10) 按照第(2)～(6)步的方法绘制第五组路径并描边路径，得到如图 8-52 所示的效果。

(11) 在【图层】面板中单击【添加图层蒙版】按钮，设置前景色为黑色。

(12) 选择【画笔工具】，在属性栏中选择圆形画笔，设置画笔大小为 30、硬度为 0%、不透明度为 20%，然后在图层蒙版中绘制，将头发始端和尾端的多余部分隐藏，得到如图 8-53 所示的效果。此时的【图层】面板状态如图 8-54 所示。

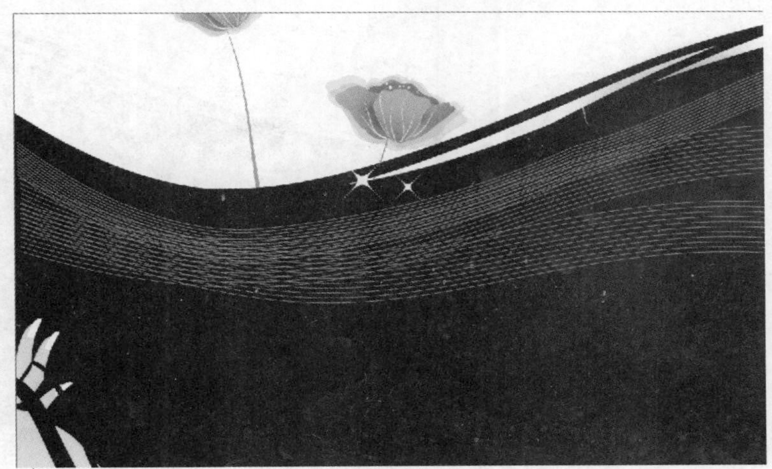

图 8-50　绘制第三组路径并描边后的效果

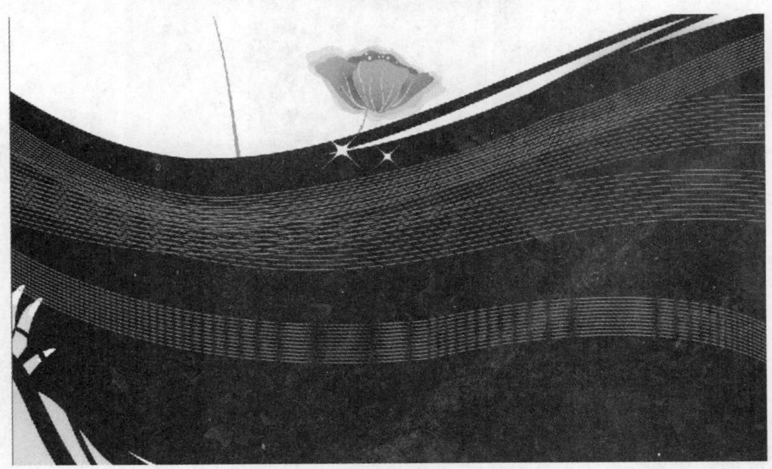

图 8-51　绘制第四组路径并描边后的效果

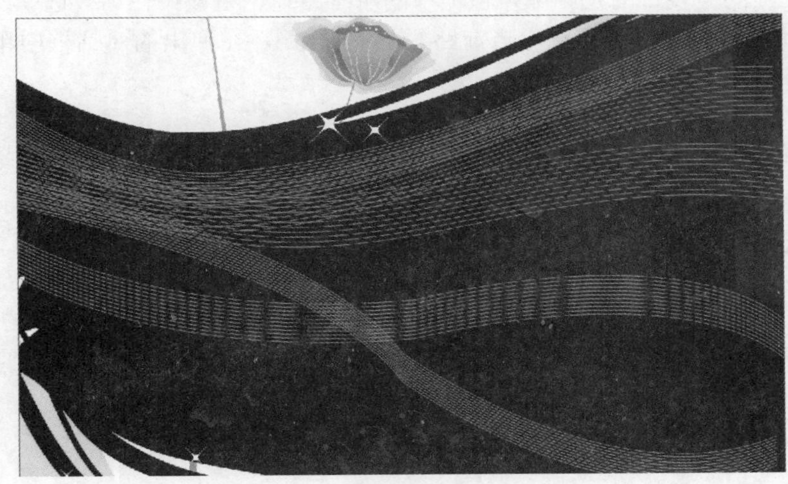

图 8-52　绘制第五组路径并描边后的效果

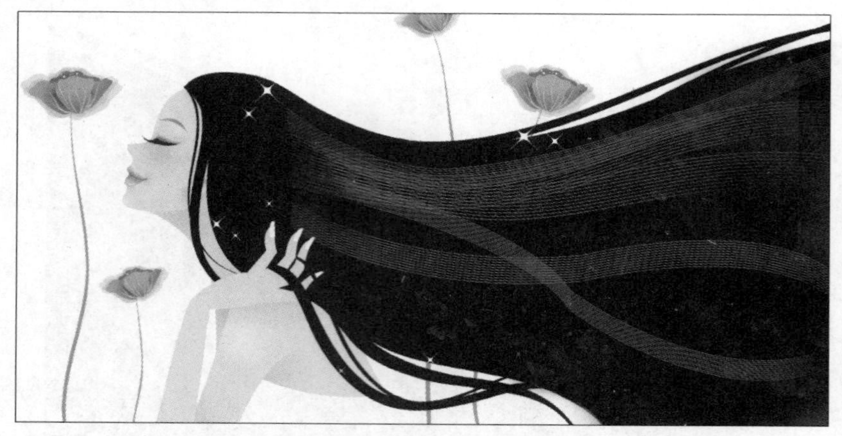

图 8-53　隐藏图中头发的多余部分后的效果

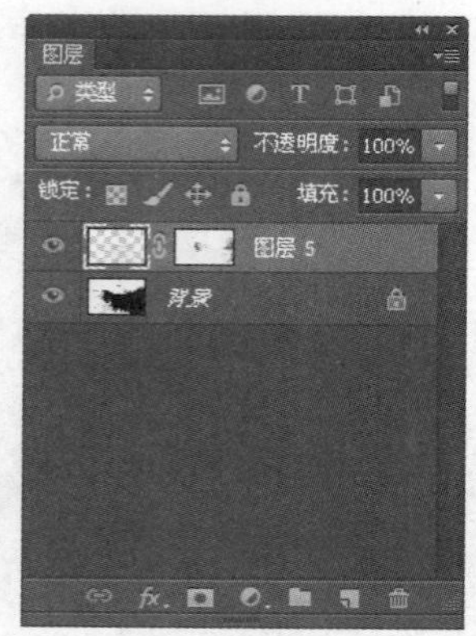

图 8-54　【图层】面板状态

8.4.5　删除路径

删除路径项的主要目的是删除路径项中的所有路径，在该路径项被选中的情况下，直接单击【路径】面板底部的【删除当前路径】按钮，在弹出的对话框中单击【是】按钮，就可以将路径项删除。

提示： 如果不希望在删除路径项时弹出对话框，可以在按住 Alt 键的同时单击【删除当前路径】按钮。

8.4.6　将选区转换为路径

在当前页面中存在选区的情况下，单击【路径】面板中的【从选区生成工作路径】按钮，可以将选区转换为相同形状的路径。如图 8-55 所示为原选区，如图 8-56 所示为转换后的路径。通过这项操作，可以利用选区得到难以绘制的路径。

图 8-55　原选区

图 8-56　转换后的路径

8.4.7　将路径转换为选区

在【路径】面板中单击要转换为选区的路径，然后单击【路径】面板下面的【将路径作为选区载入】按钮 (也可以按住 Ctrl 键的同时单击【路径】面板中的路径)，在转换为选区的路径上右击，在弹出的快捷菜单中选择【建立选区】命令，弹出【建立选区】对话框，如图 8-57 所示。

在该对话框中，【羽化半径】选项用于设定羽化边缘的数值；【消除锯齿】复选框用于消除边缘的锯齿。在【操作】选项组中，【新建选区】单选按钮可以由路径创建一个新的选区；【添加到选区】单选按钮用于将由路径创建的选区添加到当前选区中；【从选区中减去】单选按钮用于从一个已有的选区中减去当前由路径创建的选区；【与选区交叉】单选按钮用于在路径中保留路径与选区的重复部分。设置好后，单击【确定】按钮，即可将当前路径转换为选区。

如图 8-58 所示为原路径，如图 8-59 所示为转换后的选区。

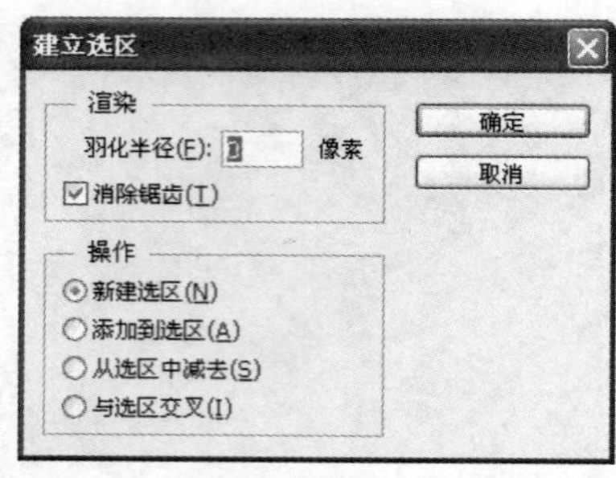

图 8-57 【建立选区】对话框

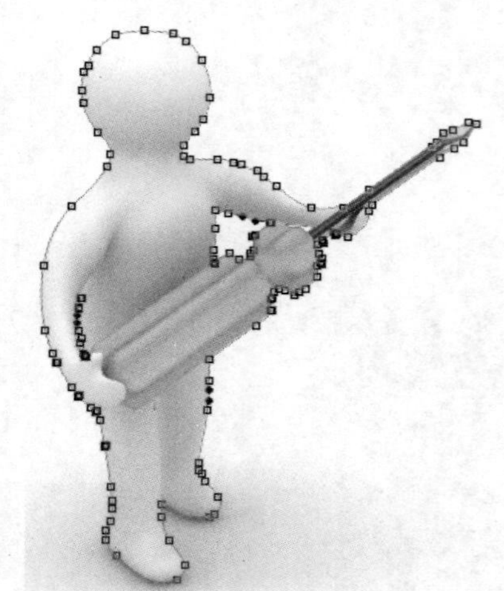

图 8-58 原路径

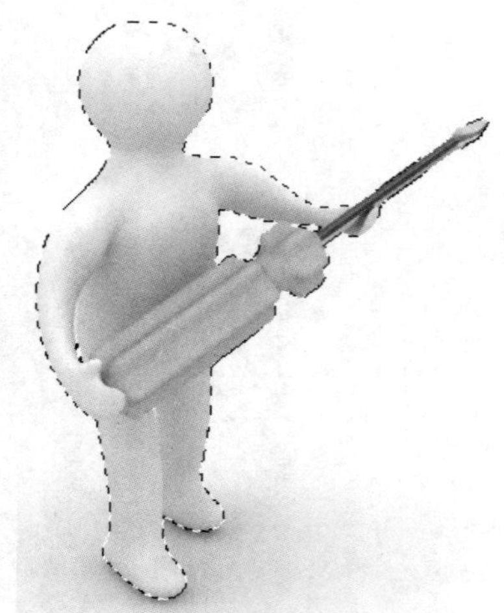
图 8-59 转换后的选区

将路径转换成为选区是路径操作类别中最频繁的一类操作，许多形状要求精确而又无法使用其他方法得到的选区，都需要先绘制出路径，再通过将路径转换成为选区的操作得到。

8.5 路 径 运 算

路径还可进行计算，以得到更复杂的路径。在【路径选择工具】属性栏中单击【路径操作】按钮，在弹出的下拉菜单中可看到 4 个路径命令选项，如图 8-60 所示。

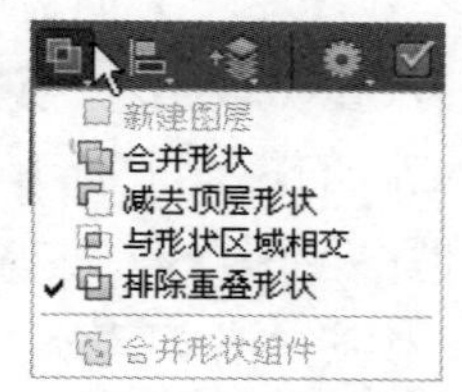

图 8-60 命令选项

它们是用于路径间进行运算的，这 4 个路径命令选项如下。

- 【合并形状】命令：选择该命令可向现有路径中添加新路径所定义的区域。
- 【减去顶层形状】命令：选择该命令可从现有路径中删除新路径与原路径的重叠区域。
- 【与形状区域相交】命令：选择该命令后生成的新区域被定义为新路径与现有路径交叉的区域。
- 【排除重叠形状】命令：选择该命令定义生成新路径和现有路径的非重叠区域。

路径运算的操作步骤如下。

(1) 绘制路径如图 8-61(a)所示，存储为“路径 1”；选择【路径操作】下拉菜单中的【合并形状】命令，然后绘制椭圆路径，如图 8-61(b)所示；单击【路径】面板下方的【将路径作为选区载入】按钮，转换为选择区域，如图 8-61(c)所示。

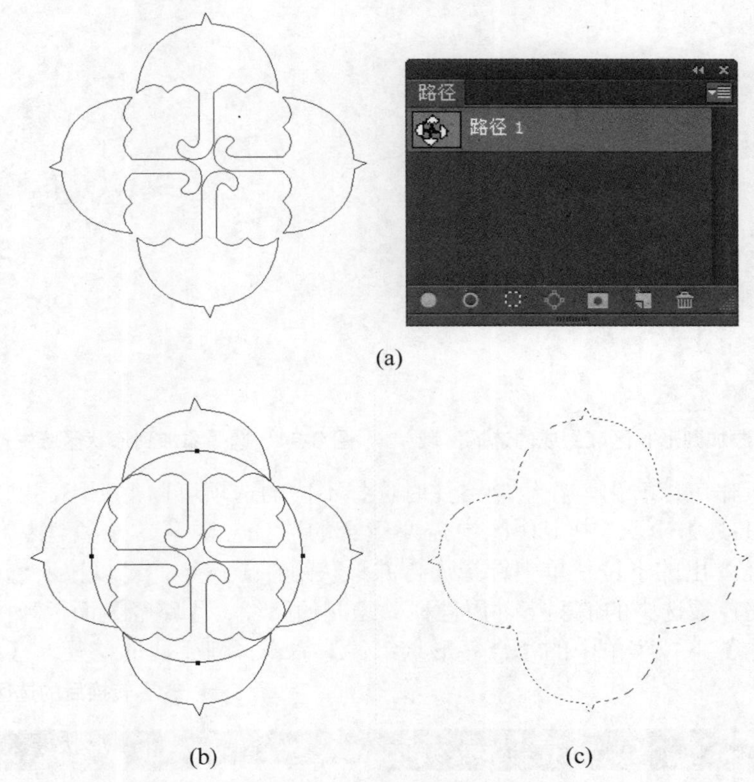

(a)

(b)　(c)

图 8-61　选择添加到形状区域生成的选择区域

(2) 用【路径选择工具】选择中间的圆，选择【路径操作】下拉菜单中的【减去顶层形状】命令，绘制的路径及在【路径】面板上的显示如图 8-62(a)所示，转换为选择区域后如图 8-62(b)所示。

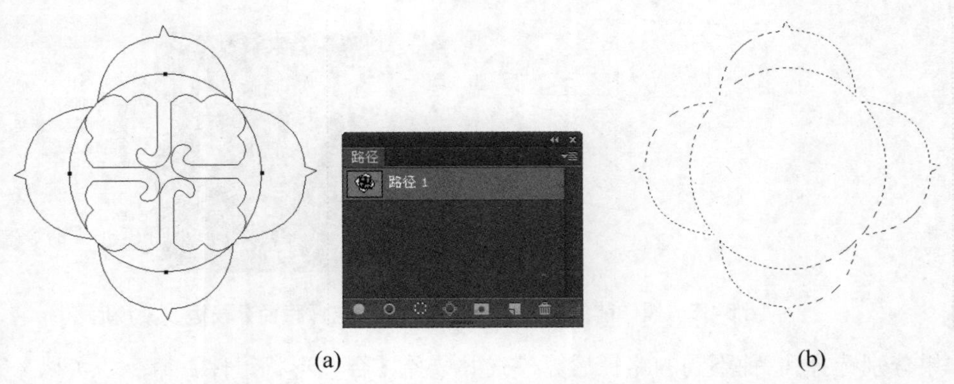

(a)　(b)

图 8-62　选择从形状区域减去生成的选择区域

(3) 用【路径选择工具】选择中间的圆，选择【路径操作】下拉菜单中的【与形状区域相交】命令，转换为选择区域后如图 8-63 所示。

(4) 用【路径选择工具】选择中间的圆，选择【路径操作】下拉菜单中的【排除重叠形状】命令，转换为选择区域后如图 8-64 所示。

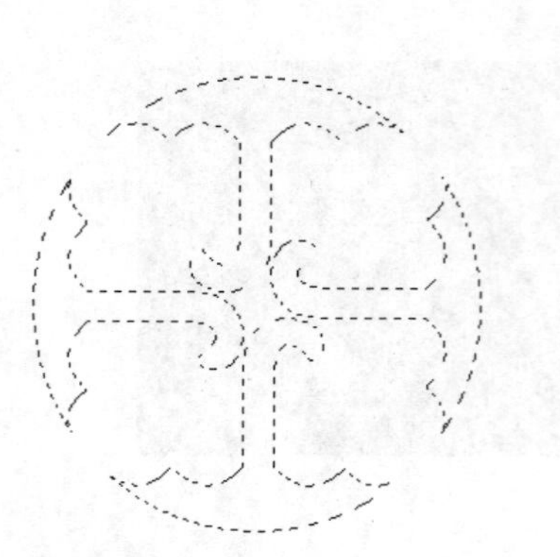

图 8-63　选择添加到形状区域生成的选择区域

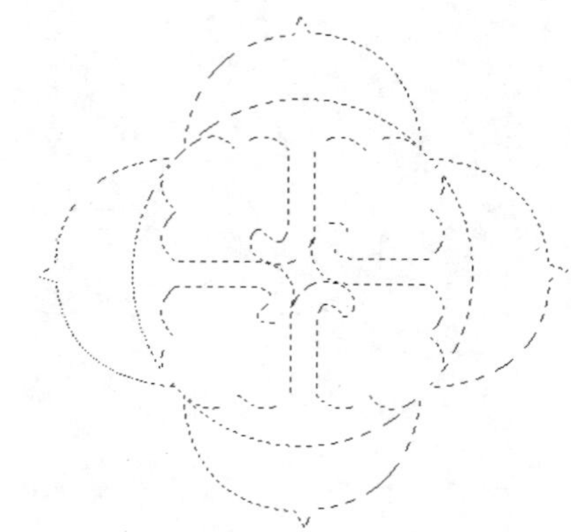

图 8-64　选择添加到形状区域生成的选择区域

通过以上操作可以看出，在绘制路径时选择不同的选项可以得到不同的路径效果。使用【路径选择工具】选中工作区中需要组合的路径对象，单击属性栏中的【路径操作】按钮，在弹出的下拉菜单中选择【合并形状组件】命令，可以按所选的模式得到新路径。在圆形路径被选中的情况下，属性栏、绘制的路径、【路径】面板如图 8-65 所示，选择【路径操作】下拉菜单中的【合并形状组件】命令，新生成的路径、【路径】面板如图 8-66 所示。

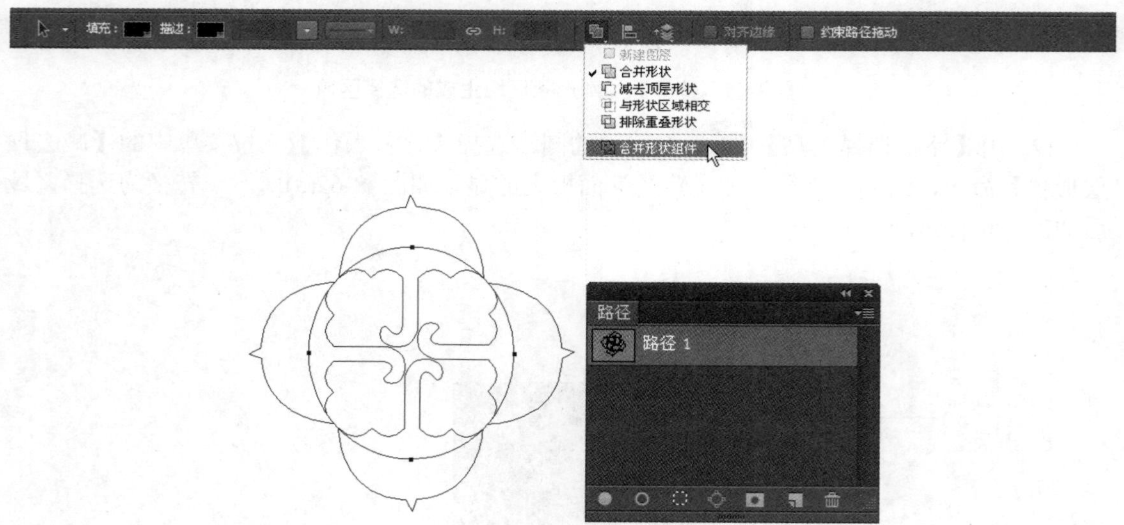

图 8-65　操作前的属性栏、绘制的路径与【路径】面板

如果分别选择 4 种不同的路径运算模式并选择【合并形状组件】命令，可以分别得到如图 8-67 所示的 4 种路径。

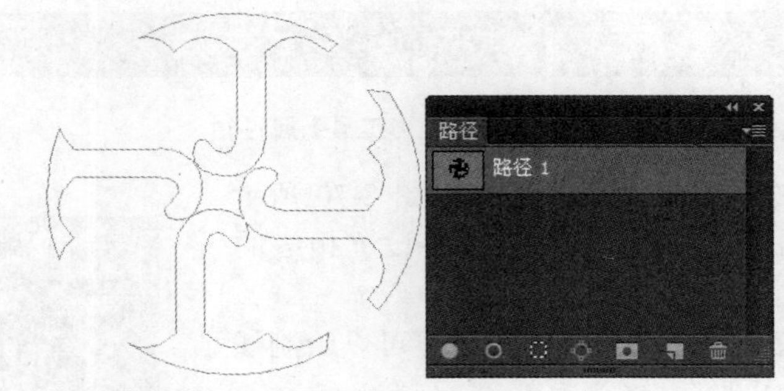

图 8-66　操作后的路径与【路径】面板

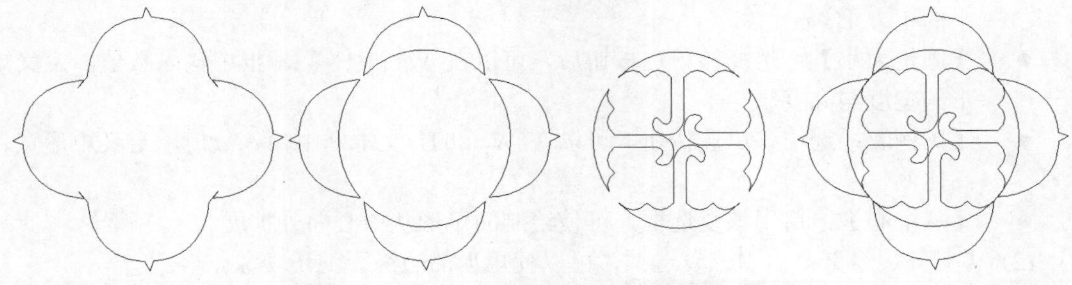

图 8-67　【组合】按钮操作示例

8.6　绘制几何形状

Photoshop 是位图处理软件，但是为了使用户更加灵活地进行创作，Photoshop 内置了一些矢量工具，形状工具组就是其中之一。在工具箱中单击【矩形工具】，弹出如图 8-68 所示的形状工具组，它包括 6 个矢量绘图工具，使用这些工具可以快速绘制出矩形、圆角矩形、椭圆、多边形、直线及各类自定形状图形。

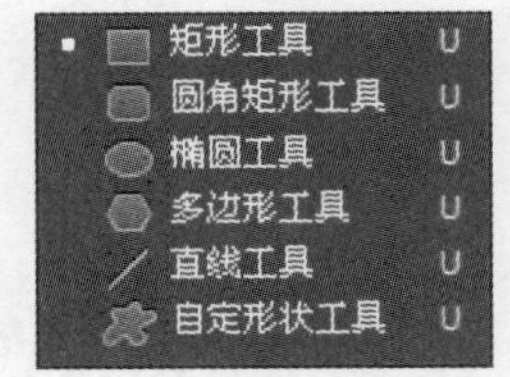

图 8-68　形状工具组

无论选择哪一种形状工具，工具选项条中都将显示以下几个选项。

- 如果从工具属性栏中选择【形状】选项，再使用【形状工具】进行绘制操作，将创建一个形状图层。
- 如果在工具属性栏中选择【路径】选项，再使用【形状工具】进行绘制操作，将创建一条路径。
- 如果在工具属性栏中选择【像素】选项，再使用【形状工具】进行绘制操作，将在当前图层下面创建一个填充前景色的图像。

下面分别讲述 6 个形状工具的使用方法。

8.6.1　矩形工具

选择【矩形工具】，将显示如图 8-69 所示的【矩形工具】属性栏。

图 8-69　【矩形工具】属性栏

(1) 单击【几何选项】按钮，弹出如图 8-70 所示的【矩形选项】面板，在此可以根据需要设置相应的选项。

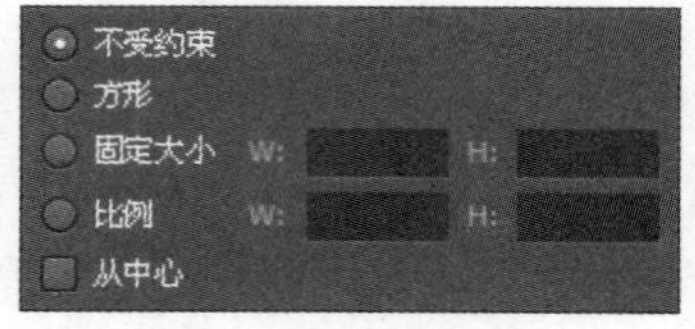

图 8-70　【矩形选项】面板

- 【不受约束】：选中该单选按钮，可以绘制任意长宽比的矩形。
- 【方形】：选中该单选按钮，可以绘制不同大小的正方形。
- 【固定大小】：选择该单选按钮后，可以在 W 和 H 文本框中输入数值，定义矩形的宽度与高度。
- 【比例】：选中该单选按钮，可以在 W 和 H 文本框中输入数值，定义矩形宽、高比例。
- 【从中心】：启用该复选框，可使绘制的矩形从中心向外扩展。

(2) 【对齐边缘】：启用该复选框，可以使矩形的边缘无混淆现象。

(3) 【模式】按钮模式：正常的意义与【画笔工具】、【铅笔工具】等相同，故在此不再赘述，图 8-71 所示为使用【矩形工具】创作的图案。

提示： 在使用矩形绘制图形时，按住 Shift 键可以直接绘制出正方形，而无须选择矩形选项对话框中的【方形】单选按钮。按住 Alt 键可实现从中心开始向四周扩展绘制的效果，同时按住 Alt 与 Shift 键，可以实现从中心绘制出正方形的效果。在未释放左键之前按住空格键，可以移动当前正在绘制的矩形。

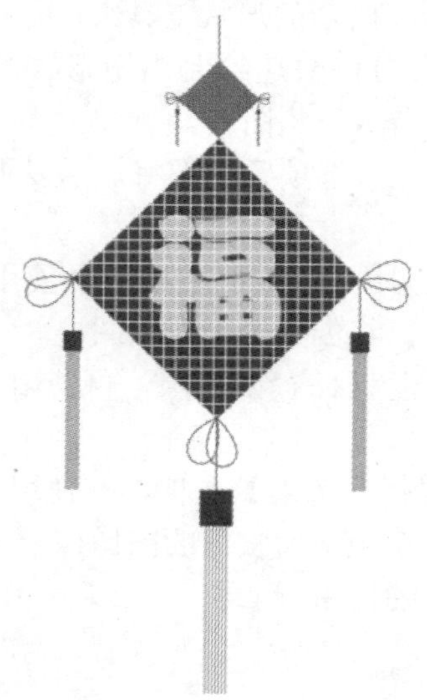

图 8-71　使用矩形工具创作的图案

8.6.2　圆角矩形工具

【圆角矩形工具】用于绘制圆角矩形，其工具属性栏如图 8-72 所示。

图 8-72　【圆角矩形工具】属性栏

在【半径】文本框中输入数值，可以设置圆角的半径值，数值越大角度越圆滑，如果该数值为 0px，可创建矩形。如图 8-73 所示为半径不同的圆角矩形的应用效果。

图 8-73　半径不同的圆角矩形

绘制圆角矩形的方法与绘制矩形完全相同，在此不再赘述。

8.6.3　椭圆工具

选择【椭圆工具】可以绘制圆和椭圆，其使用方法与【矩形工具】一样，不同之处在于其选项与【矩形工具】有细微差别，如图 8-74 所示。

在【椭圆工具】选项面板中选中【圆】单选按钮，可绘制正圆形。其他选项与【矩形选项】相同，故在此不再赘述。

如图 8-75 所示为使用【椭圆形工具】创作的效果。

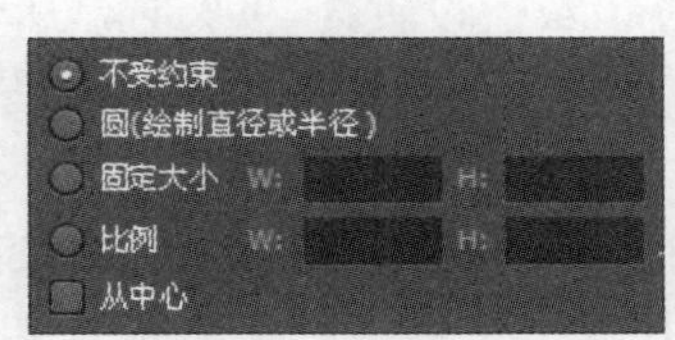

图 8-74　【椭圆工具】选项面板

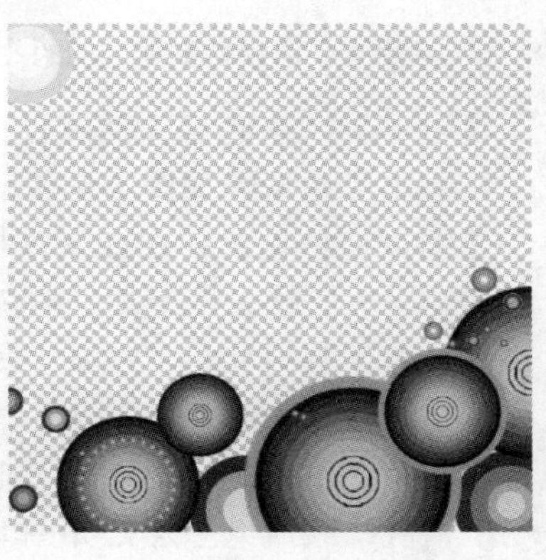

图 8-75　使用椭圆工具创作的效果

8.6.4 多边形工具

使用【多边形工具】可以绘制不同边数的多边形，其工具属性栏如图 8-76 所示。

图 8-76 【多边形工具】属性栏

在该工具被选中的情况下直接拖动即可创建多边形。如果在拖动时需要旋转多边形的角度，只要向左侧或右侧拖动光标即可。

在【边】文本框中输入数值可以确定多边形的边数，边数数值范围为 3～100。在选择【多边形工具】的情况下，单击【几何选项】按钮，将弹出如图 8-77 所示的【多边形选项】面板。

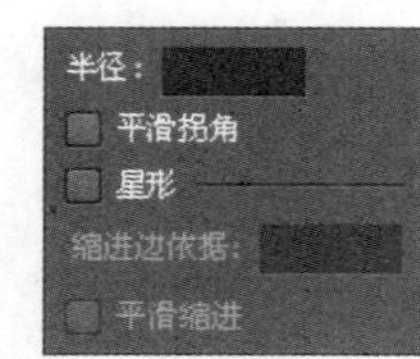

图 8-77 【多边形选项】面板

- 【半径】：在该文本框中输入数值，可以定义多边形的半径。
- 【平滑拐角】：启用该复选框，所绘制的多边形具有圆滑型拐角，如图 8-78 所示的多边形是在禁用该复选框的情况下绘制的，如图 8-79 所示的星形是在启用该复选框的情况下绘制的。

图 8-78 禁用【平滑拐角】复选框的效果

图 8-79 启用【平滑拐角】选项的效果

- 【星形】：在此复选框被启用的情况下，将绘制出如图 8-80 所示的星形，否则将绘制出多边形，如图 8-81 所示。
- 【缩进边依据】：在此文本框中输入百分比可定义星形缩进量，其范围为 1%～99%。数值越大，星形的内缩效果越明显，当该数值设置为 99%时，所创建的对象类似于放射状星形线条。如图 8-82 所示为数值为 50%时的效果，如图 8-83 所示为数值为 80%时的效果。
- 【平滑缩进】：启用该复选框可使星形平滑缩进。如图 8-84 所示是在禁用此复选框情况下绘制的星形，如图 8-85 所示是在启用此复选框情况下绘制的星形。

图 8-80　星形

图 8-81　多边形

图 8-82　数值为 50%时的星形效果

图 8-83　数值为 80%时的星形效果

图 8-84　禁用【平滑缩进】复选框绘制的星形

图 8-85　启用【平滑缩进】复选框绘制的星形

8.6.5　直线工具

使用【直线工具】可以在图像中绘制不同粗细的直线，根据需要还可以为直线增加单向或双向箭头，其工具属性栏如图 8-86 所示。

图 8-86 【直线工具】属性栏

在【粗细】文本框中输入数值可确定直线宽度，范围为 1～1 000 像素。

在【直线工具】被选中的情况下，单击【几何选项】按钮，将弹出如图 8-87 所示的【箭头】面板，在此面板中可以设置箭头形状，创建如图 8-88 所示的有箭头的直线。

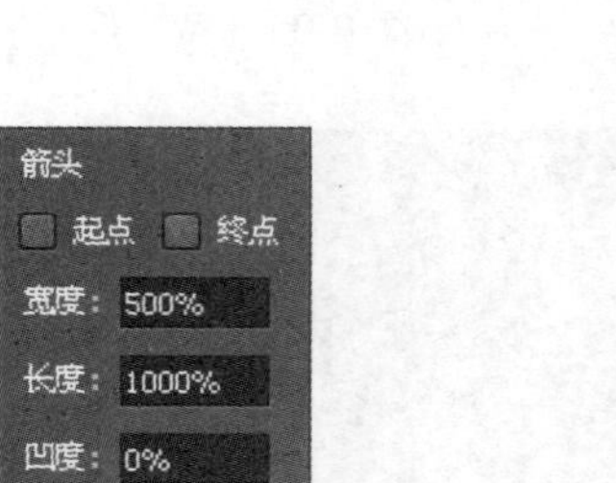

图 8-87 【箭头】面板

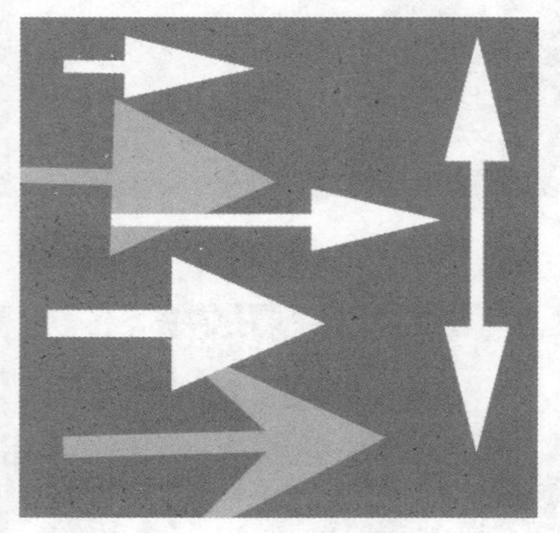

图 8-88 有箭头的直线

- 【起点】、【终点】：在【箭头】面板中启用【起点】和【终点】复选框，可指定箭头的方向。如果需要直线的两端均有箭头，可同时启用【起点】和【终点】复选框。
- 【宽度】、【长度】：在【宽度】和【长度】文本框中输入数值，可指定箭头的比例，数值范围为 10%～1000%，长度为 10%～5000%。
- 【凹度】：在该文本框中输入数值，可以定义箭头尖锐的程度，范围为-50%～+50%。

8.6.6 自定义形状工具

使用【自定形状工具】可以绘制出形状多变的图像，其工具属性栏如图 8-89 所示。

图 8-89 【自定形状工具】属性栏

单击【几何选项】按钮，将弹出如图 8-90 所示的【自定形状选项】面板。

单击【形状】右侧的下拉按钮，弹出如图 8-91 所示的【形状】面板。在【形状】面板中选择任意图形后在页面中拖动，即可得到相应形状的图像。

图 8-91 所示为默认情况下【形状】面板中的形状，要调出更多 Photoshop 的预置形状，可以单击【形状】面板右上角的按钮，在弹出的菜单中选择【全部】命令，在弹出的如图 8-92 所示的对话框中单击【追加】按钮，即可在保留原有形状组中所有形状的基础

上添加新的组。

不受约束
定义的比例
定义的大小
固定大小　W:　H:
从中心

图 8-90　【自定形状选项】面板

图 8-91　【形状】面板

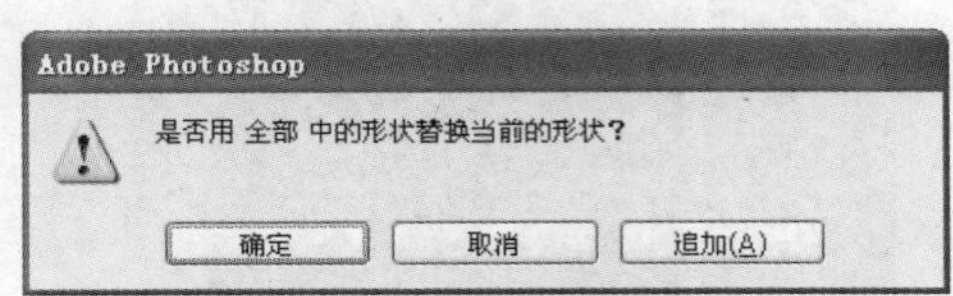

图 8-92　增加形状对话框

8.6.7　创建自定形状

如果我们经常要使用某一种路径，可将此路径保存为形状，从而可以在以后的工作中提高操作效率。

要创建自定形状，可按下述步骤进行操作。

(1) 使用【钢笔工具】创建所需要形状的外轮廓路径，如图 8-93 所示。

图 8-93　钢笔工具所绘制的路径

(2) 选择【路径选择工具】，将路径全部选中。

(3) 选择【编辑】|【定义自定形状】命令，在弹出的如图 8-94 所示的【形状名称】对

话框中输入新形状的名称，然后单击【确定】按钮即可。

图 8-94 定义自定形状对话框

(4) 选择【自定形状工具】，在形状列表框中即可看见自定义的形状，如图 8-95 所示。

图 8-95 自定义的形状

8.6.8 保存形状

【形状】列表框中的形状与笔刷一样，都可以以文件的形式保存，以方便我们保存和共享。要将【形状】列表框中的形状保存为文件，可以按下述步骤进行操作。

(1) 单击【形状】列表框右侧的三角形按钮。

(2) 在弹出的菜单中选择【存储形状】命令。

(3) 在弹出的如图 8-96 所示的【存储】对话框中设置保存路径并输入名称。

(4) 单击【保存】按钮。

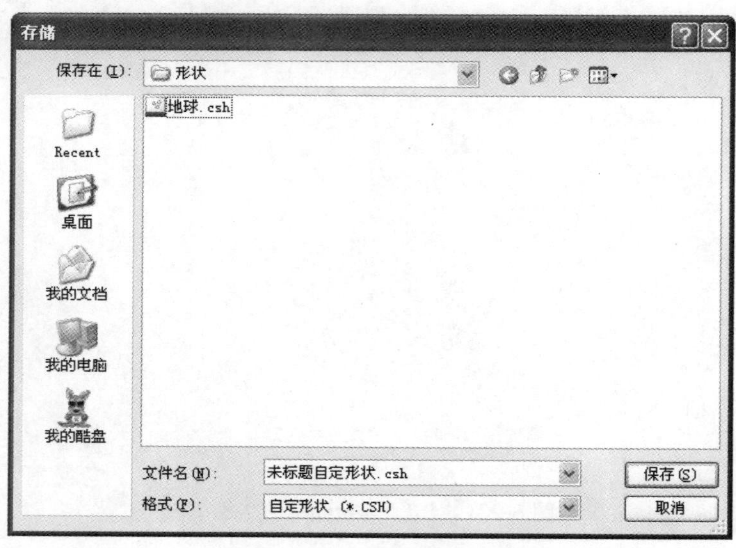

图 8-96 【存储】对话框

8.7　上机实践操作——绘制绚丽线形图形

本范例完成文件：\08\绚丽线形图形. psd

多媒体教学路径：光盘→多媒体教学→第 8 章

8.7.1　实例介绍和展示

本实例运用【椭圆工具】、再次变换命令、描边路径、【画笔工具】绘制了如图 8-97 所示的绚丽线形图形，希望读者认真学习，能够做到举一反三。

图 8-97　效果

8.7.2　绘制路径

(1) 启动 Photoshop CS6 主程序，新建一个 600×600 像素的文档，选择【椭圆工具】在画布上绘制一个圆形路径，如图 8-98 所示。

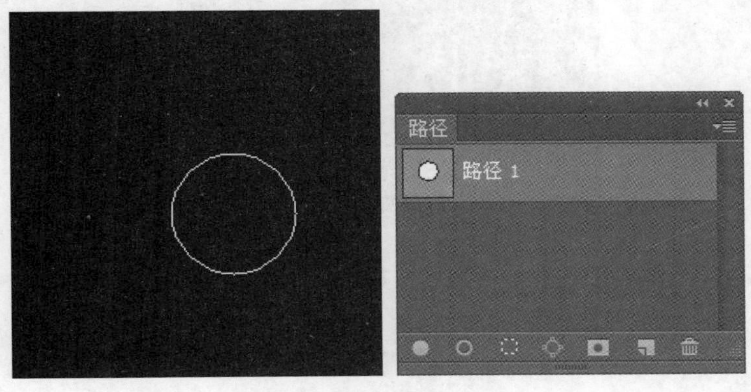

图 8-98　绘制圆形路径

(2) 按下 Ctrl+T 组合键，在【变形工具】属性栏中修改相关参数，如图 8-99 所示，

X、Y 的值都减少了 14px，W、H 的值都修改为 120%。按下 Enter 键保存设置。

图 8-99 属性栏参数设置

技巧： 在属性栏中修改参数值的目的是使原路径图形移动位置，便于执行再次变换命令，参数值的修改不固定，可根据设计需要进行修改。

(3) 按下 Shift+Ctrl+Alt+T 组合键，执行几次再次变换命令，得到的图形如图 8-100 所示。

图 8-100 执行再次变换得到的效果

(4) 新建参考线，用【路径选择工具】选择所有路径并将其移动到画布中心位置，按下 Ctrl+T 组合键，在角度文本框中输入数值 10，如图 8-101 所示，按下 Enter 键保存设置。

图 8-101 修改角度参数

(5) 按下 Shift+Ctrl+Alt+T 组合键，执行几次再次变换命令，得到的图形如图 8-102 所示。

图 8-102 再次变换得到的图形

(6) 调整整体图形的大小，去除参考线，设置前景色为#00eaff，在【画笔】面板中选

择大小为 2px 的硬边画笔，在【路径】面板中选择所绘制的路径层并右击，在弹出的菜单中选择【描边路径】命令，如图 8-103 所示。在弹出的【描边路径】对话框中选择【画笔】工具，单击【确定】按钮，如图 8-104 所示。

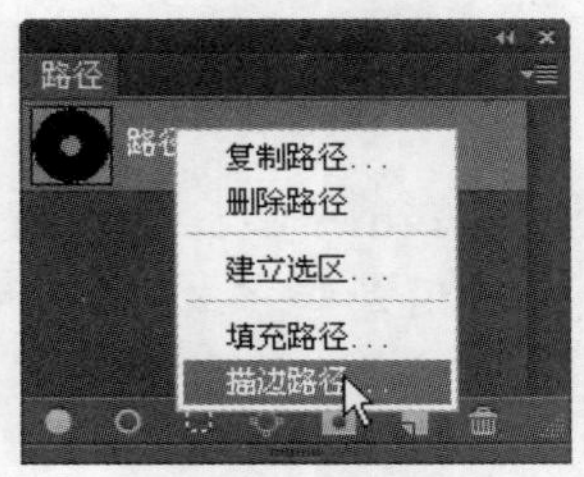

图 8-103　【路径】面板

图 8-104　【描边路径】对话框

(7) 最终的图形效果如图 8-105 所示。

图 8-105　最终效果

8.8　操 作 练 习

运用所学知识制作音箱，本练习效果如图 8-106 所示。

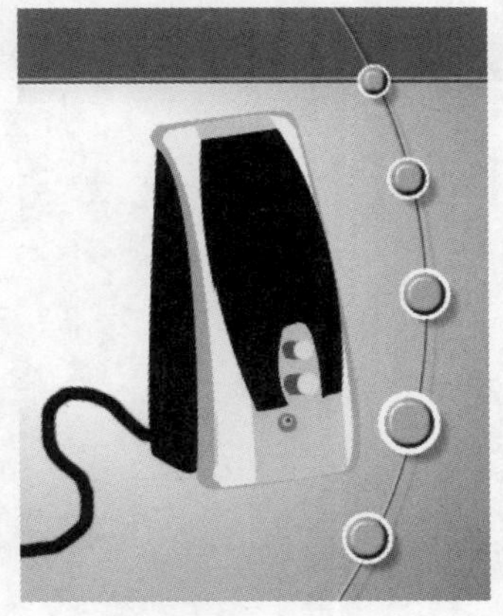

图 8-106　最终效果

第 9 章 制 作 文 字

教学目标

文字相对于图像来说更容易操作，很多参数与微软的 Word 一致。多数情况下，文字设计只需要改变参数便可以了，资深设计师对这些参数的选用是非常老练的，而新手则往往不知所措或容易犯“想当然”的错误。所以在学习这一章时，读者朋友们不仅要注意文本的使用方法，还要注意一些文本使用的规范。

本章主要讲解如何在 Photoshop 中创建文字、改变文字的属性、编辑段落文字的属性，以及如何将文字转换为路径或图层等方面的知识，其中对沿路径排文、将文字排列于路径中、扭曲文字等大量方便实用的功能进行了透彻地讲解。

教学重点和难点

1. 创建文字。
2. 输入段落文字。
3. 编辑文字。
4. 特效文字。
5. 文字转换。

9.1 创 建 文 字

在各类设计尤其是平面设计中，文字是不可缺少的设计元素，它能直接传递设计者要表达的信息，因此对文字的设计和编排是不容忽视的。

Photoshop 具有强大的文字处理功能，配合图层、通道与滤镜等功能，可以制作出各种精美的艺术效果字，如图 9-1 和图 9-2 所示，甚至可以在 Photoshop 中进行适量的排版操作。

图 9-1　艺术文字示例(1)

图 9-2　艺术文字示例(2)

9.1.1　输入水平或竖直文字

在 Photoshop 中输入水平与竖直文字，二者在操作步骤方面没有本质的区别，这里讲解为图像添加水平排列的文字，操作步骤如下。

(1) 在工具箱中选择【横排文字工具】或【直排文字工具】，工具属性栏显示如图 9-3 所示。

图 9-3　【横排文字工具】属性栏

【横排文字工具】属性栏的各参数如下。

- 【切换文本取向】：用于选择文字输入的方向。
- 【设置字体系列】宋体：用于设定文字的字体。
- 【设置字体样式】：用于设定文字的样式。
- 【设置字体大小】12点：用于设定字体的大小。
- 【设置消除锯齿的方法】锐利：用于消除文字的锯齿，其中包括【无】、【锐利】、【犀利】、【浑厚】、【平滑】5 种选项。
- ：用于设定文字的段落样式。
- 【设置文本颜色】：用于设置文字的颜色。
- 【创建文字变形】：用于对文字进行变形操作。
- 【显示/隐藏字符和段落调板】：用于打开【段落】和【字符】调板。
- 【取消所有当前编辑】：用于取消对文字的操作。
- 【提交所有当前编辑】：用于确定对文字的操作。

(2) 在工具属性栏中设置文字属性参数，再在需要输入文字的位置单击，即可插入一个文本光标。

(3) 输入图像中所需要的文字。

(4) 完成文字输入工作后，单击文字工具属性栏右侧的【提交所有当前编辑】按钮即可完成文字的输入，单击【取消所有当前编辑】按钮即可取消文字的输入。

如图 9-4 和图 9-5 所示分别为水平文字和竖直文字的示例效果。

图 9-4　水平方向排列的文本

图 9-5　竖直方向排列的文本

9.1.2 创建文字选区

创建文字选区与创建文字的方法基本相同，只是在确认输入文字得到文字选区后，便无法再对其文字属性进行编辑，所以在单击工具属性栏右侧的【提交所有当前编辑】按钮☑前，应该确认是否已经设置好所有的文字属性。

如图 9-6 所示为利用【横排文字蒙版工具】创建的文字选区，这样即可在其基础上创建图像型文字。

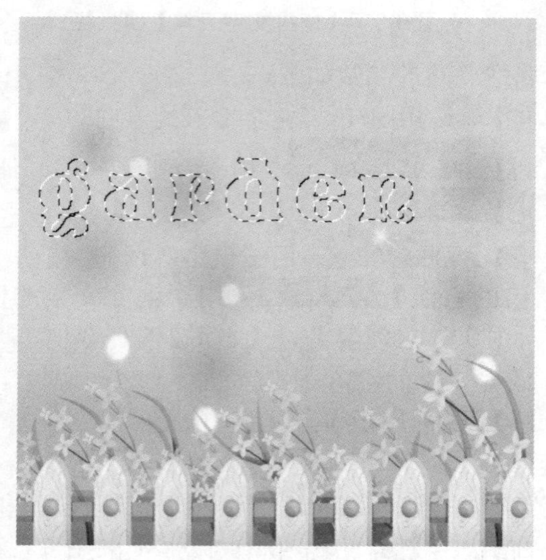

图 9-6 文字选区

图像型文字在平面设计中很常用，下面讲解创建图像型文字的方法。

(1) 打开一张图片，如图 9-7 所示。

图 9-7 图像文件

(2) 双击背景层为其解锁，并在背景层的下面新建一个图层，填充颜色作为背景，【图层】面板如图 9-8 所示。

(3) 在工具箱中选择【横排文字蒙版工具】，创建如图 9-9 所示的文字型选择区域。

(4) 选择【图层 0】，单击【图层】面板下方的【添加图层蒙版】按钮，得到如图 9-10 所示的图像文字效果。

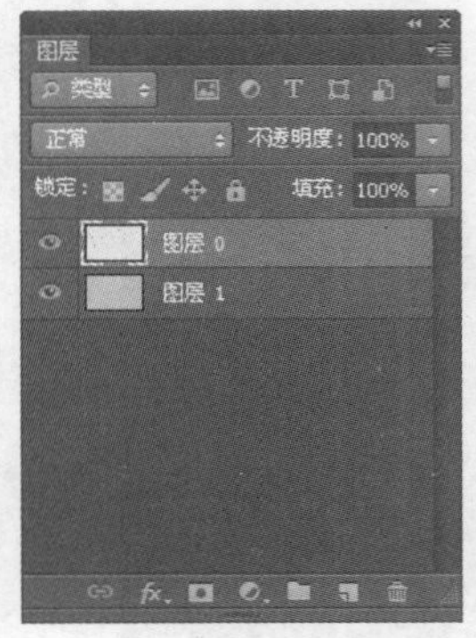

图 9-8　【图层】面板

图 9-9　文字型选区

图 9-10　图像文字效果及【图层】面板

9.1.3　转换横排文字与直排文字

在 Photoshop 中水平排列的文本和垂直排列的文本之间可以相互转换，要完成这一操作，可以按以下步骤进行。

(1) 用【横排文字工具】或【直排文字工具】在要转换的文字上单击，插入一个文本光标。

(2) 单击工具【属性栏】中的【切换文本取向】按钮，或选择【图层】|【文字】|【垂直】和【图层】|【文字】|【水平】命令，即可转换文字的排列方向。

提示：Photoshop 无法转换一段文字中的某一行或某几行文字，同样也无法转换一行或一列文字中的某一个或某几个文字，只能对整段文字进行转换操作。

9.1.4　文字图层的特点

当我们使用【文字工具】在图像中创建文字后，在【图层】面板中会自动创建一个以输入的文字内容为名字的文字图层，如图 9-11 所示。

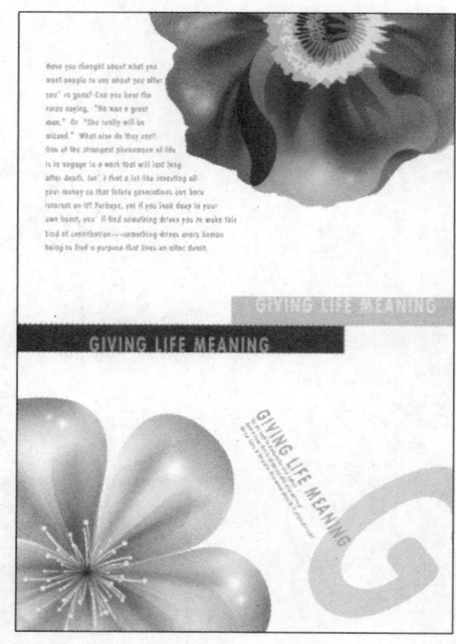

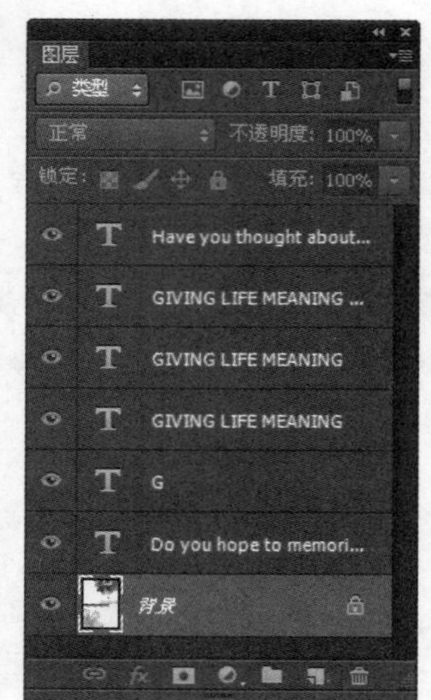

图 9-11　图像中的文字及在【图层】面板生成的文字图层

文字图层具有与普通图层不一样的操作性。例如，在文字图层中无法使用画笔、铅笔、渐变等工具进行绘制操作，也无法使用【滤镜】菜单中的滤镜命令对该图层进行操作，只能对文字进行变换、改变颜色等简单的操作。

但可以改变文字图层中的文字属性，同时保持原文字所具有的其他基本属性不变，其中包括自由变换、颜色、图层效果、字体、字号、角度等。例如，对于如图 9-12 所示的文字效果，如果需要将文字“2011”和“2012”的字体从【方正艺黑简体】改变为【黑体】，可以先将文字选中，然后在工具【属性栏】中选择【黑体】字体，在改变字体后，文字的颜色和大小都不会改变，如图 9-13 所示。

图 9-12　原文字效果图

图 9-13　改变后的文字效果

提示： 在执行上述操作时，即使文字“2011”、“2012”具有一定的倾斜角度和图层样式，也不会因为文字的字体发生变化而变化。

9.1.5　输入段落文字

要创建段落文字，可选择【文字工具】后在图像中单击并拖曳光标，拖动过程中将在图像中出现一个虚线框，如图 9-14 所示。释放鼠标左键后，在图像中将显示段落定界框，如图 9-15 所示，然后在段落定界框中输入相应的文字。

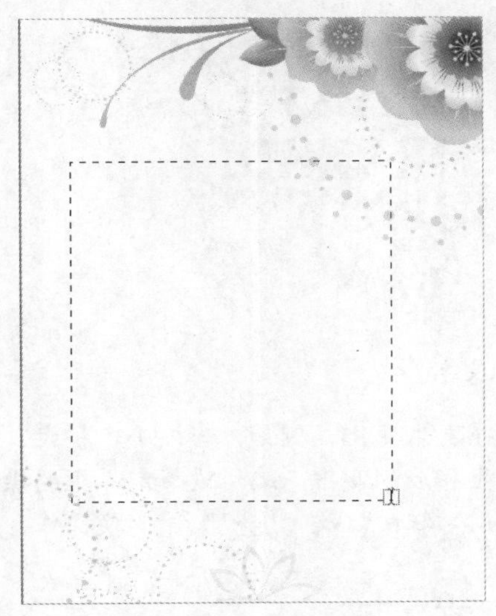

图 9-14　拖曳光标

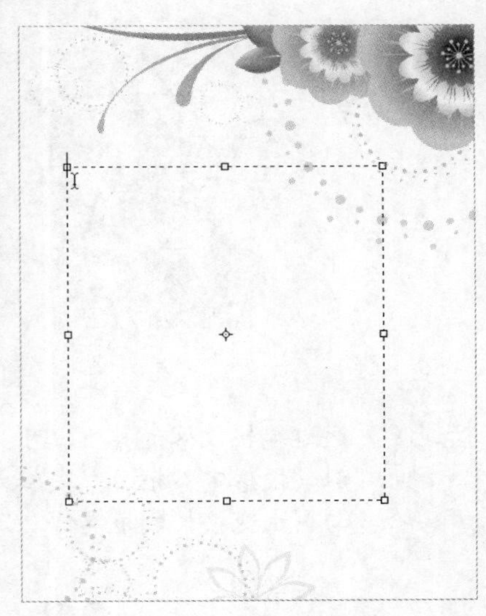

图 9-15　段落定界框

下面以为一张海报输入说明文字为例，讲解输入段落文字的操作步骤。

(1) 打开一张背景图片。

(2) 由于说明文字为水平排列，因此在工具箱中选择【横排文字工具】T。

(3) 在页面中拖动光标创建一个段落定界框，由于段落定界框将决定段落文字的位置与水平宽度，因此在拖动光标的过程中应该做到心中有数。完成拖动操作后，文字光标显示在定界框内，如图 9-16 所示。

图 9-16　创建定界框

技巧： 如果在拖动光标的过程(未释放左键之前)中希望移动段落定界框，可以按住空格键，此时移动光标，则段落定界框会同时被移动。

(4) 在工具属性栏中设置文字选项。

(5) 在文字光标后输入文字，如图 9-17 所示，单击【提交所有当前编辑】按钮进行确认。

图 9-17　输入文字

技巧： 通过编辑段落定界框，可以使段落文字发生变化。例如，当缩小、扩大、旋转、斜切段落定界框时，段落文字都会发生相应的变化。编辑段落定界框的操作方法与自由变换控制框类似，只是不常使用“扭曲”及“透视”等变换操作。

9.2　编 辑 文 字

9.2.1　【字符】面板

要编辑文字属性可以按以下步骤进行操作。

(1) 在【图层】面板中双击要设置字符的文字图层缩略图，或利用相应的文字工具在图像中的文字上单击，以选择当前文字图层中的所有或部分文字。

(2) 单击工具属性栏中的【切换字符和段落面板】按钮，弹出如图 9-18 所示的【字符】面板。

(3) 在【字符】面板中设置属性后，单击工具属性栏中的【提交所有当前编辑】按钮进行确认。

【字符】面板中的重要参数及选项意义如下所述。

- 【设置字体系列】 方正艺黑简...：选中字符或文字图层，单击选项右侧的按钮，在其下拉列表框中选择需要的字体。
- 【设置字体样式】：选中字符或文字图层，单击选项右侧的按钮，在其下拉列表框中选择需要的字体样式。
- 【设置字体大小】 72 点：选中字符或文字图层，在数值框中输入数值或单击选项右侧的按钮，在其下拉列表框中选择需要的字体大小数值。
- 【设置行间距】 15.57 点：选中需要调整行距的文字段落或文字图层，在选项的数值框中输入数值或单击选项右侧的按钮，在其下拉菜单中选择需要的行距数值，可以调整文本段落的行距，数值越大行间距越大，如图 9-19(a)和 9-19(b)所示是为同一段文字应用不同行间距后的效果。

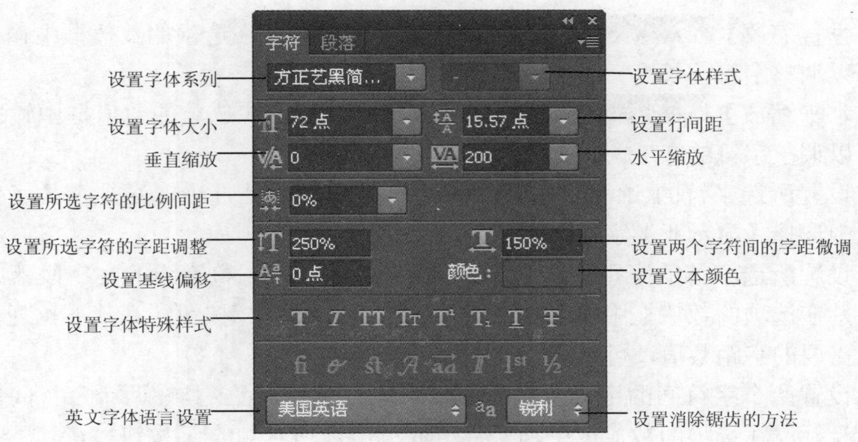

图 9-18　【字符】面板

(a)

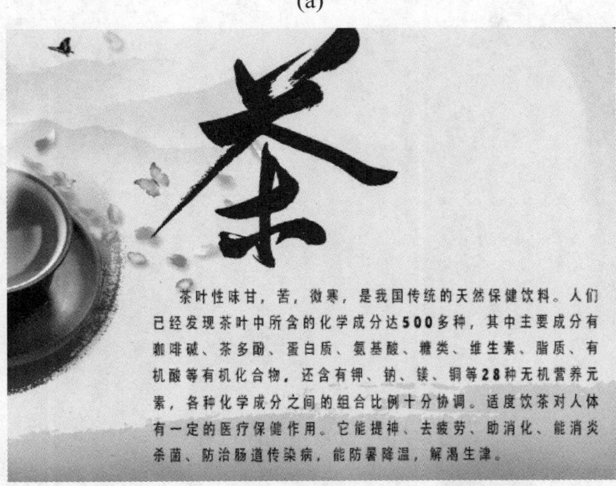

(b)

图 9-19　为段落设置不同行距的效果

- 【垂直缩放】：选中字符或文字图层，在选项的数值框中输入数值，可以调整字符的长度。
- 【水平缩放】：选中字符或文字图层，在选项的数值框中输入数值，可以调整字符的宽度。
- 【设置所选字符的比例间距】：要使用此选项，必须在【字体】首选项中选择【显示亚洲字体选项】。
- 【设置所选字符的字距调整】：选中需要调整字距的文字段落或文字图层，在选项的数值框中输入数值或单击选项右侧的按钮，在其下拉列表框中选择需要的字距数值，可以调整文本段落的字距。
- 【设置两个字符间的字距微调】：使用文字工具在两个字符间单击，插入光标，在选项的数值框中输入数值或单击选项右侧的按钮，在其下拉列表框中选择需要的字距数值。输入正值时，字符的间距会加大；输入负值时，字符的间距会缩小。
- 【设置文本颜色】：选中字符或文字图层，在颜色框中单击，弹出【拾色器】对话框，在对话框中设定需要的颜色后，单击【确定】按钮，即可改变文字的颜色。
- 【英文字体语言设置】：单击选项右侧的按钮，在其下拉列表框中选择需要的字典。选择字典主要用于拼写检查和连字的设定。
- 【设置所选字符的字距调整】：该数值控制了所有选中的文字的间距，数值越大字间距越大，如图 9-20 所示是设置不同字间距的效果。

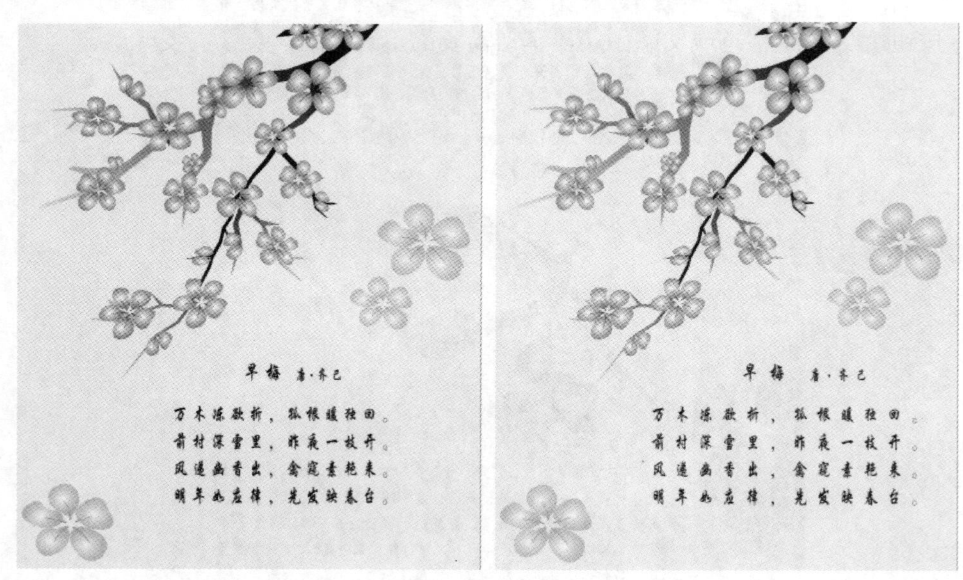

图 9-20 设置不同字间距

- 【设置基线偏移】：此参数仅用于设置选中的文字的基线值，对于水平排列的文字而言，正数向上偏移、负值向下偏移，选中字符，在选项的数值框中输入数值，可以调整字符上下移动。输入正值时，使水平字符上移，使直排的字

符右移；输入负值时，使水平字符下移，使直排的字符左移。如图 9-21 所示是原文字及设置不同基线偏移数值的效果。

图 9-21　调整基线位置

- 【设置字符特殊样式】：从左到右依次为文字的【仿粗体】按钮、【仿斜体】按钮、【全部大写字母】按钮、【小型大写字母】按钮、【上标】按钮、【下标】按钮、【下划线】按钮、【删除线】按钮。选中字符或文字图层，单击需要的形式按钮，文字将变为相应的形式。图 9-22 所示为原图，图 9-23 和图 9-24 所示为单击【全部大写字母】按钮及【下划线】按钮后的效果。

图 9-22　原图

图 9-23　单击【全部大写字母】按钮的效果

- 【设置消除锯齿的方法】![锐利]：可以选择【无】、【锐利】、【犀利】、【浑厚】、【平滑】5 种消除锯齿的方式。

图 9-24 单击【下划线】按钮的效果

9.2.2 【段落】面板

通过编辑段落属性，可以设置文字段落的段间距、对齐方式、左空与右空等参数，此项操作主要是在【段落】面板中进行的，其操作步骤如下。

(1) 选择相应的文字工具，在要设置段落属性的文字中单击插入光标。

(2) 如果要一次性设置多段文字的属性，用文字光标选中这些段落中的文字。单击【字符】面板右侧的【段落】标签，弹出如图 9-25 所示的【段落】面板。

(3) 设置好属性后单击工具属性栏中的【提交所有当前编辑】按钮✓确认。

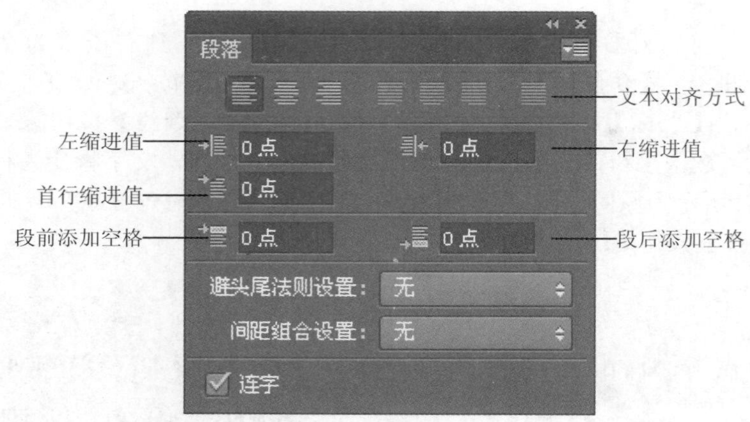

图 9-25 【段落】面板

【段落】面板中的重要参数及选项说明如下。

- 【文本对齐方式】：单击其中的选项，光标所在的段落将以相应的方式对齐。
- 【左缩进值】：设置文字段落的左侧相对于定界框左侧的缩进值。
- 【右缩进值】：设置文字段落的右侧相对于定界框右侧的缩进值。
- 【首行缩进值】：设置选中段落的首行相对于其他行的缩进值。
- 【段前添加空格】：设置当前文字段与上一文字段之间的垂直间距。
- 【段后添加空格】：设置当前文字段与下一文字段之间的垂直间距。

如图 9-26 所示为原文字段落效果，如图 9-27 所示为改变文字段落对齐方式后的效果。

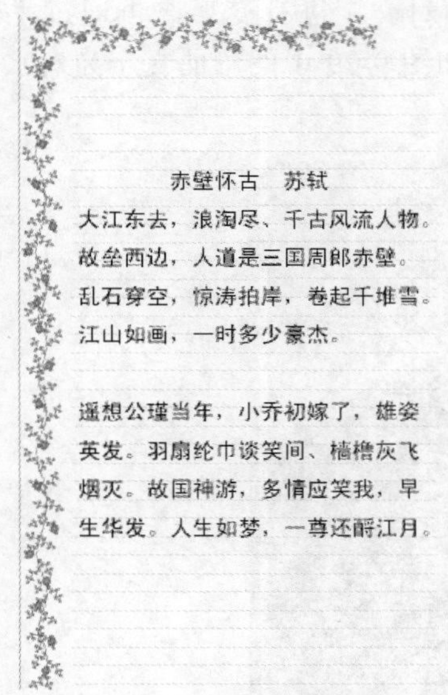

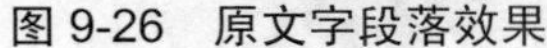
图 9-26　原文字段落效果

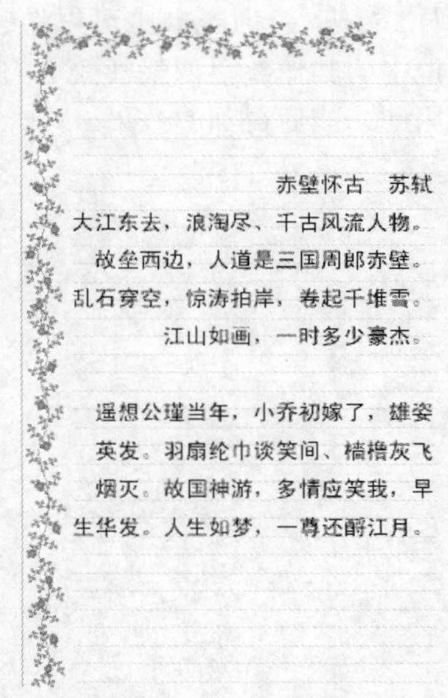

图 9-27　改变文字段落对齐方式后的效果

9.3　文 字 操 作

在一些广告、海报和宣传单上我们经常可以看到一些变形的文字和特殊排列的文字，这些文字既新颖又能得到很好的版式效果，其实这些效果在 Photoshop 中很容易实现。下面将具体讲解文字的变形操作以及绕排文字和区域文字的制作及编辑方法。

9.3.1　文字变形

Photoshop 具有变形文字的功能，值得一提的是，变形后的文字仍然可以被编辑。在文字被选中的情况下，只需单击工具属性栏中的【创建文字变形】按钮，即可弹出如图 9-28 所示的【变形文字】对话框。

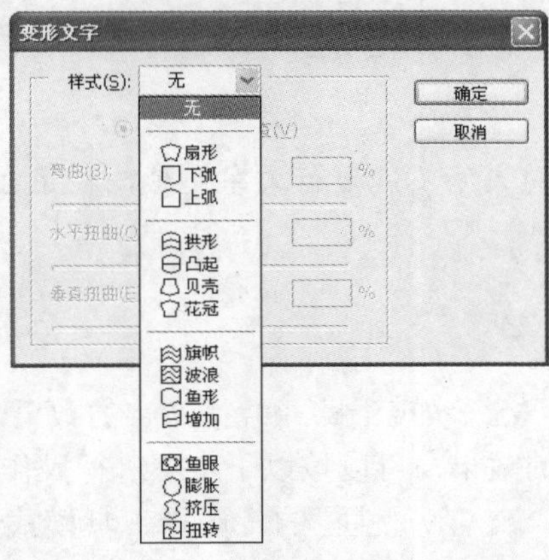

图 9-28　【变形文字】对话框

在【样式】下拉列表框中可以选择一种变形选项对文字进行变形，再通过【变形文字】对话框中的其他参数调整其变形的方式和程度。如图 9-29 中的弯曲文字为对水平排列的文字使用此功能后得到的效果。

图 9-29 变形后的文字效果

【变形文字】对话框中的重要参数说明如下。

- 【样式】：在此可以选择各种 Photoshop 默认的文字变形效果。
- 【水平】/【垂直】：在此可以选择使文字在水平方向上扭曲还是在垂直方向上扭曲。
- 【弯曲】：在此输入数值可以控制文字弯曲的程度，数值越大，则弯曲程度越大。
- 【水平扭曲】：在此输入数值可以控制文字在水平方向上扭曲的程度，数值越大，则文字在水平方向上扭曲的程度越大。
- 【垂直扭曲】：在此输入数值可以控制文字在垂直方向上扭曲的程度，数值越大，则文字在垂直方向上扭曲的程度越大。

如果要取消文字变形效果，在图像中先选中具有扭曲效果的文字，再在【变形文字】对话框的【样式】下拉列表框中选择【无】选项。

对文字进行变形后，其中的文本是可以再次进行修改的，变形的方式和程度也可以再调整。

提示： 加粗字符样式的文字不能进行文字变形，文字在变形后也不能再使用加粗的文字样式。

9.3.2 沿路径绕排文字

在 Photoshop CS6 中可以轻松实现沿路径绕排文字的效果，如图 9-30 所示。

要取得沿路径绕排文字的效果，可以按以下步骤进行操作。

(1) 选择【钢笔工具】，在属性栏的【选择工具模式】路径下拉列表框中选择【路径】选项，绘制一条用于绕排文字的路径。

图 9-30　沿路径绕排的文字

(2) 选择【横排文字工具】，将此工具移至路径线上，直至光标变为形状，用光标在路径线上单击，以在路径线上创建一个文本光标点。

(3) 在文本光标点的后面输入所需要的文字，完成输入后单击【提交所有当前编辑】按钮确认，即可得到所需要的效果。

可以通过以下方法改变绕排于路径上的文字的位置及文字属性等。

(1) 改变绕排文字位置。

要改变绕排于路径上的文字，可以在选中文字工具的同时按住 Ctrl 键，此时鼠标的光标将变为形，用此光标拖动文本前面的文本位置点，如图 9-31 所示，即可沿着路径移动文字，效果如图 9-32 所示。

图 9-31　移动文字

也可以选择【路径选择工具】，并将光标放在绕排于路径的文字上，此时光标同样会变为形状，用此光标拖动文字即可。

(2) 改变绕排文字属性。

用文字工具将路径线上的文字选中，然后在【字符】面板中修改相应的参数，即可修

改绕排于路径上的文字的各种属性，其中包括字号、字体、水平或垂直排列方式及其他文字的属性，如图 9-33 所示为修改文字的字号与字体后的效果。

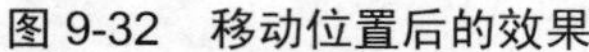
图 9-32　移动位置后的效果

图 9-33　修改文字字号与字体后的效果

(3) 改变绕排路径。

如果我们修改了路径的曲率、角度或节点的位置，则绕排于路径上的文字形状及文字相对于路径的位置将自动修改。如图 9-34 所示为通过修改节点的位置及路径线曲率后的文字绕排效果，可以看出，文字的绕排形状已经随着路径形状的改变而发生了变化。

图 9-34　修改路径形状后的效果

9.3.3　异形区域文字

在 Photoshop 中可以将文字“装入”一个规则或不规则的路径形状内，从而得到异形文字轮廓，效果如图 9-35 所示。

1. 将文字“载入”路径中的方法

(1) 打开一张素材图片，如图 9-36 所示。

(2) 在工具箱中选择【钢笔工具】，绘制需要添加的异形轮廓路径，如图 9-37 所示。

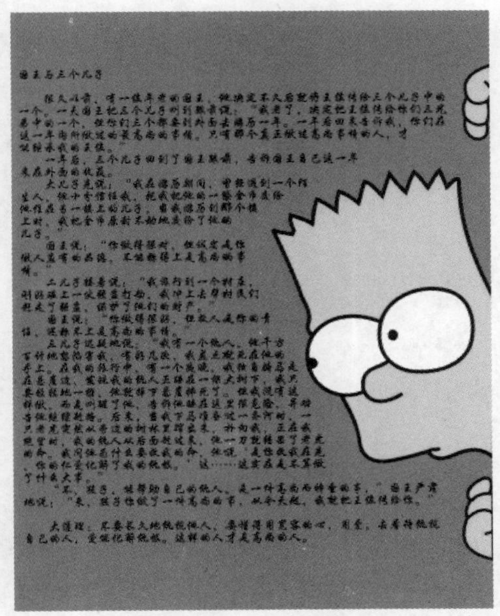

图 9-35　区域文字效果

图 9-36　素材图片

图 9-37　绘制路径

(3) 在工具箱中选择【横排文字工具】，将光标放于绘制的路径中间，直至光标转换为状，如图 9-38 所示。

(4) 用此光标在路径中单击一下，在光标点后面输入所需要的文字，即可得到所需要的效果，如图 9-39 所示。

(5) 单击工具属性栏中的【提交所有当前编辑】按钮，确认输入完成。

图 9-38　光标改变形状

图 9-39　输入文字后的效果

2. 改变文字的属性及区域的形状

(1) 改变区域文字的属性。

对于具有异形轮廓的文字，同样可以用前面所讲的方法修改文字的各种属性如字体、字号、行间距等，如图 9-40 所示为改变文字字号前后的效果对比。

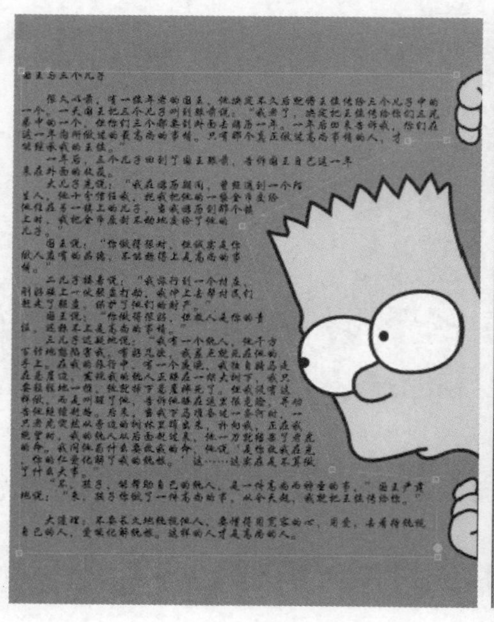

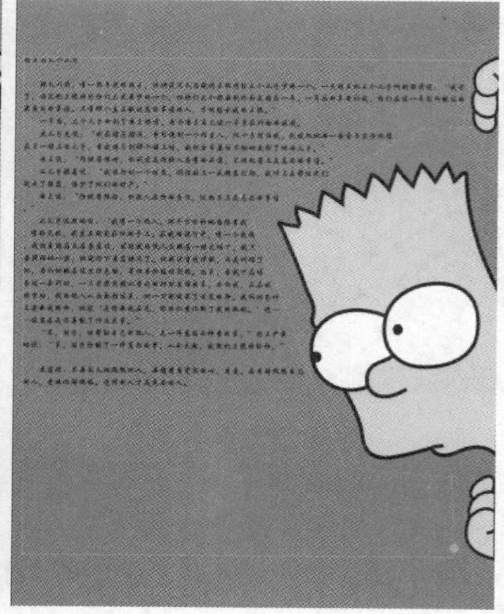

图 9-40　修改字号前后的效果对比

(2) 改变区域文字的形状。

如果用【直接选择工具】、【钢笔工具】或其他工具修改了路径的形状，则排列于路径中的文字外形也将随之发生变化，如图 9-41 所示。

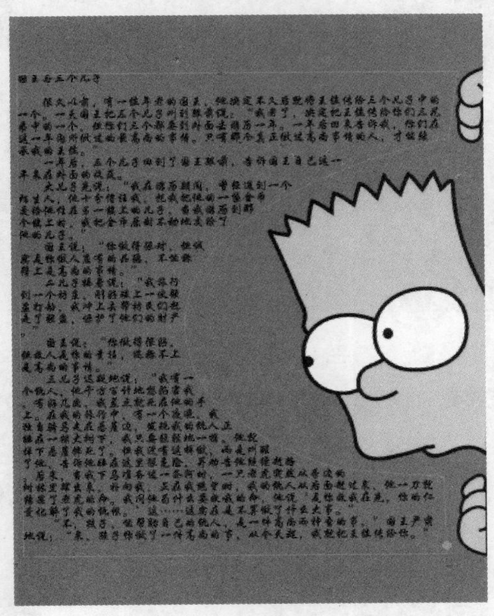

图 9-41　修改路径后的效果

9.4　文字转换

9.4.1　转换为普通图层

如果要用工具箱中的工具或【滤镜】菜单下的命令对文字图层中的文字进行操作，必须先将文字图层转换成为普通图层。

要完成这一操作，可以选择【图层】|【栅格化】|【文字】菜单命令，将文字图层转换为普通图层，再进行上述操作。

技巧： 要栅格化文字图层，还可以直接在文字图层上右击，在弹出的快捷菜单中选择【栅格化文字】命令即可。

9.4.2　由文字生成路径

选择【文字】|【创建工作路径】菜单命令，可以由文字图层生成工作路径。如图 9-42 所示为用于生成工作路径的文字，如图 9-43 所示为生成工作路径并对其进行编辑得到的连体文字效果。

下面以此例讲解如何将文字转换为路径并对其进行编辑的方法。

(1) 打开一张素材图片，输入如图 9-44 所示的文字。

(2) 在【图层】面板的文字图层上右击，在弹出的快捷菜单中选择【创建工作路

径】，得到如图 9-45 所示的文字路径。

图 9-42 输入文字

图 9-43 编辑路径得到的连体字效果

图 9-44 输入文字后的效果

(3) 单击文字图层前面的眼睛图标隐藏文字图层。在工具箱中选择【路径选择工具】调整文字路径的位置，直至得到如图 9-46 所示的效果。选择【直接选择工具】，调整路径的形状为如图 9-47 所示的效果。

图 9-45　转换为路径后的效果

图 9-46　移动路径后的效果

图 9-47　调整路径形状后的效果

(4) 按下 Ctrl+Enter 组合键将路径转换成为选择区域，切换至【图层】面板并新建一个图层得到【图层 1】。

(5) 设置前景色为黄色，填充前景色得到如图 9-48 所示的连体文字效果。

(6) 在【图层】面板中选择【图层 1】，单击【图层】面板下方的【添加图层样式】按钮，在弹出的下拉菜单中选择【投影】命令，在弹出的对话框中设置参数，如图 9-49 所示，得到如图 9-50 所示的最终效果。

图 9-48　连体文字效果

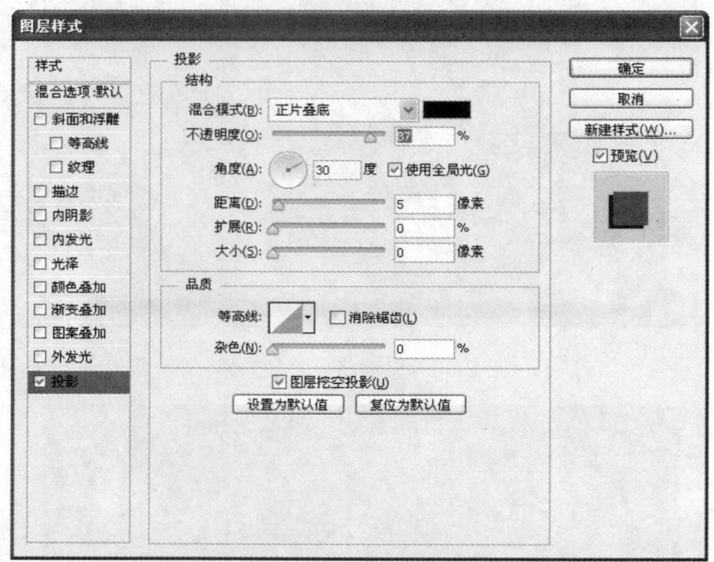

图 9-49　【图层样式】对话框的【投影】选项设置

图 9-50　最终效果

9.5　上机操作实践——梦幻霓虹灯文字效果

本范例完成文件：\09\梦幻霓虹灯文字效果. psd

多媒体教学路径：光盘→多媒体教学→第 9 章

9.5.1　实例介绍和展示

本例主要运用【文字工具】、【滤镜】效果配合更改图层的混合模式及图层样式，制作出梦幻霓虹灯文字效果，如图 9-51 所示。

图 9-51　最终文字效果

9.5.2　新建文档并输入文字

启动 Photoshop CS6 主程序，新建一个背景为黑色的文档文件，选择【文字工具】，设置前景色为白色，在画布上输入想要的英文字母，效果如图 9-52 所示。

图 9-52　输入文字

9.5.3 编辑文字层

(1) 复制一个文字层，把下面的文字层先隐藏，栅格化上面的文字层，选择【滤镜】|【模糊】|【高斯模糊】菜单命令，在打开的【高斯模糊】对话框中设置【半径】为 4，如图 9-53 所示。

(2) 选择【涂抹工具】，强度设置为 40%，然后沿着字的边缘开始涂抹，涂抹后的效果如图 9-54 所示。

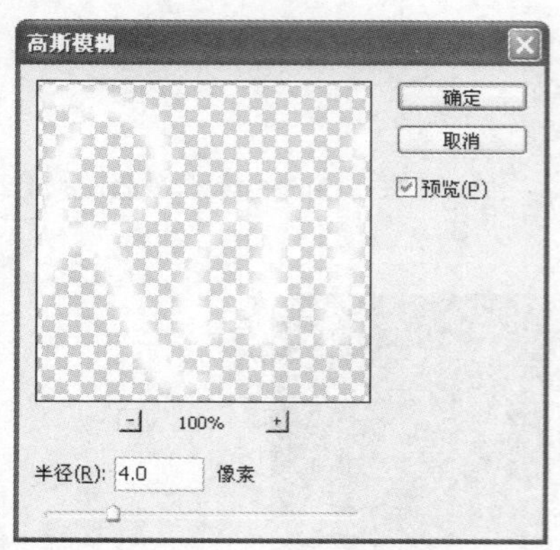

图 9-53 在【高斯模糊】对话框中设置参数

图 9-54 涂抹后的效果

(3) 给涂抹的图层添加图层样式，选择【外发光】：颜色值为(#ff01ae)，设置【不透明度】为 58%、【大小】为 40，如图 9-55 所示。

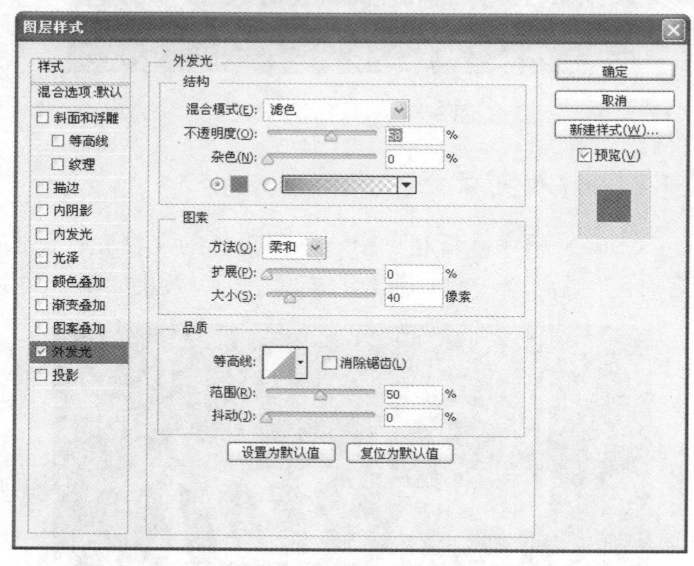

图 9-55 【图层样式】对话框的【外发光】选项设置

(4) 把刚才隐藏的文字图层显示出来，按下 Ctrl 键载入文字选区，新建一个图层，选择【编辑】|【描边】菜单命令，在打开的【描边】对话框中设置【宽度】为 1px、【颜色】为白色，如图 9-56 所示，单击【确定】按钮，然后把字体层删除。

(5) 复制几个描边的图层，按下 Ctrl+T 组合键轻微旋转一下，然后合并这个描边图层，用【涂抹工具】涂抹一下开头和结尾部分，保留中间些许白线，如图 9-57 所示。

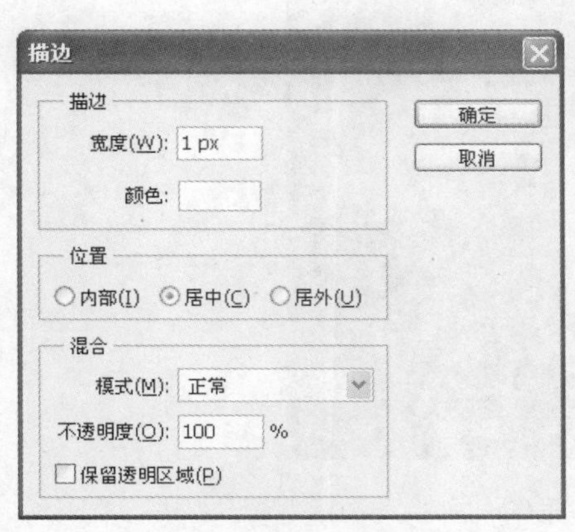

图 9-56　【描边】对话框

图 9-57　合并图层

(6) 新建一个图层，选择【渐变工具】，颜色值设置为中间#b400ff，两边 0703ab，然后由上至下拉出线性渐变，再把图层混合模式改为【柔光】，如图 9-58 所示。

图 9-58　效果及【图层】面板

(7) 新建一个图层，混合模式改为【叠加】，分别设置颜色为#0cf6ff、#fffc00、#48ff00 、#ff0c0c 等柔角画笔涂抹。注意控制透明度，尽量保持颜色的通透效果。颜色无限制，可多尝试其他颜色，涂出你喜欢的效果就可以了，效果如图 9-59 所示。

(8) 新建一个图层，把前景颜色设置为白色，选择【画笔工具】，调成大小合适的模糊笔刷，打开画笔调板，启用【双重画笔】复选框，然后在火焰头尾轻轻画几下，效果如图 9-60 所示。

(9) 复制火焰图效果图层(就是添加图层样式的图层)，选择【编辑】|【变换】|【垂直翻转】菜单命令，垂直翻转字体，然后调整一下透明度，用橡皮擦擦一下最下面的边缘，做出倒影效果，最终效果如图 9-61 所示。

图 9-59　画笔涂抹效果(1)

图 9-60　画笔涂抹效果(2)

图 9-61　梦幻霓虹灯文字效果

9.6　操 作 练 习

运用所学知识制作透明立体文字，本练习效果如图 9-62 所示。

图 9-62　透明立体字效果

第 10 章　滤　　镜

教学目标

滤镜是 Photoshop 的重要核心技术，它是 Photoshop 高手的得力助手。它不仅在 Photoshop 中有广泛的应用，而且在 Illustrator 等矢量软件中也举足轻重。利用滤镜可以制作出非常炫的特效效果，许多平面的特效就是通过它来实现的。

Photoshop 的滤镜有很多种类，在每个大类中又包含有多种滤镜效果，本章将重点讲解那些使用频率较高的重要内置滤镜及特殊滤镜的使用方法，掌握这些滤镜的使用方法，有助于制作特殊的文字、纹理、材质效果，并且能够提高处理图像的技巧。此外，本章重点讲解了新增的【滤镜库】的使用方法与操作要点。

教学重点和难点

1. 滤镜库。
2. 特殊滤镜。
3. 重要内置滤镜。
4. 智能滤镜。

10.1　滤　镜　库

使用【滤镜库】可以在同一个对话框中添加并调整一个或多个滤镜，并按照从下至上的顺序应用滤镜效果，【滤镜库】最大的特点就是在应用和修改多个滤镜时非常直观、方便。

10.1.1　认识滤镜库

选择【滤镜】|【滤镜库】菜单命令，弹出如图 10-1 所示的【滤镜库】对话框。可以看出，滤镜库命令只是将众多的(并不是所有的)滤镜集合至该对话框中，通过打开某个滤镜并单击相应命令的缩略图即可对当前图像应用该滤镜，应用滤镜后的效果显示在左侧的预览区域中。

下面介绍【滤镜库】对话框中各个区域的作用。

1. 预览区域

该区域中显示了由当前滤镜命令处理后的效果。

- 移动鼠标到该区域，光标会自动变为【抓手工具】，拖动可以查看图像的其他部分应用滤镜命令后的效果。
- 按住 Ctrl 键则【抓手工具】切换为【放大工具】，在预览区域中单击可以放大当前效果的显示比例。
- 按住 Alt 键则【抓手工具】切换为【缩小工具】，在预览区域中单击可以缩小当前效果的显示比例。

图 10-1　【滤镜库】对话框

2. 显示比例调整区

在该区域中可以调整预览区域中图像的显示比例。

3. 命令选择区

在该区域中，显示的是已经被集成的滤镜，单击各滤镜序列的名称即可将其展开，并显示出该序列中包含的滤镜命令，单击相应命令的缩略图即可应用该命令。

单击命令选择区右上角处的按钮可以隐藏该区域，以扩大预览区域，从而更方便地观看应用滤镜后的效果，再次单击该按钮可重新显示命令选择区。

4. 参数调整区

在该区域中，可以设置当前已选命令的参数。

按下 Ctrl 键时，【取消】按钮会变为【默认】按钮；按下 Alt 键时，【取消】按钮会变为【复位】按钮。无论单击【默认】或【复位】按钮，【滤镜库】对话框都会切换至本次打开该对话框时的状态。

5. 滤镜层控制区

这是滤镜库命令的一大亮点，正是由于有了此功能，才使得用户可以在该对话框中对图像同时应用多个滤镜命令，并将所添加的命令效果叠加起来，而且还可以像在【图层】面板中修改图层的顺序那样调整各个滤镜层的顺序。

10.1.2　滤镜库的应用

在滤镜库中选择一种滤镜，滤镜层控制区将显示此滤镜，单击滤镜层控制区下方的【新建效果图层】按钮，将新增一种滤镜。

1. 多次应用同一滤镜

通过在滤镜库中应用多个同样的滤镜，可以增强滤镜对图像的作用，使滤镜效果更加显著，如图 10-2 所示为应用一次的效果，如图 10-3 所示为应用多次后的效果。

图 10-2　应用 1 次滤镜的效果图

图 10-3　应用 3 次相同滤镜的效果图

2．应用多个不同滤镜

要在【滤镜库】命令中应用多个不同滤镜，可以在对话框中的命令选择区单击滤镜，然后单击【新建效果图层】按钮，再单击要应用的新的滤镜，则当前选中的滤镜被修改为新的滤镜，其效果如图 10-4 所示。

图 10-4　应用多个不同滤镜的效果

无论是多次应用同一滤镜，还是应用多个不同滤镜，我们都可以在命令选择区中选中某一个滤镜，然后在参数调整区中修改其参数，从而修改应用滤镜的效果。

提示：【滤镜库】对话框中未包括所有 Photoshop 的滤镜，因此有些滤镜仅能够在【滤镜】菜单下选择使用。

3．滤镜顺序

滤镜效果列表中的滤镜顺序决定了当前操作的图像的最终效果，因此当这些滤镜的应用顺序发生变化时，最终得到的图像效果也会发生变化。

如图 10-5 所示为原效果，如图 10-6 所示为改变滤镜效果列表框中的滤镜顺序后的效果，可以看出其效果已经发生了变化。

图 10-5 原效果图

图 10-6　改变滤镜顺序后的效果

修改滤镜顺序的操作很简单，直接在滤镜效果列表框中将滤镜名称拖移到另一个位置即可重新排列它们。

4．屏蔽及删除滤镜

单击滤镜旁边的眼睛图标，可屏蔽该滤镜，从而在预览区域中去除此滤镜对当前图像

产生的影响。

在滤镜效果列表框中选择滤镜并单击【删除效果图层】按钮，可删除已应用的滤镜。

10.2 特殊滤镜

特殊滤镜包括【消失点】、【液化】和【镜头校正】3 个使用方法较为特殊的滤镜命令，下面我们分别讲解这 3 个特殊滤镜的使用方法。

10.2.1 液化

选择【滤镜】|【液化】菜单命令，弹出如图 10-7 所示的【液化】对话框，使用此命令可以对图像进行扭曲变形处理。

图 10-7 【液化】对话框

对话框中各工具的功能如下。

- 使用【向前变形工具】在图像上拖动，可以使图像的像素随着涂抹产生变形效果。
- 使用【顺时针旋转扭曲工具】在图像上拖动，可使图像产生顺时针旋转效果。
- 使用【褶皱工具】在图像上拖动，可以使图像产生挤压效果，即图像向操作中心点处收缩从而产生挤压效果。
- 使用【膨胀工具】在图像上拖动，可以使图像产生膨胀效果，即图像背离操作中心点从而产生膨胀效果。

- 使用【左推工具】在图像上拖动，可以移动图像。
- 使用【镜像工具】在图像上拖动，可以使图像产生镜像效果。
- 使用【重建工具】在图像上拖动，可将操作区域恢复原状。
- 使用【冻结蒙版工具】可以冻结图像，被此工具涂抹过的图像区域无法进行编辑操作。
- 使用【解冻蒙版工具】可以解除使用冻结工具所冻结的区域，使其还原为可编辑状态。
- 使用【缩放工具】单击一次，图像就会放大到下一个预定的百分比。
- 通过拖动【抓手工具】可以显示出未在预览区域中显示出来的图像。
- 在【画笔大小】下拉列表框中，可以设置使用上述各工具操作时，图像受影响区域的大小，数值越大则一次操作影响的图像区域也越大，反之则越小。
- 在【画笔压力】下拉列表框中，可以设置使用上述各工具操作时，一次操作影响图像的程度大小，数值越大则图像受画笔操作影响的程度也越大，反之则越小。
- 在【重建选项】选项组中单击【重建】按钮，可使修改的图像向原图像效果恢复。在动态恢复过程中，按下空格键可以终止恢复进程，从而中断进程并截获恢复过程的某个图像状态。
- 启用【显示图像】复选框，可在对话框预览区域中显示当前操作的图像。
- 启用【显示网格】复选框，可在对话框预览区域中显示辅助操作的网格。
- 在【网格大小】下拉列表框中选择相应的选项，可以定义网格的大小。
- 在【网格颜色】下拉列表框中选择相应的颜色选项，可以定义网格的颜色。

此命令的使用方法比较任意，只需在工具箱中选择需要的工具，然后在预览区域中单击或拖动即可，图 10-8 所示为原图及使用液化命令变形眼部后的效果。

图 10-8　原图及应用【液化】滤镜后的效果

此命令常被用于人像照片的修饰，如使用此命令将眼睛变大、脸型变窄等。

10.2.2 消失点

【消失点】滤镜的特殊之处在于可以使用它对图像进行透视处理，使之与其他对象的透视保持一致。选择【滤镜】|【消失点】菜单命令后弹出【消失点】对话框，如图 10-9 所示。

图 10-9 【消失点】对话框

下面分别介绍对话框中各个区域及工具的功能。

- 工具区：在该区域中包含了用于选择和编辑图像的工具。
- 工具选项区：该区域用于显示所选工具的选项及参数。
- 工具提示区：在该区域中显示了对该工具的提示信息。
- 图像编辑区：在此可对图像进行复制、修复等操作，同时可以即时预览图像调整后的效果。
- 【编辑平面工具】：使用该工具可以选择和移动透视网格。
- 【创建平面工具】：使用该工具可以绘制透视网格来确定图像的透视角度。在工具选项区中的【网格大小】下拉列表框中可以设置每个网格的大小。

注意： 透视网格是随 PSD 格式文件存储在一起的，当用户需要再次进行编辑时，再次选择该命令即可看到以前所绘制的透视网格。

- 【选框工具】：使用该工具可以在透视网格内绘制选区，以选中要复制的图像，而且所绘制的选区与透视网格的透视角度是相同的。选择此工具时，【消失点】对话框如图 10-10 所示。在工具选项区域中的【羽化】和【不透明度】下拉列表框中输入数值，可以设置选区的羽化和透明属性；在【修复】下拉列表框中选择【关】选项，则可以直接复制图像，选择【明亮度】选项则可以按照目标位置的亮度对图像进行调整，选择【开】选项则根据目标位置的状态自动对图像进行调整；在【移动模式】下拉列表框中选择【目标】选项，则将选区中的图像复制到目标位置，选择【源】选项则将目标位置的图像复制到当前选区中。

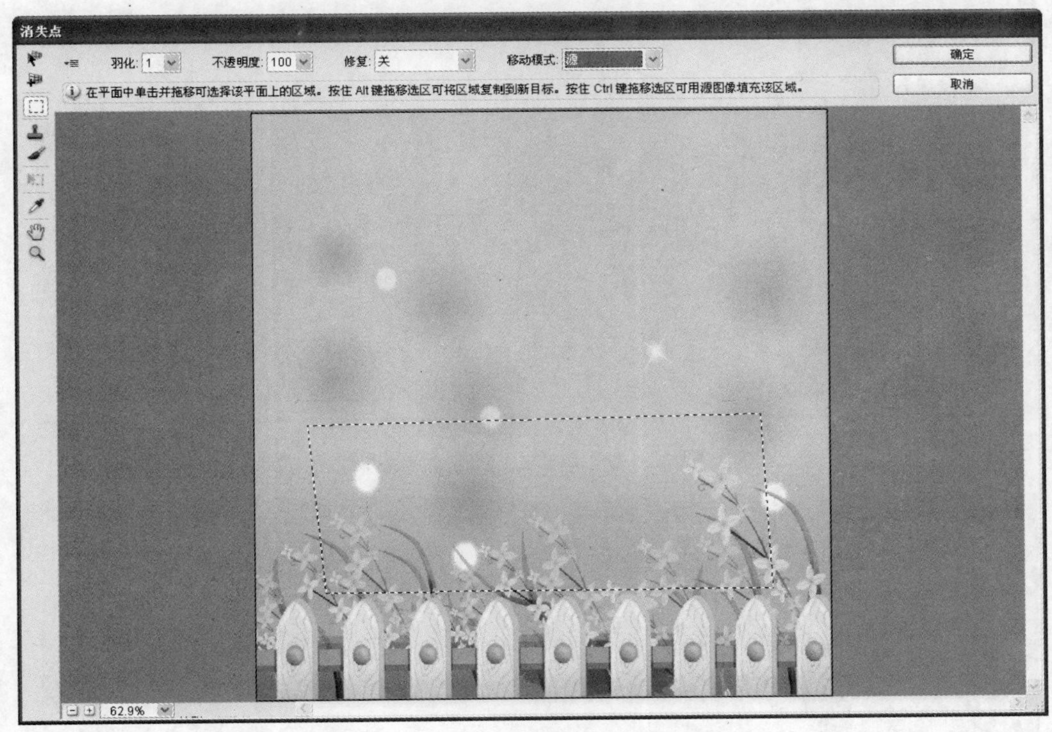

图 10-10　【选框工具】选项设置

注意： 没有任何网格则无法绘制选区。

- 【图章工具】：按住 Alt 键使用该工具可以在透视网格内定义个源图像，然后在需要的地方进行涂抹即可。选择此工具时，【消失点】对话框如图 10-11 所示。在其工具选项区中可以设置仿制图像时的画笔【直径】、【硬度】、【不透明度】及【修复】选项等参数。
- 【画笔工具】：使用该工具可以在透视网格内进行绘图。选择此工具时，【消失点】对话框如图 10-12 所示。在其工具选项区中可以设置画笔绘图时的【直径】、【硬度】、【不透明度】及【修复】选项等参数，单击【画笔颜色】右侧的色块，在弹出的【拾色器】对话框中还可以设置画笔绘图时的颜色。

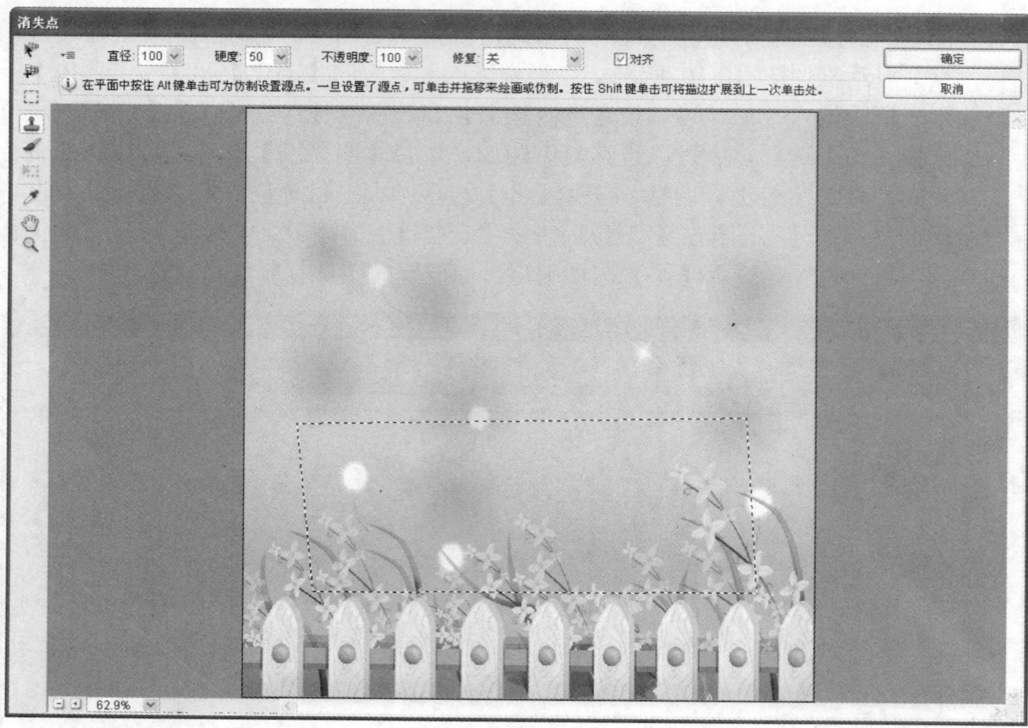

图 10-11　【图章工具】选项设置

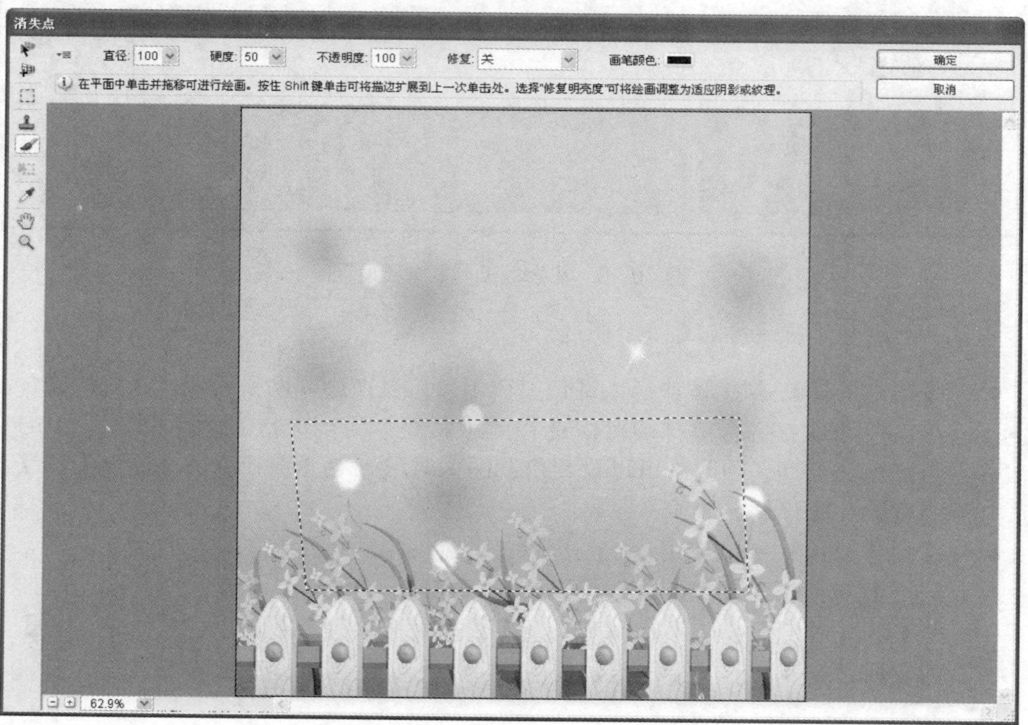

图 10-12　【画笔工具】选项设置

- 【变换工具】：由于在复制图像时，图像的大小是自动变化的，当对图像大小不满意时，可使用此工具对图像进行放大或缩小操作。选择此工具时，【消失点】对话框如图 10-13 所示。启用其工具选项区域中的【水平翻转】或【垂直翻转】复选框后，则图像会被水平或垂直翻转。

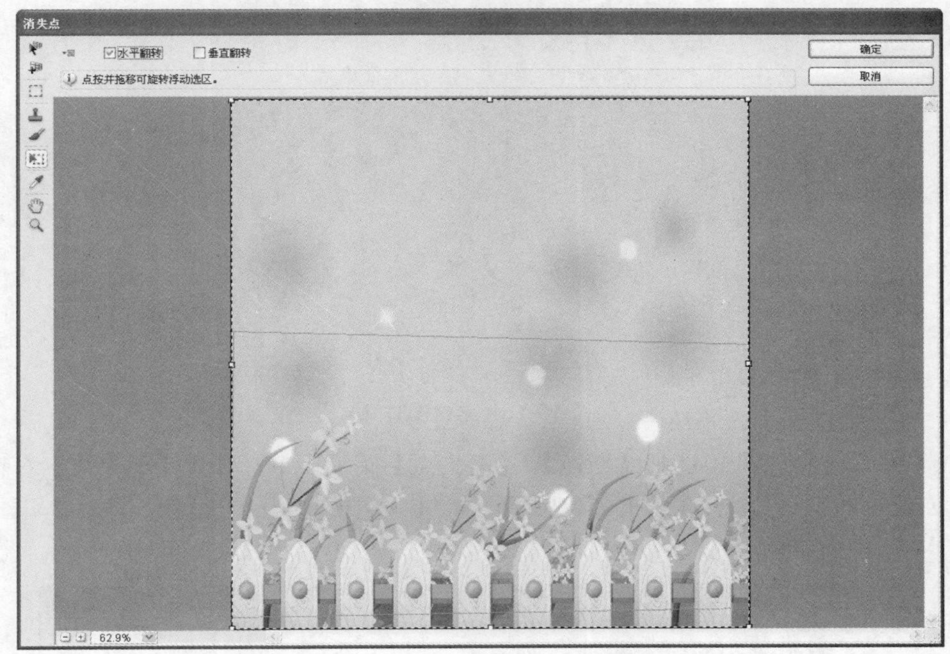

图 10-13　【变换工具】选项设置

- 【吸管工具】：使用该工具可以在图像中单击以吸取画笔绘图时所用的颜色。
- 【抓手工具】：使用该工具在图像中拖动可以查看未完全显示出来的图像。
- 【缩放工具】：使用该工具在图像中单击可以放大图像的显示比例，按住 Alt 键在图像中单击即可缩小图像显示比例。

下面，我们将通过一个具体的操作来讲解【消失点】滤镜的使用方法。

(1) 打开一张素材图片，如图 10-14 所示。

图 10-14　素材图片 1

(2) 再打开一张素材图片，如图 10-15 所示，按下 Ctrl+A 组合键全选；按下 Ctrl+C 组合键复制进剪贴板后再关闭它。

图 10-15　素材图片 2

(3) 选中第一张图片，选择【滤镜】|【消失点】菜单命令，打开【消失点】对话框，单击【创建平面工具】 在床上创建网格，如图 10-16 所示。在【网格大小】下拉列表框中输入数值调节网格大小，如图 10-17 所示。

图 10-16　创建网格

(4) 单击【选框工具】 ，调整数值，按住 Alt 键在网格内绘制出选框，如图 10-18 所示。

图 10-17 修改网格大小

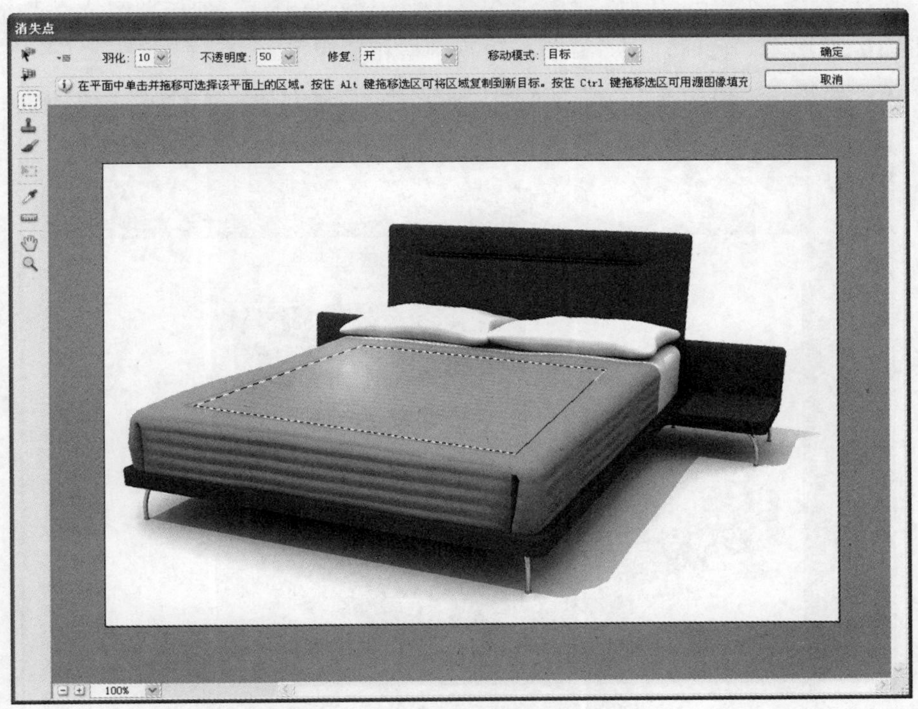

图 10-18 绘制选框

(5) 按下 Ctrl+V 组合键将素材图片 2 粘贴到选框内，如图 10-19 所示。

图 10-19　将图片 2 粘贴到选框里

(6) 按住 T 键，同时按住鼠标左键调节素材图片 2 的大小，然后把图片 2 拖放到网格里，如图 10-20 所示。此时，图片 2 就与透视网格相适应了。

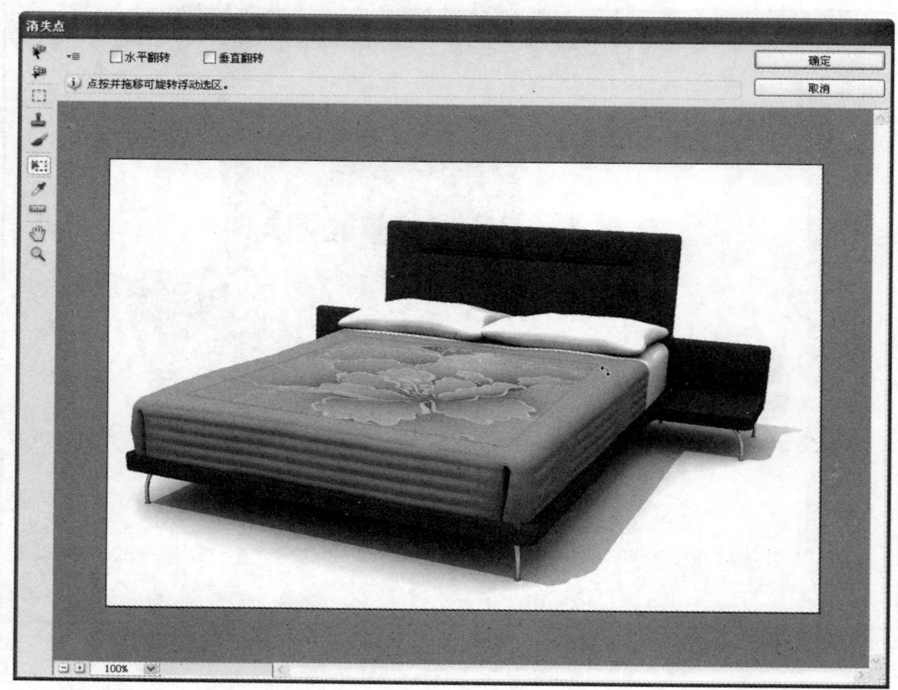

图 10-20　将图片 2 拖放到网格里

(7) 用【变换工具】调整图案的位置及大小，最后单击【确定】按钮退出【消失点】对话框，图像最终效果如图 10-21 所示。

图 10-21　最终效果

10.2.3　镜头校正

在 Photoshop CS6 中，【镜头校正】命令被置于【滤镜】菜单的顶部，而且功能更加强大，甚至内置了大量常见镜头的畸变、色差等参数，以在校正时选用，这无疑为使用数码单反相机的摄影师提供了极大的方便。

选择【滤镜】|【镜头校正】菜单命令，弹出如图 10-22 所示的【镜头校正】对话框。

图 10-22　【镜头校正】对话框

1．工具区

工具区显示了用于对图像进行查看和编辑的工具，各工具的功能如下。

- 【移去扭曲工具】：使用该工具在图像中拖动可以校正图像的凸起或凹陷状态。
- 【拉直工具】：使用该工具在图像中拖动可以校正图像的倾斜角度。
- 【移动网格工具】：使用该工具可以拖动【图像编辑区】中的网格，将其与图像对齐。
- 【抓手工具】：使用该工具在图像中拖动可以查看未完全显示出来的图像部分。
- 【缩放工具】：使用该工具在图像中单击可以放大显示图像，按住 Alt 键在图像中单击即可缩小显示图像。

2．图像编辑区

该区域用于显示被编辑的图像，还可以即时预览编辑图像后的效果。单击该区域左下角的按钮可以缩小显示比例，单击按钮可以放大显示比例。

3．原始参数区

此处显示了拍摄当前照片的相机及镜头等基本参数。

4．显示控制区

在该区域可以对【图像编辑区】中的显示情况进行控制。

- 【预览】：启用该复选框后，将在【图像编辑区】中即时观看调整图像后的效果，否则将一直显示原图像。
- 【显示网格】：启用该复选框，则在【图像编辑区】中显示网格，以便于精确地对图像进行调整。
- 【大小】：在此输入数值可以控制【图像编辑区】中显示的网格大小。
- 【颜色】：单击该色块，在弹出的【拾色器】对话框中选择一种颜色，即可重新定义网格的颜色。

5．参数设置区——自动校正

切换到【自动校正】选项卡，可以使用此命令内置的相机、镜头等数据作智能校正。

- 【几何扭曲】：启用此复选框后，可以依据所选的相机及镜头自动校正桶形或枕形畸变。
- 【色差】：启用此复选框后，可依据所选的相机及镜头，自动校正可能产生的紫、青、蓝等不同的颜色杂边。
- 【晕影】：启用此复选框后，可依据所选的相机及镜头，自动校正在照片周围产生的暗角。
- 【自动缩放图像】：启用此复选框后，在校正畸变时，将自动对图像进行裁剪，以避免边缘出现镂空或杂点等。
- 【边缘】：当图像由于旋转或凹陷等原因出现位置偏差时，在此可以选择这些偏差的位置如何显示，其中包括【边缘扩展】、【透明度】、【黑色】和【白色】4 个选项。

- 【相机制造商】：此处列举了一些常见的相机生产商供选择，如 NIKON(尼康)、Canon(佳能)以及 SONY(索尼)等。
- 【相机/镜头型号】：此处列举了很多主流相机及镜头供选择。
- 【镜头配置文件】：此处列出符合上面所选相机及镜头型号的配置文件供选择，选择好以后，就可以根据相机及镜头的特性，自动进行几何扭曲、色差及晕影等方面的校正。

在选择配置文件时，如果能找到匹配的相机及镜头配置当然最好，如果找不到，也可以尝试选择其他类似的配置，虽然不能达到完全调整的效果，但也可以在此基础上继续进行调整，从而在一定程度上节约调整的时间和降低调整的难度。

6．参数设置区——自定校正

在【自定】选项卡中提供了大量用于调整图像的参数，可以手动进行调整，如图 10-23 所示。

图 10-23　【自定】选项卡

- 【设置】：在该下拉列表框中可以选择预设的镜头校正调整参数。单击该下拉列表框后面的【管理设置】按钮，在弹出的下拉菜单中可以执行存储、载入和删除预设等操作。

提示： 只有自定义的预设才可以被删除。

- 【移去扭曲】：在此输入数值或拖动滑块，可以校正图像的凸起或凹陷状态，其功能与【扭曲工具】相同，但更容易进行精确的控制。

- 【修复红/青边】：在此输入数值或拖动滑块，可以去除照片中的红色或青色色痕。
- 【修复绿/洋红边】；在此输入数值或拖动滑块，可以去除照片中的绿色或洋红色痕。
- 【修复蓝/黄边】：在此输入数值或拖动滑块，可以去除照片中的蓝色或黄色色痕。
- 【数量】：在此输入数值或拖动滑块，可以减暗或提亮照片边缘的晕影，使之恢复正常。如图 10-24 所示为原图像，如图 10-25 所示是减少晕影后的效果。

图 10-24 素材图像

图 10-25 减少晕影后的效果

- 【中点】：从此输入数值或拖动滑块，可以控制晕影中心的大小。

- 【垂直透视】：在此输入数值或拖动滑块，可以校正图像的垂直透视。
- 【水平透视】：在此输入数值或拖动滑块，可以校正图像的水平透视。
- 【角度】：在此输入数值或拖动表盘中的指针，可以校正图像的倾斜角度，其功能与角度工具相同，但更容易进行精确的控制。
- 【比例】：在此输入数值或拖动滑块，可以缩小或放大图像。需要注意的是，当对图像进行晕影参数设置时，最好调整参数后单击【确定】按钮退出对话框，然后再次应用该命令对图像大小进行调整，以免出现晕影校正的偏差。

10.3　重要内置滤镜

在 Photoshop 中滤镜可以分为两类，一类是随 Photoshop 安装而安装的内部滤镜，共 13 大类近 100 个；第二类是外部滤镜，它们由第三方软件厂商按 Photoshop 标准的开放插件结构所编写，需要单独购买，比较著名的有 KPT 系列滤镜和 Eye Candy 系列滤镜。

正是这些功能强大、效果绝佳的滤镜，使 Photoshop 具有超强的图像处理功能，并进一步拓展了设计人员的创意空间。

下面具体介绍 Photoshop 中内置滤镜的用法及效果。

10.3.1　马赛克

使用【马赛克】滤镜可以将图像的像素扩大，从而得到马赛克效果，如图 10-26 所示是【马赛克】对话框及使用此滤镜的效果图。

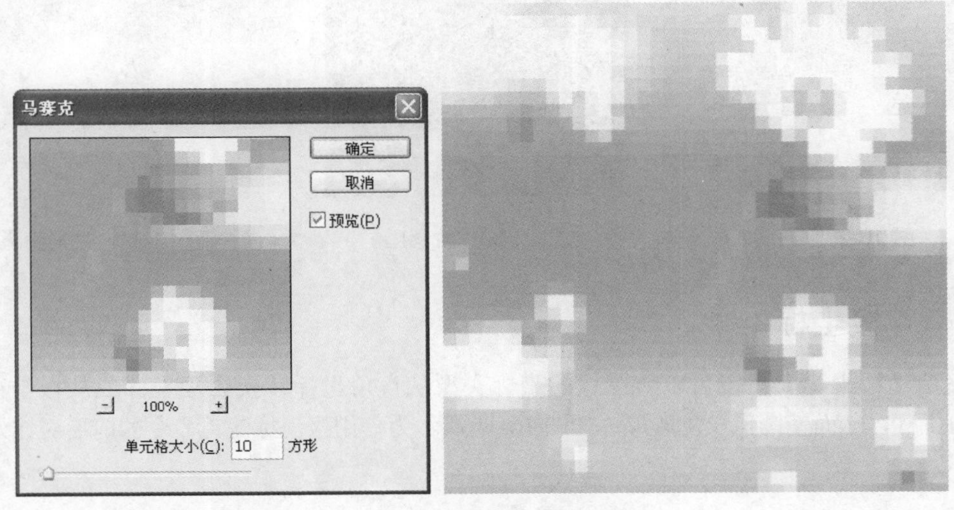

图 10-26　【马赛克】对话框及应用示例

10.3.2　置换

使用【置换】滤镜可以用一张 PSD 格式的图像作为位移图，使当前操作的图像根据位移图产生弯曲。【置换】对话框如图 10-27 所示。

- 在【水平比例】、【垂直比例】文本框中，可以设置水平与垂直方向上图像发生位移变形的程度。
- 选中【伸展以适合】单选按钮，在位移图小于当前操作图像的情况下拉伸位移图，使其与当前操作图像的大小相同。
- 选中【拼贴】单选按钮，在位移图小于当前操作图像的情况下，拼贴多个位移图，以适合当前操作图像的大小。
- 选中【折回】单选按钮，则用位移图的另一侧内容填充未定义的图像。

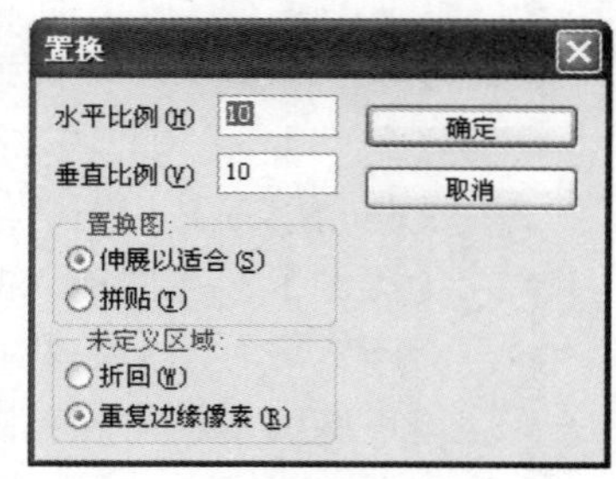

图 10-27 【置换】对话框

- 选中【重复边缘像素】单选按钮，将按指定的方向沿图像边缘扩展像素的颜色。

如图 10-28 所示为原图效果，如图 10-29 所示为位移图，如图 10-30 所示为应用【置换】命令后的效果。

图 10-28 原图

图 10-29 位移图

图 10-30 效果图

10.3.3 极坐标

使用【极坐标】滤镜可以将图像的坐标类型从直角坐标转换为极坐标或从极坐标转换为直角坐标，从而使图像发生变形，如图 10-31 所示为使用极坐标滤镜命令的前后对比效果。

图 10-31 原图及应用极坐标滤镜后的效果

图 10-31　原图及使用极坐标滤镜后的效果(续)

10.3.4　高斯模糊

使用【高斯模糊】滤镜可以得到模糊效果，使用此滤镜既可以取得轻微柔化图像边缘的效果，又可以取得完全模糊图像甚至无细节的效果，如图 10-32 所示为原图及使用此滤镜的效果图。

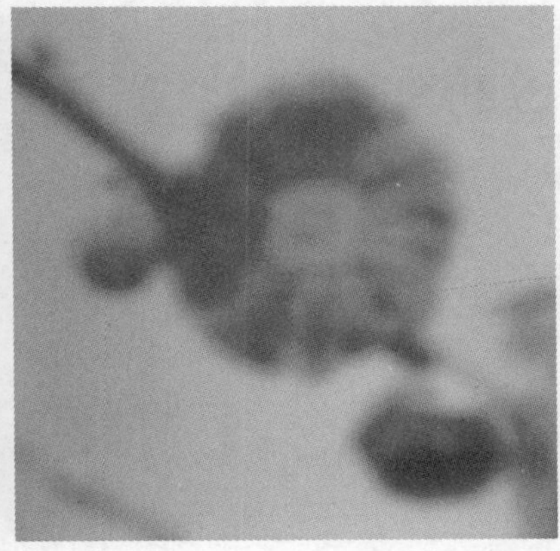

图 10-32　原图及应用此滤镜后的效果

在【高斯模糊】对话框的【半径】文本框中输入数值或拖动其下的三角形滑块，可以控制模糊程度，数值越大则模糊效果越明显。

10.3.5　动感模糊

【动感模糊】滤镜可以模拟拍摄运动物体产生的动感模糊效果，如图 10-33 所示是【动感模糊】对话框及使用此滤镜的效果图。

- 【角度】：在该文本框中输入数值或调节其右侧的圆周角度，可以设置动感模糊的方向，不同角度产生的模糊效果不尽相同。
- 【距离】：在该文本框中输入数值或拖动其下的三角形滑块，可以控制【动感模糊】的强度，数值越大模糊效果越强烈，动态感也越强。

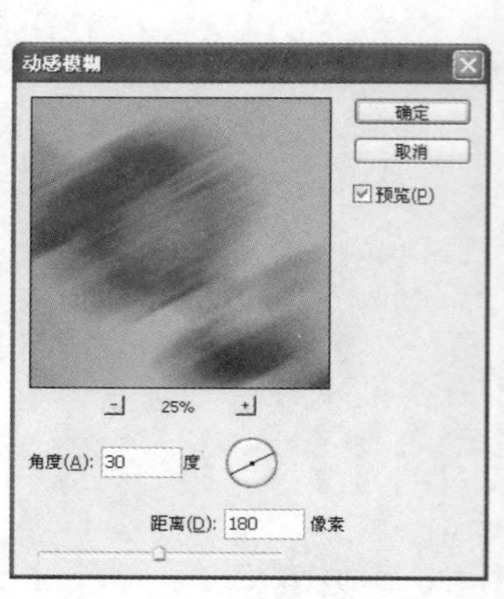

图 10-33 【动感模糊】对话框及应用示例

10.3.6 径向模糊

使用【径向模糊】滤镜可以生成旋转模糊或从中心向外辐射的模糊效果，如图 10-34 所示为【径向模糊】对话框及使用此滤镜的效果图。

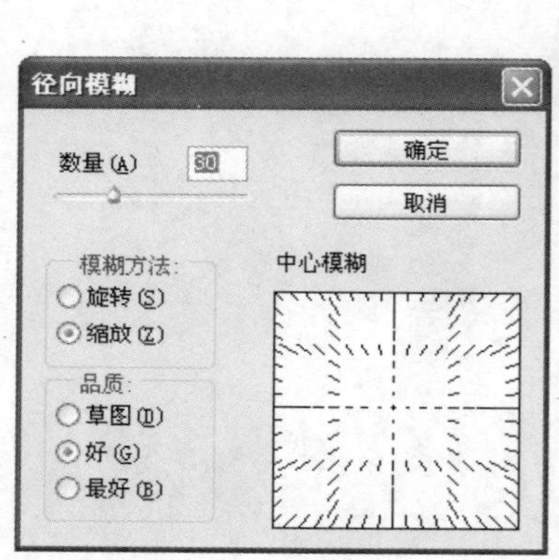

图 10-34 【径向模糊】对话框及应用示例

径向模糊滤镜的操作说明如下。

- 拖动【中心模糊】预览框的中心点可以改变模糊的中心位置。
- 在【模糊方法】选项组中选中【旋转】单选按钮，可以得到旋转模糊的效果；选中【缩放】单选按钮，可以得到图像由中心点向外放射的模糊效果。
- 在【品质】选项组中可以选择模糊的质量。选中【草图】单选按钮，执行速度快，但质量不够完美；选中【最好】单选按钮，执行速度慢，但能够创建光滑的模糊效果；选中【好】单选按钮所创建的效果介于【草图】与【最好】之间。

10.3.7 镜头模糊

使用【镜头模糊】滤镜可以为图像应用模糊效果以产生更浅的景深效果，以使图像中

的一些对象在焦点内，而使另一些区域变得模糊。

【镜头模糊】滤镜使用深度映射来确定像素在图像中的位置，可以使用 Alpha 通道和图层蒙版来创建深度映射，Alpha 通道中的黑色区域被视为图像的近景，白色区域被视为图像的远景。

如图 10-35 所示为原图像及【通道】面板中的通道 Alpha 1，如图 10-36 所示为【镜头模糊】对话框，如图 10-37 所示为应用【镜头模糊】命令后的效果。

(a) 原图像

(b) 通道 Alpha 1

图 10-35　原图像及通道 Alpha 1

图 10-36　【镜头模糊】对话框

此对话框中的重要参数与选项如下。

- 【更快】：在预览模式下，选中该单选按钮，可以提高预览的速度。
- 【更加准确】：在预览模式下，选中该单选按钮，可以看到图像在应用该命令后所得到的效果。
- 【源】：在该下拉列表框中可以选择 Alpha 通道。
- 【模糊焦距】：拖动该滑块可以调节位于焦点内的像素深度。
- 【反相】：启用该复选框后，模糊的深度将与【源】(选区或通道)的作用正好相反。
- 【形状】：在该下拉列表框中，可以选择自定义的光圈大小，默认值为 6。
- 【半径】：该参数可以控制模糊的程度。
- 【叶片弯度】：该参数用来消除光圈的边缘。
- 【旋转】：拖动该滑块，可以调节光圈的角度。
- 【亮度】：拖动该滑块，可以调节图像高光处的亮度。
- 【阈值】：拖动该滑块，可以控制亮度的截止点，使比该值亮的像素都被视为镜面高光。
- 【数量】：控制添加杂色的数量。
- 【平均】、【高斯分布】：选中任意一个单选按钮，决定杂色分布的形式。
- 【单色】：启用该复选框，使在添加杂色的同时不影响原图像中的颜色。

图 10-37　应用【镜头模糊】命令后的效果

10.3.8　分层云彩

使用【分层云彩】滤镜可将前景色和背景色之间变化的随机像素值转换为柔和的云彩图案。要得到逼真的云彩效果，必须将前景色和背景色设置为想要的云彩颜色与天空颜色，效果如图 10-38 所示。

图 10-38　应用【云彩】命令后的效果

10.3.9　镜头光晕

使用【镜头光晕】滤镜可以创建类似于太阳光所产生的光晕效果。

【镜头光晕】对话框如图 10-39 所示，在【亮度】文本框中输入数值或拖动三角滑块，可以控制光源的强度；在图像缩略图中单击可以选择光源的中心点。

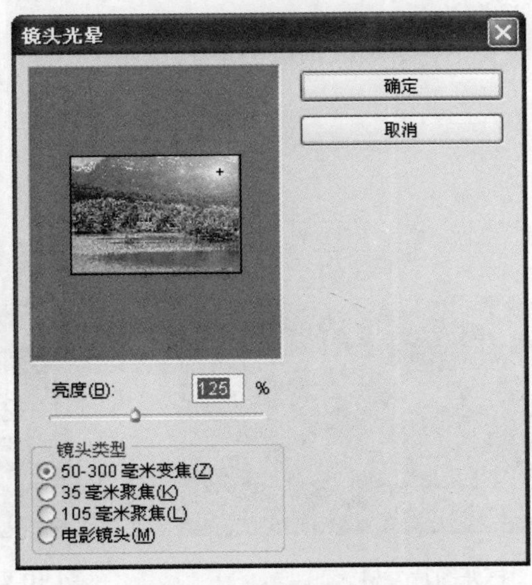

图 10-39　【镜头光晕】对话框

如图 10-40 所示为原图及应用镜头光晕滤镜后的效果图。

(a) 原图

(b) 应用【镜头光晕】后的效果

图 10-40　原图及应用【镜头光晕】后的效果图

10.3.10　光照效果

使用【光照效果】滤镜，可以通过改变 17 种光照样式、3 种光照类型和 4 种光照属性，在 RGB 图像上产生无数种光照效果。

如果在其纹理通道中使用灰度文件的纹理图像，还可以产生凸出的立体效果，此滤镜只能应用于 RGB 图像。

1. 应用光照效果

光照效果的应用操作步骤如下。

(1) 选择【文件】|【打开】菜单命令，在弹出的【打开】对话框中找到并选择需要打开的图片，单击【确定】按钮将其打开，如图 10-41 所示。

(2) 按下 Ctrl+J 组合键将“背景”图层复制 1 层，如图 10-42 所示。

图 10-41　打开图片素材

图 10-42　复制“背景”图层

(3) 选择【滤镜】|【渲染】|【光照效果】菜单命令，打开光照效果【属性】面板和【光源】面板，如图 10-43 所示。光照效果的属性栏如图 10-44 所示。

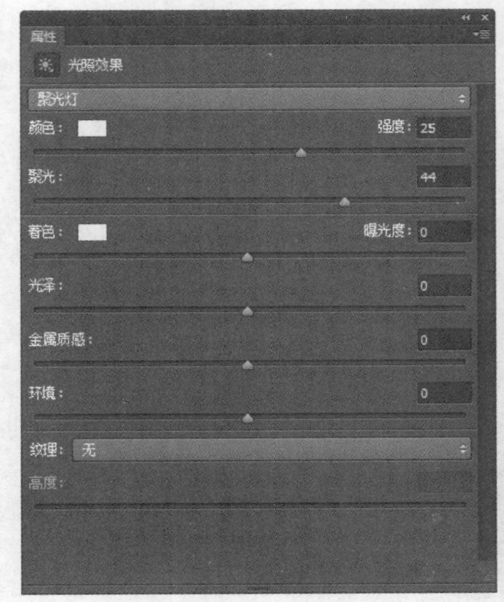

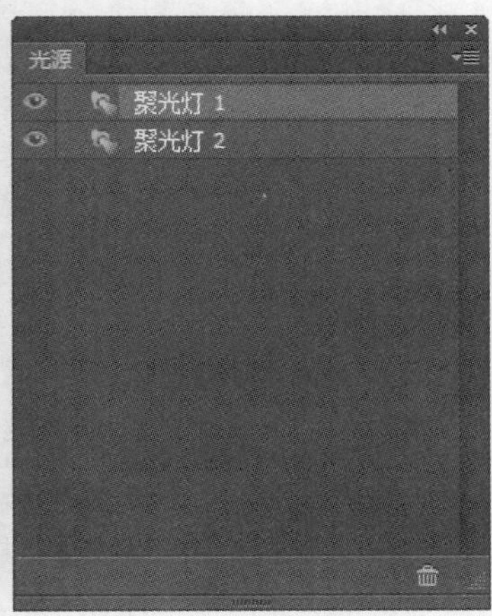

图 10-43　光照效果【属性】面板和【光源】面板

图 10-44　光照效果属性栏

(4) 单击光照效果属性栏中的【预设】按钮，在弹出的下拉菜单中选择【柔化直接光】命令，如图 10-45 所示。

(5) 在光照效果【属性】面板中设置各种参数，如图 10-46 所示。

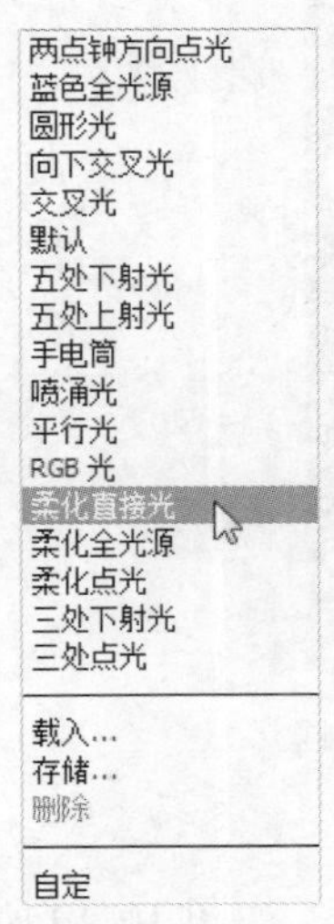

图 10-45　选择【柔化直接光】命令

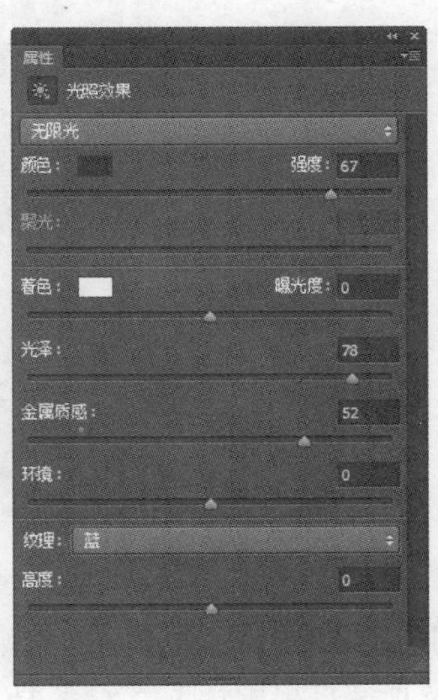

图 10-46　设置参数

(6) 设置完成后，单击属性栏中的【确定】按钮，为图像应用光照效果，如图 10-47 所示。

图 10-47　为图像应用光照效果

2. 光照效果【属性】面板

选择需要应用光照效果的对象，选择【滤镜】|【渲染】|【光照效果】菜单命令，打开光照效果【属性】面板，如图 10-48 所示。

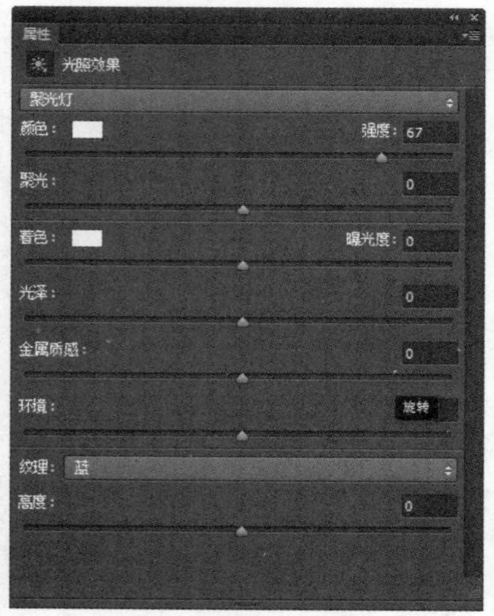

图 10-48　光照效果【属性】面板

在光照效果【属性】面板中可执行以下任意一种操作。

(1) 从顶部菜单中选取光照类型(聚光灯、无限光或点光)，如图 10-49 所示。

图 10-49　选取光照类型

- 【点光】：使光在图像正上方向的各个方向照射——像灯泡一样。
- 【无限光】：使光照射在整个平面上——像太阳一样。
- 【聚光灯】：投射一束椭圆形的光柱。预览窗口中的线条定义光照方向和角度，而手柄定义椭圆边缘。

(2) 【颜色】：单击【颜色】旁边的【色块】□，在弹出的【拾色器】对话框中可以设置光照颜色，如图 10-50 所示。

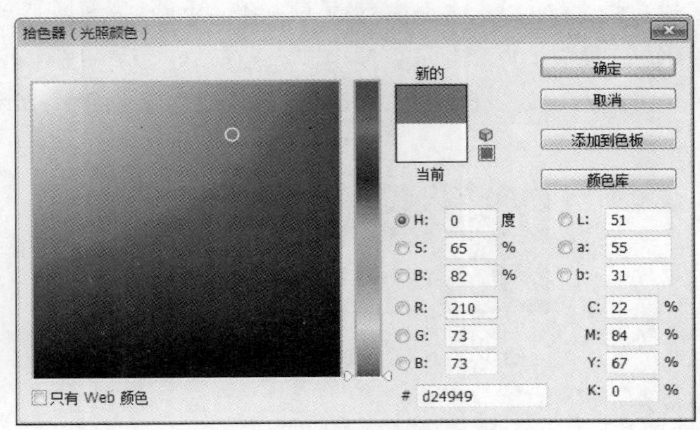

图 10-50　设置光照颜色

(3) 【强度】：在该文本框中输入数值或者拖动下方的滑块按钮，可以更改光照的强度。

(4) 【聚光】：在该文本框中输入数值或者拖动下方的滑块按钮，可以更改热点大小。

提示： 若要复制光照，可以按住 Alt 键(Windows) 或 Option 键(Mac OS)，然后在文件窗口中拖动光照。

(5) 【着色】：单击【着色】右侧的色块，可以在打开的【拾色器】对话框中设置环境色的颜色，如图 10-51 所示。

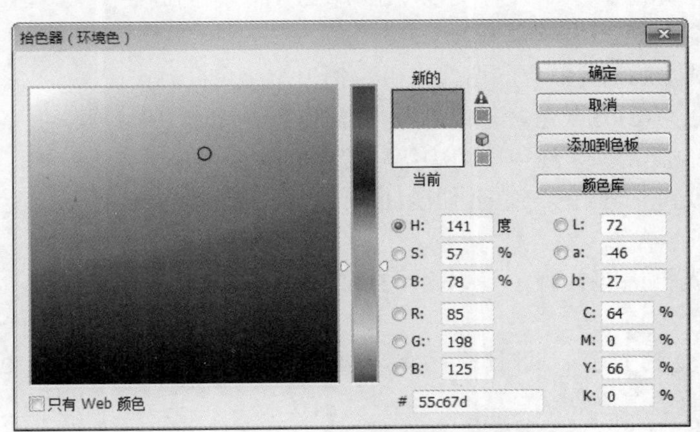

图 10-51　设置环境色

(6) 【曝光度】曝光度：0：在【曝光度】数值框中输入数值或者拖动下方的滑块按钮，可以控制高光和阴影细节。

(7) 【光泽】：在【光泽】数值框中输入数值或者拖动下方的滑块按钮，确定表面反射光照的程度。

(8) 【金属质感】：在【光泽】数值框中输入数值或者拖动下方的滑块按钮，确定光照或光照投射到的对象哪个反射率更高。

(9) 【环境】：漫射光，使该光照如同与室内的其他光照(如日光或荧光)相结合一样。在【环境】文本框中输入数值 100，表示只使用此光源或者输入数值-100 以移去此光源。

(10) 【纹理】：在该下拉列表框中选择任一选项，可以为通道选择图像以增加纹理效果，如图 10-52 所示。

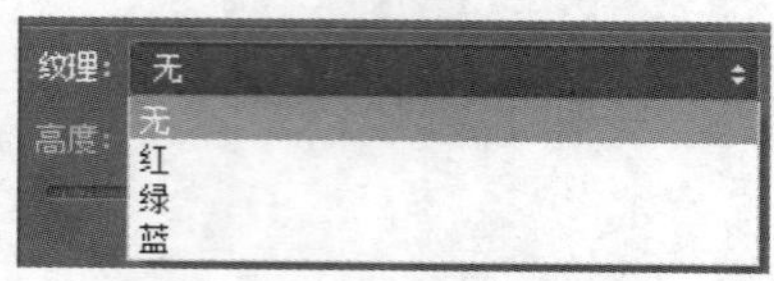

图 10-52 【纹理】下拉列表框

3. 光照效果属性栏

光照效果的属性栏如图 10-53 所示。

图 10-53 光照效果属性栏

(1) 【预设】自定：单击该按钮，在弹出的下拉菜单中可以从 17 种不同的灯光样式中选择合适的灯光，如图 10-54 所示。

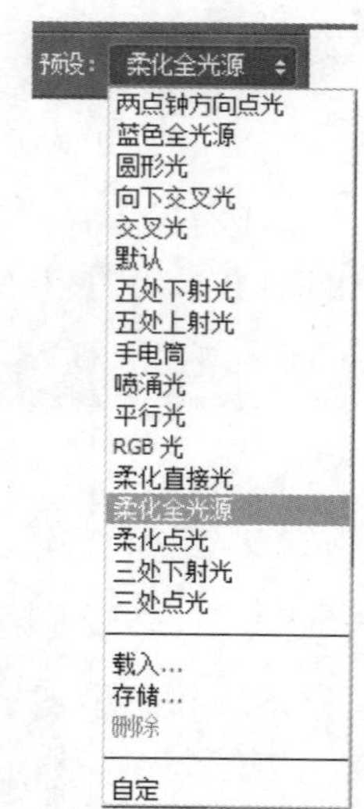

图 10-54 选择样式

- 【两点钟方向点光】：即具有中等强度(17)和宽焦点(91)的黄色点光。
- 【蓝色全光源】：即具有全强度(85)和没有焦点的高处蓝色全光源。
- 【圆形光】：即 4 个点光。“白色”为全强度(100)和集中焦点(8)的点光。“黄色”为强强度(88)和集中焦点(3)的点光。“红色”为中等强度(50)和集中焦点(0)的点光。“蓝色”为全强度(100)和中等焦点(25)的点光。
- 【交叉光】：即具有中等强度(35)和宽焦点(69)的白色点光。
- 【向下交叉光】：即具有中等强度(35)和宽焦点(100)的两种白色点光。
- 【默认】：即具有中等强度(35)和宽焦点(69)的白色点光。
- 【五处下射光/五处上射光】：即具有全强度(100)和宽焦点(60)的下射或上射的

5 个白色点光。

- 【闪光】：即具有中等强度(46)的黄色全光源。
- 【喷涌光】：即具有中等强度(35)和宽焦点(69)的白色点光。
- 【平行光】：即具有全强度(98)和没有焦点的蓝色平行光。
- 【RGB 光】：即产生中等强度(60)和宽焦点(96)的红色、蓝色与绿色光。
- 【直接柔光】：即两种不聚焦的白色和蓝色平行光。其中白色光为柔和强度(20)，而蓝色光为中等强度(67)。
- 【柔化全光源】：即中等强度(50)的柔和全光源。
- 【柔化点光】：即具有全强度(98)和宽焦点(100)的白色点光。
- 【三处下射光】：即具有柔和强度(35)和宽焦点(96)的右边中间白色点光。
- 【三处点光】：即具有轻微强度(35)和宽焦点(100)的 3 个点光。

(2) 光照 光照：：单击该按钮可以添加聚光灯、点光和无限光类型。按需要重复，最多可获得 16 种光照。

(3) 【旋转】：单击该按钮，可以重置当前光照。

(4) 【预览】：启用该复选框，可以在文件窗口中预览光照效果。

4. 删除光照

在【光源】面板中选中要删除的光照效果，单击右下角的【删除】按钮，如图 10-55 所示，即可删除选中的光照效果，如图 10-56 所示。

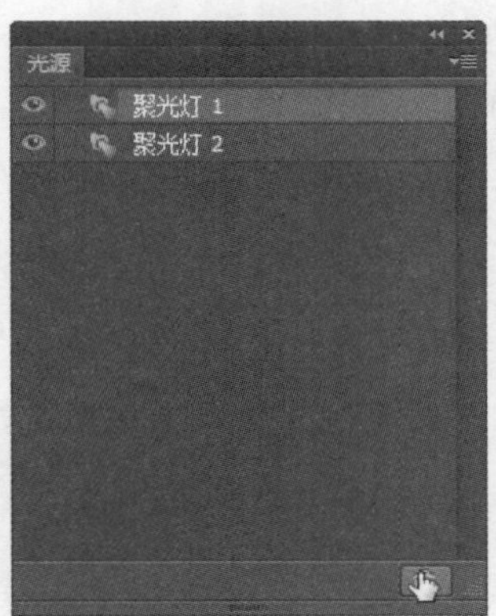

图 10-55 单击【删除】按钮

图 10-56 删除光照效果

10.3.11 USM 锐化

【USM 锐化】滤镜常用来校正边缘模糊的图像，此滤镜通过调整图像边缘对比度的方法强调边缘效果，从而在视觉上产生更清晰的图像效果，如图 10-57 所示为原图像及应用此滤镜后的效果图。

【USM 锐化】对话框如图 10-58 所示，其重要参数与选项如下。

- 拖动【数量】调节滑块，可以设置图像总体的锐化程度。
- 拖动【半径】调节滑块，可以设置图像轮廓被锐化的范围，数值越大，则在锐化

时图像边缘的细节被忽略得越多。

- 拖动【阈值】调节滑块，可以设置相邻的像素间达到一定数值时才进行锐化。数值越大，锐化过程中忽略的像素就越多，其数值范围为 0～15。

图 10-57　原图及使用 USM 锐化滤镜后的效果

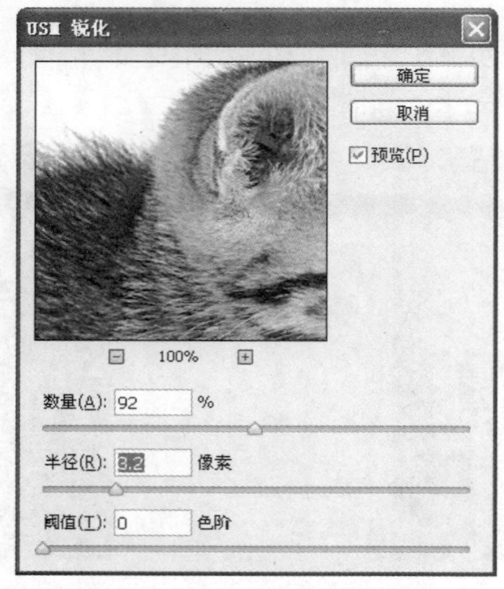

图 10-58　【USM 锐化】对话框

10.4　智 能 滤 镜

在 Photoshop CS6 中，使用智能滤镜除了能够直接对智能对象应用滤镜效果外，还可以对所添加的滤镜进行反复修改。

10.4.1　添加智能滤镜

要添加智能滤镜可以按照以下的步骤操作。

(1) 选中要应用智能滤镜的智能对象图层，在【滤镜】菜单中选择要应用的滤镜命令，并设置适当的参数。

(2) 设置完毕后，单击【确定】按钮退出对话框，即可生成一个对应的智能滤镜图层。

(3) 如果要继续添加多个智能滤镜，可以重复第 1～2 步的操作，直至得到满意的效果。

提示： 如果选择的是没有参数的滤镜(如查找边缘、云彩等)，则可直接对智能对象图层中的图像进行处理，并创建对应的智能滤镜。

图 10-59 所示是原图像及对应的【图层】面板，如图 10-60 所示是利用【铜版雕刻】滤镜对图像进行处理后的效果以及对应的【图层】面板。此时可以看到，在原智能对象图层的下方多了一个智能滤镜图层。

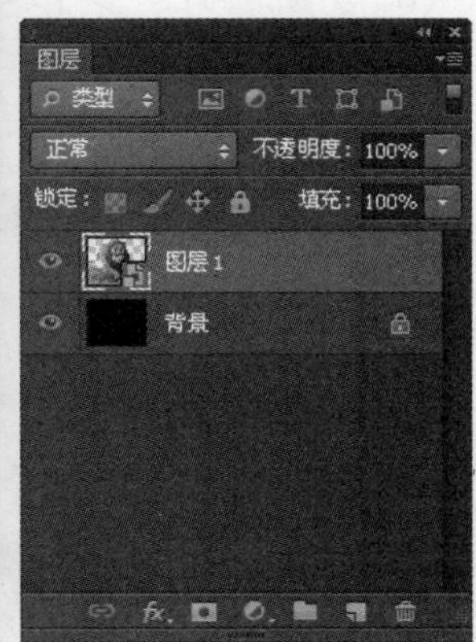

图 10-59　素材图像及对应的【图层】面板

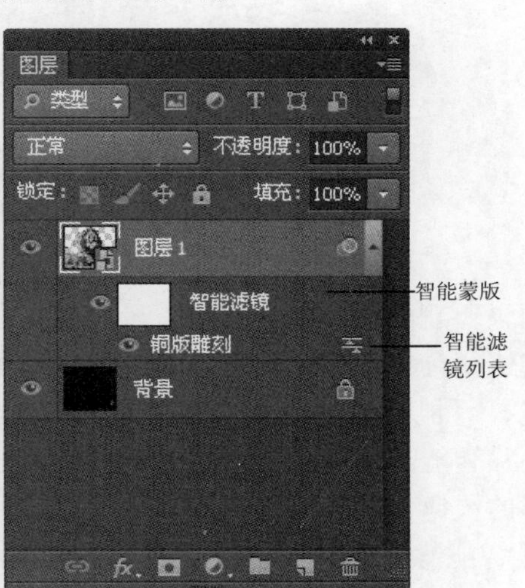

图 10-60　应用【铜版雕刻】处理后的效果及对应的【图层】面板

可以看出，在一个智能滤镜图层主要是由智能蒙版以及智能滤镜列表构成，其中智能

蒙版主要用于隐藏智能滤镜对图像的处理效果，而智能滤镜列表则显示了当前智能滤镜图层中所应用的滤镜名称。

10.4.2 编辑智能滤镜蒙版

使用智能滤镜蒙版可以使滤镜应用到智能对象图层的局部，其操作原理与图层蒙版的操作原理相同，即使用黑色来隐藏图像，白色显示图像，而灰色则产生一定的透明效果。

要编辑智能蒙版，可以按以下的步骤进行操作。

(1) 下载带有智能图层的素材，为智能图层添加智能蒙版。

(2) 选中要编辑的智能蒙版。

(3) 选择绘图工具，如【画笔工具】、【渐变工具】等。

(4) 根据需要设置适当的颜色，然后在蒙版中涂抹即可。

如图 10-61 所示为在智能蒙版中绘制后得到的图像效果以及对应的【图层】面板。可以看出，由于蒙版被黑色遮盖，导致了该智能滤镜的部分效果被隐藏，即滤镜命令仅被应用于局部图像中。

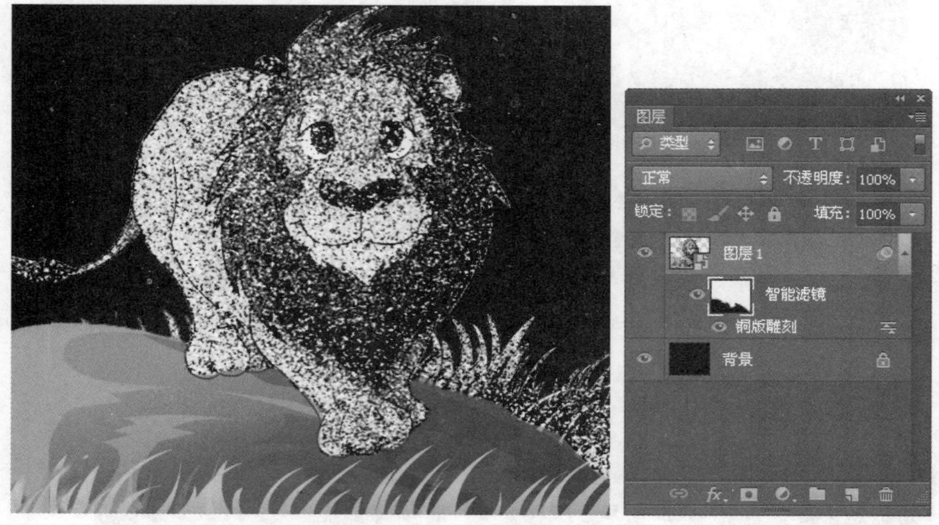

图 10-61 编辑智能蒙版后的效果

如果要删除智能滤镜蒙版，可以直接在蒙版缩览图中【智能滤镜】的名称上右击，在弹出的快捷菜单中选择【删除滤镜蒙版】命令，如图 10-62 所示，或者选择【图层】|【智能滤镜】|【删除滤镜蒙版】菜单命令。

删除智能滤镜蒙版后，如果要重新添加蒙版，可以在【智能滤镜】这 4 个字上右击，在弹出的快捷菜单中选择【添加滤镜蒙版】命令，如图 10-63 所示。也可以通过选择【图层】|【智能滤镜】|【添加滤镜蒙版】菜单命令来完成。

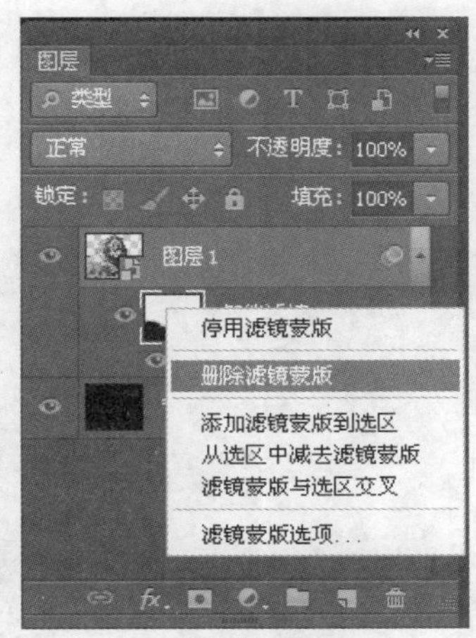

图 10-62　删除滤镜蒙版

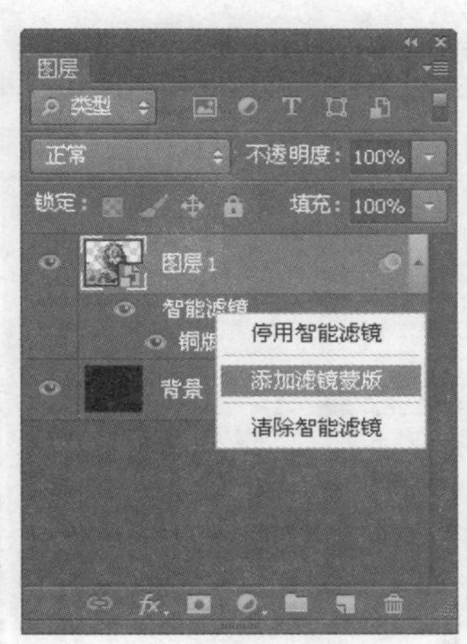

图 10-63　添加滤镜蒙版

10.4.3　编辑智能滤镜

智能滤镜的突出优点之一是允许操作者反复编辑所应用的滤镜的参数，其操作方法非常简单，只要直接在【图层】面板中双击要修改参数的滤镜名称即可。如图 10-64 所示是笔者将【铜版雕刻】的类型从【粗网点】修改为【中长直线】以后的图像效果。

需要注意的是，在添加多个智能滤镜的情况下，如果编辑了先添加的智能滤镜，将会弹出如图 10-65 所示的提示框，此时，需要修改参数才能看到这些滤镜叠加在一起应用的效果。

图 10-64　修改智能滤镜参数后的效果

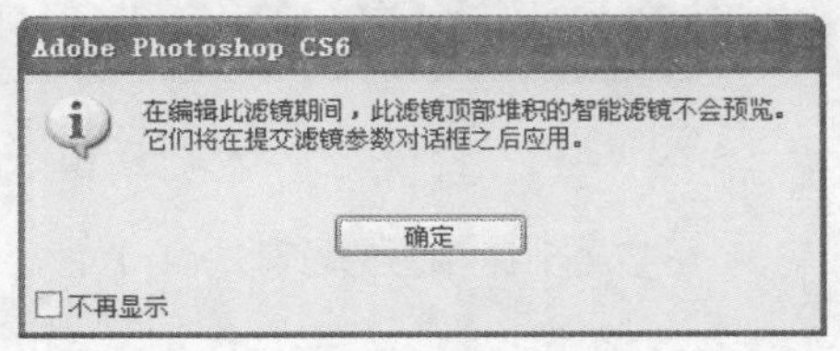

图 10-65　提示框

10.4.4　编辑智能滤镜混合选项

通过编辑智能滤镜的混合选项，可以让滤镜所生成的效果与原图像进行混合。

要编辑智能滤镜的混合选项，可以双击智能滤镜名称后面的【双击以编辑滤镜混合选项】图标，弹出如图 10-66 所示的【混合选项】对话框。

如图 10-67 所示为应用了【铜版雕刻】智能滤镜后的效果，如图 10-68 所示是按上面的方法操作后，将该智能滤镜的混合模式设置为【叠加】后得到的效果。

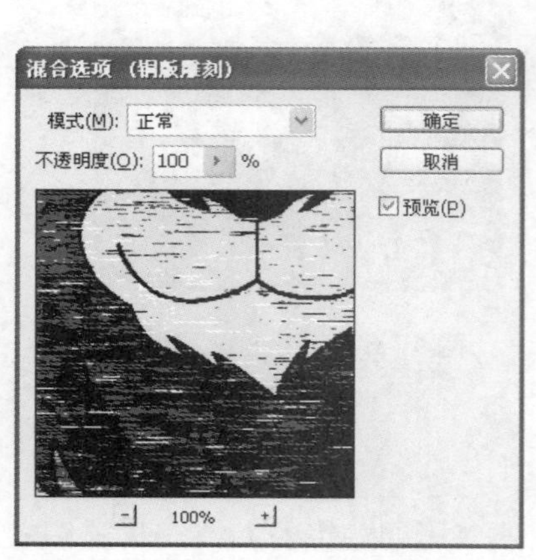

图 10-66 智能滤镜的【混合选项】对话框

图 10-67 应用【铜版雕刻】滤镜的图像效果

图 10-68 设置混合选项及生成的效果

可以看出，通过编辑每一个智能滤镜命令的混合选项，将使我们有更大的操作灵活性。

10.4.5 删除智能滤镜

如果要删除一个智能滤镜，可直接右击该滤镜名称，在弹出的快捷菜单中选择【删除智能滤镜】命令，或者直接将要删除的滤镜拖至【图层】面板底部的【删除图层】按钮上。

如果要清除所有的智能滤镜，可在智能滤镜(即智能蒙版后的名称)上右击，在弹出的快捷菜单中选择【清除智能滤镜】命令，或直接选择【图层】|【智能滤镜】|【清除智能滤镜】菜单命令。

10.5　上机实践操作——制作特效背景

本范例完成文件：\10\特效背景. psd

多媒体教学路径：光盘→多媒体教学→第 10 章

10.5.1　实例介绍和展示

本例先分别运用【分层云彩】、【拼贴】、【照亮边缘】、【径向模糊】这 4 种滤镜效果打造令人眩晕的背景效果，之后通过调整色彩平衡来为背景图着色，完成的最终效果如图 10-69 所示。

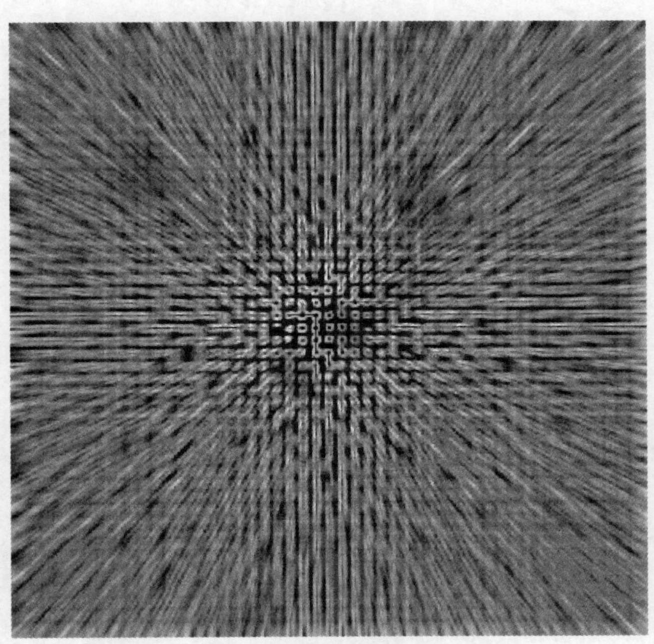

图 10-69　最终生成效果

10.5.2　新建文档并运用滤镜效果

(1) 启动 Photoshop CS6 主程序，新建一个 600×600 像素的文档，设置前景色、背景色颜色为默认值，选择【滤镜】|【渲染】|【分层云彩】菜单命令，应用分层云彩滤镜效果，如图 10-70 所示。

图 10-70 【分层云彩】效果

(2) 选择【滤镜】|【风格化】|【拼贴】菜单命令，在打开的【拼贴】对话框中设置参数，如图 10-71 所示。设置完成后，单击【确定】按钮，效果如图 10-72 所示。

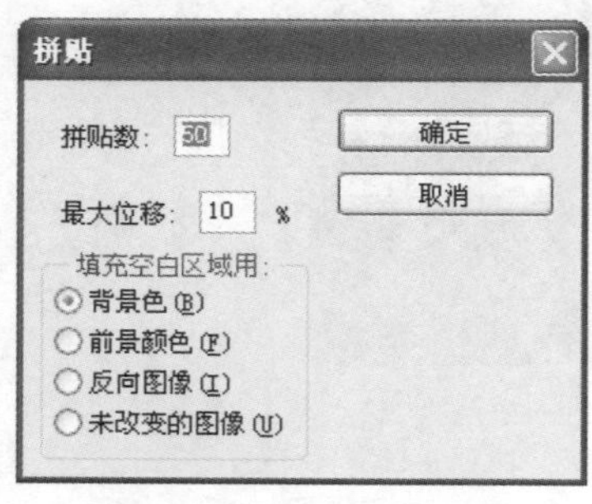

图 10-71 【拼贴】对话框

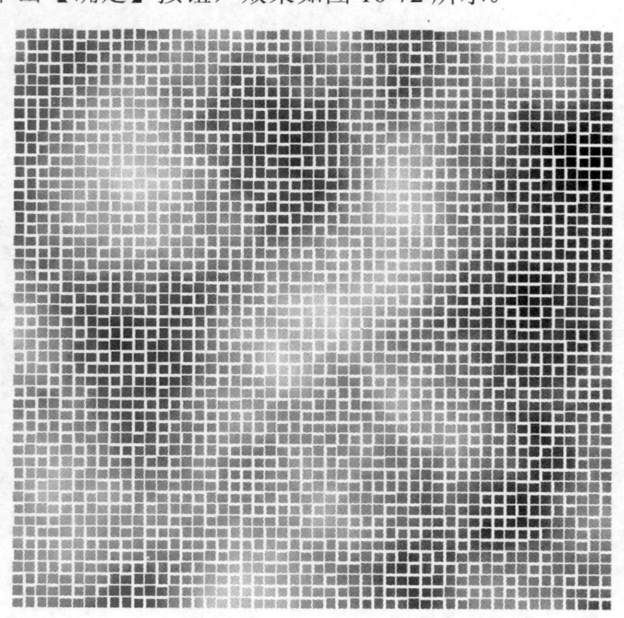

图 10-72 【拼贴】效果

(3) 选择【滤镜】|【风格化】|【照亮边缘】菜单命令，在打开的【照亮边缘】对话框中设置各种参数，如图 10-73 所示。设置完成后，单击【确定】按钮，效果如图 10-74 所示。

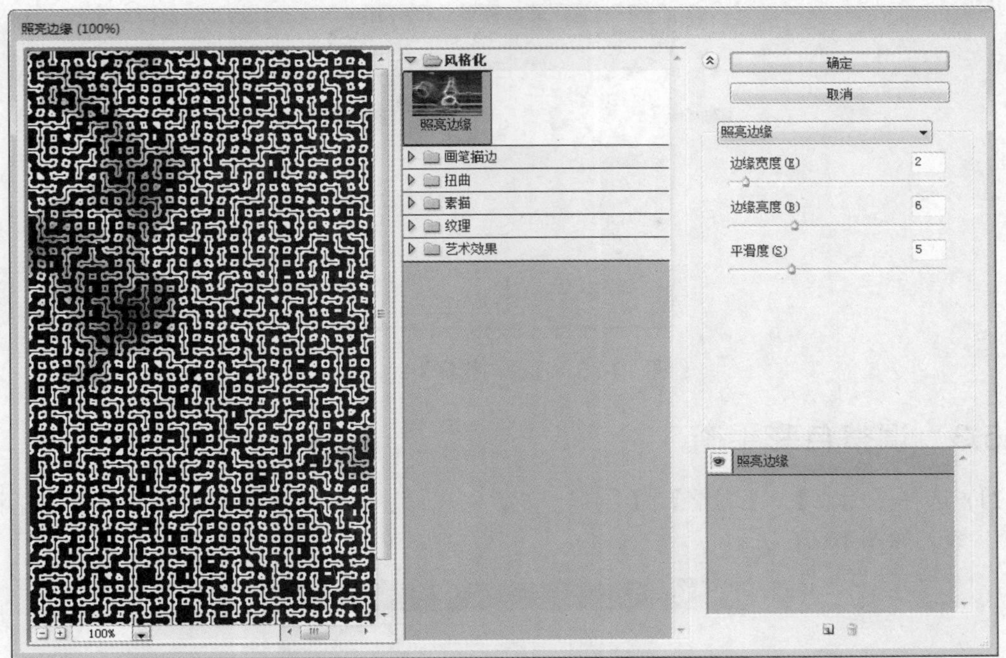

图 10-73　在【照亮边缘】对话框中设置各种参数

图 10-74　【照亮边缘】效果

(4) 选择【滤镜】|【模糊】|【径向模糊】菜单命令，在打开的【径向模糊】对话框中设置【数量】为 20，在【模糊方法】选项组中选中【缩放】单选按钮，如图 10-75 所示。设置完成后，单击【确定】按钮。

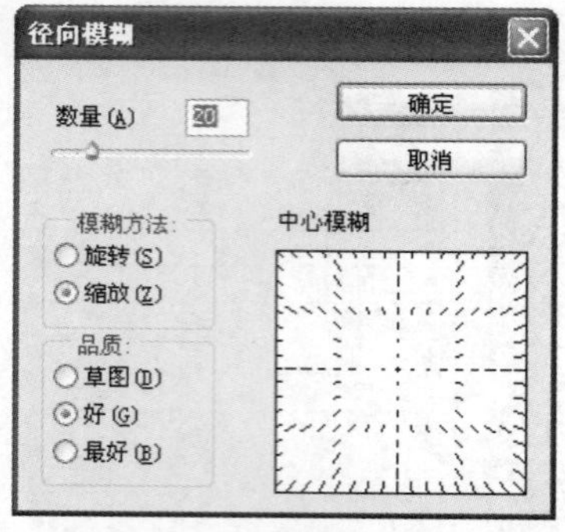

图 10-75　【径向模糊】对话框

10.5.3　调整色彩平衡

(1) 选择【图像】|【调整】|【色彩平衡】菜单命令，在打开的【色彩平衡】对话框中设置参数，如图 10-76 所示。

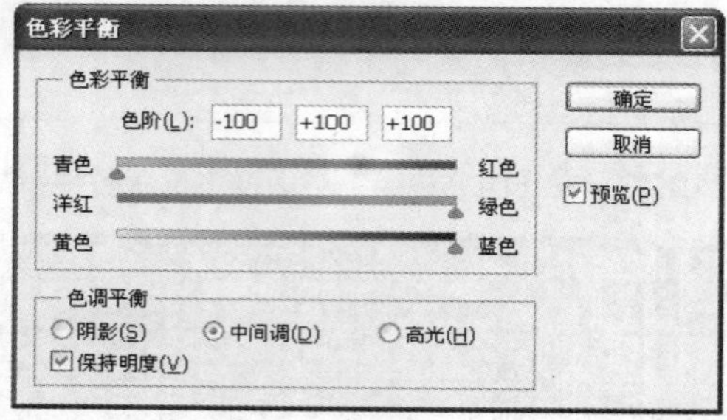

图 10-76　【色彩平衡】对话框

(2) 设置完成后，单击【确定】按钮，最终效果如图 10-77 所示。

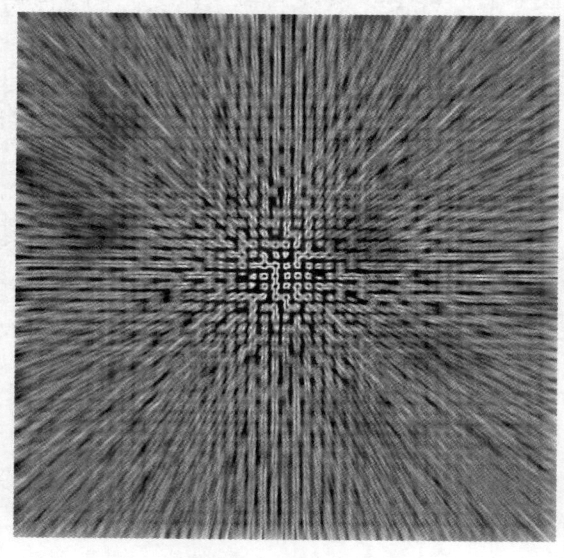

图 10-77　特效背景效果

10.6　操 作 练 习

运用所学知识，将图像制作为素描效果，本练习原图如图 10-78 所示，效果如图 10-79 所示。

图 10-78　原图

图 10-79　练习完成效果

第 11 章 文件自动化处理和打印输出

教学目标

本章主要讲解常用的自动化命令的使用方法以及打印输出的基本知识和输出设置。

教学重点和难点

1. 使用【批处理】命令。
2. 制作全景图像。
3. 合并到 HDR Pro。
4. 镜头校正。
5. 打印输出。

11.1 文件自动化处理

Photoshop 的【自动】命令就是将任务运用电脑自动进行计算，通过将复杂的任务组合到一个或多个对话框中，简化这些任务，从而避免繁重的重复性工作，以提高效率。

11.1.1 使用【批处理】成批处理文件

使用【批处理】菜单命令可对某个文件夹中的所有文件(包含子文件夹)应用动作。选择【文件】|【自动】|【批处理】菜单命令，弹出如图 11-1 所示的【批处理】对话框。

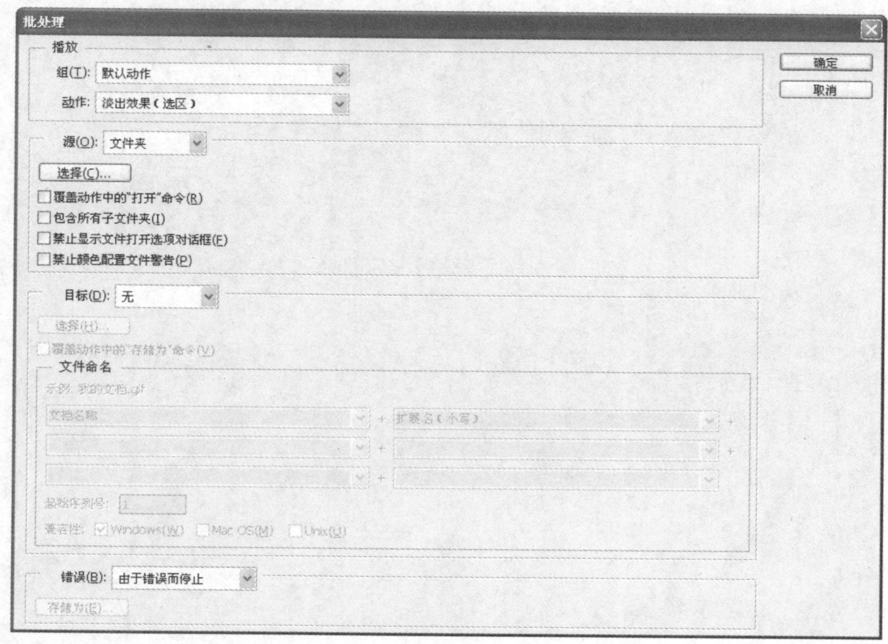

图 11-1 【批处理】对话框

- 【组】：该下拉列表框中显示了【动作】面板中的所有组，在此选择包含需要应用动作的组名称。
- 【动作】：此下拉列表框中显示了指定组中的所有动作，在此选择要应用的动作的名称。
- 【源】：在该下拉列表框中有 4 个选项，即【文件夹】、【导入】、【打开的文件】和 Bridge。如果选择【文件夹】选项，可以单击其下的【选择】按钮，在弹出的【浏览文件夹】对话框中选择需要进行批处理的文件夹。选择【导入】选项，对话框的此部分区域将如图 11-2 所示，可以对来自数码相机或扫描仪的图像应用动作。选择【打开的文件】选项，可以对所有打开的图像文件应用动作。

图 11-2　选择【导入】选项后的对话框参数

- 【覆盖动作中的“打开”命令】：如果需要动作中的打开命令处理在此对话框中指定的文件，应启用此复选框。
- 【包含所有子文件夹】：启用此复选框，将处理用户指定的文件夹中的文件和子文件夹中的文件。
- 【禁止显示文件打开选项对话框】：隐藏【文件打开选项】对话框。
- 【禁止颜色配置文件警告】：启用此复选框，可以在打开图像的颜色方案与当前使用的颜色方案不一致时关闭弹出的提示信息。
- 【目标】：在此下拉列表框中可以选择处理后文件的去向，选择【无】选项，可使文件保持打开而不存储更改(除非动作中包括存储命令)；选择【存储并关闭】选项，可以将文件存储在它们的当前位置，并覆盖原来的文件；选择【文件夹】选项，可以将处理的文件存储到另一个位置，选择此选项应该单击【选择】按钮，在弹出的文件选择对话框中指定文件保存的位置。
- 【覆盖动作中的“存储为”命令】：启用此复选框，则被处理的文件仅能够通过动作中的【储存为】命令保存在指定的文件夹中，如果没有【储存】、【储存为】命令，则执行动作后，不会保存任何文件。
- 【文件命名】：如果需要对执行批处理后生成的图像命名，可以在 6 个下拉列表框中选择合适的命名方式。
- 【错误】：从该下拉列表框中可以选择处理错误的选项。选择【由于错误而停止】选项，可以挂起处理，直到用户确认错误信息为止。选择【将错误记录到文件】选项，可以将每个错误记录到一个文本文件中并继续处理，因此必须单击【存储为】按钮为文本文件指定存储位置，并为该文件命名。

提示： 执行批处理命令进行批处理时，若要中止它，可以按下 Esc 键。

11.1.2　使用【批处理】命令修改图像模式

下面以一个实例讲解【批处理】命令的使用方法。本例的任务是将某文件夹中的所有图像转换成为 CMYK 颜色模式，然后以““sj-”+组号+扩展名”的命名形式保存为.tif 格式文件。

要完成此操作任务，可以按以下步骤操作。

(1) 任意打开文件夹中的一幅图像。

(2) 选择【窗口】|【动作】菜单命令，在打开的【动作】面板中新建一个名为“批处理”的组，如图 11-3 所示。

(3) 新建一个动作，并在打开的【新建动作】对话框中进行参数设置，如图 11-4 所示。

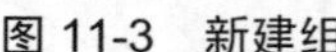
图 11-3　新建组

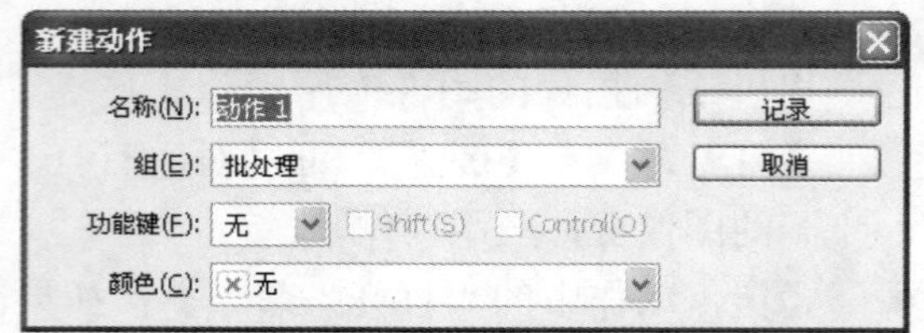

图 11-4　在【新建动作】对话框中设置参数

(4) 单击【新建动作】对话框中的【记录】按钮，开始记录动作。

(5) 选择【图像】|【模式】|【CMYK 颜色】菜单命令，将图像转换为 CMYK 颜色模式。

(6) 选择【文件】|【存储为】菜单命令，弹出【存储为】对话框，在【格式】下拉列表框中选择.tif，单击【保存】按钮，设置后弹出【TIFF 选项】对话框，单击【确定】按钮，退出对话框。

(7) 在【动作】面板中单击【停止播放/记录】按钮，此时【动作】面板如图 11-5 所示。

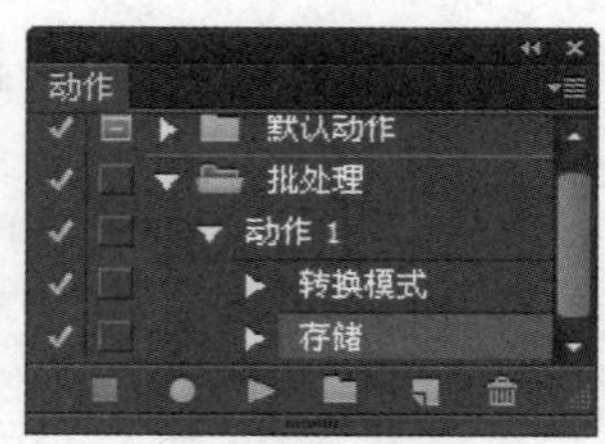

图 11-5　【动作】面板

(8) 选择【文件】|【自动】|【批处理】菜单命令，设置【批处理】对话框参数，如图 11-6 所示。

提示： 在记录动作的过程中，如果应用了【存储为】命令，在使用批处理命令时，想忽略此命令，可以在【批处理】对话框中启用【覆盖动作中的“存储为”命令】复选框，此时经过批处理的文件将以【目标】下拉列表框中指定的文件夹来保存文件。

批处理

播放

组(T): 批处理动作

动作: 动作 1

源(O): 文件夹

选择(C)... E:\源\

覆盖动作中的"打开"命令(R)

包含所有子文件夹(I)

禁止显示文件打开选项对话框(F)

禁止颜色配置文件警告(P)

目标(D): 文件夹

选择(H)... E:\目标\

覆盖动作中的"存储为"命令(V)

文件命名

示例: sj001.gif

sj + 3 位数序号 +

扩展名(小写) +

起始序列号: 1

兼容性: Windows(W) Mac OS(M) Unix(U)

错误(B): 由于错误而停止

存储为(E)...

确定

取消

图 11-6　【批处理】对话框

执行批处理命令后，可以看出，使用此命令得到的图像存放在【批处理】对话框中指定的文件夹中，而且其名称按对话框所指定的命名方式进行命名，如图 11-7 所示。

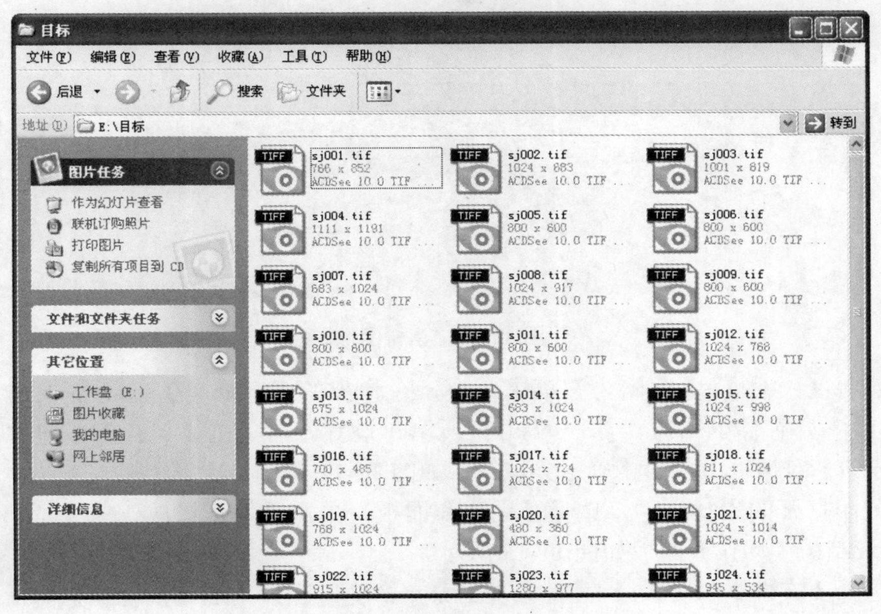

图 11-7　重命名的文件

11.1.3 使用【批处理】命令重命名图像

下面练习利用【批处理】命令为文件夹中的文件重命名，其操作步骤如下。

(1) 在 Photoshop 中打开【动作】面板，单击【创建新动作】按钮，设置【新建动作】对话框参数，如图 11-8 所示。单击【记录】按钮，此时的【动作】面板状态如图 11-9 所示。

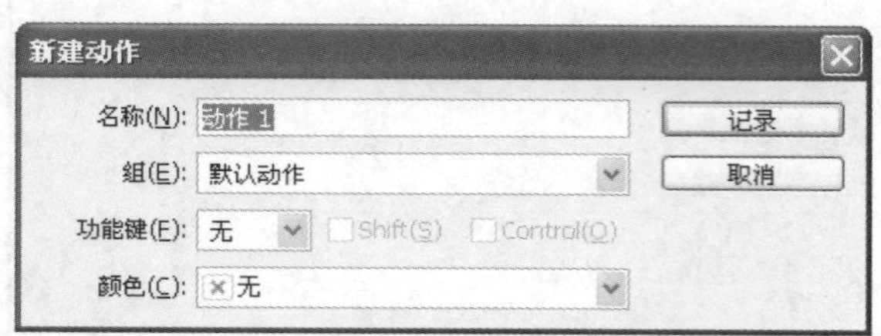

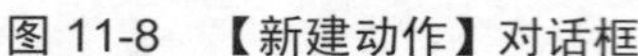

图 11-8 【新建动作】对话框

图 11-9 【动作】面板

(2) 选择【文件】|【打开】菜单命令，打开一幅素材图像，如图 11-10 所示。

图 11-10 素材图像

(3) 选择【文件】|【存储为】菜单命令，在弹出的【存储为】对话框中选择存储位置，同时设置好存储的格式，如图 11-11 所示，设置好后单击【保存】按钮并在弹出的【JPEG 选项】对话框中单击【确定】按钮，如图 11-12 所示。

(4) 关闭打开的素材文件，选择【动作】面板，单击【停止播放/记录】按钮■，结束动作的录制，【动作】面板如图 11-13 所示。

(5) 选择【文件】|【自动】|【批处理】菜单命令，在弹出的【批处理】对话框中设置参数，如图 11-14 所示。

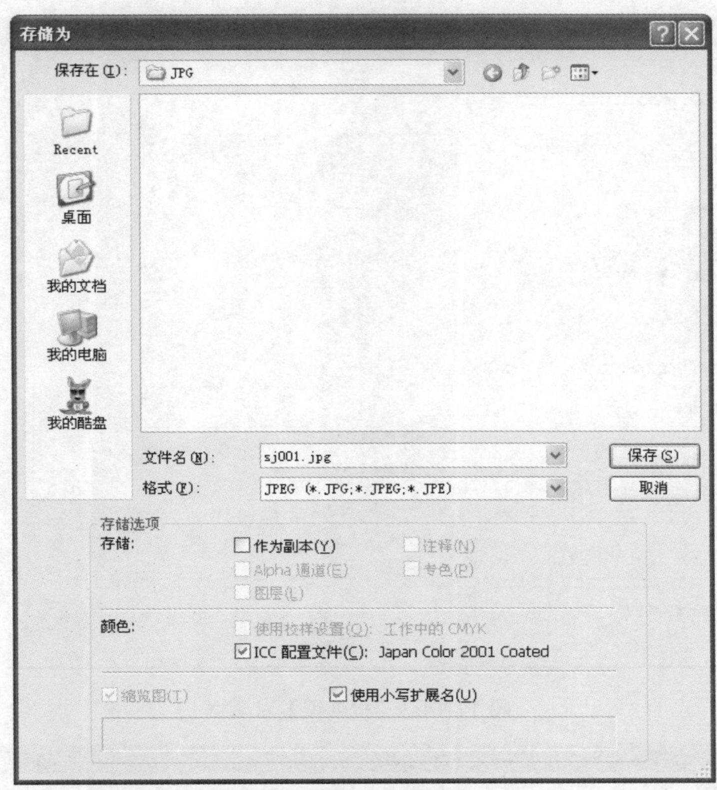

图 11-11 【存储为】对话框

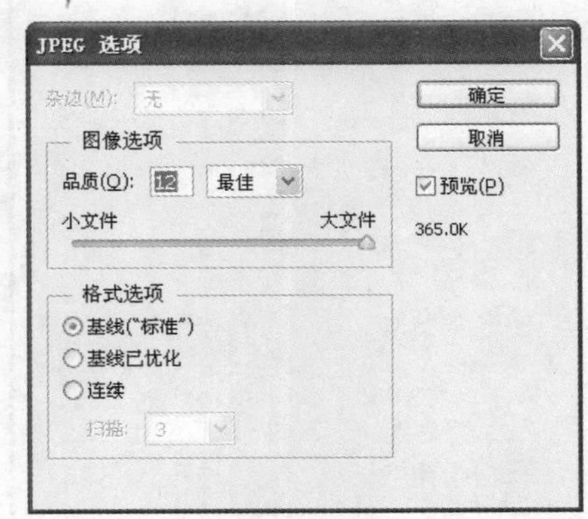

图 11-12 【JPEG 选项】对话框

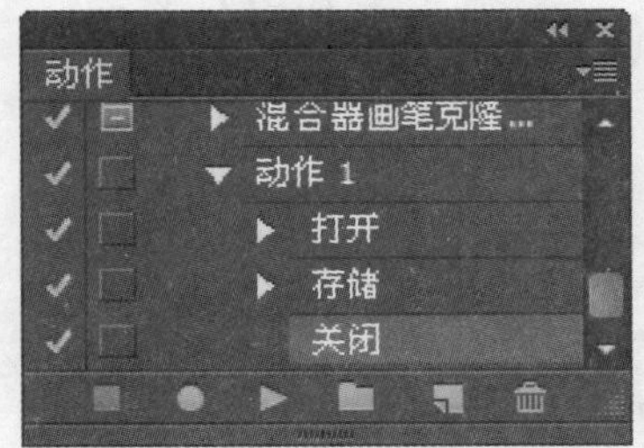

图 11-13 【动作】面板

提示： 【动作】面板中的【动作 1】是我们在上面步骤中所录制的动作；在【源】下拉列表框中选取【文件夹】选项，并单击【源】下边的【选择】按钮选择源文件的位置；在【目标】下拉列表框中选择【文件夹】选项，并单击【目标】下边的【选择】按钮，选择重命名后的目标文件的存放位置。

(6) 设置完成后单击【确定】按钮，Photoshop 将按我们上面录制的动作对选取的源文件中的文件进行重命名，并将其存放到目标位置，重命名后的效果如图 11-15 所示。

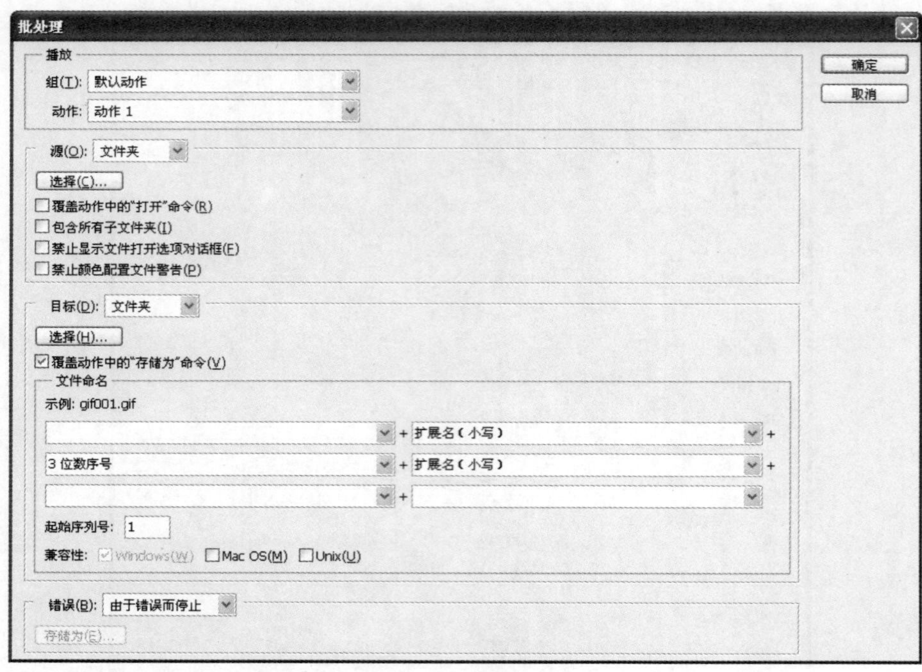

图 11-14 【批处理】对话框

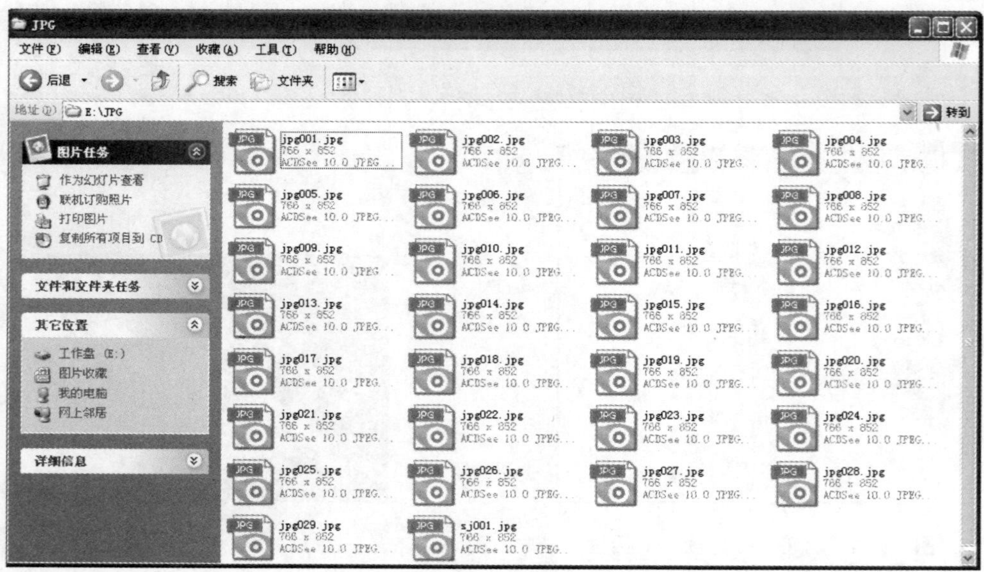

图 11-15 对文件进行重命名后的效果

11.1.4 制作全景图像

Photomerge 命令能够拼合具有重叠区域的连续拍摄照片，图 11-16 所示为原图像，图 11-17 所示为使用 Photomerge 命令拼合后的全景图。

图 11-16　素材图

图 11-17　组成后的全景图

要合成图像可以按照如下步骤进行操作。

(1) 选择【文件】|【自动】| Photomerge 菜单命令，弹出如图 11-18 所示的 Photomerge 对话框。

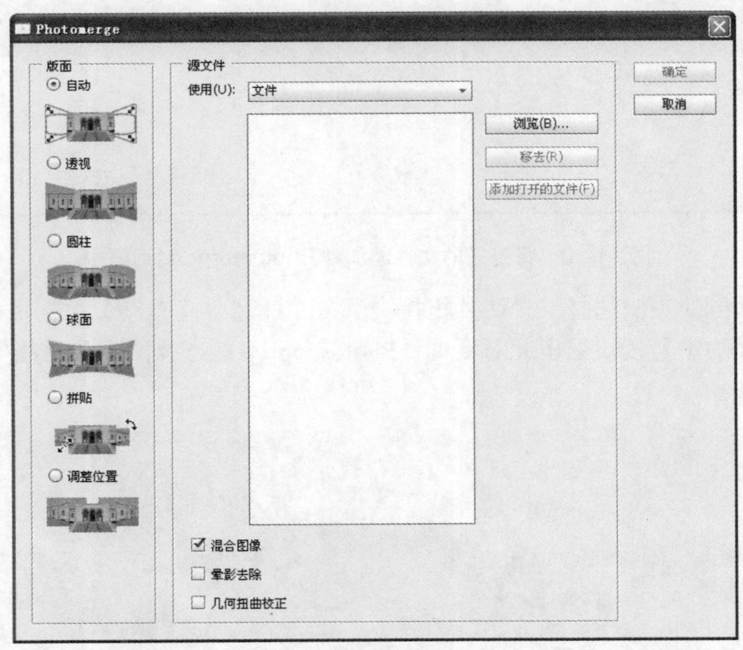

图 11-18　Photomerge 对话框

(2) 从【使用】下拉列表框中选择一个选项，包括【文件】和【文件夹】选项。

- 【文件】：可使用单个文件生成 Photomerge 合成图像。
- 【文件夹】：使用存储在一个文件夹中的所有图像来创建 Photomerge 合成图像。该文件夹中的文件会出现在此对话框中。

若想使用已经打开的文件，可以单击【添加打开的文件】按钮，如果未对打开的文件进行存储，将弹出【脚本警告】对话框，如图 11-19 所示，如果已对打开的文件进行存储，则可直接将打开的文件添加到 Photomerge 对话框中，如图 11-20 所示。

图 11-19 【脚本警告】对话框

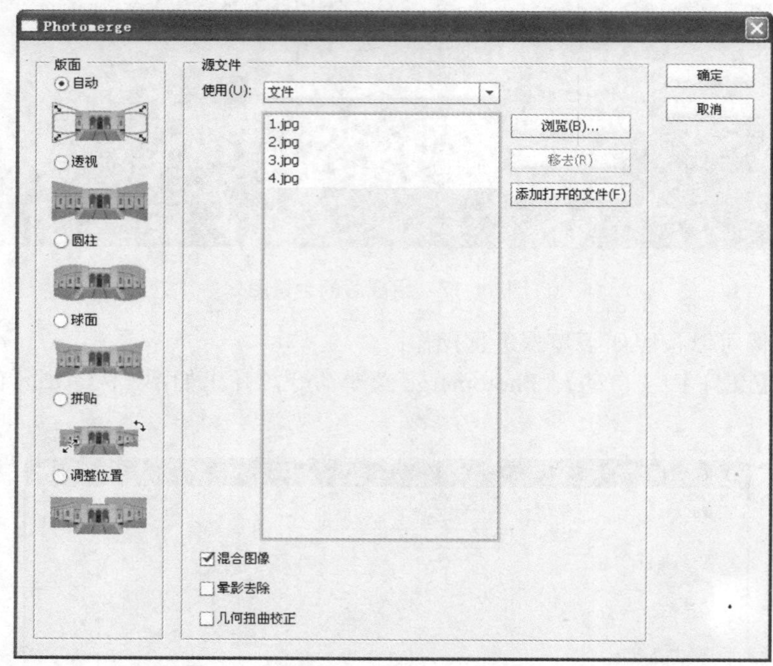

图 11-20 将打开的文件添加到 Photomerge 对话框中

(3) 在对话框的左侧选择一种图片拼接类型，在此选中【自动】单选按钮。

(4) 单击【确定】按钮退出此对话框，Photoshop 将按选择的图片拼接类型生成全景图像，如图 11-21 所示。

图 11-21 合成的效果

(5) 使用【裁剪工具】对图像进行裁切，并使用橡皮图章进行修补，即可得到满意的效果，如图 11-22 所示。

图 11-22　裁剪后的效果

如图 11-23～图 11-25 所示为使用其他几种版面类型所得到的拼合全景效果。

图 11-23　选择【圆柱】选项效果

图 11-24　选择【透视】选项效果

图 11-25　选择【球面】选项效果

11.1.5 合并到 HDR Pro

选择【文件】|【自动】|【合并到 HDR Pro...】菜单命令，弹出【合并到 HDR Pro】对话框，如图 11-26 所示。

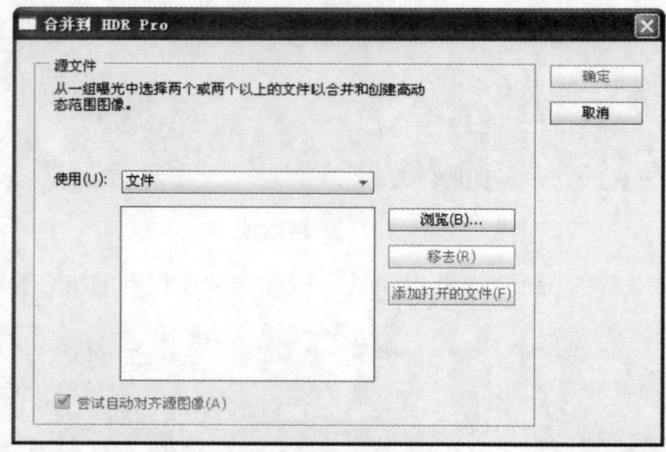

图 11-26 【合并到 HDR Pro】对话框

下面通过一个实例操作讲解此命令的使用方法。

(1) 在【合并到 HDR Pro】对话框中，可用下列方法之一添加要处理的文件。

- 在【使用】下拉列表框中选择【文件】选项，单击右侧的【浏览】按钮，在弹出的对话框中可以选择要合成的照片文件。
- 在【使用】下拉列表框中选择【文件夹】选项，单击右侧的【浏览】按钮，在弹出的对话框中选择要合成的照片所在的文件夹。
- 如果在 Photoshop 中已经打开了想要合成的照片，可以单击右侧的【添加打开的文件】按钮，将已打开的文件添加到列表中。
- 在添加的文件列表框中选中一个或多个照片文件，单击右侧的【移去】按钮可将其移除。

(2) 为了让 Photoshop 自动对齐图像，可以在对话框底部启用【尝试自动对齐源图像】复选框。

(3) 单击【确定】按钮后，将弹出【手动设置曝光值】对话框，如图 11-27 所示。在此可以通过设置曝光时间或增减曝光补偿(EV)来改变曝光值。如果照片不包括 EXIF 原始信息，也可以手动为每张照片进行设置。例如在本例中，我们就是按照顺序分别将曝光补偿(EV)值设置为 2、0 和−2。

(4) 设置曝光参数后，单击【确定】按钮，弹出【合并到 HDR Pro】对话框，如图 11-28 所示。观察此对话框不难看出，它与【图像】|【调整】|【HDR 色调】菜单命令有着较大的相似之处，这些二者相同的参数的功能也是完全相同的，因此下面只介绍一下二者不同的部分参数。

图 11-27　【手动设置曝光值】对话框

图 11-28　【合并到 HDR Pro】对话框

- 【移去重影】：启用此复选框后，可以自动移除在自动对齐源图像时可能产生的重影。
- 【模式】：可以在此下拉列表框中选择输出图像的位深度。

单击照片左下角的☑图标，使之变为□状态，即取消该图像的 HDR 混合。

(5) 在对话框右上方的【预设】下拉列表框中选择一个合适的预设，或在右侧区域中设置适当的参数，直至得到满意的效果，然后单击【确定】按钮退出对话框，效果如图 11-29 所示。

图 11-29　合成后的效果

11.1.6　镜头校正

使用【文件】|【自动】|【镜头校正】菜单命令，可以批量对照片进行镜头的畸变、色差以及暗角等属性的校正，【镜头校正】对话框如图 11-30 所示。

镜头校正
源文件
选择进行批量镜头校正的文件。
使用(U): 文件
浏览(B)...
移去(R)
添加打开的文件(F)
确定
取消
目标文件夹
文件类型: PSD
选择(H)...
镜头校正配置文件
☑ 匹配最佳配置文件(M)
选择(C)...
校正选项
☑ 几何扭曲(D)　☑ 自动缩放图像(S)
☐ 色差(C)　边缘(E): 透明度
☐ 晕影(V)

图 11-30　【镜头校正】对话框

在此对话框中，我们可以参考【滤镜】|【镜头校正】命令进行操作，而实际上，这个命令就相当于一个“批处理版”的【镜头校正】滤镜，其功能甚至智能到我们只需要轻点几下鼠标就可以批量地对照片进行统一的校正处理，其中当然也包括【匹配最佳配置文件】复选框，【校正选项】选项组中的【几何扭曲】、【色差】以及【晕影】等复选框的设置，最后单击【确定】按钮进行处理即可。

11.2　打 印 输 出

无论是将图像打印到桌面打印机还是将其发送到印前设备，了解一些有关打印的基础知识都会使打印作业进行得更顺利，并有助于确保完成的图像达到预期的效果。

- 打印类型：对于多数 Photoshop 用户而言，打印文件意味着将图像发送到喷墨打印机。Photoshop 可以将图像发送到多种设备，以便直接在纸上打印图像或将图像转换为胶片上的正片或负片图像。在后一种情况中，可使用胶片创建主印版，以便通过机械印刷机进行印刷。
- 图像类型：最简单的图像(如艺术线条)在一个灰阶中只使用一种颜色。较复杂的图像(如照片)则具有不同的色调。这类图像称为连续色调图像。
- 分色：打算用于商业再生产并包含多种颜色的图片必须在单独的主印版上打印，一种颜色一个印版。此过程(称为分色)通常要求使用青色、黄色、洋红和黑色(CMYK)油墨。在 Photoshop 中，您可以调整生成各种印版的方式。
- 细节品质：打印图像中的细节取决于图像分辨率(每英寸的像素数)和打印机分辨率(每英寸的点数)。多数 PostScript 激光打印机的分辨率为 600 dpi，而 PostScript 激光照排机的分辨率为 1200 dpi 或更高。喷墨打印机所产生的实际上不是点而是细小的油墨喷雾，可产生 300～720 dpi 的分辨率。

11.2.1　打印图像

设置 Photoshop 打印选项并打印。

(1) 选择【文件】|【打印】菜单命令，弹出【Photoshop 打印设置】对话框，如图 11-31 所示。

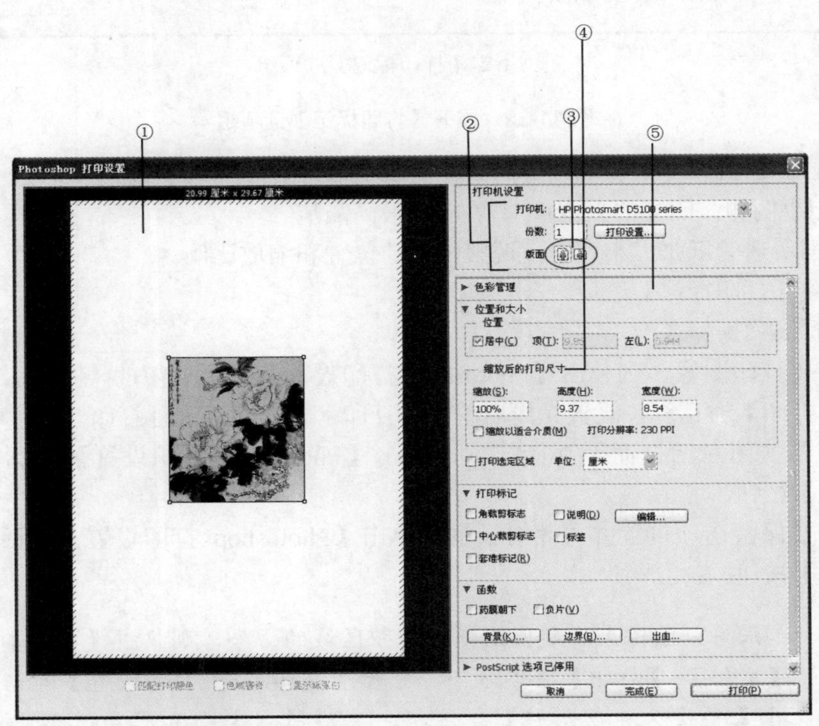

① 打印预览；② 设置打印机和打印作业选项；③ 设置纸张方向；④ 定位和缩放图像；
⑤ 指定色彩管理和校样选项

图 11-31　【Photoshop 打印设置】对话框

在【Photoshop 打印设置】对话框中，单击【打印标记】左侧的展开按钮▶，展开【打印标记】选项组，如图 11-32 所示。

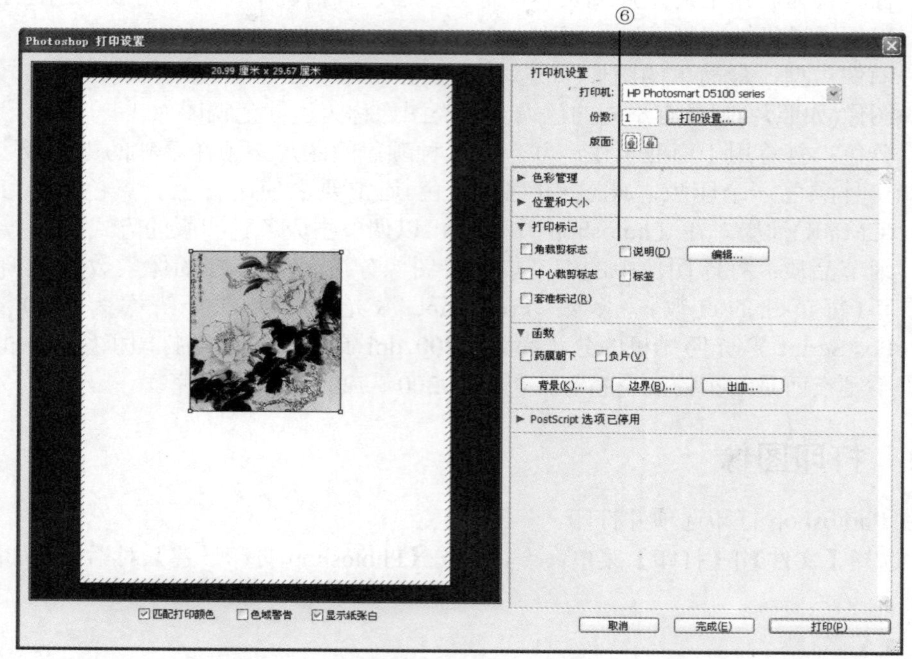

⑥ 指定【打印标记】选项组

图 11-32　展开【打印标记】选项组

(2) 选择打印机、份数和纸张方向。在 Mac OS 中，向打印机发送 16 位的数据可按细微渐变的色调(例如：明亮的天空)产生可能的最高品质。

(3) 根据所选的纸张大小和取向调整图像的位置和缩放比例。

(4) 设置【打印标记】选项。

(5) 执行下列操作之一。

- 若要打印图像，则单击【Photoshop 打印设置】对话框中的【打印】按钮，弹出【打印】对话框，设置完成后单击【打印】按钮即可进行打印。
- 若要关闭对话框而不存储选项，单击【Photoshop 打印设置】对话框中的【取消】按钮。
- 若要保留选项设置并关闭对话框，单击【Photoshop 打印设置】对话框中的【完成】按钮。

提示： 如果看到图像大小超出纸张可打印区域的警告，则单击【取消】按钮，选择【文件】|【打印】菜单命令，打开【Photoshop 打印设置】对话框，然后启用【缩放以适合介质】复选框。要对纸张大小和布局进行更改，可以在【Photoshop 打印设置】对话框中单击【打印设置】按钮，在打开的【文档属性】对话框中根据需要设置纸张大小、来源和页面方向，如图 11-33 所示。

图 11-33　【文档属性】对话框

提示：可用的选项取决于打印机、打印机驱动程序和操作系统。

11.2.2　定位和缩放图像

可以使用【Photoshop 打印设置】对话框中的选项调整图像的位置和缩放比例。纸张边缘的阴影边界表示所选纸张的页边距；可打印的区域为白色。

图像的基准输出大小由【图像大小】对话框中的文档大小设置决定。如果在【Photoshop 打印设置】对话框中缩放图像，则只会更改所打印图像的大小和分辨率。例如，如果在【Photoshop 打印设置】对话框中将 72 ppi 图像缩放到 50%，则图像将按 144 ppi 打印，但【图像大小】对话框中的文档大小设置将不会更改。【缩放后的打印尺寸】区域下方的【打印分辨率】字段显示当前缩放设置下的打印分辨率。

许多打印机驱动程序(如 AdobePS™和 LaserWriter)都在【Photoshop 打印设置】对话框中提供了缩放选项。这种缩放将影响页面上的所有内容，其中包括所有页面标记(如裁切标记和题注)的大小，而【打印】命令提供的缩放百分比只影响所打印图像的大小(而不影响页面标记的大小)。

提示：如果在【Photoshop 打印设置】对话框中设置缩放比例，则【打印】对话框可能无法反映【缩放】、【高度】和【宽度】的准确值。为避免不准确的缩放，需要使用【打印】对话框(而不是【Photoshop 打印设置】对话框)来指定缩放，不要在两个对话框中都输入缩放比例。

1. 在纸上重新定位图像

选择【文件】|【打印】菜单命令，在打开的【Photoshop 打印设置】对话框中执行下列操作之一。

- 要将图像在可打印区域中居中，启用【居中】复选框。
- 要按数字排序放置图像，取消启用【居中】复选框，然后在【顶】 和【左】文本框中输入需要的数值。
- 取消启用【居中】复选框，然后在预览区域中拖动图像。

2. 缩放图像的打印尺寸

选择【文件】|【打印】菜单命令，在打开的【Photoshop 打印设置】对话框中执行下列操作之一。

- 要使图像适合选定纸张的可打印区域，启用【缩放以适合介质】复选框。
- 要按数字重新缩放图像，则禁用【缩放以适合介质】复选框，然后在【高度】和【宽度】文本框中输入需要的数值。
- 要达到所需的缩放比例，启用【打印选定区域】复选框，并在预览区域中拖动打印选定区域手柄。

11.2.3 使用 Photoshop 中的色彩管理打印

如果没有针对打印机和纸张类型的自定配置文件，可以让打印机驱动程序来处理颜色转换。

(1) 选择【文件】|【打印】菜单命令。

(2) 单击【Photoshop 打印设置】对话框中【色彩管理】左侧的展开按钮▶，展开【色彩管理】选项组，如图 11-34 所示。

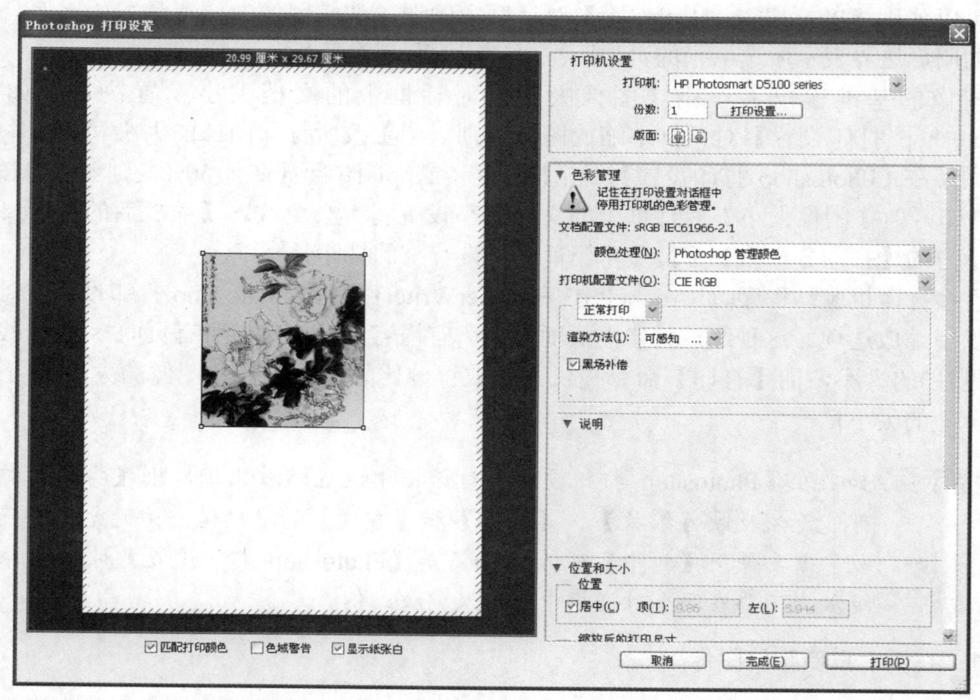

图 11-34 展开【色彩管理】选项组

(3) 【文档配置文件】显示在其右侧。

(4) 在【颜色处理】下拉列表框中选择【打印机管理颜色】选项。

(5) 选择一种用于将颜色转换为目标色彩空间的渲染方法。多数非 PostScript 打印机驱动程序将忽略此选项，并使用【可感知】渲染方法。

(6) 指定色彩管理设置以使打印机驱动程序可以在打印过程中处理色彩管理。

(7) 单击【打印】按钮。

11.2.4　印刷校样

印刷校样(有时称为校样打印或匹配打印)是对最终输出在印刷机上的印刷效果的打印模拟。印刷校样通常在比印刷机便宜的输出设备上生成。某些喷墨打印机的分辨率也足以生成可用作印刷校样的便宜印稿。

(1) 选择【视图】|【校样设置】菜单命令，如图 11-35 所示，然后在子菜单中选择想要模拟的输出条件。我们可以通过使用预置值或创建自定校样设置来达到印刷效果。

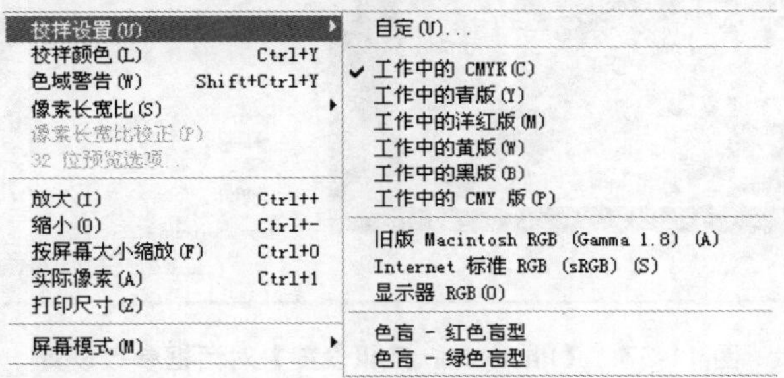

图 11-35　【校样设置】菜单

若选择【校样设置】菜单中除【自定】以外的其他命令，视图将随选取的校样自动更改。若选择【自定】命令，将出现【自定校样条件】对话框，如图 11-36 所示。我们必须设置自定校样并进行存储，才能使它们出现在【Photoshop 打印设置】对话框的【校样设置】下拉列表框中。

图 11-36　【自定校样条件】对话框

(2) 在【自定校样条件】下拉列表框中选择一种校样后，单击【确定】按钮。

(3) 选择【文件】|【打印】菜单命令，弹出【Photoshop 打印设置】对话框，展开【色

彩管理】选项组，在【颜色处理】下拉列表框中选择【Photoshop 管理颜色】选项，在【打印机配置文件】下拉列表框中选择适用于输出设备的配置文件，如图 11-37 所示。

图 11-37 【Photoshop 打印设置】对话框参数设置

(4) 接着设置下列任一选项。

- 【校样设置】：如果选择了【印刷校样】选项，则此选项可用。从其下拉列表框中选择以本地方式存在于硬盘驱动器上的任何自定校样。
- 【模拟纸张颜色】：模拟颜色在模拟设备的纸张上的显示效果。使用此选项可生成最准确的校样，但它并不适用于所有配置文件。
- 【模拟黑色油墨】：对模拟设备的深色的亮度进行模拟。使用此选项可生成更准确的深色校样，但它并不适用于所有配置文件。

(5) 在【Photoshop 打印设置】对话框中单击【打印】按钮，弹出【打印】对话框，如图 11-38 所示，单击其中的【首选项】 按钮，打开【打印首选项】对话框，从中可以访问打印机驱动程序的色彩管理选项和打印机驱动程序选项，如图 11-39 所示。

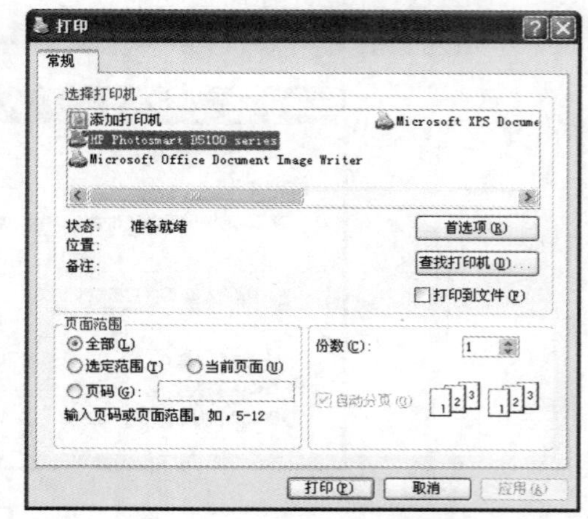

图 11-38 【打印】对话框

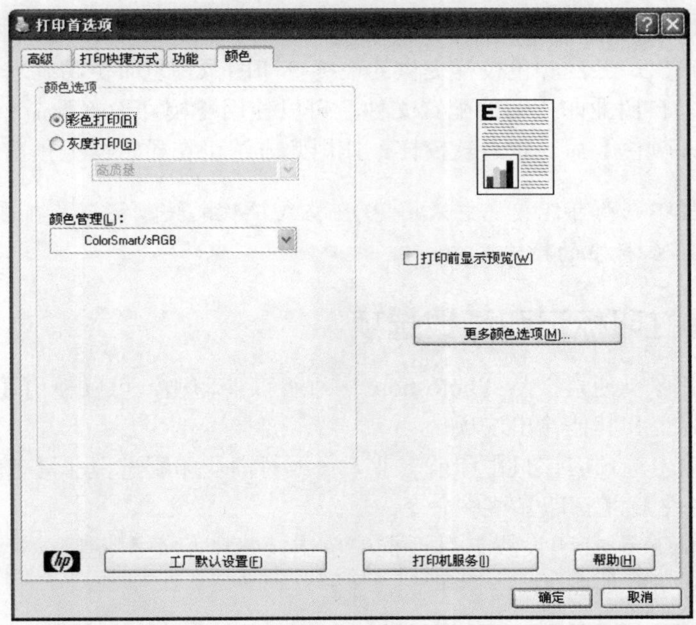

图 11-39　【打印首选项】对话框

(6) 禁用打印机的色彩管理，以便打印机配置文件设置不会覆盖配置文件设置。

(7) 单击【打印】按钮进行打印。

11.2.5　准备图像以供印刷

从 Photoshop 中，可以为胶版印刷、数码印刷、凹版印刷和其他商业印刷过程准备图像文件。

通常，工作流程取决于印前设备的能力。在开始商业印刷工作流程之前，与印前供应商联系以了解他们的要求。例如，他们可能任何时候都不希望您转换为 CMYK，因为他们可能需要使用特定于印前的设置。下面是准备图像文件以便达到预期打印效果的一些可能的方案。

- 始终在 RGB 模式下工作，并确保使用 RGB 工作空间配置文件嵌入了图像文件。如果印刷商或印前供应商使用色彩管理系统，在生成胶片和印刷印版之前，他们应能使用您文件的配置文件精确地转换到 CMYK。
- 在 RGB 模式下工作，直至完成图像的编辑。然后将图像转换为 CMYK 模式并进行任何其他的颜色和色调调整，尤其要检查图像的高光和阴影区域，使用色阶、曲线或色相/ 饱和度调整图层进行校正。这些调整的幅度应该非常小。如果需要，可以拼合文件，然后将 CMYK 文件发送到专业打印机。
- 将 RGB 或 CMYK 图像置入 Adobe InDesign 或 Adobe Illustrator 中。通常，在商业印刷机上打印的大多数图像不是直接从 Photoshop 打印的，而是从页面排版程序(如 Adobe InDesign)或图表程序(如 Adobe Illustrator)打印的。

下面是在处理预定用于商业印刷的图像时要记住的几个问题。

- 如果知道印刷机的特性，则可以指定高光和阴影输出以保留某些细节。

- 如果使用桌面打印机来预览最终印张的外观，桌面打印机无法如实地重现商业印刷机的输出。专业颜色校样提供的最终打印图像预览时更精确。
- 如果有来自商业印刷商的配置文件，可以使用【校样设置】命令选择它，然后使用【校样颜色】命令查看软校样。使用此方法可在显示器上预览最终印张。

提示： 某些印刷商可能更愿意采用 PDF 格式接收文档，特别是在这些文档需要符合 PDF/X 标准的情况下。

11.2.6 设置打印标记和函数选项

如果要准备图像以便直接从 Photoshop 中进行商业印刷，可以使用【打印】命令选择和预览各种页面标记和其他输出选项。

通常，这些输出选项应该只由印前专业人员或对商业印刷过程非常了解的人员指定。

(1) 选择【文件】|【打印】菜单命令。

(2) 在【Photoshop 打印设置】对话框中单击【打印标记】左侧的展开按钮▶，展开【打印标记】选项组，如图 11-40 所示。

图 11-40 展开【打印标记】选项组

(3) 设置下面的一个或多个选项。

- 【套准标记】：在图像上打印【套准标记】(包括靶心和星形靶)。这些标记主要用于对齐 PostScript 打印机上的分色。
- 【角裁剪标志】：在要裁剪页面的位置打印裁剪标志，可以在角上打印裁剪标志。在 PostScript 打印机上，选择此选项也将打印星形色靶。

● 【中心裁剪标志】：在要裁剪页面的位置打印裁剪标志。可在每个边的中心打印裁剪标志。说明打印在【文件简介】对话框中输入的任何说明文本(最多约 300 个字符)将始终采用 9 号 Helvetica 无格式字体打印说明文本。
● 【标签】：在图像上方打印文件名。如果打印分色，则将分色名称作为标签的一部分打印。

提示：只有当纸张比打印图像大时，才会打印【套准标记】、【裁剪标志】和【标签】。

(4) 在【Photoshop 打印设置】对话框中单击【函数】左侧的展开按钮▶，展开【函数】选项组，如图 11-41 所示。

图 11-41　展开【函数】选项组

(5) 设置下面的一个或多个选项。

● 【药膜朝下】：使文字在药膜朝下(即胶片或相纸上的感光层背对您)时可读。正常情况下，打印在纸上的图像是药膜朝上打印的，感光层正对着您时文字可读。打印在胶片上的图像通常采用药膜朝下的方式打印。
● 【负片】：打印整个输出(包括所有蒙版和任何背景色)的反相版本。与【图像】菜单中的【反相】命令不同，【负片】选项将输出(而非屏幕上的图像)转换为负片。尽管正片胶片在许多国家/地区很普遍，但是如果将分色直接打印到胶片，您可能需要负片。与印刷商核实，确定需要哪一种方式。若要确定药膜的朝向，请在冲洗胶片后于亮光下检查胶片。暗面是药膜，亮面是基面。与印刷商核实，看是要求胶片正片药膜朝上、负片药膜朝上，还是正片药膜朝下、负片药膜朝下。

- 【背景】：选择要在页面上的图像区域外打印的背景色。例如，对于打印到胶片记录仪的幻灯片，黑色或彩色背景可能很理想。要使用该选项，单击【背景】按钮，然后从拾色器中选择一种颜色。这仅是一个打印选项，它不影响图像本身。
- 【边界】：在图像周围打印一个黑色边框，输入一个数字并选取单位值，指定边框的宽度。
- 【出血】：在图像内而不是在图像外打印裁切标记。使用此选项可在图形内裁切图像。输入一个数字并选取单位值，指定出血的宽度。

11.3 上机操作实践——文件处理

本范例源文件：\11\原图

本范例完成文件：\11\新图

多媒体教学路径：光盘→多媒体教学→第 11 章

11.3.1 实例介绍和展示

本例主要运用了新建动作、批处理命令，配合使用【文字工具】、图像大小命令，批处理了 10 张图片，使它们统一更改了尺寸、添加了水印，效果如图 11-42 所示。

图 11-42 效果展示

11.3.2　新建动作

(1) 启动 Photoshop CS6 主程序，打开一张素材图片，如图 11-43 所示。

(2) 切换到【动作】面板，新建动作，将新动作命名为"批处理图片加水印"，如图 11-44 所示，单击【记录】按钮即可。

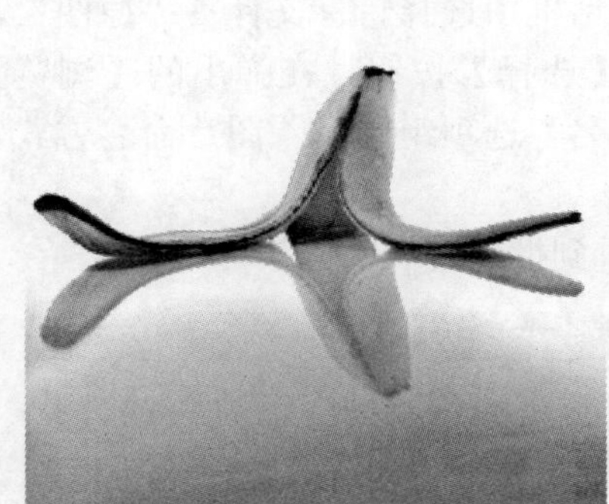

图 11-43　素材图片

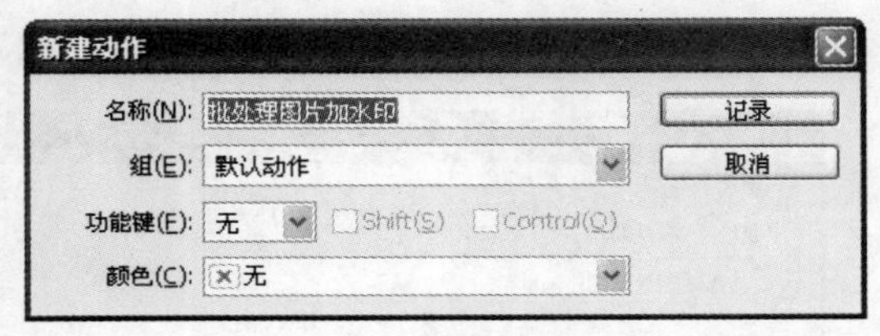

图 11-44　【新建动作】对话框

11.3.3　记录动作

(1) 选择【图像】|【图像大小】命令，弹出【图像大小】对话框，按比例缩小图片尺寸，如图 11-45 所示。

(2) 选择【文字工具】T，设置颜色为红色，在画布右下角输入文字"云杰漫步"，更改不透明度为 50%，如图 11-46 所示。

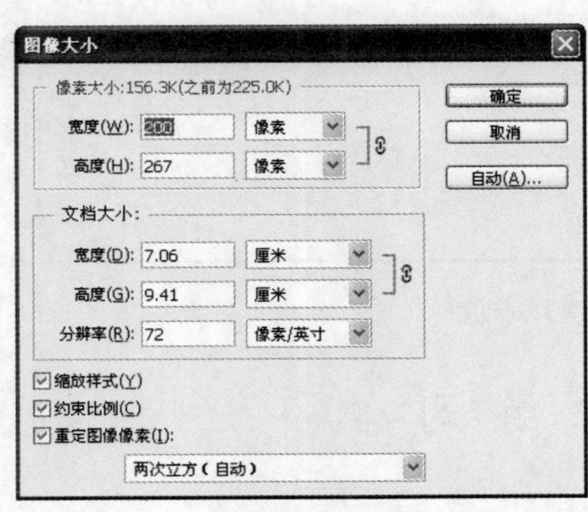

图 11-45　【图像大小】对话框

图 11-46　添加水印效果

(3) 选择【文件】|【存储为】菜单命令，弹出【存储为】对话框，将其保存为.bmp 格式，然后关闭图片文件。

(4) 切换到【动作】面板，单击【停止播放/记录】按钮■，如图 11-47 所示。

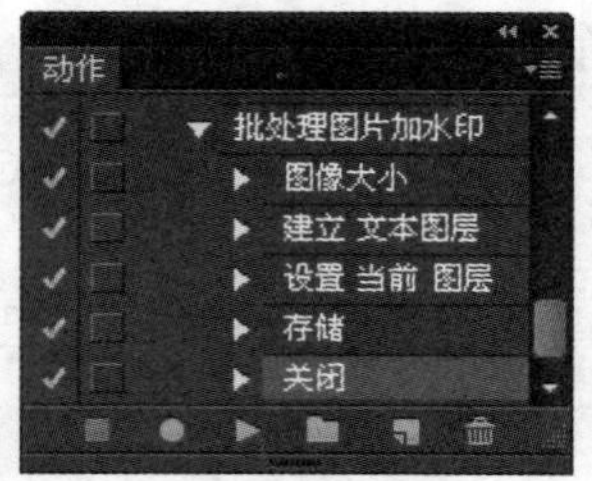

图 11-47　停止记录

11.3.4　批处理图片

(1) 选择【文件】|【自动】|【批处理】命令，打开【批处理】对话框，在【动作】下拉列表框中选择【批处理图片加水印】选项，在【源】下拉列表框中选择【文件夹】选项，单击【选择】按钮，在弹出的【浏览文件夹】对话框中选择目标文件夹“原图”，在【目标】下拉列表框中选择【文件夹】选项，单击【选择】按钮，在弹出的【浏览文件夹】对话框中选择目标文件夹“新图”，在【文件命名】选项组中设置图片命名方式，如图 11-48 所示，单击【确定】按钮。

(2) 批处理完成后，打开【新图】文件夹，即可看到批处理后的效果。

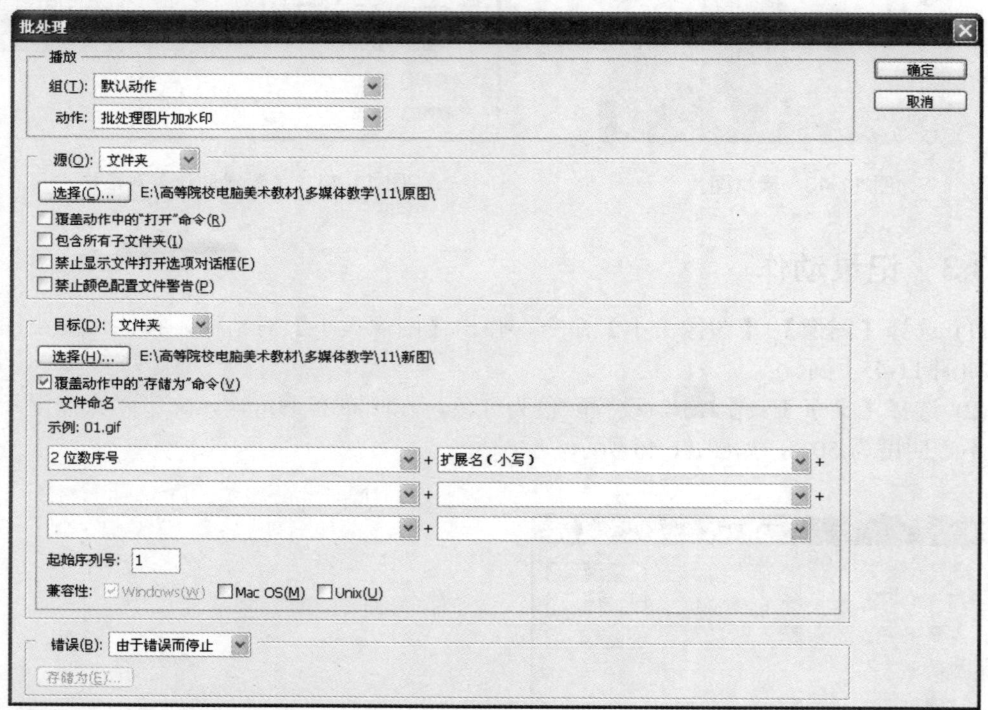

图 11-48　【批处理】对话框

11.4　操 作 练 习

运用所学知识组合图像，原图和效果分别如图 11-49 和图 11-50 所示。

图 11-49　原图

图 11-50　效果图

第 12 章　动画制作和图像优化

教学目标

本章主要讲解 Photoshop 的动画制作功能以及图像优化，分别讲解【时间轴】面板、更改缩览图大小、指定时间轴持续时间和帧速率、调整图像的亮度/对比度、色调及自然饱和度。

教学重点和难点

1. 【时间轴】面板。
2. 调整图像的亮度/对比度。
3. 图像的色彩平衡。
4. 图像色调。
5. 自然饱和度。

12.1 动 画 制 作

GIF 动画图片是在网页上常常看到的一种动画形式，画面活泼生动、引人注目！可以吸引浏览者，增加点击率。GIF 文件的动画原理是，在特定的时间内显示特定画面内容，不同画面连续交替显示，产生了动态画面效果。所以在 Photoshop 中，主要使用【时间轴】面板来设置制作 GIF 动画。

动画是在一段时间内显示的一系列图像或帧。每一帧较前一帧都有轻微的变化，当连续、快速地显示这些帧时就会产生运动或其他变化的错觉。

在 Photoshop 标准版中，【时间轴】面板以帧模式出现，显示动画中的每个帧的缩览图。使用面板底部的工具可浏览各个帧，设置循环选项，添加和删除帧以及预览动画。

12.1.1　【时间轴】面板概述

【时间轴】面板菜单包含其他用于编辑帧或时间轴持续时间以及用于配置面板外观的命令，如图 12-1 所示。单击【时间轴】面板菜单图标可查看可用命令。

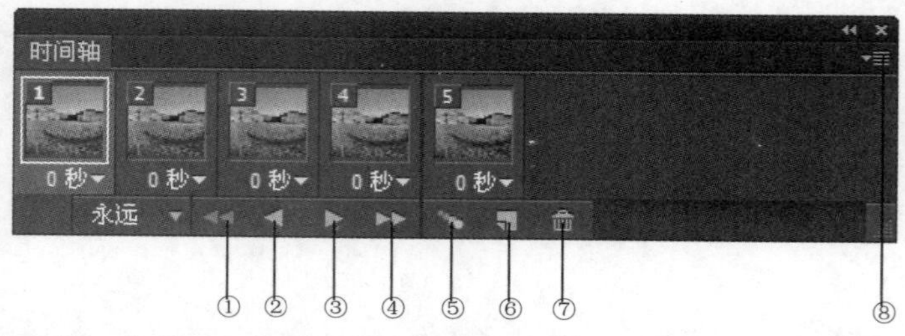

① 选择第一帧；② 选择上一帧；③ 播放动画；④ 选择下一帧；⑤ 过渡动画帧；

⑥ 复制所选帧；⑦ 删除所选帧；⑧ 【时间轴】面板菜单

图 12-1　【时间轴】面板

- 【循环】选项永远：动画在作为动画 GIF 文件导出时的播放次数。
- 【过渡动画帧】：在两个现有帧之间添加一系列帧，通过插值方法(改变)使新帧之间的图层属性均匀。
- 【复制所选帧】：通过复制【时间轴】面板中的选定帧向动画添加帧。

12.1.2　更改缩览图大小

在【时间轴】面板中，可以更改用于表示每个帧或图层的缩览图的大小。

(1) 单击【时间轴】面板菜单按钮，在弹出的下拉菜单中选择【面板选项】命令，打开【动画面板选项】对话框，如图 12-2 所示。

(2) 选中【缩览图大小】选项组中的按钮。

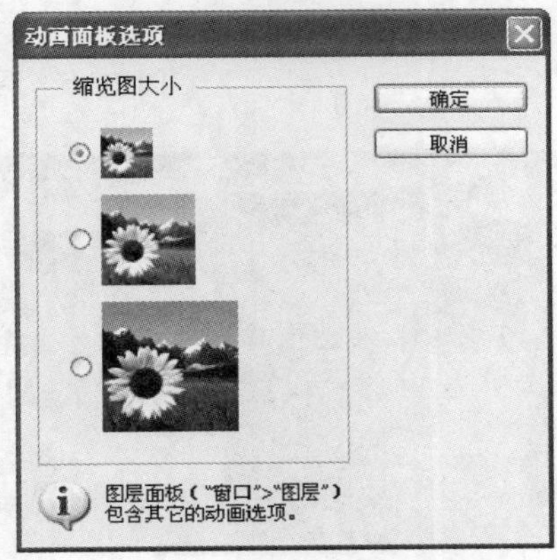

图 12-2　【动画面板选项】对话框

12.2　图 像 优 化

12.2.1　直接调整图像的亮度与对比度

选择【图像】|【调整】|【亮度/对比度】菜单命令，弹出如图 12-3 所示的【亮度/对比度】对话框，在此对话框中可以直接调节图像的对比度与亮度。

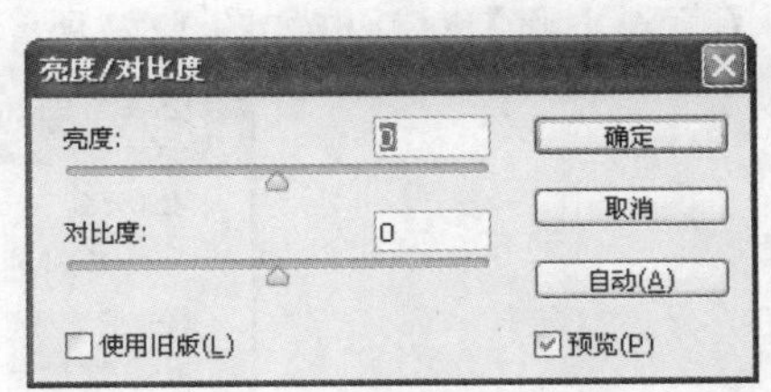

图 12-3　【亮度/对比度】对话框

要增加图像的亮度，可将【亮度】滑块向右拖动，反之向左拖动。要增加图像的对比度，将【对比度】滑块向右拖动，反之向左拖动。如图 12-4 所示为原图，如图 12-5 所示为增加图像的亮度和对比度的效果。

启用【使用旧版】复选框，可以使用 Photoshop CS6 版本以前的【亮度/对比度】命令来调整图像，而在默认情况下，则使用新版的功能进行调整。新版命令在调整图像时，将仅对图像的亮度进行调整，而色彩的对比度保持不变，如图 12-6 所示。

图 12-4　原图像

图 12-5　调整【亮度/对比度】的效果

原图像　　用新版处理后的效果　　用旧版处理后的效果

图 12-6　新旧版本处理的不同效果

12.2.2　平衡图像的色彩

选择【图像】|【调整】|【色彩平衡】菜单命令，可用于对偏色的数码照片进行色彩校正，校正时可以根据数码照片的阴影、中间调、高光等区域分别进行精确的颜色调整。【色彩平衡】对话框如图 12-7 所示。

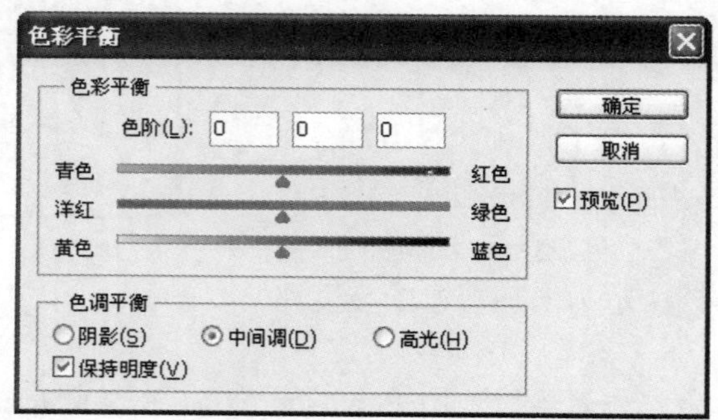

图 12-7　【色彩平衡】对话框

此命令的使用较为简单，操作步骤如下。

(1) 打开任意一张图像，选择【图像】|【调整】|【色彩平衡】菜单命令。

(2) 在【色调平衡】选项组中选择需要调整的图像色调区，如要调整图像的暗部，则应选中【阴影】单选按钮。

(3) 拖动 3 个滑轨上的滑块调节图像，如要为图像增加红色，向右拖动【洋红】滑块，拖动的同时要观察图像的调整效果。

(4) 得到满意的效果后，单击【确定】按钮即可。

为色彩平淡的照片应用【色彩平衡】命令后的对比效果如图 12-8 所示。

图 12-8　应用【色彩平衡】效果前后对比

提示：启用【保持明度】复选框可以保持图像对象的色调不变，即只有颜色值发生变化，图像像素的亮度值不变。

12.2.3　直接调整图像色调

选择【图像】|【调整】|【变化】菜单命令，打开【变化】对话框，如图 12-9 所示，在此可以直观地调整图像或选区的色相、亮度和饱和度。

对话框中的各参数如下。

- 原稿、当前挑选：在第一次打开该对话框的时候，这两个缩略图完全相同；调整后，当前挑选缩略图显示为调整后的状态。
- 较亮、当前挑选、较暗：分别单击较亮、较暗两个缩略图，可以增亮或加暗图像，【当前挑选】缩略图显示当前调整的效果。
- 【阴影】、【中间调】、【高光】与【饱和度】：选中对应的单选按钮，可分别调整图像中该区域的色相、亮度与饱和度。
- 【精细/粗糙】：拖动该滑块可确定每次调整的数量，将滑块向右侧移动一格，可使调整度双倍增加。
- 调整色相：对话框左下方有 7 个缩略图，中间的当前挑选缩略图与左上角的当前挑选缩略图的作用相同，用于显示调整后的图像效果。另外 6 个缩略图可以分别用来改变图像的 RGB 和 CMYK 的 6 种颜色，单击其中任意一个缩略图，均可增加与该缩略图对应的颜色。例如，单击加深绿色缩略图，可在一定程度上增加绿色，按需要可以单击多次，从而得到不同颜色的效果。

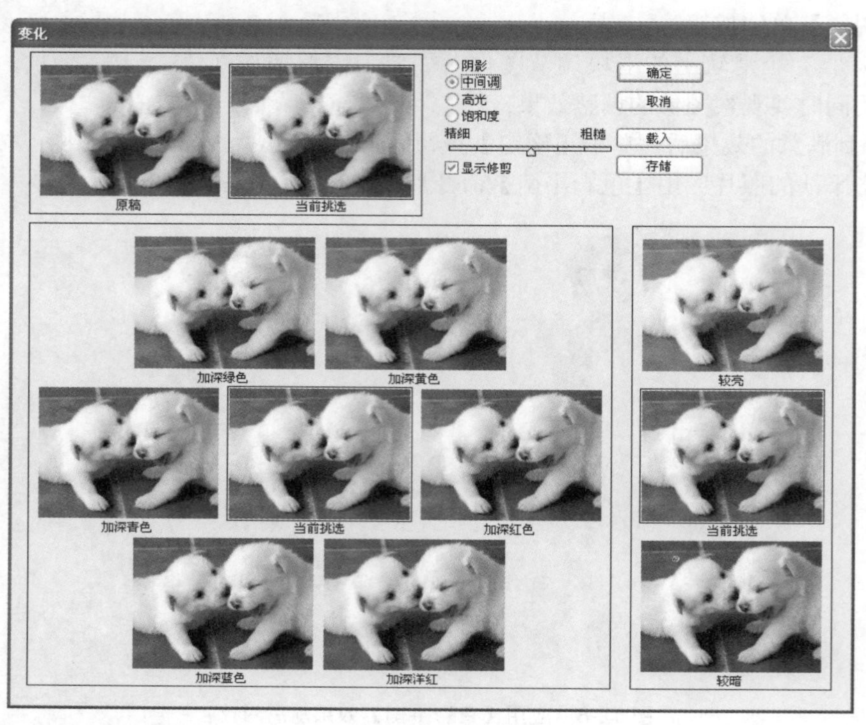

图 12-9 【变化】对话框

- 【存储】/【载入】：单击【存储】按钮，可以将当前对话框的设置保存为一个.AVA 文件。

如果在以后的工作中遇到需要进行同样调整的图像，可以在此对话框中单击【载入】按钮，调出该文件以设置此对话框。如图 12-10 所示为原图，如图 12-11 所示为应用【变化】命令调整后的效果。

图 12-10 原图

图 12-11 应用【变化】命令后的效果

12.2.4　自然饱和度

【图像】|【调整】|【自然饱和度】菜单命令用于调整图像的饱和度，使用此命令调整图像时可以使图像颜色的饱和度不会溢出，换言之，此命令可以仅调整与已饱和的颜色相比不饱和的那些颜色的饱和度。

选择【图像】|【调整】|【自然饱和度】命令后，弹出【自然饱和度】对话框，如图 12-12 所示。

- 拖动【自然饱和度】滑块可以调整与已饱和的颜色相比不饱和的那些颜色的饱和度，从而获得更加柔和自然的图像饱和度效果。
- 拖动【饱和度】滑块可以调整图像中所有颜色的饱和度，使所有颜色获得等量饱和度调整，因此使用此滑块可能导致图像的局部颜色过于饱和。

使用此命令调整人像照片时，可以防止人像的肤色过度饱和。如图 12-13 所示为原图像，图 12-14 所示是使用此命令调整后的效果，图 12-15 所示是使用【色相/饱和度】命令提高图像饱和度的效果，对比可以看出此命令在调整颜色饱和度方面的优势。

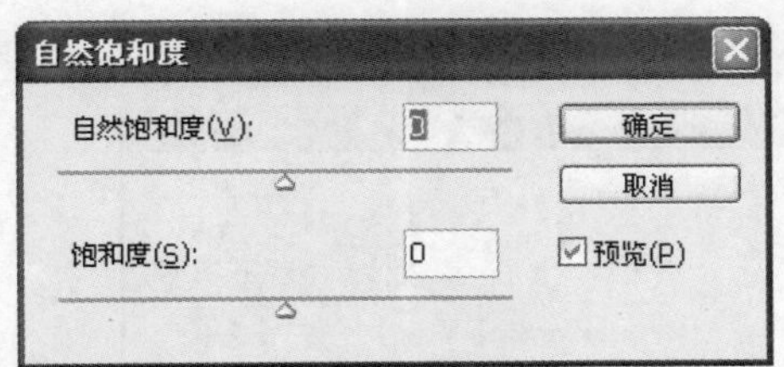

图 12-12　【自然饱和度】对话框

图 12-13　原图像

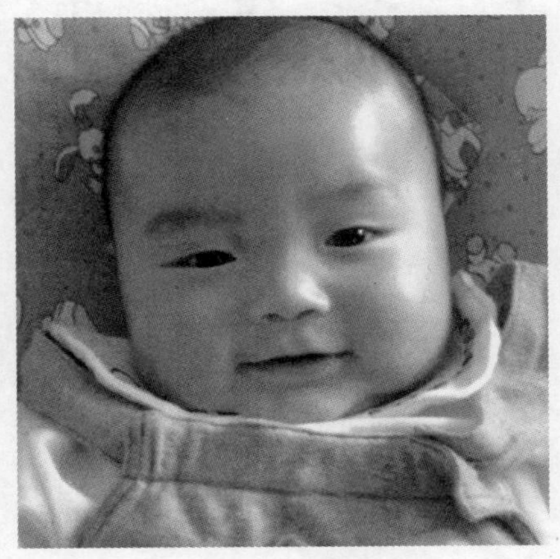

图 12-14　【自然饱和度】调整的结果

图 12-15　【色相/饱和度】调整的结果

12.3 上机操作实践——制作旋转的球体

本范例完成文件：\12\旋转的球体. psd、旋转的球体. gif

多媒体教学路径：光盘→多媒体教学→第 12 章

12.3.1 实例介绍和展示

本例运用【椭圆选框工具】、【定义图案】命令、【球面化】滤镜、【时间轴】面板制作了一个 GIF 小动画——旋转的球体，其静态效果如图 12-16 所示。

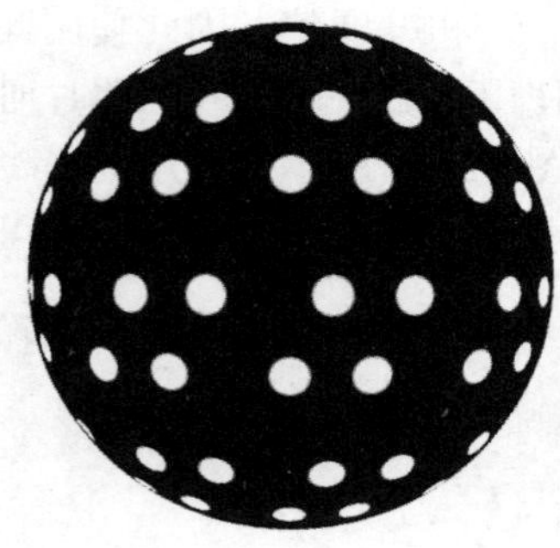

图 12-16 静态效果展示

12.3.2 新建文档并定义图案

(1) 新建一个 100×100 像素的透明文档，选择【编辑】|【首选项】|【参考线、网格和切片】菜单命令，在打开的【首选项】对话框中将【网格线间隔】设置为 20 个像素、【子网格】设置为 1，如图 12-17 所示。设置完成后，单击【确定】按钮。

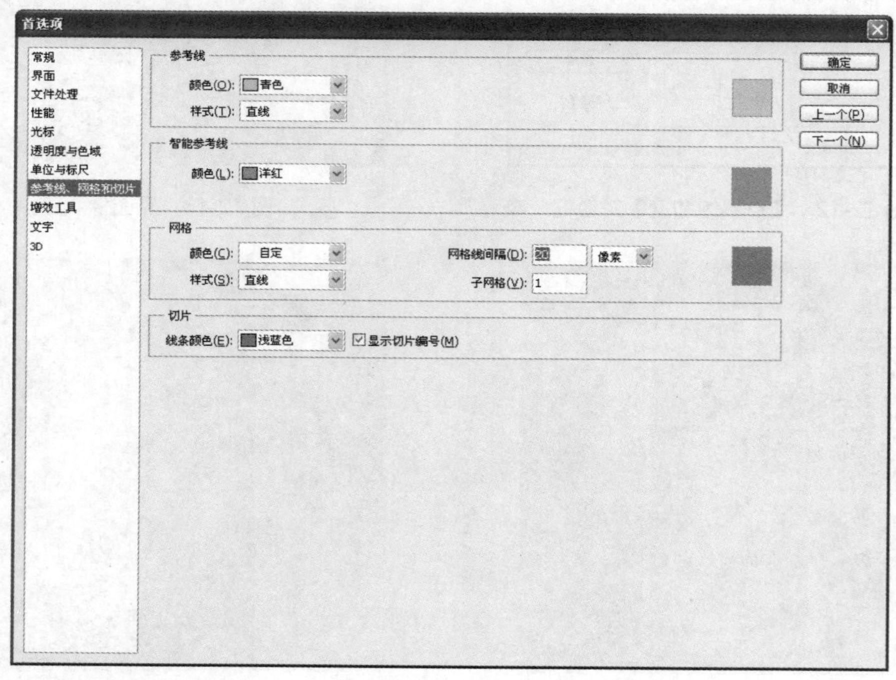

图 12-17 【首选项】对话框

(2) 选择【视图】|【显示】|【网格】菜单命令，网格显示如图 12-18 所示。

(3) 选择【椭圆选框工具】，在画布中绘制正圆形选区并将其填充为白色，如图 12-19 所示。

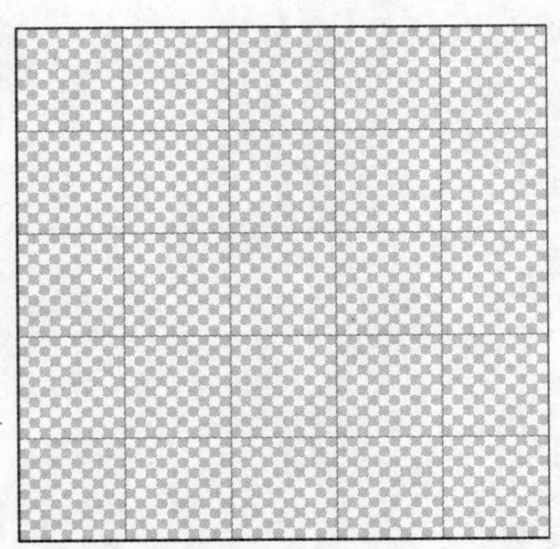

图 12-18　网格显示效果

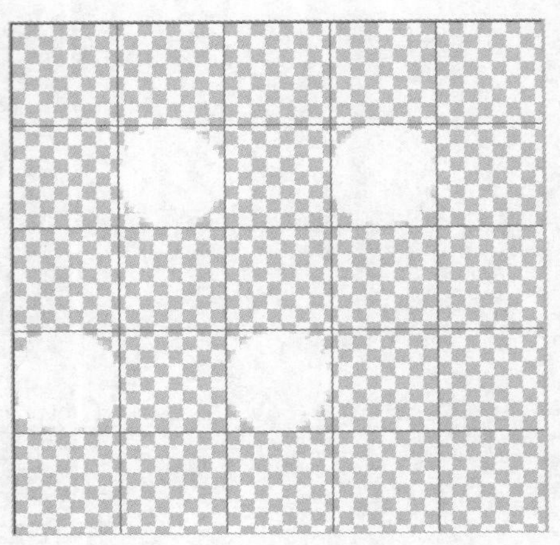

图 12-19　在画布中绘制白色圆形

(4) 选择【编辑】|【定义图案】菜单命令，打开【图案名称】对话框。在【名称】文本框中对图案进行重命名，如图 12-20 所示，单击【确定】按钮即可。

图 12-20　重命名图案

12.3.3　制作球形

(1) 新建一个 600×600 的透明文档，选择【编辑】|【填充】菜单命令，打开【填充】对话框。在【使用】下拉列表框中选择【图案】选项，单击【自定图案】右侧的【图案】拾色器按钮，在弹出的列表框中选择定义的图案，如图 12-21 所示，然后单击【确定】按钮。填充效果如图 12-22 所示。

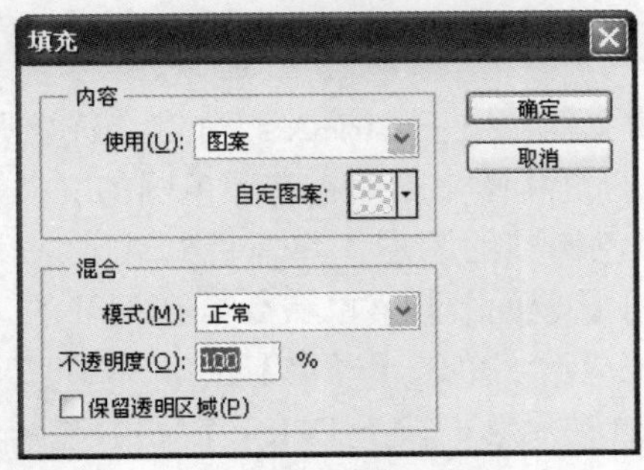

图 12-21　【填充】对话框

图 12-22　填充图案效果

(2) 新建一个 400×400 的透明文档，选择【椭圆选框工具】绘制一个圆形选区，填充黑色，如图 12-23 所示。

图 12-23　填充黑色

(3) 选择刚才填充图案的文档，按下 Ctrl+A 组合键全选填充的图案，按下 Ctrl+C 组合键复制图案，按下 Ctrl+V 组合键将图案粘贴在有黑色圆的文档里，如图 12-24 所示。

(4) 按下 Ctrl 键单击黑色椭圆的图层，将黑色圆载入选区，选择白色圆点所在的图层，选择【滤镜】|【扭曲】|【球面化】菜单命令，在打开的【球面化】对话框中进行设置，如图 12-25 所示，设置完成后，单击【确定】按钮。

(5) 按下 Ctrl+Shift+I 组合键反选，按下 Delete 键删除选区里的内容，将黑色圆载入选区，按下 Ctrl+D 组合键取消选区，球形效果如图 12-26 所示。

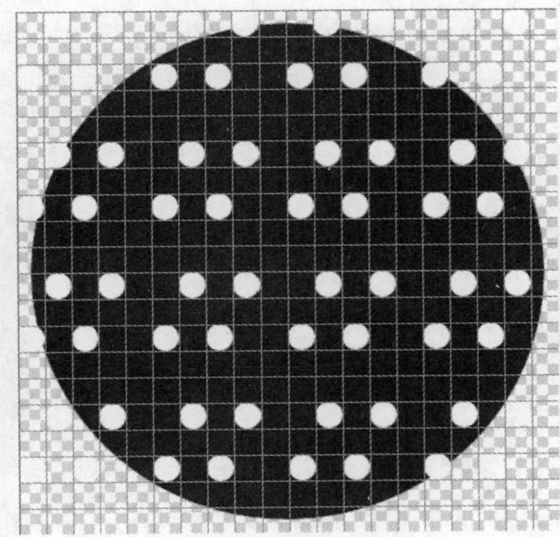

图 12-24　粘贴图案

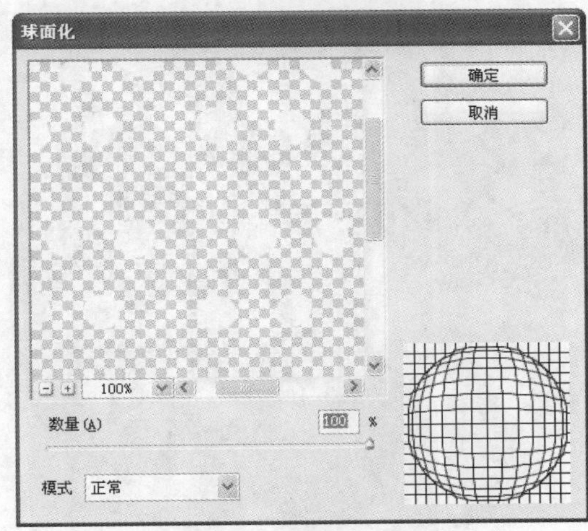

图 12-25　【球面化】对话框

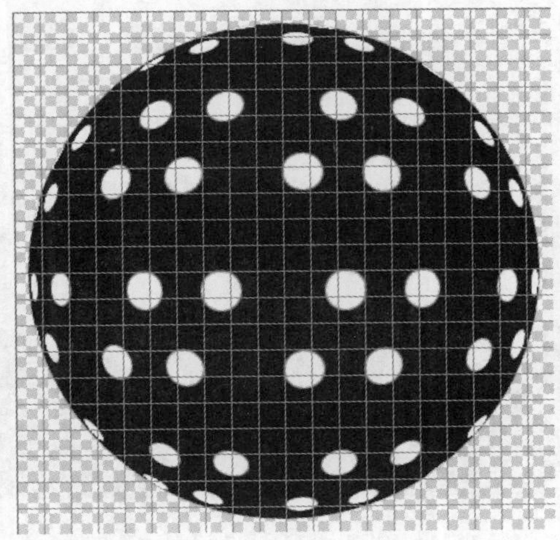

图 12-26　第一个球形效果

(6) 关闭【图层 2】的可视性，再次复制填充图案的图层，粘贴到有黑色圆形的文档中，【图层】面板如图 12-27 所示，按住 Shift 加方向键向左移动一次。

提示： 直接点方向键是每次移动 1 个像素，按住 Shift 加方向键是每次移动 10 个像素。

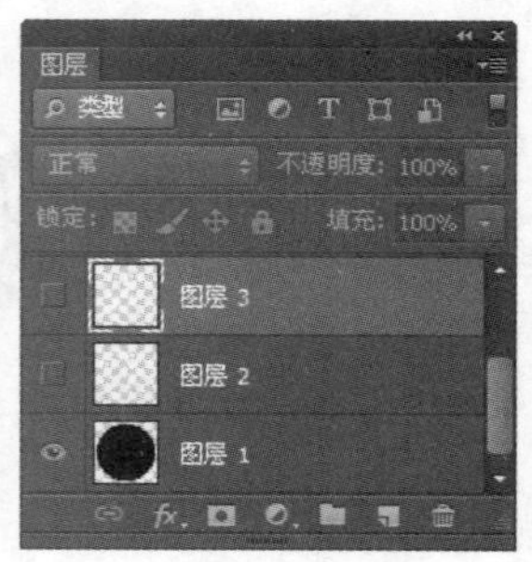

图 12-27 【图层】面板

(7) 按照前面的操作步骤，将黑色圆形载入选区，选择【图层 3】，执行【球面化】滤镜命令，然后反选，按下 Delete 键删除，最后取消选择，效果如图 12-28 所示。

(8) 按照前面的操作步骤，再制作两个这样的球形，制作第三个球形时白色圆点图层需要向左移动 2 次，制作第四个球形时，白色圆点图层需要向左移动 3 次。

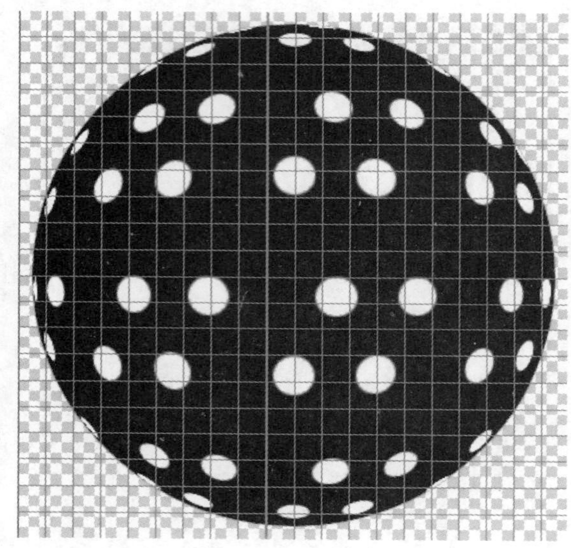

图 12-28 第二个球形效果

12.3.4 制作动画

(1) 选择【窗口】|【时间轴】菜单命令，打开【时间轴】面板，单击【复制所选帧】按钮，如图 12-29 所示。选择【图层】面板，关闭【图层 5】的可视性，打开【图层 4】的可视按钮，如图 12-30 所示。

图 12-29 【时间轴】面板

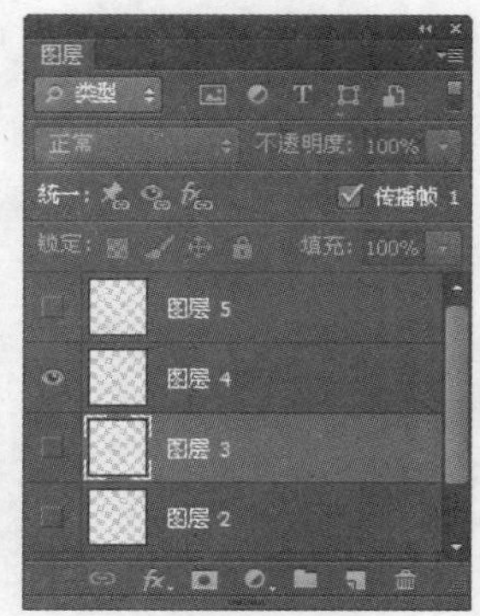

图 12-30　关闭【图层 5】的可视性

(2) 再次单击【复制所选帧】按钮，关闭【图层 4】的可视性，开启【图层 3】的可视按钮，重复上述的操作步骤，最终【时间轴】面板如图 12-31 所示。

图 12-31　最终【时间轴】面板

(3) 动画制作完毕，选择【文件】|【存储为 Web 和设备所用格式】菜单命令，在打开的【存储为…】对话框中进行设置，如图 12-32 所示，设置完成后，单击【存储】按钮，即完成了旋转球体的制作。

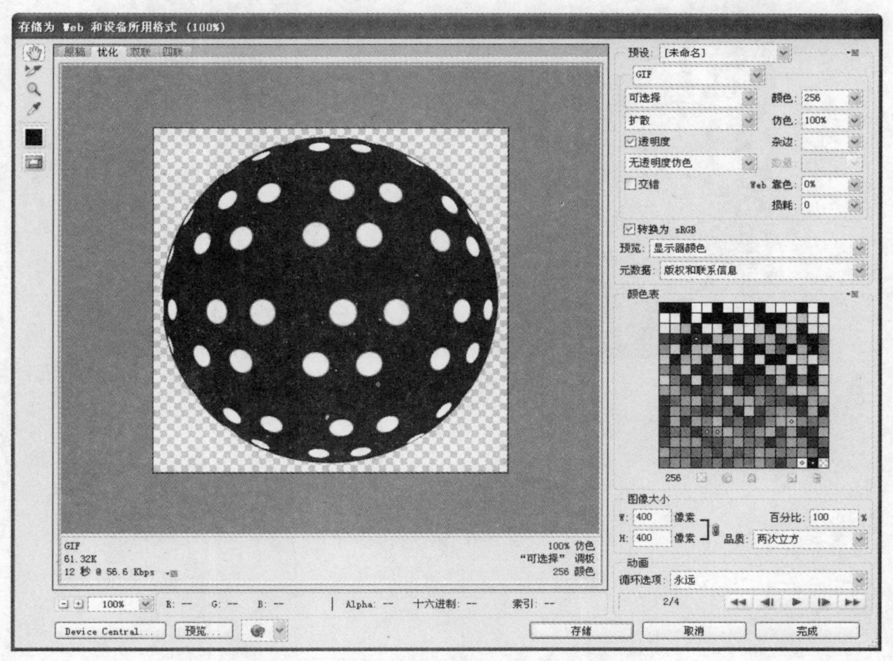

图 12-32　【存储为 Web 和设备所用格式】对话框

12.4 操作练习

运用所学知识调整图像亮度，本练习原图如图 12-33 所示，效果图如图 12-34 所示。

图 12-33 原图像

图 12-34 效果图

第 13 章　图像的编辑和应用

教学目标

本章主要讲解图像的编辑及应用，包括【色阶】命令、快速使用调节命令、【曲线】命令、【色相/饱和度】命令、【渐变映射】、【照片滤镜】、【阴影/高光】及 HDR 色调命令的使用，另外还详细讲解了【应用图像】命令的使用方法。

教学重点和难点

1. 【色阶】命令。
2. 快速使用调整命令的技巧。
3. 【曲线】命令。
4. 【渐变映射】命令。
5. HDR 色调。
6. 【应用图像】命令。

13.1　图像的编辑

13.1.1　【色阶】命令

【图像】|【调整】|【色阶】菜单命令是一个功能非常强大的调整命令，使用此命令可以对图像的色调、亮度进行调整。选择【图像】|【调整】|【色阶】菜单命令，将弹出如图 13-1 所示的【色阶】对话框。

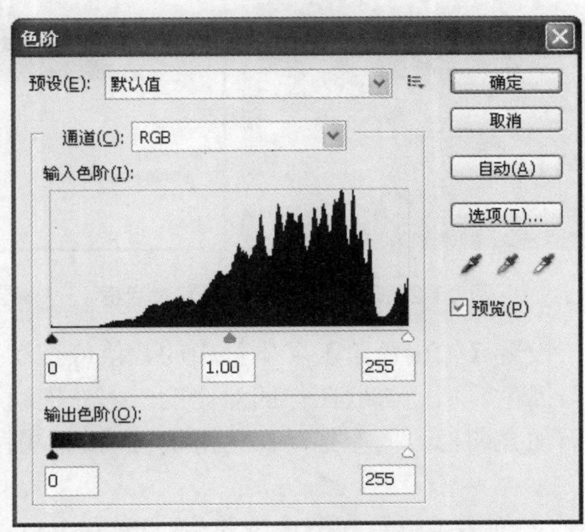

图 13-1　【色阶】对话框

调整图像色阶的方法如下。

(1) 在【通道】下拉列表框中选择要调整的通道，如果选择 RGB 或 CMYK，则对整幅图像进行调整。

(2) 要增加图像对比度则拖动【输入色阶】区域的滑块，其中向左侧拖动白色滑块可使图像变亮，向右侧拖动黑色滑块可以使图像变暗。

(3) 拖动【输出色阶】区域的滑块可以降低图像的对比度，将白色滑块向左侧拖动可使图像变暗，将黑色滑块向右侧拖动可使图像变亮。

(4) 在拖动滑块的过程中仔细观察图像的变化，得到满意的效果后，单击【确定】按钮即可。

下面详细介绍各参数及命令的使用方法。

- 【通道】：在该下拉列表框中可以选择一个通道，从而使色阶调整工作基于该通道进行，此处显示的通道名称依据图像颜色模式而定，RGB 模式下显示红、绿、蓝，CMYK 模式下显示青色、洋红、黄色、黑色。
- 【输入色阶】：设置【输入色阶】文本框中的数值或拖动其下方的滑块，可以对图像的暗色调、高亮色和中间色的数值进行调节。向右侧拖动黑色滑块可以降低图像的亮度，使图像整体发暗。如图 13-2 所示为原图像及对应的【色阶】对话框，如图 13-3 所示为向右侧拖动黑色滑块后的图像效果及对应的【色阶】对话框。向左侧拖动白色滑块，可提高图像的亮度，使图像整体发亮，如图 13-4 所示为向左侧拖动白色滑块后的图像效果及对应的色阶对话框。对话框中的灰色滑块代表图像的中间色调。

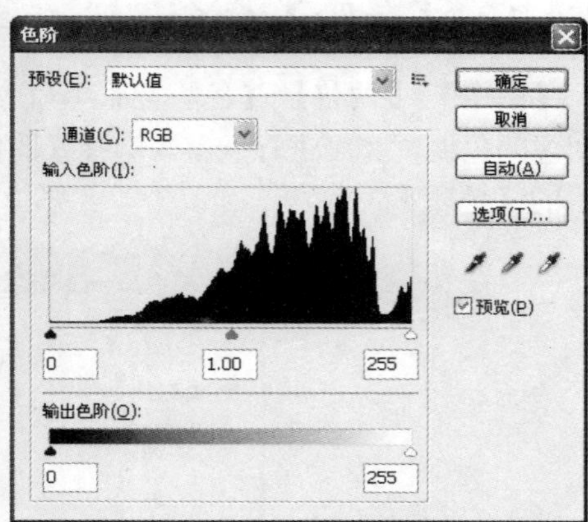

图 13-2　原图像及【色阶】对话框

- 【输出色阶】：设置【输出色阶】文本框中的数值或拖动其下方的滑块，可以减少图像的白色与黑色，从而降低图像的对比度。向右拖动黑色滑块可以减少图像中的暗色调从而加亮图像；向左拖动白色滑块可以减少图像中的高亮色，从而加暗图像。
- 【黑色吸管】：使用该吸管在图像中单击，Photoshop 将定义单击处的像素为黑点，并重新分布图像的像素，使图像变暗。如图 13-5 所示为黑色吸管单击处，如图 13-6 所示为单击后的效果，可以看出整体图像变暗。

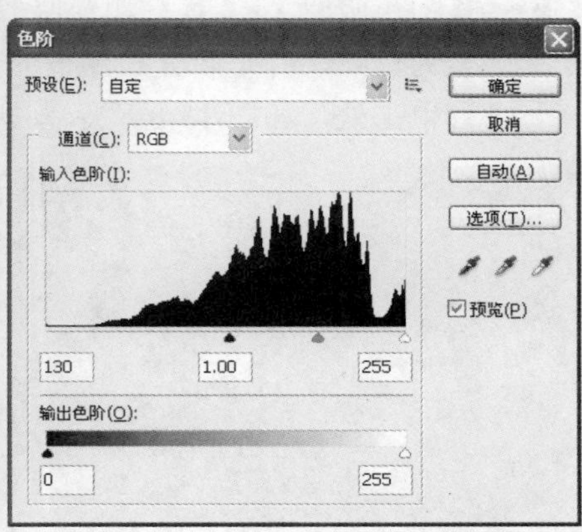

图 13-3　向右侧拖动黑色滑块后的图像效果及【色阶】对话框

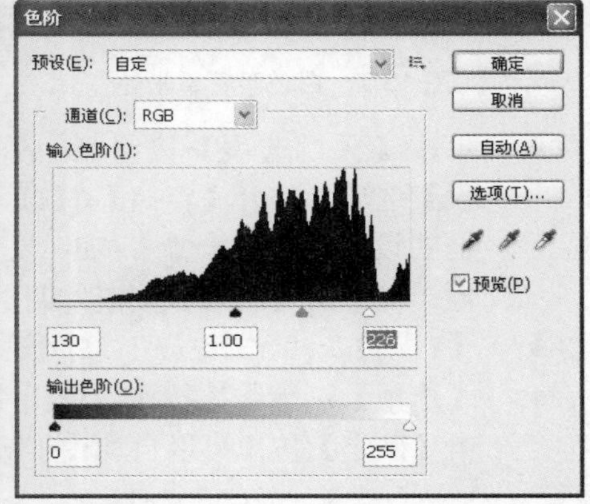

图 13-4　向左侧拖动白色滑块后的图像效果及【色阶】对话框

图 13-5　黑色吸管单击处

图 13-6　单击后的效果

- 【灰色吸管】：使用此吸管单击图像，可以从图像中减去此单击位置的颜色，从而校正图像的色偏。

- 【白色吸管】：与黑色吸管相反，Photoshop 将定义使用白色吸管单击处的像素为白点，并重新分布图像的像素值，从而使图像变亮。如图 13-7 所示为白色吸管单击处，如图 13-8 所示为单击后的效果，可以看出整体图像变亮。

图 13-7　白色吸管单击处

图 13-8　单击后的效果

- 单击【预设选项】按钮，在弹出的下拉菜单中选择【存储预设】/【载入预设】选项，打开【存储】/【载入】对话框，单击【存储】按钮，可以将当前对话框的设置保存为一个*. alv 文件，在以后的工作中遇到需要进行同样设置的图像，可单击【载入】按钮，调出该文件，以自动使用该设置。
- 【自动】：单击该按钮，Photoshop 可根据当前图像的明暗程度自动调整图像。
- 【选项】：单击该按钮，弹出【自动颜色校正选项】对话框，设置各项参数，单击【确定】按钮可以自动校正颜色，如图 13-9 所示。

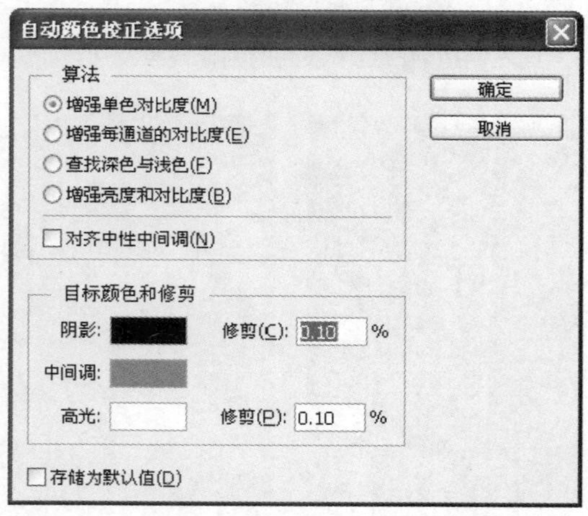

图 13-9　【自动颜色校正选项】对话框

13.1.2　快速使用调整命令的技巧——使用预设

在 CS6 版本中有预设工具的几个调整命令的对话框如图 13-10 所示。

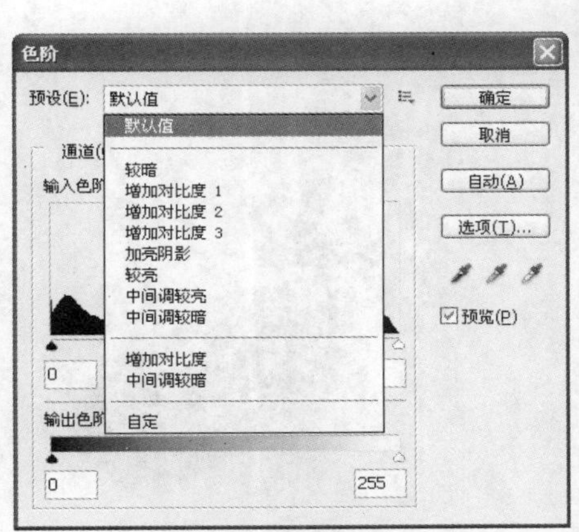

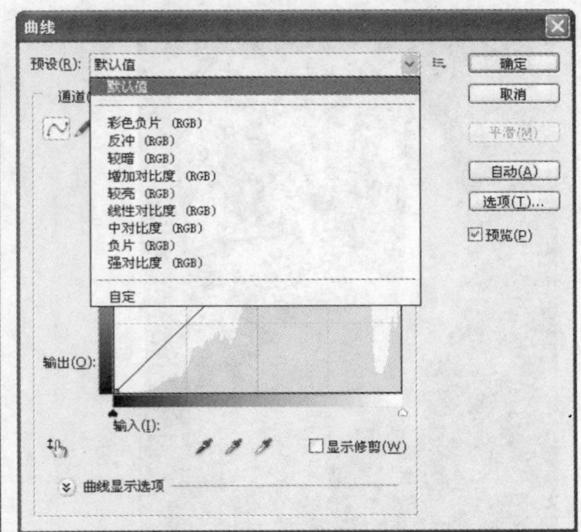

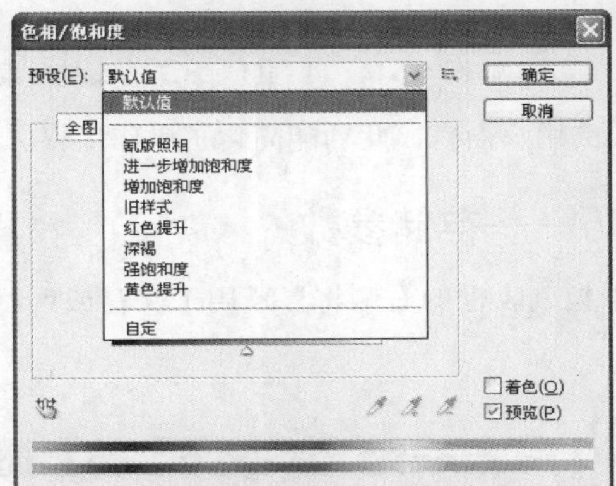

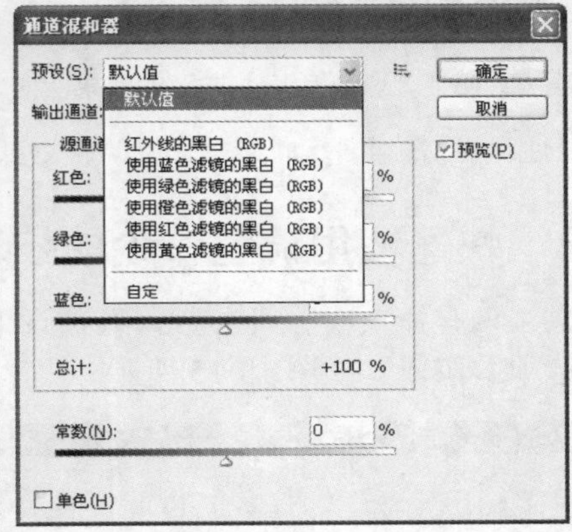

图 13-10　有预设功能的调整命令

预设功能简化了调整命令的使用方法，如【曲线】命令可以直接在【预设】下拉列表框中选择一个 Photoshop 自带的调整方案，图 13-11 所示是原图像，图 13-12～图 13-14 所示分别为设置【反冲】、【彩色负片】和【强对比度】以后的效果。

图 13-11　原图像

图 13-12　【反冲】方案的效果

图 13-13 【彩色负片】方案的效果

图 13-14 【强度对比】方案的效果

对于那些不需要得到较精确的调整效果的用户而言，此功能简化了操作步骤。

13.1.3 快速使用调整命令的技巧——存储参数

如果某调整命令有预设参数，在预设下拉列表框的右侧将显示用于保存或调用参数的【预设选项】按钮，如图 13-15 所示。

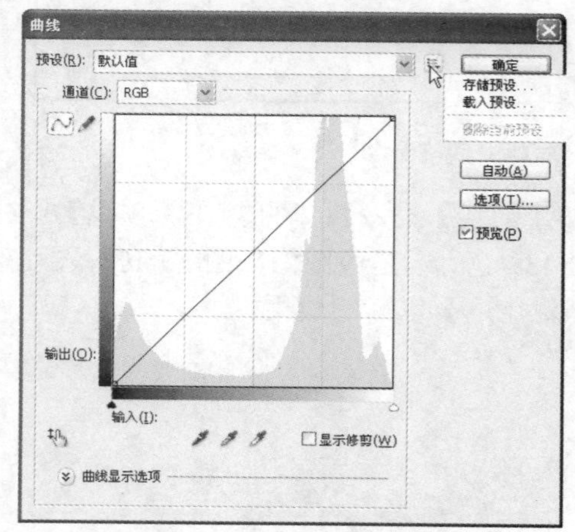

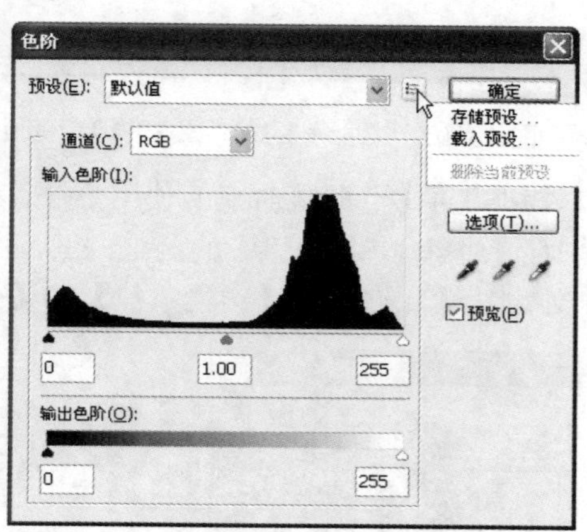

图 13-15 能够保存调整参数的调整命令对话框

如果需要将调整命令对话框中的参数设置保存为一个设置文件，以便在以后的工作中使用，可以单击【预设选项】按钮，在弹出的下拉菜单中选择【存储预设】命令，在弹出的【存储】对话框中输入文件名称。

如果要调用参数设置文件，可以单击【预设选项】按钮，在弹出的下拉菜单中选择【载入预设】命令，在弹出的【载入】对话框中选择该文件。

提示： 在 Photoshop CS6 中，其他很多命令都支持预设的管理功能，但其操作方法与此处讲解的完全相同，届时将不再重述。

13.1.4　【曲线】命令

与【色阶】命令调整方法相同，使用【曲线】命令可以调整图像的色调与明暗度，但与【色阶】命令不同的是，【曲线】命令可以精确调整高光、阴影和中间调区域中任意一点的色调与明暗度。

选择【图像】|【调整】|【曲线】菜单命令，将显示如图 13-16 所示的【曲线】对话框。

曲线的水平轴表示像素原来的色值，即输入色阶；垂直轴表示调整后的色值，即输出色阶，下面通过一个实例来进一步讲解曲线。

(1) 打开任意一张图片，如图 13-17 所示。

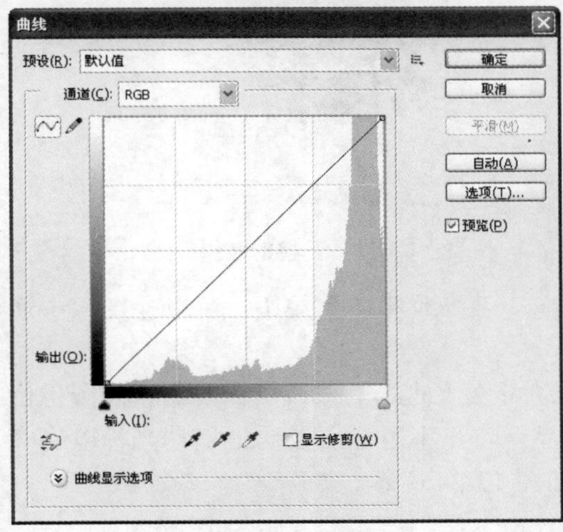

图 13-16　【曲线】对话框

图 13-17　图片

(2) 选择【图层】|【调整】|【曲线】菜单命令，弹出【曲线】对话框。

(3) 在【曲线】对话框中使用鼠标将曲线向上调整到如图 13-18 所示的状态来提高亮度，得到如图 13-19 所示的效果。

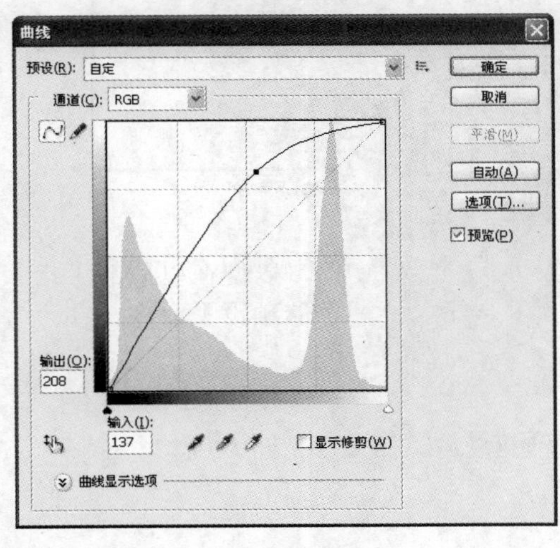

图 13-18　调节曲线

图 13-19　调整的效果

(4) 使用鼠标将曲线向下调整到如图 13-20 所示的状态来增强暗面，得到如图 13-21 所示的效果，单击【确定】按钮即完成调整。

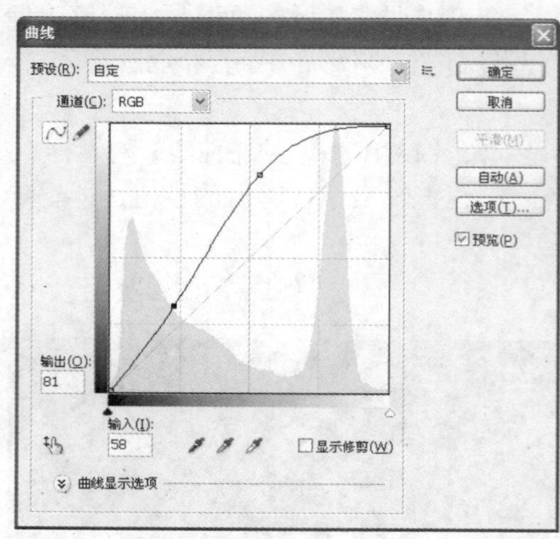

图 13-20　向下调整曲线

图 13-21　调整的效果

使用【曲线】对话框中的【在图像上单击并拖动可修改曲线】按钮，可以在图像中通过拖动的方式快速调整图像的色彩及亮度。

如图 13-22 所示是单击【在图像上单击并拖动可修改曲线】按钮后在要调整的图像位置摆放光标时的状态。由于当前摆放光标的位置显得曝光不足，所以向上拖动光标以提亮图像，如图 13-23 所示，此时的【曲线】对话框如图 13-24 所示。

图 13-22　摆放光标位置

图 13-23　向上拖动光标以提亮图像

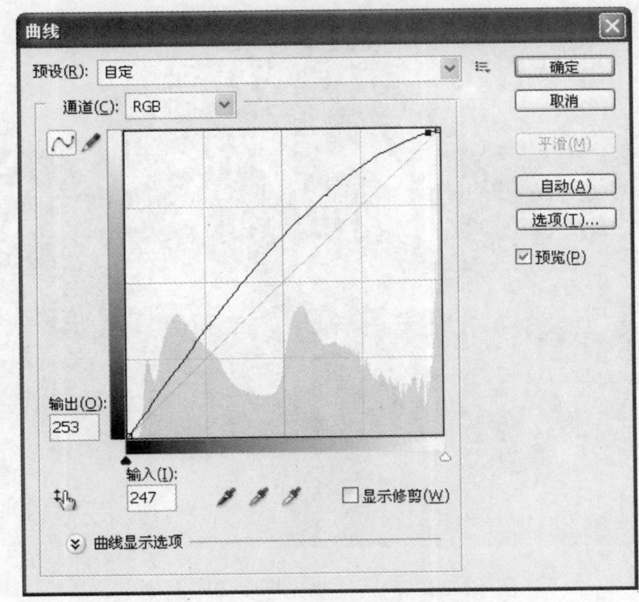

图 13-24　【曲线】对话框设置

在上面处理的图像的基础上，再将光标置于阴影区域要调整的位置，如图 13-25 所示，按照前面所述的方法，向下拖动鼠标以调整阴影区域，如图 13-26 所示，此时的【曲线】对话框如图 13-27 所示。

图 13-25　摆放光标位置

图 13-26　向下拖动光标以降暗图像

提示：【曲线】命令用于对图像的色调进行控制，其功能非常强大，不仅可以调整图像的亮度，还可以调整对比度和颜色等。与【色阶】命令相比，曲线可以调节任意形状，它在控制色调方面更细致一些，但它在处理图像的亮部和暗部(即曲线的两端)时功能不太强，处理时变化不大，不如色阶方便。按下 Ctrl+M 组合键也可打开【曲线】对话框。

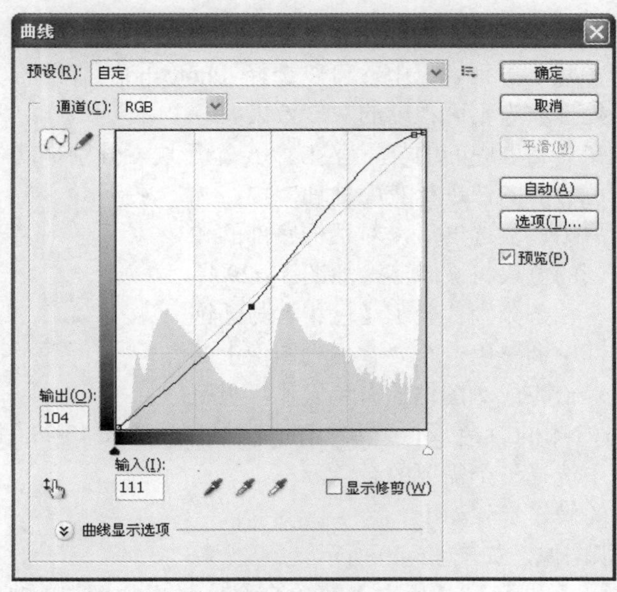

图 13-27　【曲线】对话框设置

13.1.5　【黑白】命令

使用【黑白】命令可以将图像处理成为灰度图像效果，也可以选择一种颜色，将图像处理成为单一色彩的图像。

选择【图像】|【调整】|【黑白】菜单命令，即可调出如图 13-28 所示的【黑白】对话框。

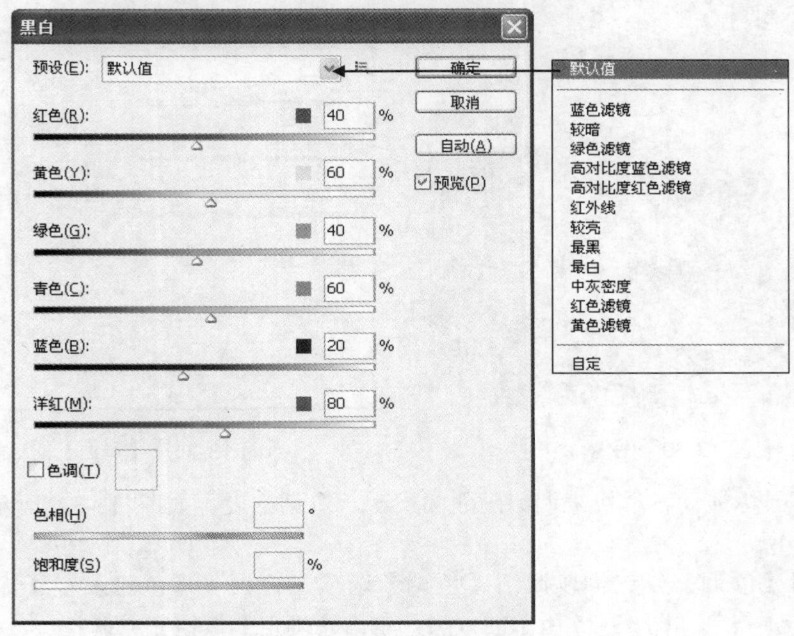

图 13-28　【黑白】对话框

【黑白】对话框中的各参数如下。

- 【预设】：在此下拉列表框中，可以选择 Photoshop 自带的多种图像处理方案，从而将图像处理成为不同程度的灰度效果。
- 颜色设置：在对话框中间的位置存在着 6 个滑块，分别拖动各个滑块，即可对原图像中对应色彩的图像进行灰度处理。
- 【色调】：启用该复选框后，对话框底部的 2 个色条及右侧的色块将被激活，如图 13-29 所示。其中 2 个色条分别代表了【色相】与【饱和度】，在其中调整出一个要叠加到图像上的颜色，即可轻松完成对图像的着色操作；也可以直接单击右侧的颜色块，在弹出的【拾色器】对话框中选择一个需要的颜色。

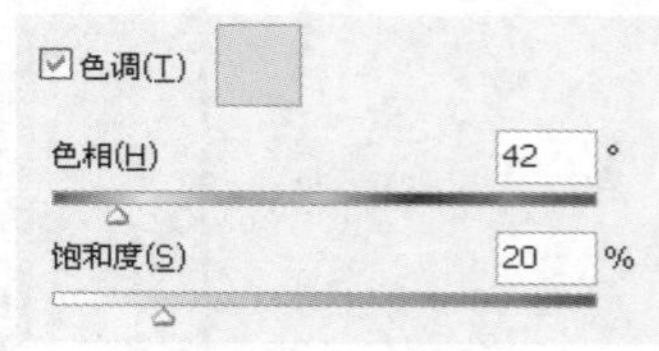

图 13-29 被激活后的色彩调整区

对【黑白】命令的操作步骤如下。

(1) 打开任意一张图像，如图 13-30 所示。

(2) 选择【图像】|【调整】|【黑白】菜单命令，弹出如图 13-31 所示的【黑白】对话框。

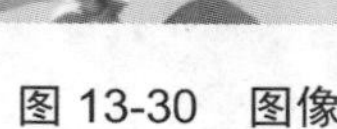

图 13-30 图像

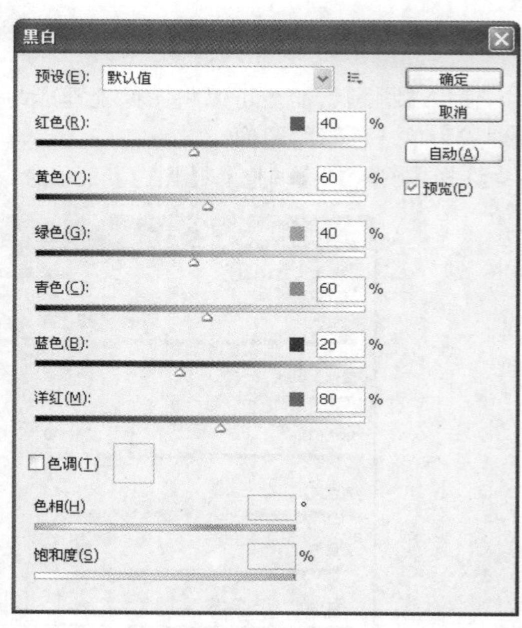

图 13-31 【黑白】对话框

(3) 使用鼠标拖动各滑块来调整画面的层次，对话框设置如图 13-32 所示，调整的效果如图 13-33 所示。

(4) 启用【色调】复选框以激活【色调】选项，再设置【色相】和【饱和度】，如图 13-34 所示，得到如图 13-35 所示的效果，单击【确定】按钮完成调整。

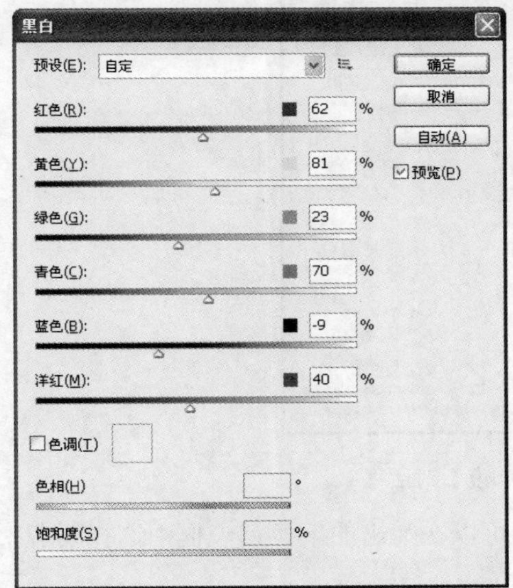

图 13-32　【黑白】对话框

图 13-33　调整的状态(1)

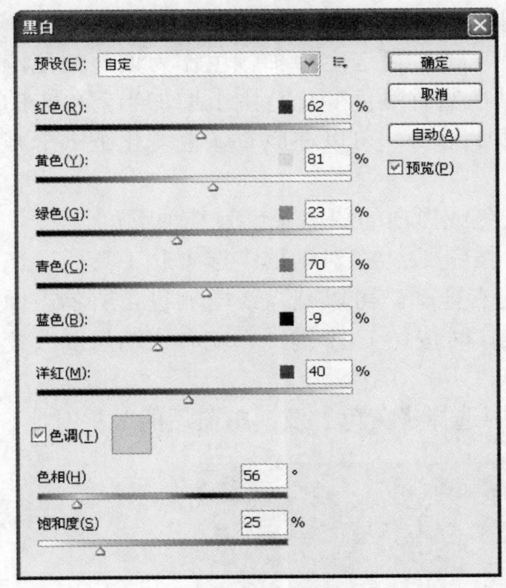

图 13-34　【黑白】对话框

图 13-35　调整的状态(2)

13.1.6　【色相/饱和度】命令

使用【色相/饱和度】命令不仅可以对一幅图像进行【色相】、【饱和度】和【明度】的调节，还可以调整图像中特定颜色成分的色相、饱和度和亮度，还可以通过【着色】选项将整个图像变为单色。

选择【图像】|【调整】|【色相/饱和度】菜单命令，弹出如图 13-36 所示的【色相/饱和度】对话框。对话框中各参数如下。

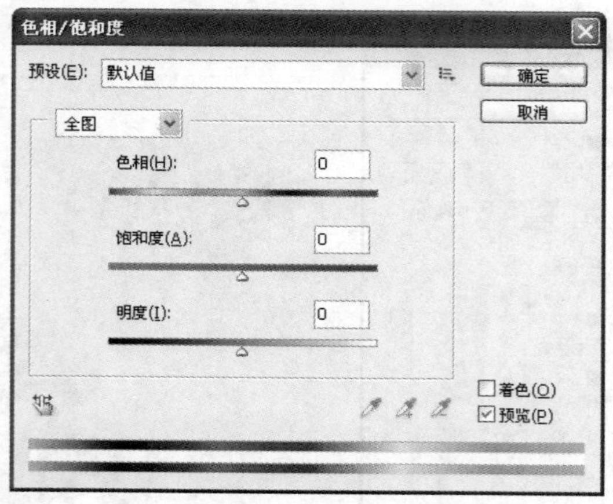

图 13-36　【色相/饱和度】对话框

- 【全图】：单击此选项后的下拉按钮，可以在弹出的下拉列表框中选择要调整的颜色范围。
- 【色相】、【饱和度】、【明度】滑块：拖曳对话框中的色相(范围：-180～+180)、饱和度(范围：-100～+10)和明度(范围：-100～+100)滑块，或在其文本框中输入数值，可以分别调整图像的色相、饱和度及明度。
- 【吸管】：选择【吸管工具】在图像中单击，可选定一种颜色作为调整的范围。选择添加取样工具在图像中单击，可以在原有颜色变化范围上增加当前单击的颜色范围。选择从取样中减去工具在图像中单击，可以在原有颜色变化范围上减去当前单击的颜色范围。
- 【着色】：启用此复选框可以将一幅灰色或黑白的图像着色为某种颜色。
- 【在图像上单击并拖动可修改饱和度】按钮：在对话框中选中此工具后，在图像中单击某一种，并在图像中向左或向右拖动，可以减少或增加包含所单击像素的颜色范围的饱和度，如果在执行此操作时按住 Ctrl 键，则左右拖动可以改变相对应区域的色相。

如图 13-37 所示为在全图下拉列表框中选择【黄色】及调整前后的效果对比。

图 13-37　应用【色相/饱和度】命令前后的效果对比

13.1.7　【渐变映射】命令

使用【图像】|【调整】|【渐变映射】菜单命令可以将指定的渐变色映射到图像的全部色阶中，从而得到一种具有彩色渐变的图像效果，此命令的【渐变映射】对话框如图 13-38 所示。

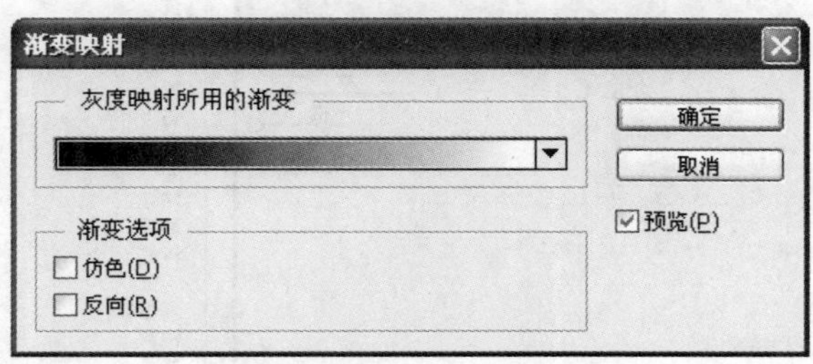

图 13-38　【渐变映射】对话框

此命令的使用方法比较简单，只要在对话框中选择合适的渐变类型即可。如果需要反转渐变，可以启用【反向】复选框。

如图 13-39 所示为黑白照片应用渐变映射后得到的彩色效果。

图 13-39　黑白照片及应用【渐变映射】命令后的效果

13.1.8　【照片滤镜】命令

【图像】|【调整】|【照片滤镜】菜单命令用于模拟传统光学滤镜特效，它能够使照片呈现暖色调、冷色调及其他颜色的色调，打开一幅需要调整的照片并选择此命令后，弹出如图 13-40 所示的【照片滤镜】对话框。

此对话框的参数如下。

- 【滤镜】：在该下拉列表框中选择预设的选项，对图像进行调节。
- 【颜色】：单击该色块，并使用【拾色器】为自定义颜色滤镜指定颜色。
- 【浓度】：拖动滑块以调整此命令应用于图像中的颜色量。

- 【保留明度】：启用该复选框，可在调整颜色的同时保持原图像的亮度。

如图 13-41 所示为原图像。如图 13-42 所示为调整照片的色调使其出现偏暖的效果。

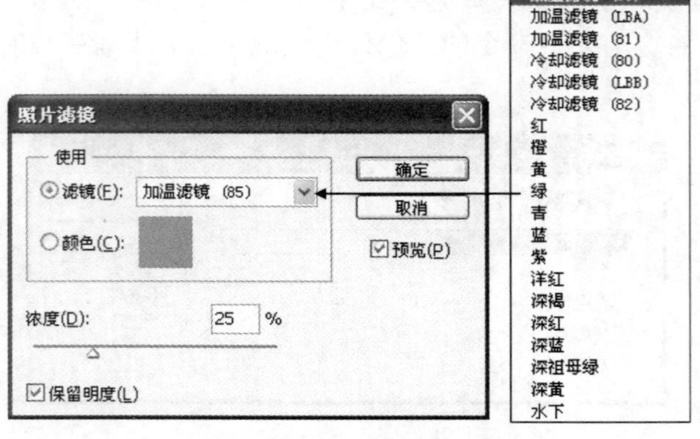

图 13-40 【照片滤镜】对话框

图 13-41 原图像

图 13-42 色调偏暖效果

13.1.9 【阴影/高光】命令

【阴影/高光】命令专门用于处理在摄影中由于用光不当而出现局部过亮或过暗的照片。选择【图像】|【调整】|【阴影/高光】菜单命令，弹出如图 13-43 所示的【阴影/高光】对话框。

此对话框中的参数如下。

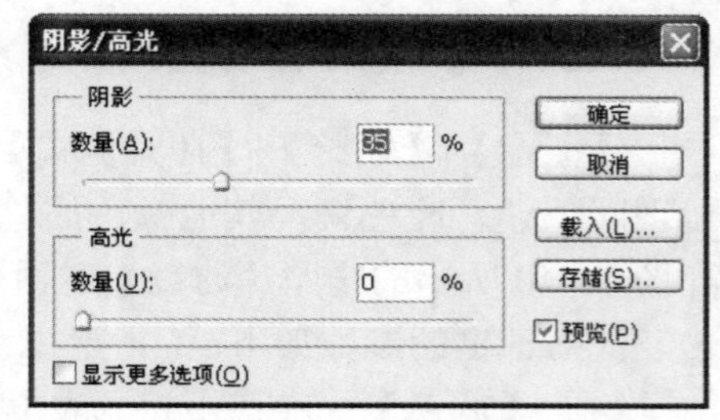

图 13-43 【阴影/高光】对话框

- 【阴影】：在此拖动【数量】滑块或在此文本框中输入相应的数值，可改变暗部区域的明亮程度，其数值越大或滑块的位置越偏向右侧，则调整后的图像的暗部区域也相应越亮。
- 【高光】：在此拖动【数量】滑块或在此文本框中输入相应的数值，即可改变高亮区域的明亮程度，其数值越大或滑块的位置越偏向右侧，则调整后图像的高

亮区域也会相应越暗。

如图 13-44 所示为原图像。如图 13-45 所示为应用该命令后的效果。

图 13-44　原图像

图 13-45　【阴影/高光】命令示例

13.1.10　HDR 色调

在 Photoshop CS6 中，如果针对一张照片执行 HDR 合成的命令，选择【图像】|【调整】|【HDR 色调】菜单命令，弹出【HDR 色调】对话框，如图 13-46 所示。

观察这个对话框可以看出，与其他大部分图像调整命令相似，此命令也提供了预设调整功能，选择不同的预设能够调整得到不同的 HDR 照片结果。以如图 13-47 所示为原图像，如图 13-48 所示是几种不同的调整效果。

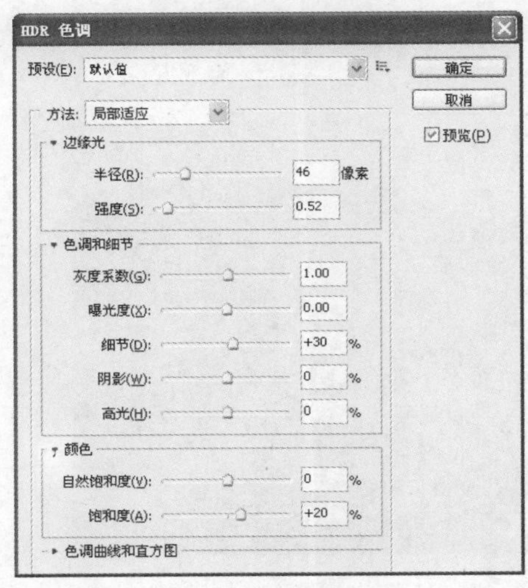

图 13-46　【HDR 色调】对话框

图 13-47　原图像

图 13-48　选择不同预设调整得到的效果

单击【方法】右侧的下拉按钮，弹出【方法】下拉列表，如图 13-49 所示。以下将讲解应用此命令的几种调整方法。

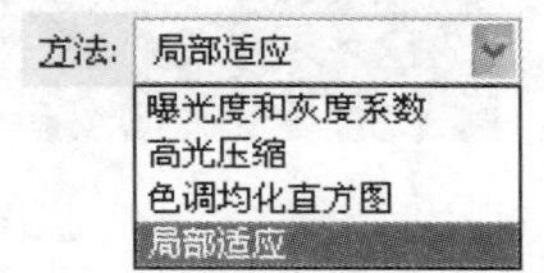

图 13-49　【方法】下拉列表

1. 局部适应

这是【HDR 色调】命令在默认情况下选择的处理方法，使用此方法时可控制的参数也最多，如图 13-46 所示。此命令中各部分的参数功能如下。

【边缘光】选项组中的参数用于控制图像边缘的发光及其对比度，各参数如下。

- 【半径】：此参数可控制发光的范围，如图 13-50 所示为分别设置不同数值时的对比效果。

图 13-50　设置不同【半径】值的对比效果

- 【强度】：此参数可控制发光的对比度，如图 13-51 所示为分别设置不同数值时

的对比效果。

图 13-51　设置不同【强度】值的对比效果

【色调和细节】选项组中的参数用于控制图像的色调与细节，各参数如下。

- 【灰度系数】：此参数可控制高光与暗调之间的差异，其数值越大(向左侧拖动)，则图像的亮度越高；反之，则图像的亮度越低。
- 【曝光度】：控制图像整体的曝光强度，也可以将其理解为亮度。
- 【细节】：数值为负数时(向左侧拖动)、画面变得模糊；反之，数值为正数(向右侧拖动)时，可显示更多的细节内容。
- 【阴影/高光】：此参数用于控制图像阴影或高光区域的亮度。

【颜色】选项组中的参数用于控制图像的色彩饱和度，各参数如下。

- 【自然饱和度】：拖动此滑块可以调整那些与已饱和的颜色相比不饱和的颜色的饱和度，从而获得更加柔和自然的图像饱和度效果。
- 【饱和度】：拖动此滑块可以调整图像中所有颜色的饱和度，使所有颜色获得等量饱和度调整，因此使用此滑块有可能导致图像的局部颜色过饱和。

【色调曲线和直方图】选项组中的参数用于控制图像整体的亮度，其使用方法与编辑【曲线】对话框中的曲线基本相同，单击其右下角的复位曲线按钮，可以将曲线恢复到初始状态。如图 13-52 所示是初始状态的图像效果。如图 13-53 所示是调整的曲线状态。如图 13-54 所示是调整后的效果。

2. 曝光度和灰度系数

选择此方法后，分别调整【曝光度】和【灰度系数】两个参数，可以改变照片的曝光等级以及灰度的强弱。如图 13-55 所示是调整前后的效果对比。

图 13-52 初始状态

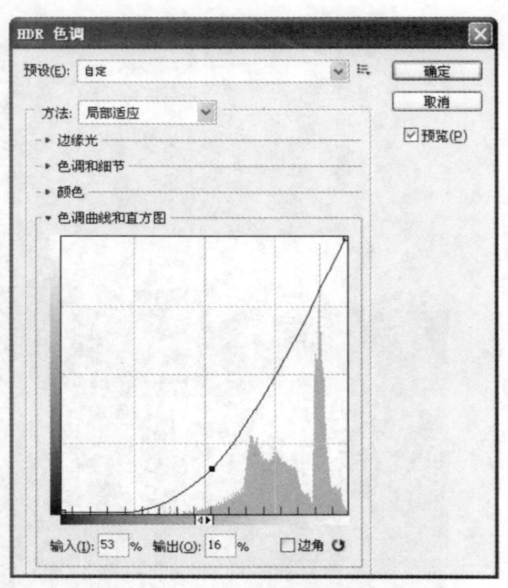

图 13-53 调整曲线

图 13-54 调整曲线后的效果

3．高光压缩

选择此方法后，会对照片中的高光区域进行降暗处理，从而得到比较特殊的效果，如图 13-56 所示。

4．色调均化直方图

选择此方法后，将对画面中的亮度进行平均化处理，此方法对低调照片有强烈的提亮作用。图 13-57 所示是调整前后的效果对比。

图 13-55　调整曝光及灰度前后的效果对比

图 13-56　使用【高光压缩】方法调整前后的效果对比

图 13-57　使用【色调均化直方图】方法调整前后的效果对比

13.2 应用图像命令

13.2.1 概述【应用图像】命令

【应用图像】命令用来混合大小相同的两个图像，它可以将一个图像的图层和通道(源)与现用图像(目标)的图层和通道相混合。如果两个图像的颜色模式不同，则可以对目标图层的复合通道应用单一通道。

选择【图像】|【应用图像】菜单命令，可以打开【应用图像】对话框，如图 13-58 所示。

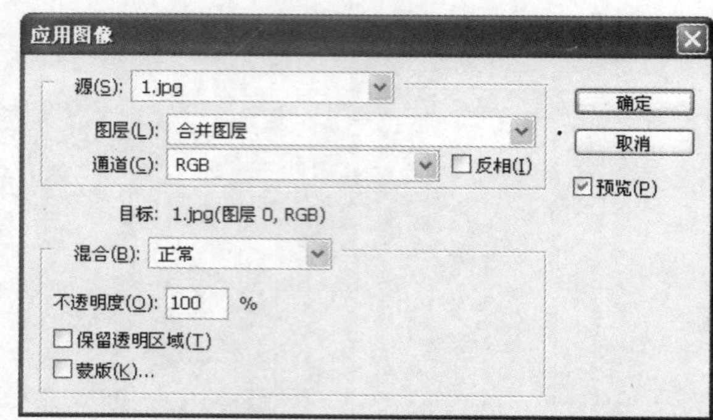

图 13-58 【应用图像】对话框

- 【源】：该下拉列表框列出了当前所有打开图像的名称，默认设置为当前的活动图像，从中可以选择一个源图像与当前的活动图像相混合。源图像必须是打开的图像文件，并且与当前图像文件具有相同的尺寸和分辨率。
- 【图层】：该下拉列表框中指定用源文件中的哪一个图层来进行运算。如果没有图层，只能选择【背景】图层；如果源文件有多个图层，则下拉列表框中除包含有源文件的各图层外，还有一个合并的选项，表示选择源文件的所有图层。
- 【通道】：该下拉列表框中指定使用源文件中的哪个通道进行运算。启用【反相】复选框可以将源文件反相后再进行计算。
- 【反相】：启用该复选框，将【通道】列表框中的蒙版内容进行反相。
- 【混合】：该下拉列表框中选择合成模式进行运算。在该下拉列表框中增加了【相加】和【减去】两种合成模式，其作用是增加和减少不同通道中像素的亮度值。当选择【相加】或【减去】合成模式时，在下方会出现【缩放】和【补偿值】两个参数，设置不同的数值可以改变像素的亮度值。
- 【不透明度】：可以设置运算结果对源文件的影响程度，与【图层】面板中的不透明度作用相同。
- 【保留透明区域】：该选项用于保护透明区域。启用该复选框，表示只对非透明区域进行合并。若在当前活动图像中选择了【背景】图层，则该选项不可用。
- 【蒙版】：若要为目标图像设置可选取范围，可以启用【蒙版】复选框，将图像的蒙版应用到目标图像。通道、图层透明区域以及快速遮罩都可以作为蒙版使用。

13.2.2　使用【应用图像】命令

【应用图像】命令的使用方法如下。

(1) 按 Ctrl+O 组合键，在【打开】对话框中选择并打开素材图像，如图 13-59 所示。

图 13-59　素材图像及【图层】面板

(2) 根据人物形态创建一个 Alpha 通道，如图 13-60 所示。

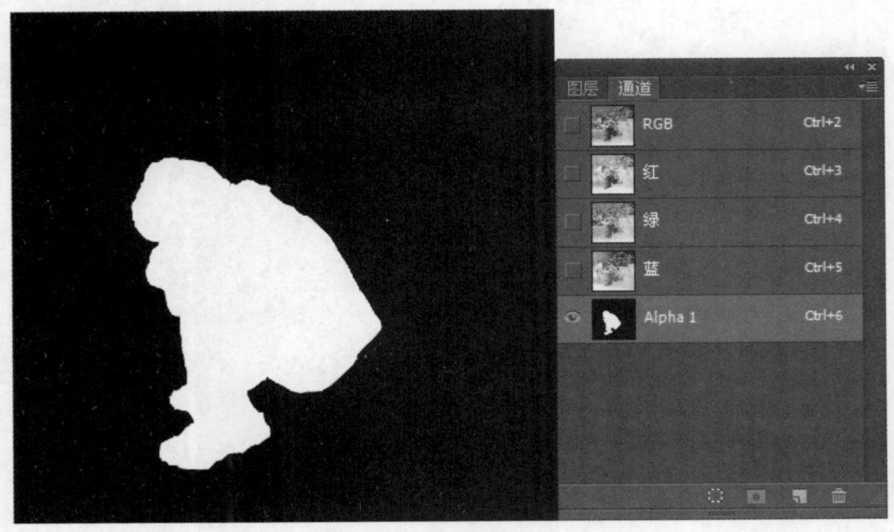

图 13-60　Alpha 通道及【图层】面板

(3) 单击【图层 1】，选择【图像】|【应用图像】菜单命令，打开【应用图像】对话框，在【图层】下拉列表框中选择【背景】选项，在【通道】下拉列表框中选择 RGB 选项；在【混合】下拉列表框中选择【滤色】选项，启用【保留透明区域】、【蒙版】复选框，在最下面的【通道】下拉列表框中选择 Alpha 1 选项，并启用【反相】复选框，如

图 13-61 所示。

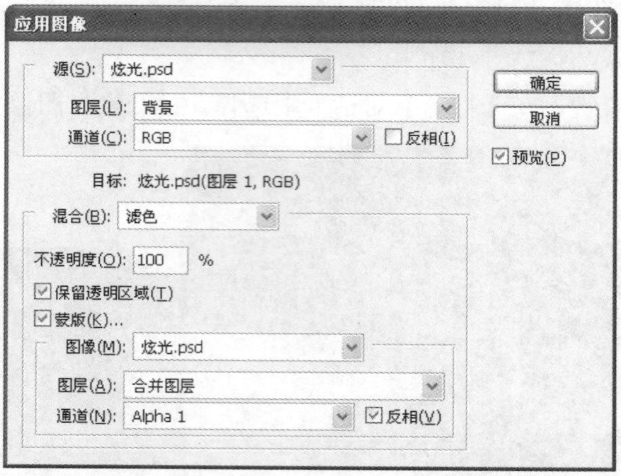

应用图像
源(S): 炫光.psd
图层(L): 背景
通道(C): RGB　□反相(I)
目标: 炫光.psd(图层 1, RGB)
混合(B): 滤色
不透明度(O): 100 %
☑保留透明区域(T)
☑蒙版(K)...
图像(M): 炫光.psd
图层(A): 合并图层
通道(N): Alpha 1　☑反相(V)
确定
取消
☑预览(P)

图 13-61　设置【应用图像】对话框中的参数

(4) 单击【确定】按钮，完成效果及【图层】面板如图 13-62 所示。

图 13-62　完成效果及【图层】面板

13.3　上机操作实践——制作梦幻风景图

本范例源文件：\13\风景图.jpg

本范例完成文件：\13\梦幻风景图. psd

多媒体教学路径：光盘→多媒体教学→第 13 章

13.3.1　实例介绍和展示

本例运用多种滤镜命令、更改混合模式、添加【色相/饱和度】调整层和【渐变映射】调整层以及添加图层蒙版，把一幅普通的风景图调整为一幅梦幻风景图，效果如图 13-63 所示。具体操作步骤如下。

图 13-63　效果图

13.3.2　编辑图像

(1) 启动 Photoshop CS6 主程序，打开素材图像，如图 13-64 所示。按 Ctrl+J 组合键复制背景层，选择【滤镜】|【模糊】|【高斯模糊】菜单命令，在打开的【高斯模糊】对话框中设置【半径】为 3，将图层的混合模式更改为【强光】，设置完成后的图像效果如图 13-65 所示。

图 13-64　原图

图 13-65　混合模式改为【强光】

(2) 单击【图层】面板中的【创建新的填充或调整图层】按钮，在弹出的下拉菜单中选择【色相/饱和度】命令，在打开的【属性】面板中设置参数，如图 13-66 所示。设置完成后，在【图层】面板中将图层混合模式更改为【色相】，效果如图 13-67 所示。

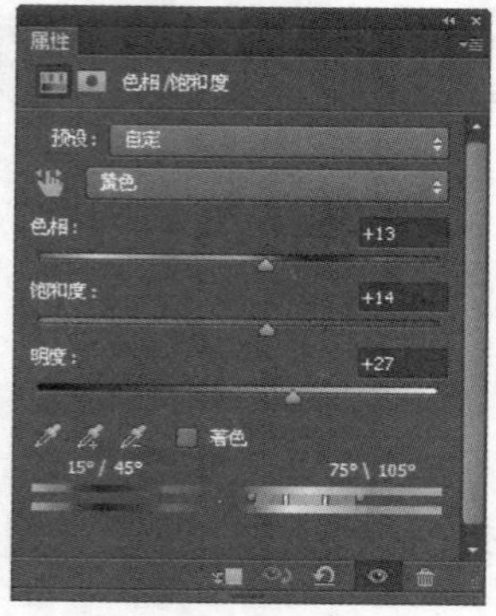

图 13-66　【色相/饱和度】参数设置

图 13-67　更改混合模式为【色相】

(3) 创建【渐变映射】调整图层，参数设置如图 13-68 所示。确定后将图层的混合模式更改为【强光】，不透明度调整为 80%，效果如图 13-69 所示。

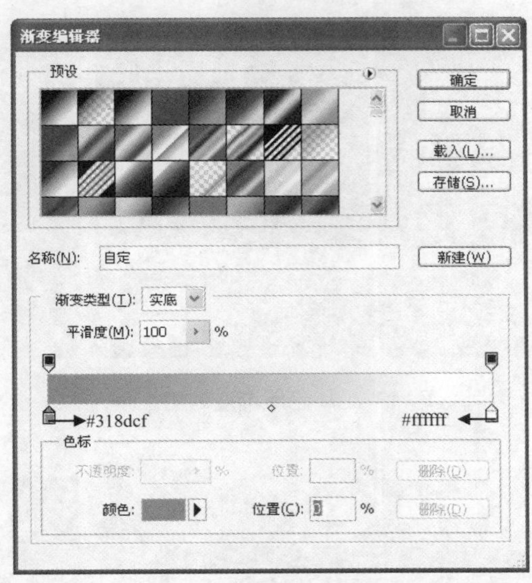

图 13-68　【渐变映射】调整层颜色值设置

图 13-69　更改混合模式为【强光】

(4) 按 Ctrl+Alt+Shift+E 组合键盖印图层，把图层混合模式更改为【柔光】，然后加上图层蒙版用黑色画笔把草地擦掉，再把渐变映射的图层隐藏，效果如图 13-70 所示。

(5) 按 Ctrl+Alt+Shift+E 组合键盖印图层，选择【滤镜】|【模糊】|【高斯模糊】菜单命令，在打开的【高斯模糊】对话框中将【模糊】的数值设置为 3，确定后把图层混合模式改为【滤色】，图层不透明度调整为 60%，效果如图 13-71 所示。

(6) 按 Ctrl+Alt+Shift+E 组合键盖印图层，选择【滤镜】|【锐化】|【锐化】菜单命令，锐化后的图像效果如图 13-72 所示。

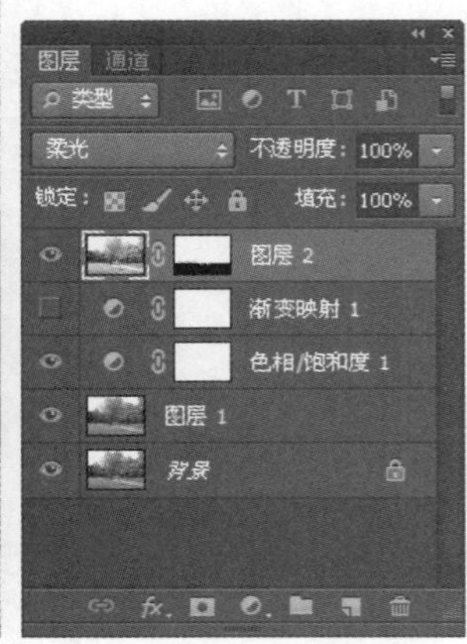

图 13-70　隐藏渐变映射图层

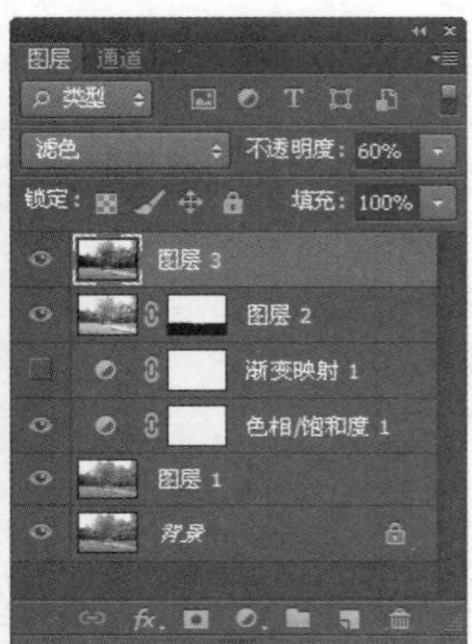

图 13-71　图层模式改为【滤色】

图 13-72　最终效果

13.4　操 作 练 习

运用所学知识调整图像。本练习原图如图 13-73 所示。效果图如图 13-74 所示。

图 13-73　原图

图 13-74　效果图

第 14 章　综合范例一

教学目标

运用前面章节所讲的知识，制作游戏主页面。

教学重点和难点

这个网页的效果是名为“探险王”的游戏网页主页面，主要突出的是游戏的主题。因此这里利用游戏的一个山间的效果，来突出探险的奇幻色彩。同时，将游戏的大标题强烈地表现出来。另外，在网页上，还要有必要的按钮和标签，以链接网站中其他的页面。这里主要利用文字的效果制作出来。

综上所述，这个案例主要可以分为底面图片的制作和文字效果的制作。底面图片主要是天空背景，山和地面的效果，而文字效果主要为游戏大标题和文字链接，以及相应的文字说明等。

14.1　案例介绍与展示

本章的知识要点主要是要体现出游戏的氛围，在制作过程中将主要用到图层样式的效果，在制作背景中还将用到多种滤镜组合。图层样式的设置、蒙版的使用、Photoshop 多种滤镜的综合应用，以及文字效果的制作等完成游戏主页面。游戏主页面效果如图 14-1 所示。

图 14-1　范例游戏主页面效果

14.2　案例制作——游戏主页

本范例源文件：\14\shan.bmp

本范例完成文件：\14\游戏主页.psd、游戏主页.jpeg

多媒体教学路径：光盘→多媒体教学→第 14 章

14.2.1　制作天空背景

(1) 打开 Photoshop 界面，选择【文件】|【新建】菜单命令，在打开的【新建】对话框中设置各项参数，如图 14-2 所示。设置完成后，单击【确定】按钮即可新建一个图像文件。

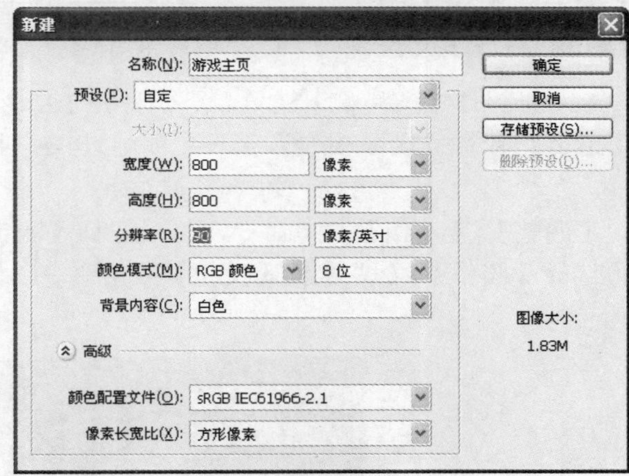

图 14-2　在【新建】对话框中设置参数

(2) 设置前景色为黑色，按 Alt+Delete 组合键，填充黑色。

(3) 选择【文件】|【打开】命令，打开“shan.bmp”图像。单击工具箱中的【魔棒工具】图标，在图像的黑色区域单击，选中黑色区域，按 Ctrl+Shift+I 组合键，进行反选，将山脉选中，按下 Ctrl+C 组合键，拷贝山脉。激活新建的文件，按下 Ctrl+V 组合键，将山脉粘贴到新图像中。按 Ctrl+T 组合键，调整山脉的位置与大小，如图 14-3 所示。

(4) 制作天空背景。单击【图层】面板下方的【创建新图层】按钮，新建一个图层并命名为“图层 2”，将前景色设置为白色，按下 Alt+Delete 组合键填充白色。

(5) 选择【滤镜】|【杂色】|【添加杂色】菜单命令，打开【添加杂色】对话框，设置【数量】值为“13”，其他参数设置如图 14-4 所示。设置完成后，单击【确定】按钮。

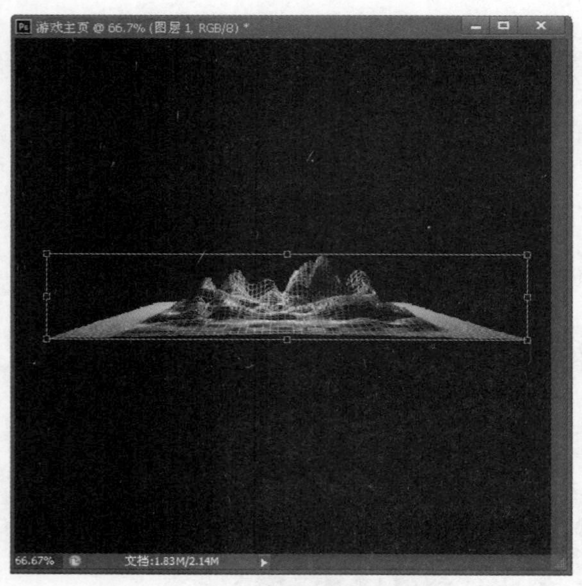

图 14-3　调整山脉的位置与大小

图 14-4　【添加杂色】对话框

(6) 选择【滤镜】|【模糊】|【动感模糊】菜单命令，打开【动感模糊】对话框，设置【角度】为“90”、【距离】为“600”，其他参数设置如图 14-5 所示。设置完成后，单击【确定】按钮。

(7) 选择【图像】|【调整】|【反相】菜单命令，然后选择【滤镜】|【风格化】|【查找边缘】菜单命令，再选择【图像】|【调整】|【反相】菜单命令，得到的效果如图 14-6 所示。

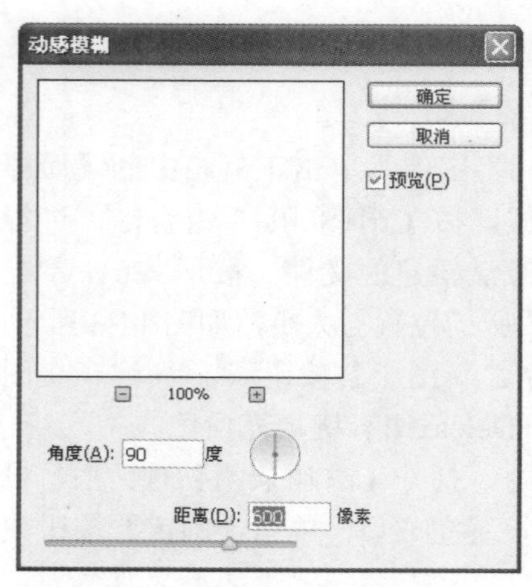

图 14-5　【动感模糊】对话框

图 14-6　图像效果

(8) 打开【图层】面板，右击图层，在弹出的快捷菜单中选择【复制图层】命令，复制“图层 2”，得到“图层 2 副本”。选择【编辑】|【变换】|【旋转 90 度(顺时针)】菜单命令，将“图层 2 副本”旋转 90 度，并设置“图层 2 副本”的图层【混合模式】为“滤色”，【图层】面板如图 14-7 所示。得到的效果如图 14-8 所示。

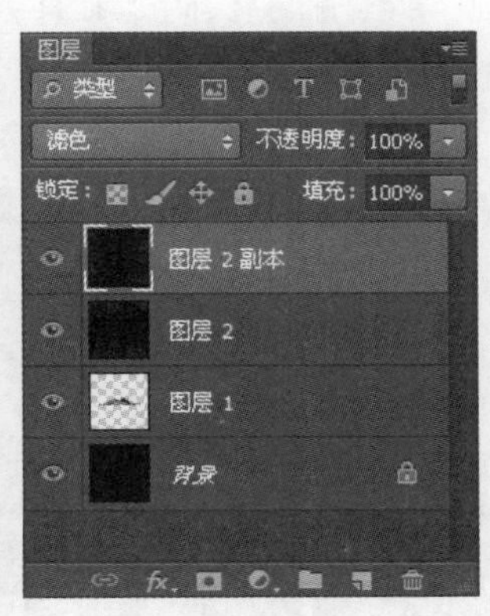

图 14-7　【图层】面板

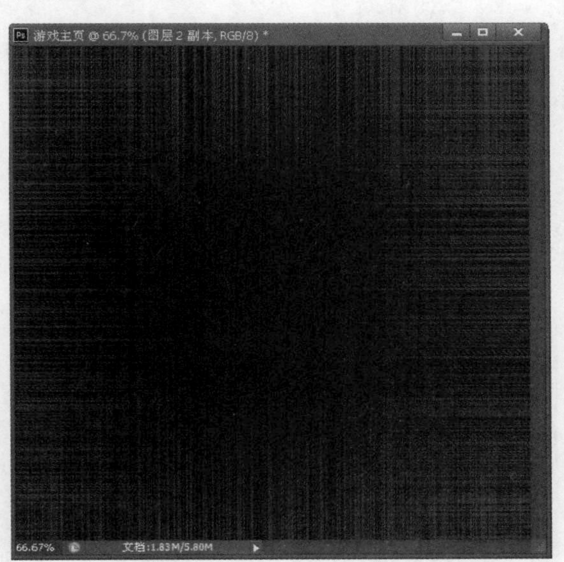

图 14-8　复制后的效果

(9) 激活“图层 2 副本”，单击【图层】面板右上方的三角按钮，在弹出的下拉菜单中选择【向下合并】命令，将“图层 2”与“图层 2 副本”合并成一个层为“图层 2”。

(10) 选择【滤镜】|【扭曲】|【极坐标】菜单命令，打开【极坐标】对话框，选中【平面坐标到极坐标】单选按钮，其他参数设置如图 14-9 所示。单击【确定】按钮，则图像成放射状，效果如图 14-10 所示。

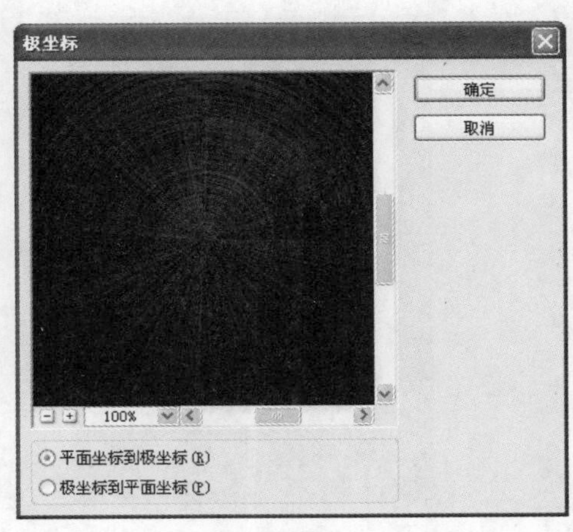

图 14-9　【极坐标】对话框

图 14-10　放射状的效果

(11) 选择【编辑】|【变换】|【旋转 180 度】菜单命令，将“图层 2”的图像旋转 180 度。

提示： 旋转“图层 2”是为了取得图像下方的放射效果，因为上面的放射效果的中间有间隙。

(12) 拖动“图层 2”到“图层 1”的下方，并向上移动，使放射的中心对准山脉，如图 14-11 所示。

(13) 单击【图层】面板下方的【添加图层蒙版】按钮，为“图层 2”添加一个蒙版。设置前景色为“黑色”、背景色为“白色”。单击工具箱中的【渐变工具】图标，设置【渐变类型】为【线性渐变】，在蒙版中从下至上画一条直线，如图 14-12 所示。

图 14-11　移动放射图像

图 14-12　填充渐变色

(14) 放射图像的下半部分被遮盖住。选择【图像】|【画布大小】菜单命令，打开【画布大小】对话框，设置【宽度】为“15”，其他参数设置如图 14-13 所示。单击【确定】按钮，调整图像画布的尺寸，如图 14-14 所示。

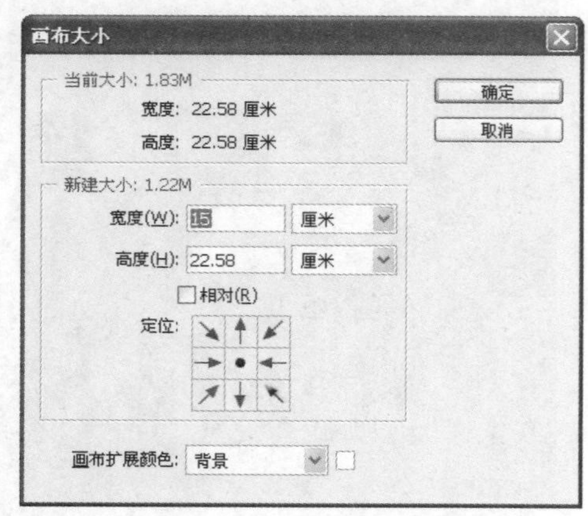

图 14-13　【画布大小】对话框

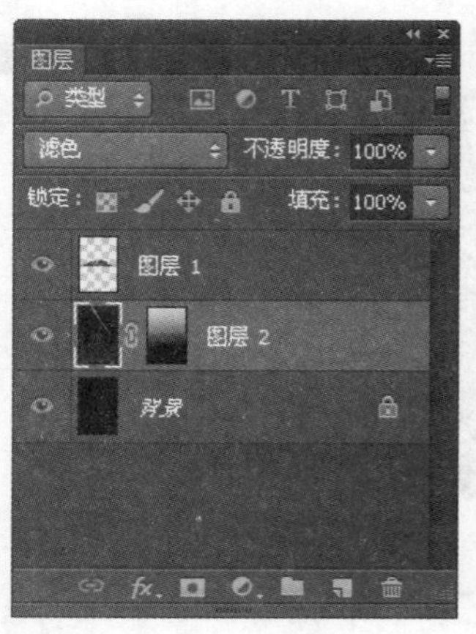

图 14-14　调整画布

(15) 选择【文件】|【打开】菜单命令，打开一幅星空的图片，如图 14-15 所示。将星空图片粘贴到正在制作的图像文件中。调整图片的大小，放置在图像的上半方，如图 14-16 所示。

图 14-15　星空图片

图 14-16　调整星空图片

(16) 将“星空图层”放置在放射图像层的上方，设置“星空图层”的图层【混合模式】为“变亮”，如图 14-17 所示。

(17) 单击【图层】面板下方的【创建新的填充或调整图层】按钮，在下拉菜单中选择【色相/饱和度】命令，打开色相/饱和度【属性】面板，启用【着色】复选框，如图 14-18 所示，单击【确定】按钮，得到的图像效果如图 14-19 所示。

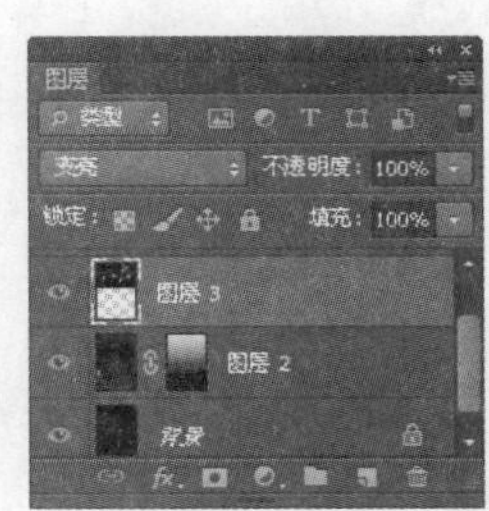

图 14-17　【图层】面板

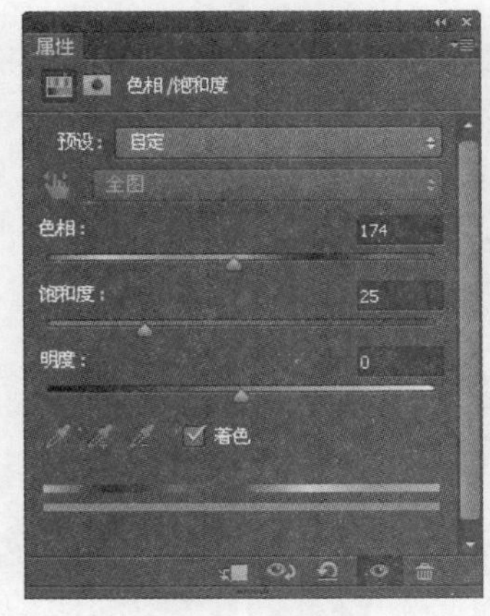

图 14-18　色相/饱和度【属性】面板

图 14-19　图像效果

提示：在这里不要应用【图像】|【调整】|【色相/饱和度】命令，此命令会改变所有图层的色相和饱和度。而下的命令只会改变某一层的色相和饱和度。

14.2.2 制作地面效果

(1) 单击【图层】面板下方的【创建新图层】按钮，新建一个图层并命名为“图层4”，放置在最上方。单击【以快速蒙版模式编辑】按钮，进入快速蒙版状态，设置前景色为“黑色”、背景色为“白色”。单击工具箱中的【渐变工具】，设置【渐变类型】为【线性渐变】，在蒙版中从上至下画一条直线，如图 14-20 所示。

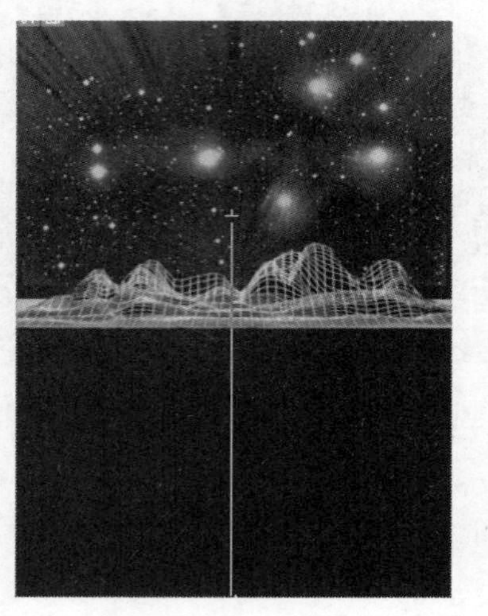

图 14-20 蒙版编辑

(2) 图像的一部分被红色覆盖，单击【以标准模式编辑】按钮，退出快速蒙版编辑状态，此时图像的下方被蚂蚁线选中，如图 14-21 所示。

(3) 设置前景色的颜色 RGB 值为(245、176、10)。按下 Alt+Delete 组合键，填充选择区域，如图 14-22 所示。

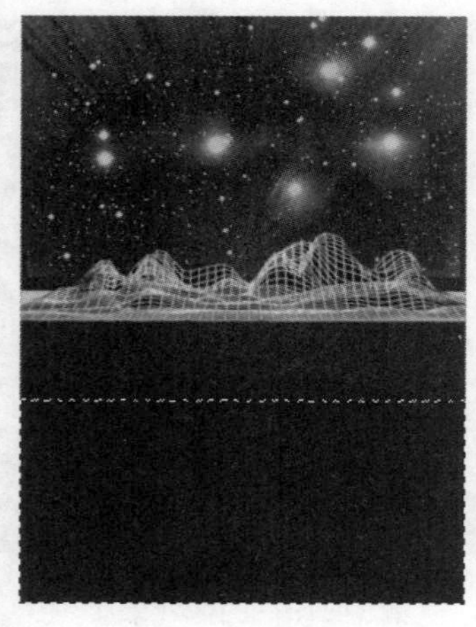

图 14-21 选择区域

图 14-22 填充区域

提示： 利用快速蒙版选择的区域，同样具有在快速蒙版编辑状态中进行编辑时带有的特征即渐变性，因此填充区域时，填充的是渐变色。

(4) 单击工具箱中的【矩形选框工具】图标，在“图层 4”中绘制一个矩形，如图 14-23 所示。选择【选择】|【修改】|【羽化】菜单命令，打开【羽化】对话框，设置羽化【半径】值为“5px”，设置完成后，单击【确定】按钮。

(5) 在【图层】面板中右击“图层 4”，在弹出的快捷菜单中选择【通过拷贝的图层】命令，将矩形选择区域复制为“图层 5”。

(6) 激活“图层 5”，按下 Ctrl+T 组合键，自由调整矩形区域的形状，转换成梯形，如图 14-24 所示。按住 Ctrl 键，单击“图层 5”，载入梯形区域。

图 14-23　绘制矩形选择区域

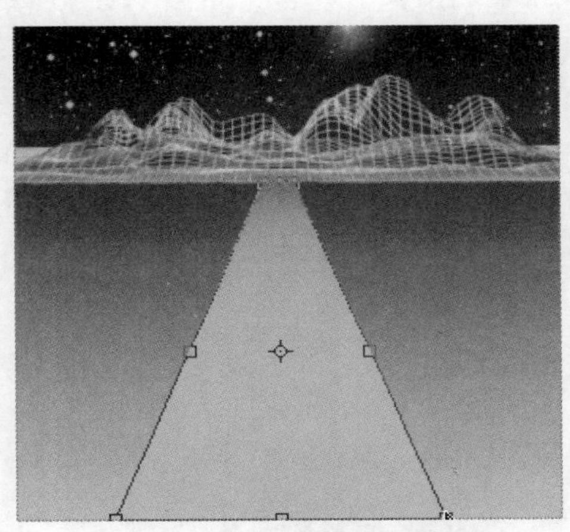

图 14-24　调整矩形区域

技巧： 若将矩形区域变成梯形，应按 Ctrl+Shift+Alt 组合键，用鼠标拖动矩形的一角，则矩形两端同时变化。

(7) 选择【选择】|【羽化】菜单命令，打开【羽化】对话框，设置羽化【半径】值为“10 px”。

(8) 单击工具箱中的【渐变工具】，设置渐变方式为【线性渐变】，单击【色彩控制工具】中的【切换前景色和背景色】图标，将黄色的前景色转化为背景色。再设置前景色的 RGB 值为(250、0、0)。在“图层 5”中从下至上画一条直线，将梯形区域填充为由红至黄的渐变色，如图 14-25 所示。

(9) 按下 Ctrl+D 组合键，取消选择。按住 Ctrl 键，单击“图层 4”，载入“图层 4”的区域，再按下 Ctrl+Alt 组合键，单击“图层 5”，【图层】面板如图 14-26 所示。将“图层 4”和“图层 5”的区域进行差集运算，得到如图 14-27 所示的区域。右击“图层 4”，在列表框中选择【通过拷贝的图层】命令，将选择的区域拷贝复制为“图层 6”。

提示： 复制选择的区域时，必须右击图层 4，因为选择的区域是从“图层 4”与“图层 5”进行差集运算得到的，否则，将不会复制到正确的选择区域。

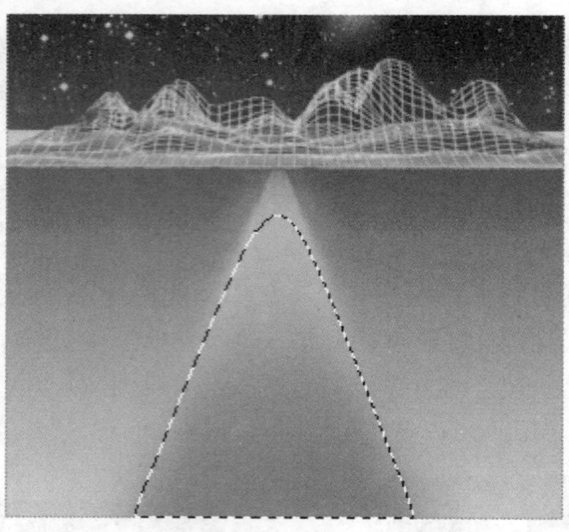

图 14-25　填充区域

图 14-26　【图层】面板

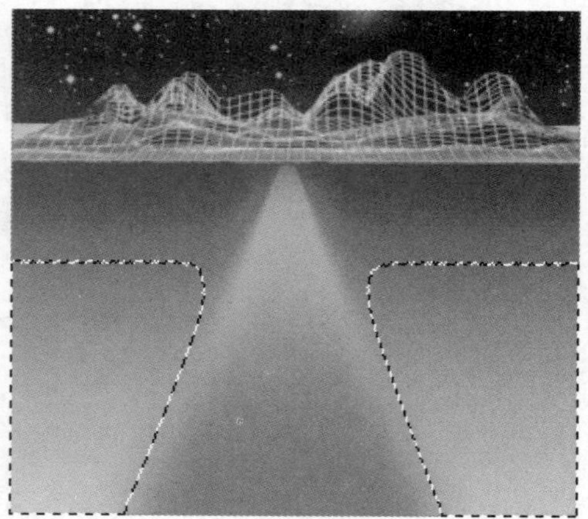

图 14-27　选择的区域

(10) 按住 Ctrl 键，单击“图层 6”，载入“图层 6”的区域。设置前景色的 RGB 值为(89、13、13)，单击工具箱中的【渐变工具】，设置【渐变类型】为【线性渐变】，在“图层 6”中从下至上画一条直线，将梯形区域填充为由深红至黄色的渐变色，如图 14-28 所示。

(11) 按下 Ctrl+D 组合键，取消选择。双击“图层 6”，打开【图层样式】对话框，启用【投影】复选框，切换到【投影】选项，设置【混合模式】为“正片叠底”、颜色为“黑色”，参数设置如图 14-29 所示。

(12) 启用【斜面和浮雕】复选框，切换到【斜面和浮雕】选项设置界面，设置【高光模式】的颜色为“红色”、【阴影模式】的颜色为“黑色”，

图 14-28　填充区域

参数设置如图 14-30 所示。

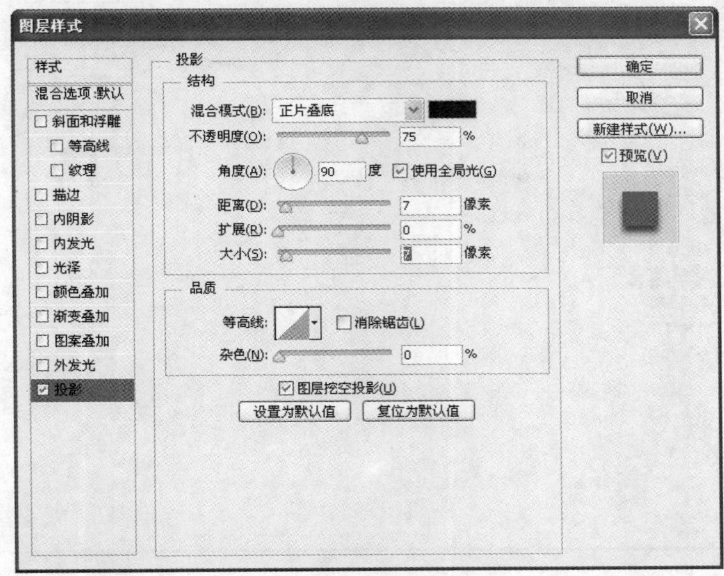

图 14-29　【投影】选项设置

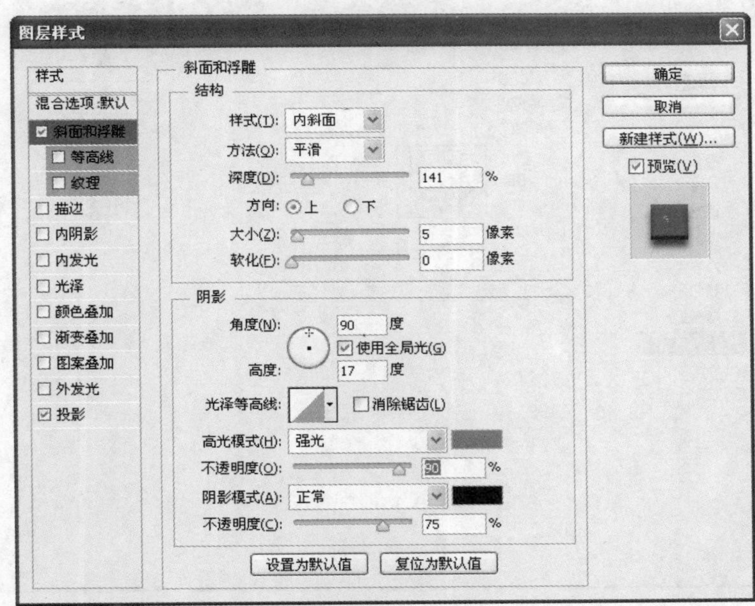

图 14-30　【斜面和浮雕】选项设置

(13) 启用【渐变叠加】复选框，切换到【渐变叠加】选项设置界面，设置渐变色为橘红色到浅黄色，参数设置如图 14-31 所示。

(14) 启用【图案叠加】复选框，切换到【图案叠加】选项设置界面，参数设置如图 14-32 所示。

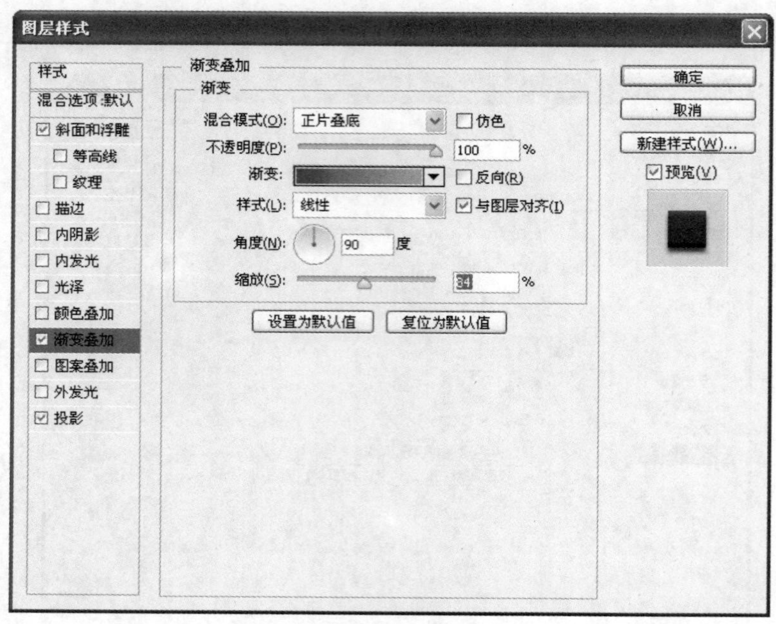

图 14-31 【渐变叠加】选项设置

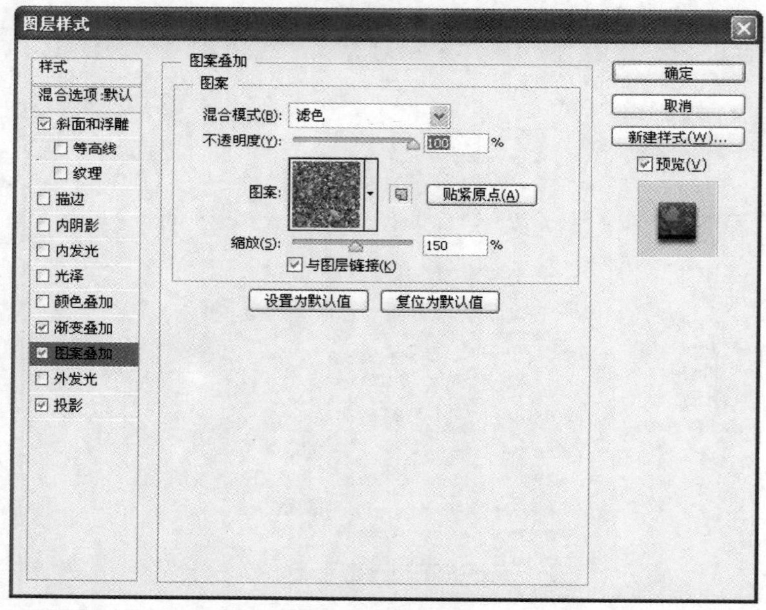

图 14-32 【图案叠加】选项设置

(15) 单击【确定】按钮，得到地面图像的效果如图 14-33 所示。

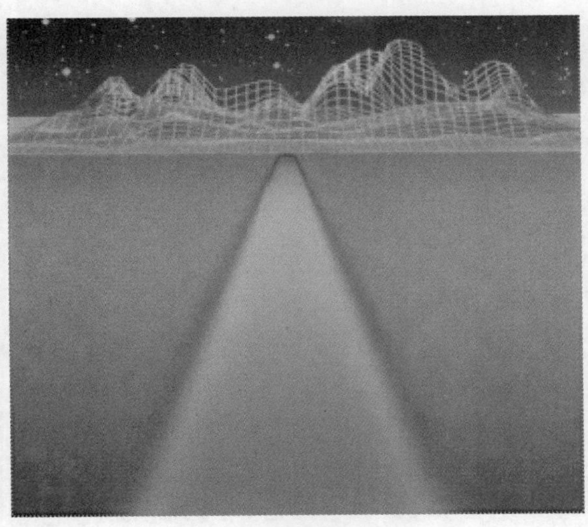

图 14-33　地面图像效果

14.2.3　图像整体调配

图像的整体调配是针对图像中各个部分的色彩、光感以及搭配而进行的色相和饱和度的不同调整。

(1) 激活“图层 1”即山的图层，选择【图像】|【调整】|【色阶】菜单命令，打开【色阶】对话框，设置参数如图 14-34 所示，设置完成后，单击【确定】按钮。

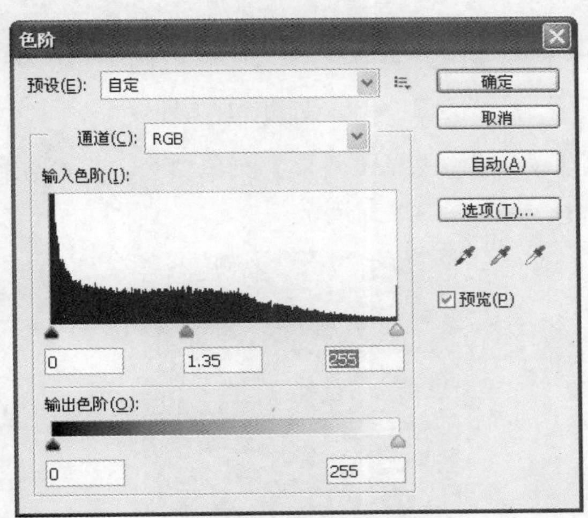

图 14-34　【色阶】对话框

(2) 选择【图像】|【调整】|【色相/饱和度】菜单命令，打开【色相/饱和度】对话框，设置参数如图 14-35 所示，设置完成后，单击【确定】按钮。

(3) 此时会发现山与地面的边缘有一些尖锐。单击工具箱中的【涂抹工具】，设置【笔刷大小】为“13”，在山与地面的交界处涂抹，如图 14-36 所示。

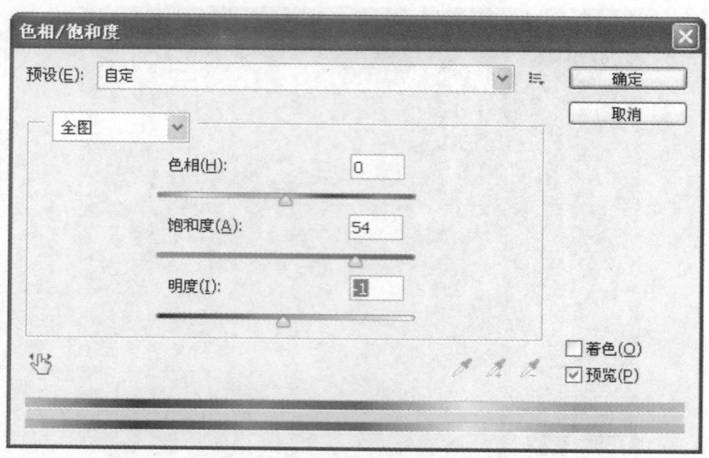

图 14-35 【色相/饱和度】对话框

图 14-36 应用涂抹工具

(4) 选择【滤镜】|【渲染】|【光照效果】菜单命令，打开光照效果【属性】面板，设置参数如图 14-37 所示，单击【确定】按钮。

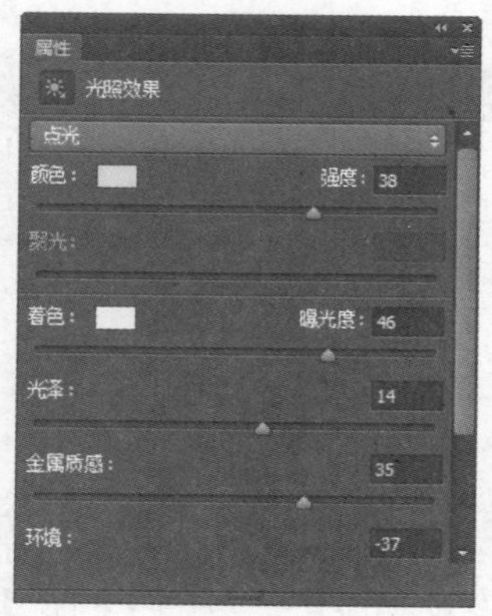

图 14-37 【属性】面板

提示： 这里设置了一个橘红色全光源，突出了山的光线效果，光源强度不宜设置得过大，否则将影响整体的图像效果。

(5) 打开【图层】面板，单击右上方的三角按钮，在弹出的下拉菜单中选择【合并可见图层】命令，将所有图层合并为一层。选择【滤镜】|【渲染】|【镜头光晕】菜单命令，打开【镜头光晕】对话框，在【镜头类型】选项组中选中【35 毫米聚焦】单选按钮，如图 14-38 所示。

(6) 单击【确定】按钮，底面图像的整体调节完毕，效果如图 14-39 所示。

图 14-38　【镜头光晕】对话框

图 14-39　图像整体效果

14.2.4　制作游戏标题和页面文字

下面来制作游戏的大标题和页面的按钮及介绍性文字，具体步骤如下。

(1) 新建一个图层，单击【横排文字工具】按钮，设置字体大小为“90 点”，在图层上输入“探险王”三个字，选择三个字并右击，在弹出的快捷菜单中选择【文字变形】命令，打开【变形文字】对话框，选择【样式】为【膨胀】，参数设置如图 14-40 所示。单击【确定】按钮，得到的效果如图 14-41 所示。

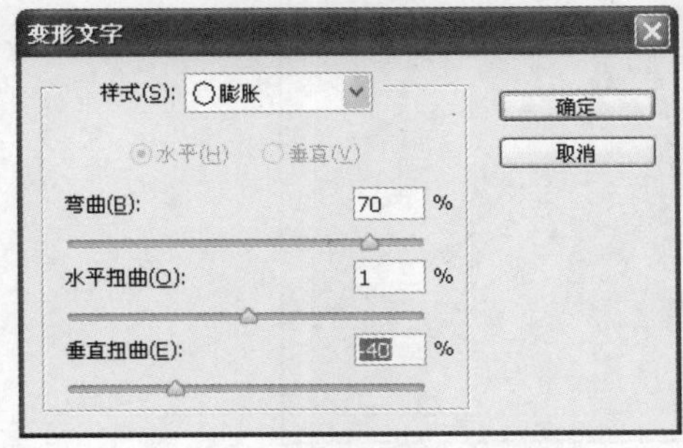

图 14-40　【变形文字】对话框

图 14-41　输入文字的效果

提示： 【变形文字】对话框中的【样式】用来设置变形的效果样式，这里有多种样式可供选择，也可以自定义变形效果。

(2) 打开【图层】面板，选择文字图层，单击【添加图层样式】按钮 fx，在弹出的快捷菜单中选择【混合选项】命令，打开【图层样式】对话框，启用【投影】复选框，切换到【投影】选项，设置【混合模式】为【正片叠底】，颜色为“黑色”，参数设置如图 14-42 所示。

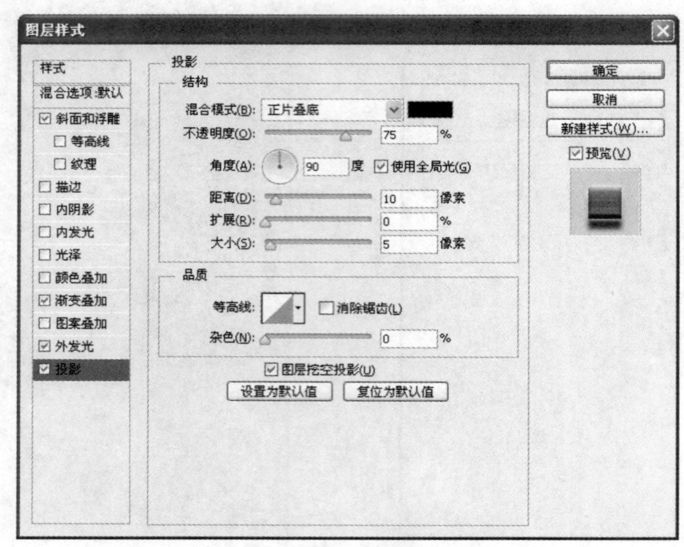

图 14-42 【投影】选项设置

(3) 启用【外发光】复选框，切换到【外发光】选项设置界面，设置【混合模式】为【正常】、颜色为黑色，参数设置如图 14-43 所示。

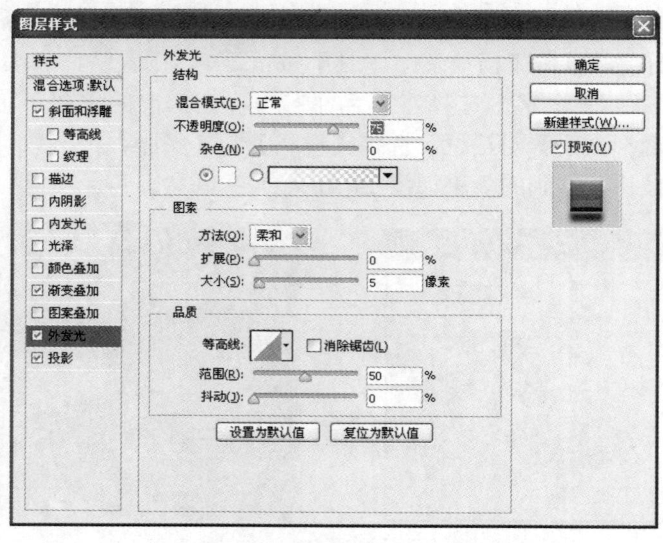

图 14-43 【外发光】选项设置

(4) 启用【斜面和浮雕】复选框，切换到【斜面和浮雕】选项设置界面，设置【样式】为【内斜面】，参数设置如图 14-44 所示。

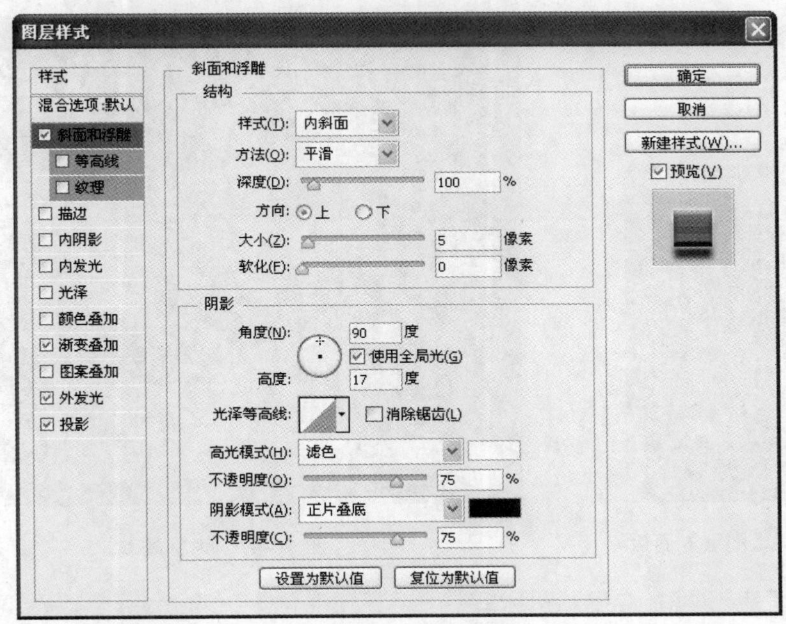

图 14-44　【斜面和浮雕】选项设置

(5) 启用【渐变叠加】复选框，切换到【渐变叠加】选项设置界面，设置【混合模式】为【正常】，参数设置如图 14-45 所示。

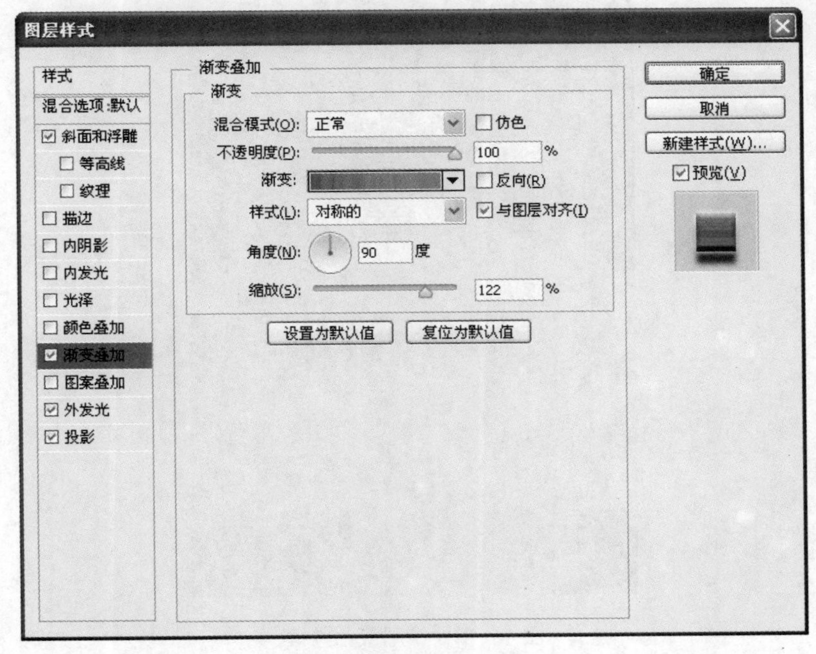

图 14-45　【渐变叠加】选项设置

(6) 单击【确定】按钮，此时【图层】面板如图 14-46 所示。设置的大标题效果如图 14-47 所示。

图 14-46 【图层】面板

图 14-47 大标题效果

(7) 单击【矩形框选工具】图标，设置【羽化】值为“5px”，在页面中进行框选，然后单击【油漆桶工具】图标，设置前景色为灰色，在框选区域的任意位置单击，绘制出一个灰色的方框。按照此方法，再绘制几个灰色的方框作为按钮，效果如图 14-48 所示。

图 14-48 绘制灰色方框

(8) 新建一个图层，单击【横排文字工具】图标，设置字体为“黑体”，字体大小为“14 点”，在第一个灰色方框中输入“游戏资讯”4 个字。按照此方法，输入其他按钮上的文字，分别为“玩家大全”、“战略指南”、“相关下载”和“游戏论坛”，如图 14-49 所示。

图 14-49　输入按钮文字

(9) 打开【图层】面板，选择按钮文字所在的图层，单击【添加图层样式】按钮，打开【图层样式】对话框，启用【投影】复选框，切换到【投影】选项设置界面，设置【混合模式】为【正片叠底】、颜色为“黑色”，参数设置如图 14-50 所示。

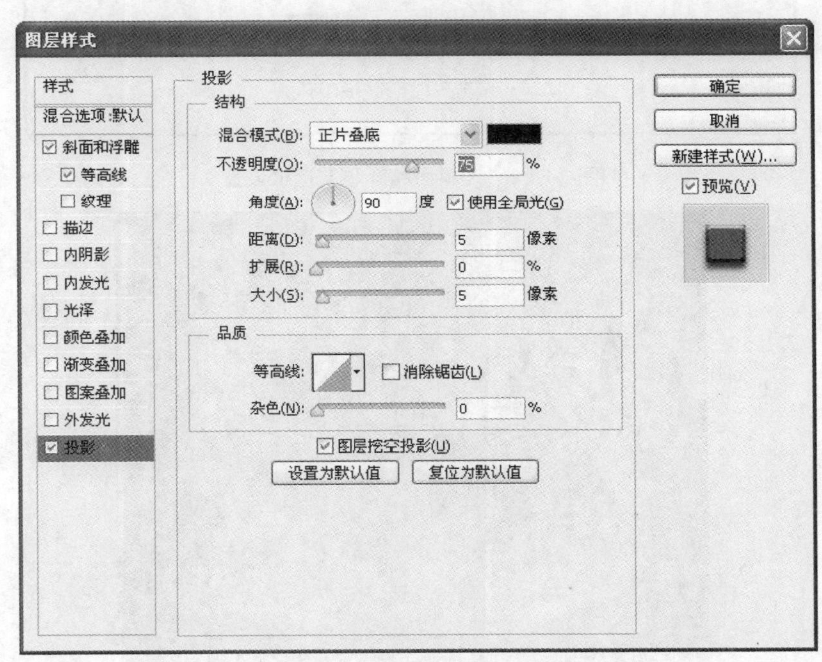

图 14-50　【投影】选项设置

(10) 启用【斜面和浮雕】复选框，切换到【斜面和浮雕】选项设置界面，设置【样式】为【内斜面】，参数设置如图 14-51 所示。单击【确定】按钮，设置的按钮文字的效果如图 14-52 所示。

(11) 单击【钢笔工具】图标，在图像上绘制一个箭头的形状，然后按照按钮文字的设置方法设置该图层的图层样式，【图层】面板如图 14-53 所示。设置好的箭头效果如图 14-54 所示。

(12) 最后，使用【椭圆选框工具】绘制两个圆，并设置其图层样式，制作出圆形按钮的效果，【图层】面板如图 14-55 所示。使用文字工具输入一些游戏的资讯文字，按钮和文字的效果如图 14-56 所示。

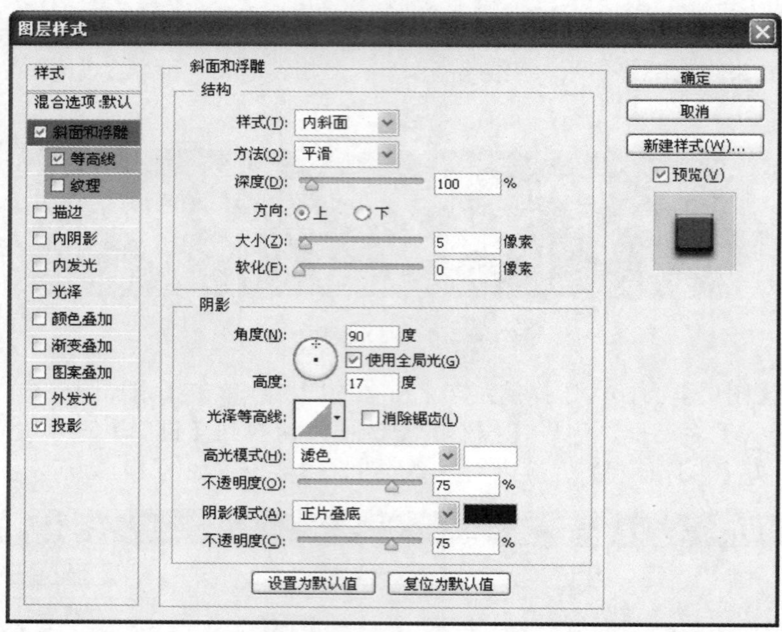

图 14-51 【斜面和浮雕】选项设置

图 14-52 按钮文字的效果

图 14-53　【图层】面板

图 14-54　箭头效果

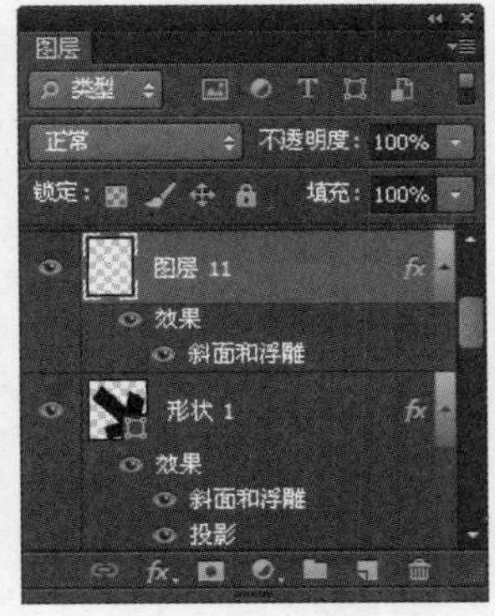

图 14-55　图层样式

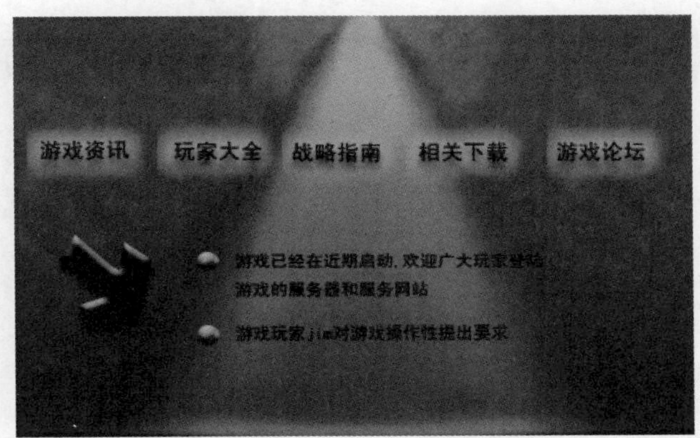

图 14-56　按钮和文字的效果

14.3　操 作 练 习

全面结合所学知识，制作深林天使，本练习效果如图 14-57 所示。

图 14-57　深林天使

第 15 章　综合范例二

教学目标

运用前面章节所学的知识，制作海报设计——“诱惑”。

教学重点和难点

这幅香水海报要体现出香水的味道极具诱惑力，以至于它滴落水中，都会引诱我们的主人公去轻闻它，正如海报所展示的效果，使这瓶香水给人一种神秘感。

制作过程中我们选取了几张素材图片，通过将它们进行合成制作最终达到所需要的效果！

15.1　案例介绍与展示

在本章中我们主要还是应用图像合成的手法进行制作，运用了【亮度/对比度】命令、【图像大小】命令、【魔棒工具】、【钢笔工具】、【曲线】命令、【图层样式】命令、【去色】命令、图层蒙版和【画笔工具】、【自由变换】命令、【多边形套索工具】、【将选区生成工作路径】按钮、【渐变工具】、【横排文字工具】，以及【字符】面板制作海报设计——“诱惑”。海报效果如图 15-1 所示。

图 15-1　海报设计范例效果

15.2　案例制作——海报设计

本范例源文件：\15\素材 1-水、素材 2-香水、素材 3-人物、素材 4-花、素材 5-蝴蝶

本范例完成文件：\15\海报设计.psd、海报设计.jpeg

多媒体教学路径：光盘→多媒体教学→第 15 章

15.2.1　进行背景处理

(1) 按 Ctrl+O 组合键，弹出【打开】对话框，打开一张素材图片，如图 15-2 所示。在【图层】面板中拖动“背景”图层到【创建新图层】按钮上，生成“背景副本”图层，如图 15-3 所示。

图 15-2　打开一张素材图片

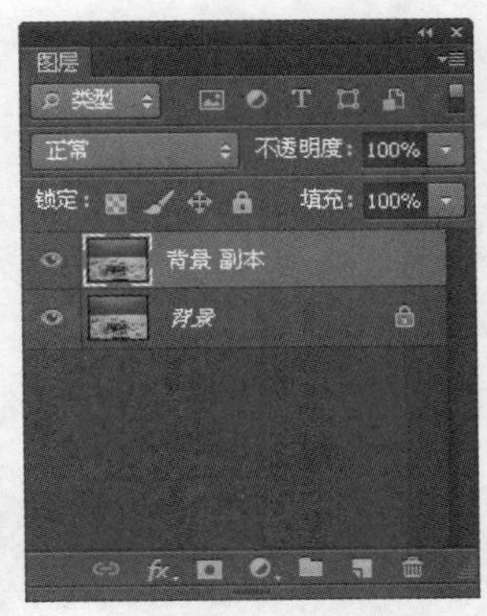

图 15-3　生成“背景副本”

(2) 由于图片色彩偏暗，我们将对其进行调整。选择【图像】|【调整】|【亮度/对比度】菜单命令，打开【亮度/对比度】对话框，设置【亮度】为“29”、【对比度】为“46”，如图 15-4 所示。完成设置后单击【确定】按钮，图像效果如图 15-5 所示。

(3) 选择【图像】|【图像大小】菜单命令，打开【图像大小】对话框。禁用【缩放样式】和【约束比例】复选框，然后设置【宽度】为“33 厘米”，如图 15-6 所示。完成设置后单击【确定】按钮，图像将出现如图 15-7 所示的拉伸效果。

(4) 由于水的波浪效果过于居中，我们可将其向左移动。按住 Ctrl 键拖动图像向左移动至适当位置，如图 15-8 所示。然后按下 Ctrl+T 组合键执行自由变换命令，拖动右边中间部分控制点向右拉伸，按下 Enter 键完成操作，如图 15-9 所示。

(5) 单击【图层】面板中的【创建新图层】按钮，生成“图层 1”。设置前景色为白色，按下 Alt+Delete 组合键填充前景色。然后选中【背景副本】图层，选择工具箱中的【魔棒工具】，在其属性栏中设置【容差】为“50”，选取图像上半部分的蓝色区域，如图 15-10 所示。

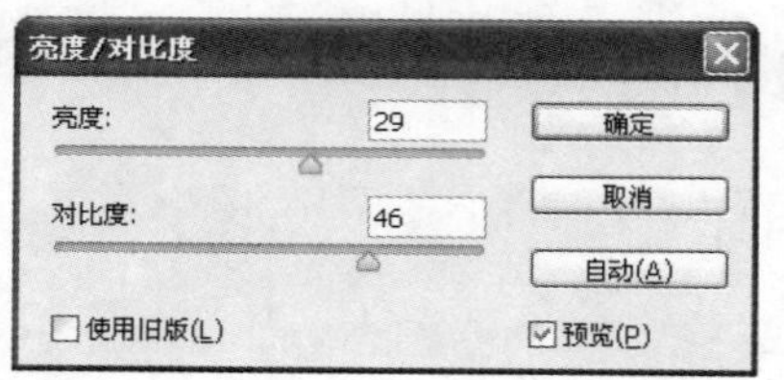

图 15-4 【亮度/对比度】对话框参数设置

图 15-5 图像效果

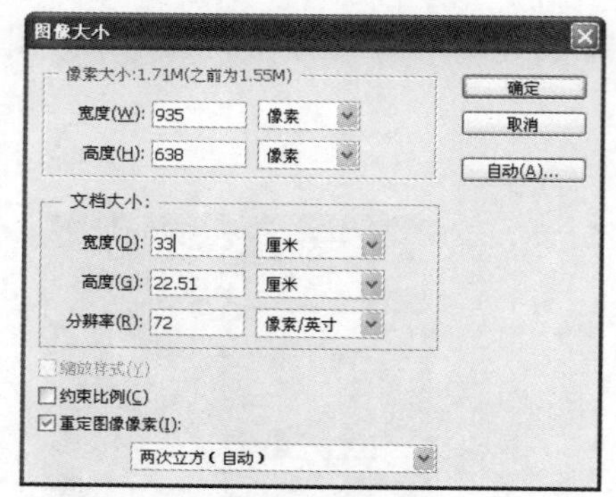

图 15-6 【图像大小】对话框参数设置

图 15-7 执行【图像大小】命令后的效果

图 15-8 向左移动图像

图 15-9 图像效果

(6) 按下 Delete 键将所选的蓝色区域删除，按 Ctrl+D 组合键去掉选区，图像效果如图 15-11 所示。选择工具箱中的【橡皮擦工具】，在其属性栏中选择【35 号画笔】，然后擦除图像上残留的蓝色线段，如图 15-12 所示。

(7) 按住 Shift 键将“背景副本”层和“图层 1”选中，如图 15-13 所示。按 Ctrl+E 组合键合并图层，如图 15-14 所示，至此背景图像处理完成。

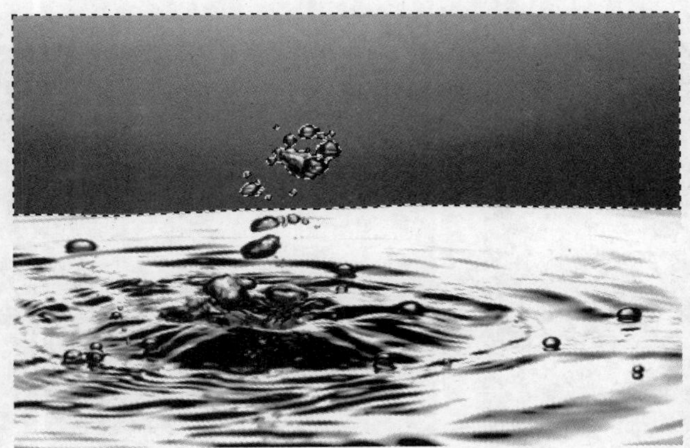

图 15-10　选取蓝色区域

图 15-11　删除蓝色区域

图 15-12　擦除蓝色线段

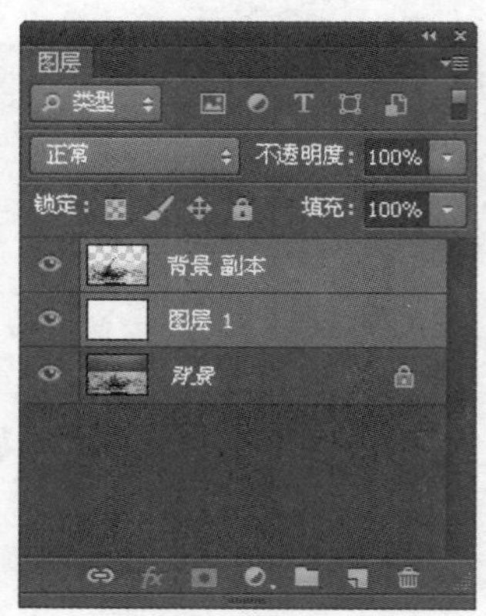

图 15-13　选中“背景副本”层和“图层 1”

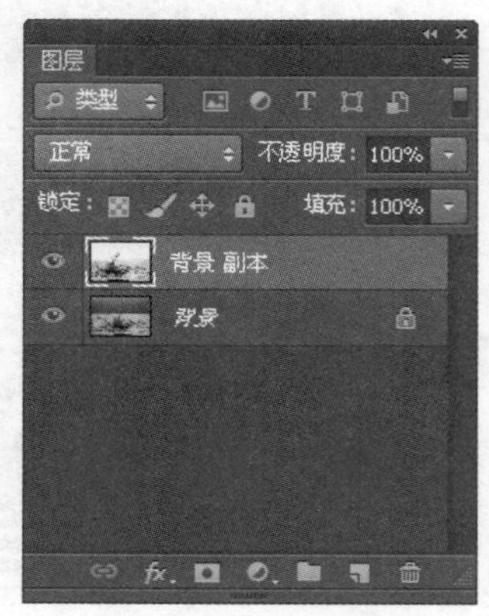

图 15-14　合并图层

15.2.2　将香水和人物进行抠图并合成到背景图像中

(1) 按下 Ctrl+O 组合键，弹出【打开】对话框，打开两张素材图片，如图 15-15 所示。

图 15-15　打开两张素材图片

(2) 我们首先选中香水图像进行抠图。选择工具箱中的【钢笔工具】，在其属性栏的【选择工具模式】下拉列表框中选择【路径】选项，沿香水瓶边缘勾勒路径，如图 15-16 所示。打开【路径】面板，单击【将路径作为选区载入】按钮，将勾勒好的路径转换为选区，如图 15-17 所示。

(3) 按 Ctrl+C 组合键复制图像，返回背景图像按 Ctrl+V 组合键粘贴图像，生成“图层 1”，双击名称部分将其更改为“香水”，如图 15-18 所示。香水在窗口文件中的效果如图 15-19 所示。

(4) 由于香水图像较小，按 Ctrl+T 组合键执行自由变换命令，按住 Shift 键拖动右上角控制点将其等比例放大，然后将光标移动到控制点外，将图像进行旋转，完成操作后按下 Enter 键，如图 15-20 所示。

图 15-16　勾勒香水瓶路径

图 15-17　将路径转换为选区

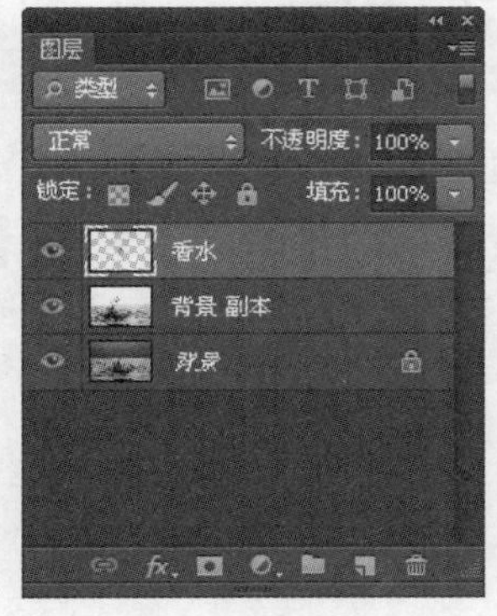

图 15-18　更改图层名称

图 15-19　香水在窗口文件中的效果

图 15-20　放大并旋转图像

(5) 选择【图像】|【调整】|【曲线】菜单命令，打开【曲线】对话框，单击曲线右上方增加一个调节点并向上拖动，使图像变亮，然后单击曲线左下方增加一个调节点向下进行拖动，使图像的暗部加深，如图 15-21 所示。完成操作后单击【确定】按钮，图像效果如图 15-22 所示。

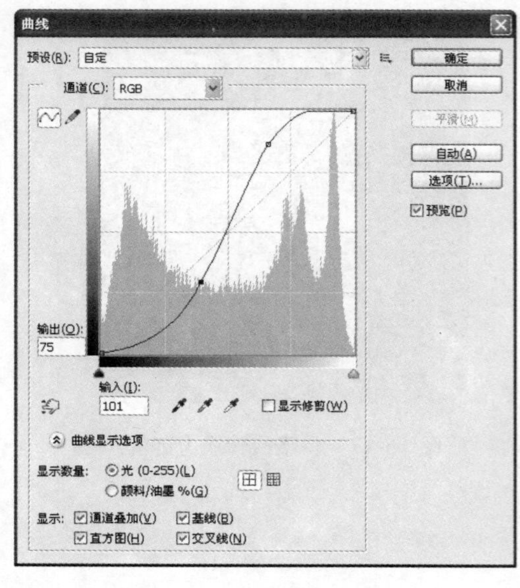

图 15-21 【曲线】对话框

图 15-22 图像效果

(6) 为了使香水瓶有一种掉落水中的感觉，我们选择工具箱中的【橡皮擦工具】，在其属性栏上选择【45 号画笔】，将香水瓶的底部擦除，如图 15-23 所示。

图 15-23 擦除香水瓶底部

(7) 双击“香水”图层，打开【图层样式】对话框。启用【投影】复选框，切换到【投影】选项设置界面，单击【混合模式】右侧的【设置阴影颜色】图标，打开【拾色器】对话框，设置 RGB 色值为(99、172、247)，如图 15-24 所示。完成设置后单击【确定】按钮返回【投影】选项设置界面，设置【大小】为“81”，如图 15-25 所示。单击【确定】按钮，图像效果如图 15-26 所示。

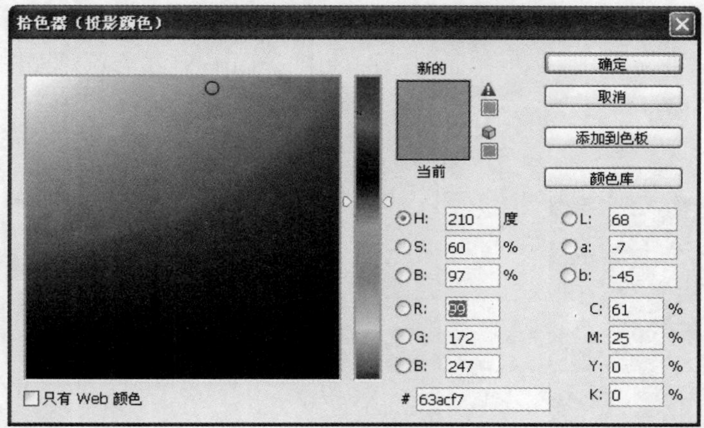

图 15-24　【拾色器】对话框

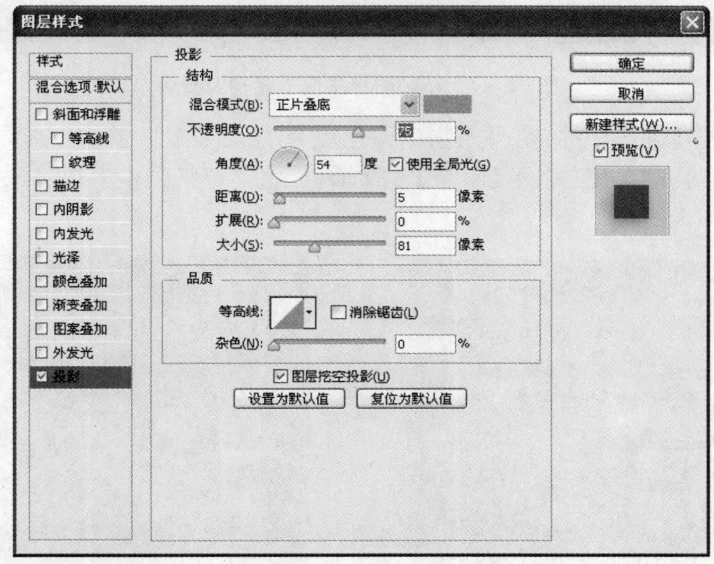

图 15-25　【投影】选项参数设置

图 15-26　图像效果

(8) 下面我们将人物也合成到图像中。选中人物图像，按 Ctrl+A 组合键将图像全选，按 Ctrl+C 组合键进行复制，返回“背景”图像中按 Ctrl+V 组合键粘贴图像，生成“图层 1”，双击图层名称将其更改为“人物”，如图 15-27 所示。

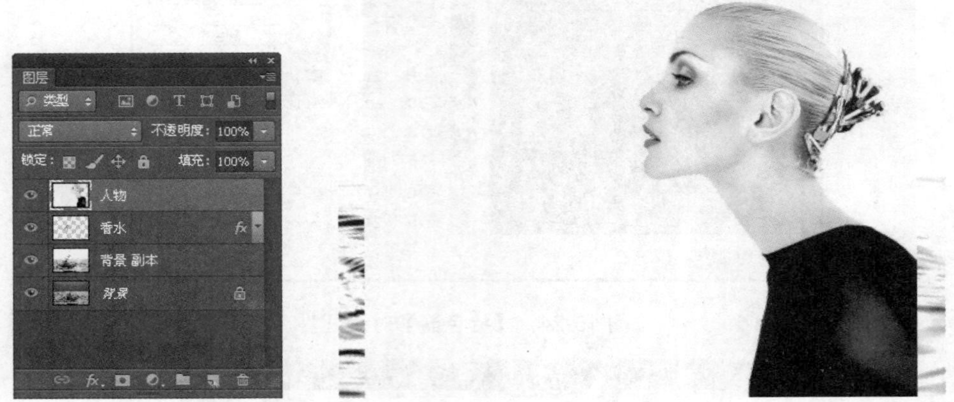

图 15-27 粘贴图像生成“人物”图层

(9) 在【图层】面板中拖动“人物”图层到“背景副本”层的下方，如图 15-28 所示。单击“背景副本”层左侧的【眼睛】图标，将“背景副本”层隐藏，【图层】面板及图像效果如图 15-29 所示。

图 15-28 将“人物”图层拖动到“背景副本”层的下方

(10) 选择【图像】|【调整】|【去色】菜单命令，将“人物”图像去除颜色变为黑白，如图 15-30 所示。按 Ctrl+T 组合键执行自由变换命令，按住 Shift 键拖动右下角的控制点等比例放大图像并调整图像位置，完成操作后按下 Enter 键，如图 15-31 所示。

(11) 选中“背景副本”图层，单击左侧的【眼睛】图标，将“背景副本”图层显示，单击【添加图层蒙版】按钮为图层添加蒙版，如图 15-32 所示。

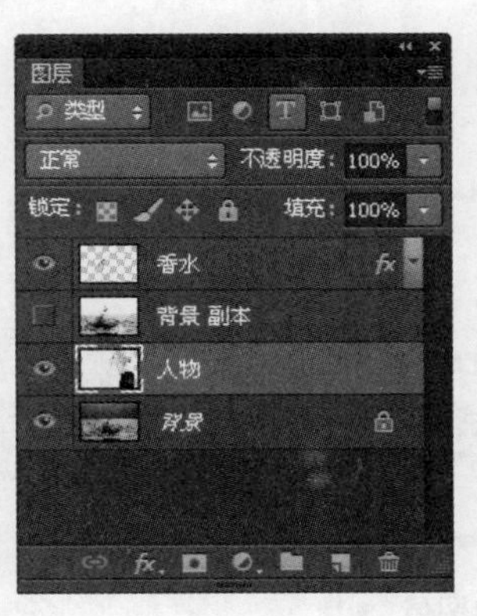

图 15-29　隐藏“背景副本”层及图像效果

图 15-30　将图像去色

图 15-31　等比例放大图像并调整位置

图 15-32　为“背景副本”图层添加蒙版

(12) 选择工具箱中的【画笔工具】，在其属性栏中选择【100 号画笔】，单击【色彩控制工具】上的【默认前景色和背景色】图标，设置前景色为黑色、背景色为白色。使用【画笔工具】在蒙版右方涂抹，使人物图像显示，【图层】面板及图像如图 15-33 所示。至此香水及人物已经合成到背景图像中。

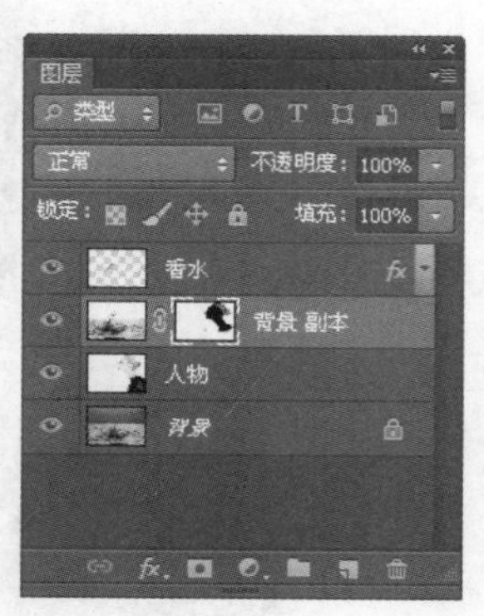

图 15-33　在图层蒙版上涂抹显示人物图像

15.2.3　将花和蝴蝶进行抠图并合成到背景图像中

(1) 按 Ctrl+O 组合键，弹出【打开】对话框，打开两张素材图片，如图 15-34 所示。

图 15-34　打开两张素材图片

(2) 选中“花”图像，选择工具箱中的【魔棒工具】，在其属性栏中设置【容差】为“200”，然后在花朵上单击将花选取，多选的部分使用工具箱中的【多边形套索工具】减去，如图 15-35 所示。

图 15-35　选取花朵

(3) 按 Ctrl+C 组合键复制图像，返回“背景”图像中按 Ctrl+V 组合键粘贴图像，生成

“图层 1”，双击名称部分将其更改为“花”，【图层】面板及图像如图 15-36 所示。

图 15-36　粘贴图像生成“花”图层

(4) 按 Ctrl+T 组合键执行自由变换命令，按住 Shift 键拖动右下角的控制点等比例缩小图像，并拖动到适当位置，然后按下 Enter 键完成操作，如图 15-37 所示。拖动【图层】面板中的“花”图层到【创建新图层】按钮上，生成“花副本”图层，如图 15-38 所示。按住 Ctrl 键拖动“花副本”到适当位置，并执行自由变换命令进行等比例缩小，完成操作后图像效果如图 15-39 所示。

图 15-37　等比例缩小图像并调整到适当位置

(5) 选中“蝴蝶”图像。选择工具箱中的【魔棒工具】，在其属性栏中设置【容差】为“100”，单击图像白色部分选取图像，然后按 Shift+Ctrl+I 组合键进行反选，如图 15-40 所示。

(6) 按 Ctrl+C 组合键复制图像，返回“背景”图像按 Ctrl+V 组合键粘贴图像，生成“图层 1”，双击图层名称将其更改为“蝴蝶”，【图层】面板及图像效果如图 15-41 所示。

(7) 按下 Ctrl+T 组合键执行自由变换命令，按住 Shift 键等比例缩小图像并稍作旋转，然后按下 Enter 键完成操作，如图 15-42 所示。

(8) 单击【图层】面板下方的【添加图层样式】按钮，在弹出的快捷菜单中选择【投影】命令，如图 15-43 所示。切换到【图层样式】对话框中的【投影】选项设置界面，设置【结构】选项组参数，【距离】为“14 像素”、【扩展】为“6%”、【大小】为“24 像素”，如图 15-44 所示。完成设置后单击【确定】按钮，图像效果如图 15-45 所示。

图 15-38　生成“花副本”

图 15-39　图像效果

图 15-40　选取蝴蝶

图 15-41　粘贴图像生成“蝴蝶”图层

图 15-42　等比例缩小图像并旋转

混合选项. . .
斜面和浮雕. . .
描边. . .
内阴影. . .
内发光. . .
光泽. . .
颜色叠加. . .
渐变叠加. . .
图案叠加. . .
外发光. . .
✔ 投影. . .

图 15-43　选择【投影】命令

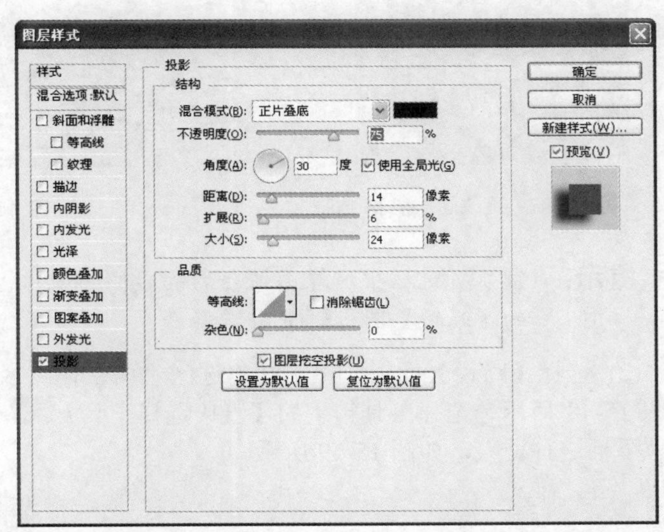

图 15-44　【投影】选项设置

图 15-45　图像效果

15.2.4 为背景图像做卷页效果

(1) 在【图层】面板的“背景副本”图层之上创建一个新图层，并将其名称更改为“卷页”，如图 15-46 所示。选择工具箱中的【多边形套索工具】，在图像上绘制如图 15-47 所示的选区。

图 15-46 更改图层名称

图 15-47 绘制选区

提示： 做卷页过程中蝴蝶图像会影响我们的操作，我们可以单击“蝴蝶”图层左侧的【眼睛】图标先将其隐藏。

(2) 选择【路径】面板，单击【将选区生成工作路径】按钮，将选区转换为路径，如图 15-48 所示。选择工具箱中的【直接选择工具】，单击路径下方的两个锚点，拖动调节手柄进行调整，如图 15-49 所示。

图 15-48 将选区转换为路径

(3) 单击【路径】面板中的【将路径作为选区载入】按钮，将路径转换为选区，如图 15-50 所示。

(4) 选择工具箱中的【渐变工具】，在其属性栏中单击【色彩框】，打开【渐变编辑器】对话框。在【预设】窗口选择“黑色、白色”渐变类型。拖动渐变条下方右侧的色标到中间位置，然后在右侧单击增加一个新的色标，如图 15-51 所示。

图 15-49　调整路径

图 15-50　将路径转换为选区

图 15-51　在渐变条下方增加一个新的色标

(5) 下面我们更改色标的颜色，单击颜色右侧的色块，弹出【拾色器】对话框，设置 RGB 色值为(214、214、217)，如图 15-52 所示。完成设置后单击【确定】按钮返回【渐变编辑器】对话框，色标颜色变为所设置的颜色，如图 15-53 所示，单击【确定】按钮。

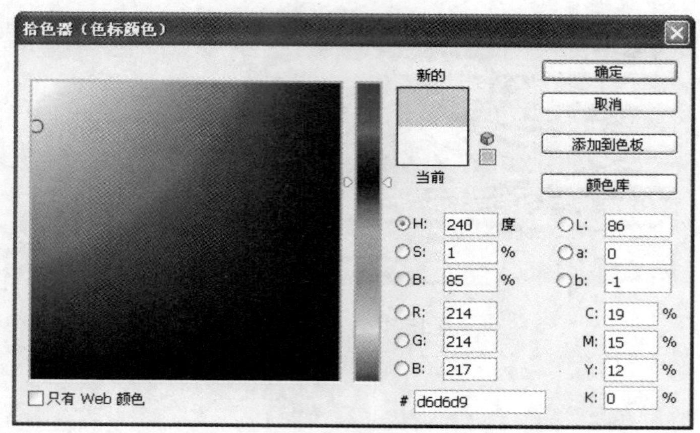

图 15-52　【拾色器】对话框参数设置

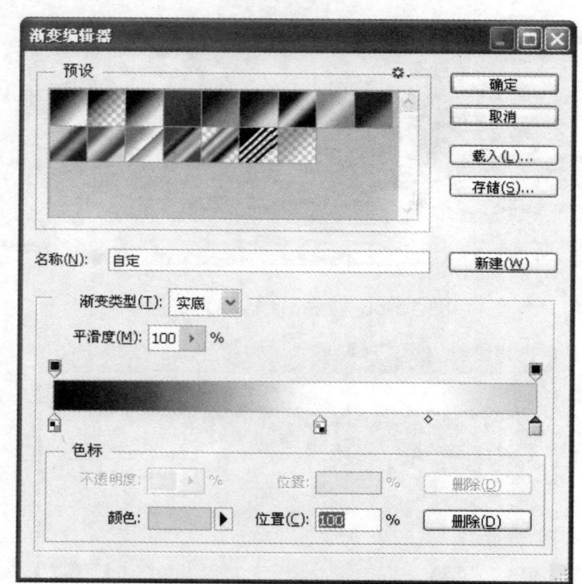

图 15-53　色标颜色变为设置的颜色

(6) 在【渐变工具】属性栏中选择【对称渐变】类型，然后在绘制的选区内由左至右拖曳一条直线填充渐变颜色，然后按 Ctrl+D 组合键去掉选区，图像效果如图 15-54 所示。

(7) 选中“背景副本”图层，选择工具箱中的【多边形套索工具】，将卷页左侧的水纹选取，如图 15-55 所示。设置前景色为“白色”，按 Alt+Delete 组合键填充前景色，按 Ctrl+D 组合键去掉选区，图像效果如图 15-56 所示。

图 15-54　填充渐变颜色

图 15-55　选取图像

图 15-56　将选区内填充白色

(8) 选中“卷页”图层，双击图层打开【图层样式】对话框。启用【投影】复选框，切换到【投影】选项设置界面，设置【结构】选项组参数，【角度】为“54 度”、【距离】为“11 像素”、【扩展】为“7%”、【大小】为“27 像素”，如图 15-57 所示。完成设置后单击【确定】按钮，图像效果如图 15-58 所示。

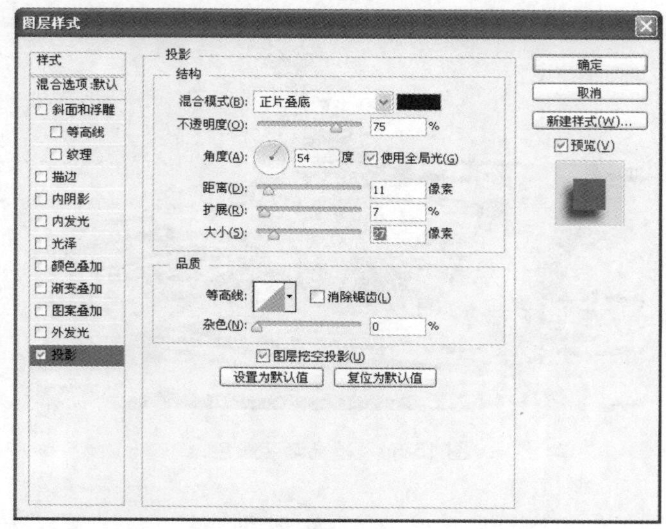

图 15-57 【投影】选项卡参数设置

图 15-58 图像效果

(9) 按住 Shift 键将【图层】面板上的“背景副本”图层也选中，如图 15-59 所示。然后按下 Ctrl+E 组合键将两图层合并，如图 15-60 所示。单击“蝴蝶”图层左侧的眼睛图标 ，将蝴蝶显示，图像效果如图 15-61 所示。

图 15-59 选中两图层

图 15-60 合并两图层

图 15-61　图像效果

15.2.5　进行版面的排版

(1) 选择工具箱中的【横排文字工具】，在其属性栏中单击【切换字符和段落面板】按钮，打开【字符】面板，设置【字体】为“Tahoma”、【字体大小】为“68点”、【垂直缩放】为“80%”、【字符比例间距】为“100%”、【字符的字距】为“200”、【颜色】为“黑色”、【字符形式】为“仿粗体”、【消除锯齿方法】为“平滑”，如图 15-62 所示。然后在图像中输入文字“DOLCE VITA”，并调整其到适当位置，单击属性栏右侧的【确认】按钮，效果如图 15-63 所示。

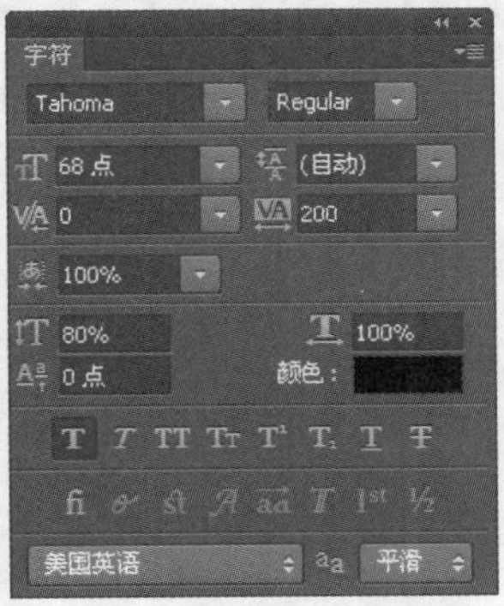

图 15-62　【字符】面板参数设置

图 15-63　输入文字“DOLCE VITA”

(2) 下面我们为文字增加一些效果。双击文字图层，打开【图层样式】对话框。启用【投影】复选框，切换到【投影】选项设置界面，设置【结构】选项组参数，【角度】为“54 度”、【距离】为“5 像素”、【大小】为“5 像素”，如图 15-64 所示。

(3) 启用【斜面和浮雕】复选框，切换到【斜面和浮雕】选项设置界面。设置【结构】选项组参数，【样式】为【浮雕效果】、【方法】为【平滑】、【深度】为“91”、【大小】为“8 像素”。设置【阴影】选项组参数，单击【光泽等高线】右侧的图标，打开【等高线编辑器】对话框，如图 15-65 所示。然后在【映射】窗口中将左下角的控制点向上方拖动，右上角的控制点向下拖动，在线段上单击增加控制点并拖动，形成如图 15-66 所示的曲线。完成设置后单击【确定】按钮返回【斜面和浮雕】选项设置界面，继续设置【高光模式】为【滤色】、【不透明度】为“100%”、【阴影模式】为【正片叠底】、【不透明度】为“100%”，如图 15-67 所示。

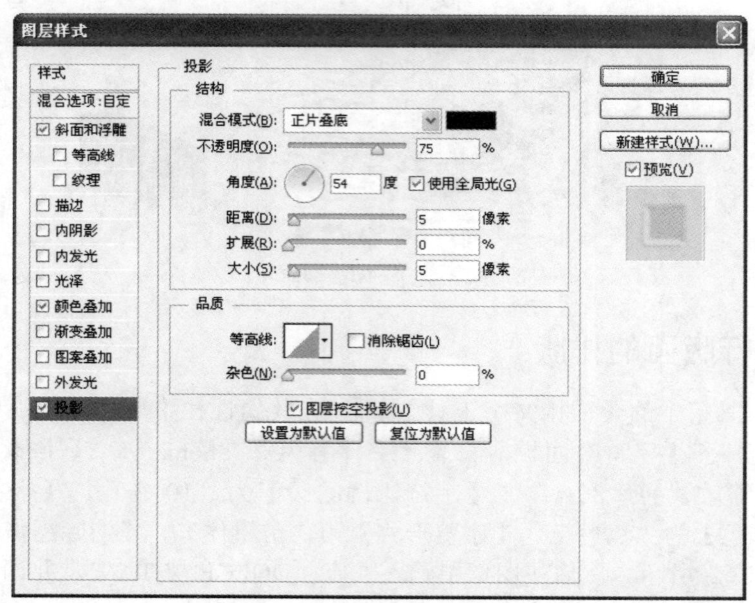

图 15-64 【投影】选项设置

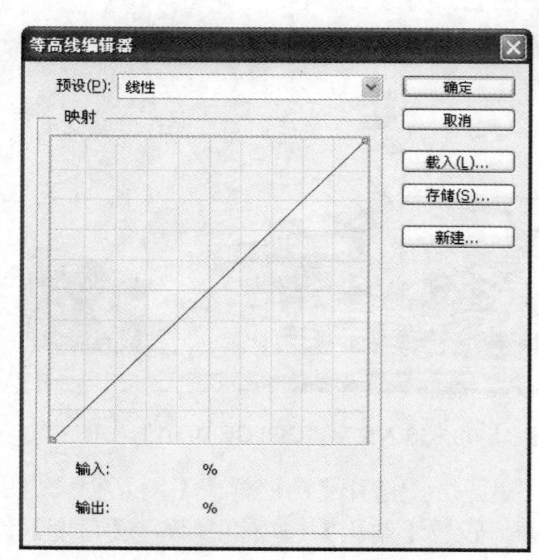

图 15-65 【等高线编辑器】对话框

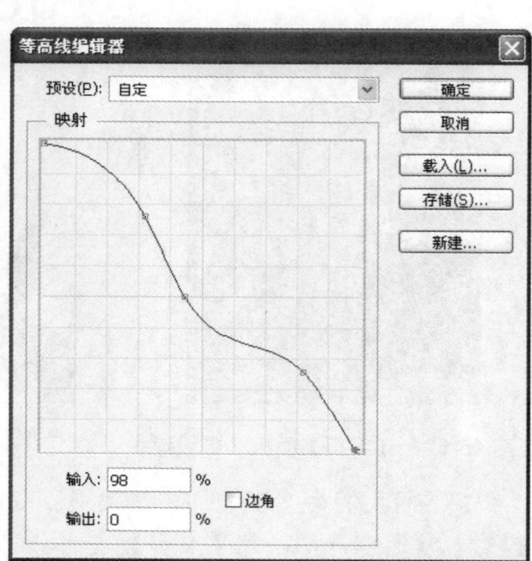

图 15-66 在线段上增加控制点并进行调节

(4) 选中【颜色叠加】复选框，切换到【颜色叠加】选项设置界面。设置【混合模式】为【正常】，单击右侧的【设置叠加颜色】图标▇，打开【拾色器】对话框，设置 RGB 色值为(56、100、245)，如图 15-68 所示。完成设置后单击【确定】按钮返回【图层样式】对话框的【颜色叠加】选项设置界面，设置【不透明度】为“100”，如图 15-69 所示。单击【确定】按钮完成操作，图像效果如图 15-70 所示。

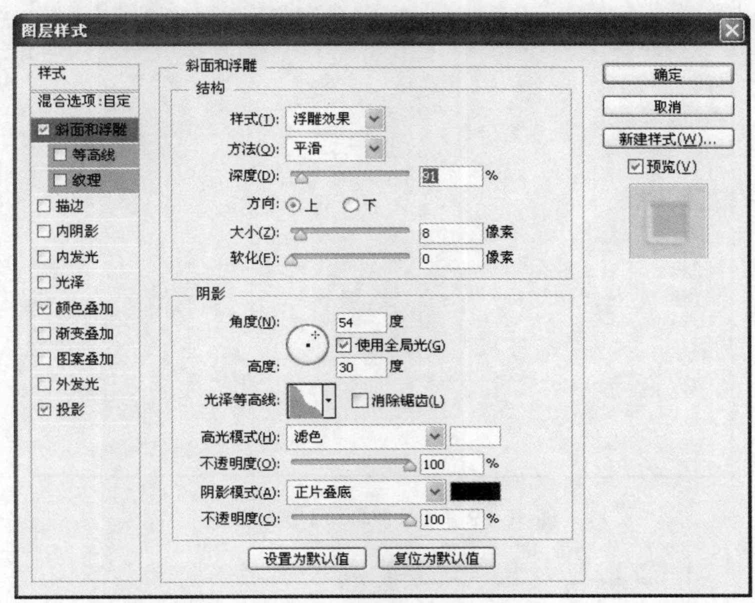

图 15-67　【斜面和浮雕】选项设置

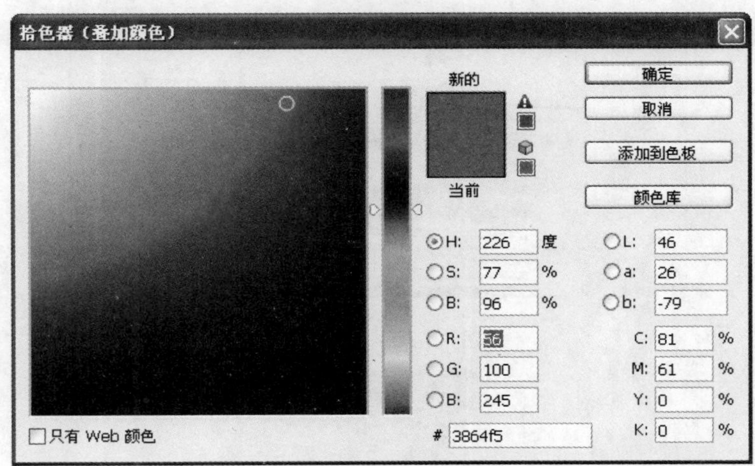

图 15-68　【拾色器】对话框参数设置

(5) 在【图层】面板上拖动文字图层“DOLCE VITA”到【创建新图层】按钮上，生成“DOLCE VITA 副本”，然后将其拖动到“DOLCE VITA”图层的下方，如图 15-71 所示。

(6) 按 Ctrl+T 组合键执行自由变换命令，按住 Shift 键拖动右上角的控制点等比例缩小文字，然后将其拖动到适当位置，按 Enter 键完成操作。最后设置【图层】面板中的【不透明度】为“19%”，至此香水海报“诱惑”制作完成，最终效果如图 15-72 所示。

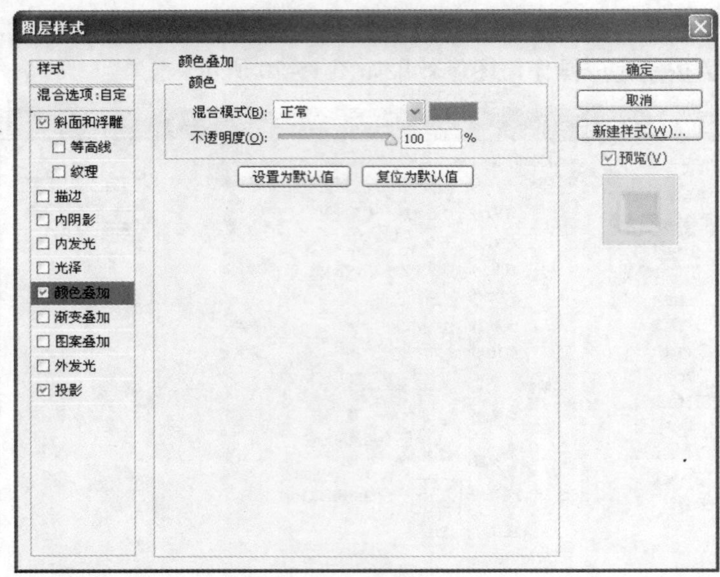

图 15-69 【颜色叠加】选项设置

图 15-70 图像效果

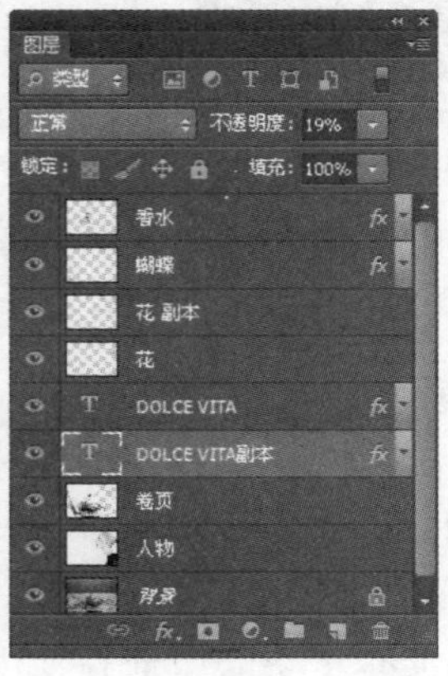

图 15-71 生成“DOLCE VITA 副本”

图 15-72　海报设计最终效果

15.3　操 作 练 习

全面结合所学知识，制作美丽人生，本练习效果如图 15-73 所示。

图 15-73　美丽人生